# 建築基礎構造設計のための地盤評価・Q&A

Evaluation of foundation soil for design and
construction of building foundations

日本建築学会

ご案内

本書の著作権・出版権は(一社)日本建築学会にあります．本書より著者・論文等への引用・転載にあたっては必ず本会の承諾を得てください．

R〈学術著作権協会委託出版物〉

本書の無断複写は，著作権法上での例外を除き禁じられています．本書を複写される場合は，(一社)学術著作権協会(03-3475-5618)の許可を得てください．

一般社団法人　日本建築学会

# まえがき

　本書は、「建築基礎設計のための地盤定数検討小委員会」（2008年4月～2011年3月）およびその成果を引き継いだ「建築基礎設計のための地盤定数小委員会」（2011年4月～2013年3月）」における合計5年間にわたる活動の成果を取りまとめたものである。

　継続した二つの小委員会は、地盤情報の建築物基礎構造の設計・施工への影響の重大さに鑑み、目的に沿った地盤調査・試験の実施と得られた地盤情報の効果的な基礎設計・施工への適用について、実務設計・施工における現状での問題点を踏まえて検討してきた。建築基礎の設計では、適切な設計・解析手法の選択と同時に、対応した地盤定数の的確な設定が重要であり、必要とする地盤定数の基になる地盤情報を適切に求める地盤調査・試験法の選択と試験結果の正しい理解が必要である。また、設計時にも採用工法の判断、地盤状況を踏まえた施工時への対応のためには地盤情報の理解と設計時に残された課題の明記等が重要である。具体的な検討活動は地盤調査・試験の特徴と適用範囲および得られた地盤情報から設計用地盤定数を評価する方法を中心に検討した「地盤剛性評価WG」、点あるいは線でしかない地盤情報を合理的な基礎設計・施工のための基礎地盤のモデル化（地盤設計）について検討した「地盤構成・物性WG」および、基礎の支持力評価と地盤定数の関係について検討した「地盤抵抗評価WG」を設置して進めた。そして、所期の目的が十分達成できるように、小委員会およびWGのメンバーには建設業から基礎設計・地盤関連分野の研究者・技術者、大学から基礎や地盤関連の研究者、設計事務所から基礎設計関連の技術者および地盤情報を求める地盤調査会社の技術者に参加していただいた。

　各WGでの議論を経た検討内容は小委員会で紹介され、意見交換の第一段階として2011年3月にはメンバー全員による報告会を開き、質疑応答を通じて内容をブラッシュアップした。その後、さらに3年にわたる追加検討を経て、2013年8月には本会の大会において「建築基礎設計・施工のための地盤評価と活用」と題したパネルディスカッションを開催し、広く会員に検討内容を公表し、かつ、質疑応答を通じて会員の皆さんの意見を吸収した。その後、これらの成果を多くの基礎設計の技術者に活用していただくため、成書としてまとめて出版する考えのもとに、「地盤評価（刊行）小委員会」を2014年4月に設立した。内容を刊行小委員会で再度全面的に精査した後、基礎構造運営委員会および構造委員会の査読を経て、修正の後、本書が完成した。これらの検討成果をまとめた本書は基礎設計・施工の技術向上に寄与できるものと確信している。なお、様々な視点からの議論の中で、基礎構造設計者に共通でよく遭遇する問題点についてはQ&Aの形で、わかりやすく検討結果を提示するのが有効であるとの考えから、第5章にQ&Aとしてまとめた。各Q&Aについては原案作成者の名前が表示されているが、内容についてはWGおよび地盤定数小委員会、さらには地盤評価（刊行）小委員会での検討を経たものであることを付記する。

　最後に、5年間にわたる小委員会およびWGでの検討、さらには2年にわたる地盤評価（刊行）小委員会にご協力いただいた関係各位に深く謝意を表する次第である。

2015年11月

日本建築学会

# 本書作成関係委員

—— （五十音順・敬称略）——

## 構造本委員会（2015）

委員長　　緑川　光正
幹　事　　加藤　研一　　塩原　　等　　竹脇　　出
委　員　　（省略）


## 基礎構造運営委員会（2015）

主　査　　時松　孝次
幹　事　　鈴木　康嗣　　田村　修次
委　員　　青木　雅路　　安達　俊夫　　新井　　洋　　飯場　正紀　　郡　　幸雄
　　　　　阪上　浩二　　鈴木比呂子　　土屋　　勉　　中井　正一　　長尾　俊昌
　　　　　西山　高士　　畑中　宗憲　　林　　隆浩　　土方勝一郎　　平出　　務
　　　　　本田　周二　　真野　英之　　三辻　和弥　　三町　直志　　山本　春行


## 地盤評価刊行小委員会（2015）

主　査　　畑中　宗憲
幹　事　　青木　雅路　　小林　治男　　長尾　俊昌
委　員　　新井　　洋　　内田　明彦　　加倉井正昭　　桑原　文夫　　武居幸次郎
　　　　　田部井哲夫　　堀井　良浩


## 建築基礎設計のための地盤定数検討小委員会（2008年4月〜2011年3月）

主　査　　畑中　宗憲
幹　事　　青木　雅路
委　員　　石井　雄輔　　内山　晴夫　　加倉井正昭　　片桐　雅明　　桂　　　豊
　　　　　桑原　文夫　　小林　治男　　武居幸次郎　　土屋　　勉　　長尾　俊昌
　　　　　山崎　雅弘

## 地盤剛性評価ＷＧ（2009年4月〜2011年3月）

主　査　　畑中　宗憲
幹　事　　小林　治男
委　員　　内田　明彦　　内山　晴夫　　大西　智晴　　加倉井正昭　　片桐　雅明
　　　　　桂　　　豊　　武居幸次郎　　田地　陽一　　田部井哲夫　　西尾　博人
　　　　　西山　高士　　山田　雅一

地盤構成・物性ＷＧ（2009 年 4 月～2011 年 3 月）
 主　査　　加倉井正昭
 幹　事　　青木　雅路　　辻本　勝彦
 委　員　　浅香　美治　　新井　洋　　石井　雄輔　　片桐　雅明　　木谷　好伸
     武居幸次郎　　田屋　裕司　　畑中　宗憲　　林　隆浩　　真鍋　雅夫

地盤抵抗評価ＷＧ（2009 年 4 月～2011 年 3 月）
 主　査　　桑原　文夫
 幹　事　　内山　晴夫
 委　員　　小椋　仁志　　鈴木　直子　　田部井哲夫　　土屋　勉　　長尾　俊昌
     堀井　良浩　　宮田　章　　山崎　雅弘


建築基礎設計のための地盤定数小委員会（2011 年 4 月～2013 年 3 月）
 主　査　　畑中　宗憲
 幹　事　　青木　雅路
 委　員　　石井　雄輔　　内山　晴夫　　加倉井正昭　　片桐　雅明　　桂　豊
     桑原　文夫　　小林　治男　　武居幸次郎　　辻本　勝彦　　土屋　勉
     長尾　俊昌　　山崎　雅弘

地盤剛性評価ＷＧ（2011 年 4 月～2013 年 3 月）
 主　査　　畑中　宗憲
 幹　事　　小林　治男
 委　員　　内田　明彦　　内山　晴夫　　大西　智晴　　加倉井正昭　　片桐　雅明
     桂　豊　　武居幸次郎　　田地　陽一　　田部井哲夫　　西尾　博人
     西山　高士　　山田　雅一

地盤構成・物性ＷＧ（2011 年 4 月～2013 年 3 月）
 主　査　　加倉井正昭
 幹　事　　青木　雅路　　辻本　勝彦
 委　員　　浅香　美治　　新井　洋　　石井　雄輔　　片桐　雅明　　木谷　好伸
     武居幸次郎　　田屋　裕司　　畑中　宗憲　　林　隆浩　　真鍋　雅夫

地盤抵抗評価ＷＧ（2011 年 4 月～2013 年 3 月）
 主　査　　桑原　文夫
 幹　事　　内山　晴夫
 委　員　　小椋　仁志　　鈴木　直子　　田部井哲夫　　土屋　勉　　長尾　俊昌
     堀井　良浩　　宮田　章　　山崎　雅弘

# 原案執筆担当

第1章　序　　論
　　　畑中　宗憲

第2章　地盤調査と地盤評価
　　　2.1 加倉井正昭
　　　2.2 武居幸次郎
　　　2.3 片桐　雅明
　　　2.4 新井　　洋
　　　2.5 浅香　美治
　　　2.6 田屋　裕司
　　　2.7 内田　明彦

第3章　設計用地盤定数の評価
　　　3.1 畑中　宗憲、片桐　雅明
　　　3.2 小林　治男
　　　3.3 田部井哲夫、畑中　宗憲
　　　3.4 畑中　宗憲
　　　3.5 西山　高士、武居幸次郎
　　　3.6 田部井哲夫、畑中　宗憲
　　　3.7 辻本　勝彦

第4章　基礎の支持性能と地盤評価
　　　4.1 桑原　文夫
　　　4.2 鈴木　直子
　　　4.3 長尾　俊昌
　　　4.4 堀井　良浩
　　　4.5 内山　晴夫
　　　4.6 林　隆浩、加倉井正昭、青木　雅路

第5章　地盤評価に関するQ&A(順不同、詳細は目次参照)
　　　5.1 新井　洋、内田　明彦、加倉井正昭、田部井哲夫、田屋　裕司、辻本　勝彦、
　　　　　西尾　博人、西山　高士
　　　5.2 内田　明彦、田地　陽一、田部井哲夫、畑中　宗憲、
　　　5.3 新井　洋、内田　明彦、小林　治男、西尾　博人
　　　5.4 鈴木　直子
　　　5.5 青木　雅路、浅香　美治、石井　雄輔、内山　晴夫、加倉井正昭、木谷　好伸、
　　　　　小椋　仁志、小林　治男、武居幸次郎、辻本　勝彦、長尾　俊昌、林　隆浩、
　　　　　堀井　良浩、真鍋　雅之

# 目　次

第1章　序　　　論 …………………………………………………………………………… 2
　1.1　構造材料としての地盤と基礎構造設計 …………………………………………… 2
　1.2　本書の構成と利用方法 ……………………………………………………………… 2
　1.3　地盤調査・試験による地盤評価 …………………………………………………… 3
　1.4　基礎構造設計と地盤定数の評価 …………………………………………………… 6

第2章　地盤調査と地盤評価 ………………………………………………………………… 10
　2.1　基礎設計と地盤評価 ………………………………………………………………… 10
　2.2　支持層の不陸・傾斜 ………………………………………………………………… 15
　2.3　試料採取方法と地盤定数との関係 ………………………………………………… 28
　2.4　物理探査による地盤評価 …………………………………………………………… 35
　2.5　洪積粘性土地盤の物性 ……………………………………………………………… 42
　2.6　地下水位の評価 ……………………………………………………………………… 48
　2.7　地盤の液状化評価 …………………………………………………………………… 53

第3章　設計用地盤定数の評価 ……………………………………………………………… 68
　3.1　地盤定数の応力依存性とひずみ依存性 …………………………………………… 68
　3.2　$N$値より求めた変形係数（$E$） ………………………………………………… 75
　3.3　ポアソン比（$v$） …………………………………………………………………… 82
　3.4　静止土圧係数（$K_0$） ……………………………………………………………… 85
　3.5　圧密に関する地盤定数（$p_c$, $C_r$） ……………………………………………… 90
　3.6　地盤の強度定数（$c$, $\phi$） ………………………………………………………… 95
　3.7　S波速度（$V_s$）と$N$値の関係 …………………………………………………… 100

第4章　基礎の支持性能と地盤評価 ………………………………………………………… 112
　4.1　基礎設計に用いる地盤反力係数評価の留意点 …………………………………… 112
　4.2　直接基礎の即時沈下の簡易算定法 ………………………………………………… 116
　4.3　杭頭鉛直ばねの評価 ………………………………………………………………… 119
　4.4　支持層厚に応じた杭先端支持性能の評価 ………………………………………… 123
　4.5　杭の水平ばねの評価 ………………………………………………………………… 128
　4.6　杭の施工品質に及ぼす地盤条件 …………………………………………………… 137

第5章　地盤評価に関するQ&A集 ………………………………………………………… 144
　5.1　地盤調査　　　　　Q1-1〜Q1-15 ………………………………………………… 144
　5.2　液状化　　　　　　Q2-1〜Q2-9 …………………………………………………… 168
　5.3　基礎の耐震設計　　Q3-1〜Q3-5 …………………………………………………… 182
　5.4　直接基礎　　　　　Q4-1〜Q4-2 …………………………………………………… 191
　5.5　杭基礎　　　　　　Q5-1〜Q5-20 ………………………………………………… 195

【Q&Aのタイトル】

## 5.1 地盤調査　　Q1-1～Q1-15

Q1-1 土質分類における粒径の閾値（礫～2mm～砂～75μm～シルト～5μm～粘土）の根拠は何か？

Q1-2 埋立地における地盤調査の留意点と調査項目は何か？

Q1-3 粘性土のサンプリングと非排水せん断強度 $Cu$ を求めるときにはどのような注意が必要か？

Q1-4 基礎の設計において砂礫層の $N$ 値を用いるときの留意点は何か？

Q1-5 粘性土の圧密試験結果を用いて $Cc$ 法で圧密沈下計算を行う時の注意点は何か？

Q1-6 三軸圧縮試験などで粘着力とせん断抵抗角（内部摩擦角）が両方得られた場合、両者の効果をどう考慮したらよいか？

Q1-7 地下外壁に作用する常時水平土圧の評価で、自立する粘性土地盤の場合はどうすればよいか？

Q1-8 液状化判定、地下室の浮力、地下壁への水圧など設計で地下水位を設定するときのポイントと注意点は、何か？

Q1-9 地盤の変形係数やポアソン比を静的な検討と動的な検討で変える必要はあるか？

Q1-10 $N$ 値から S 波速度（$Vs$）を推定する経験式が各種提案されているが、どう用いればよいか？

Q1-11 $N$ 値から S 波速度($Vs$)やせん断剛性を推定する経験式はしらす地盤のような特殊土地盤でも適用できるか？

Q1-12 PS 検層を 100m の深さまで実施したところ、$N$ 値が 50 以上であるにもかかわらず、$Vs$ が 400m/s 以上にならない。工学的基盤はどう設定すればよいか？

Q1-13 微動アレイ探査や表面波（レイリー波）探査から得られる地盤の S 波速度構造の精度はどの程度か？

Q1-14 微動 $H/V$ スペクトルのピーク周期から地盤の固有周期を評価できるか？

Q1-15 微動 $H/V$ スペクトルから工学的基盤の傾斜がわかるか？

## 5.2 液状化　　Q2-1～Q2-9

Q2-1 液状化判定を行う場合の判定対象地盤条件（地表面から 20m 程度以内の深さの沖積層で細粒土含有率 35％以下など）の根拠は何か？

Q2-2 礫質地盤の液状化強度の評価についてどのように考えればよいか？

Q2-3 液状化判定において洪積層の取扱いはどのようにすればよいか？

Q2-4 液状化簡易判定において、細粒分含有率（$Fc$）の測定値がない場合、$N$ 値や土質に基づき、どのように考えればよいか？

Q2-5 液状化危険度予測で用いる地表面水平加速度について、損傷限界検討用として 150～200cm/s$^2$、終局限界検討用として 350cm/s$^2$ を推奨している根拠は何か？

Q2-6 液状化判定に用いる最大加速度 150cm/s$^2$、350cm/s$^2$ と建物の設計に用いる際に想定している加速度 80cm/s$^2$、400cm/s$^2$ は整合しているか？

Q2-7 有効応力解析によらない液状化を考慮した動的解析は可能か？

Q2-8 動的解析の時の地震波の最大加速度が地表面で 500cm/s$^2$ 以上となるような地盤で液状化を検討する場合、どう行えばよいか？

Q2-9 液状化層の上に非液状化層が存在する地盤において杭基礎を設計する場合、非液状化層はどう取り扱えばよいか？

## 5.3 基礎の耐震設計　　Q3-1～Q3-5

Q3-1 基礎の水平震度や地下の水平震度はどのように設定するのがよいか？

Q3-2 基礎の耐震設計において、基礎底面摩擦抵抗、地下壁側面摩擦抵抗、地下壁前面受働抵抗などはどこまで考慮できるか？

Q3-3 大地震時の慣性力による杭応力と地盤変位による杭応力の重ね合わせの方法はどうすればよいか？

Q3-4 地盤の非線形特性（復元力）モデルにおいて、H-DモデルとR-Oモデルでは、どちらが適切か？
Q3-5 告示免震などで使われる限界耐力計算における表層地盤増幅の注意点は何か？

## 5.4 直接基礎　　　Q4-1～Q4-2
Q4-1 直接基礎の弾性沈下算定時における地盤の変形係数を、簡易に評価する方法はあるか？
Q4-2 直接基礎の弾性沈下算定時に、地盤の深さをどの範囲まで考慮すればよいか？

## 5.5 杭基礎　　　Q5-1～Q5-20
Q5-1 杭基礎の支持層深さを決めるときに、ボーリングの本数はどの程度必要か？
Q5-2 傾斜・不陸の大きな支持層、不連続な支持層など複雑な支持層の調査のポイント・計画上の留意点は何か？
Q5-3 地盤調査が想定した杭先端付近までしか実施されておらず、支持層として不安な場合、どのような根拠で支持層を決めればよいか？
Q5-4 杭の先端支持力を算定する時の平均$N$値の杭先端から下方及び上方の距離の設定根拠は何か？
Q5-5 中間層に支持される杭の先端支持力における中間層厚の影響はどう評価すればよいか？
Q5-6 中間層に支持される杭の先端支持力は、2層地盤の支持力式で評価できるか？
Q5-7 中間層に支持される杭の先端支持力は、中間層の厚さがどのくらいあれば下部層の影響を受けなくなるか？
Q5-8 杭頭の鉛直ばねの評価方法にはどのようなものがあるか？
Q5-9 荷重伝達法で用いる杭先端ばねと杭周面の摩擦ばねはどう評価すればよいか？
Q5-10 杭の鉛直ばねを用いて杭基礎の沈下量を求める場合の注意点は何か？
Q5-11 杭の水平地盤反力係数（水平ばね）は、どの情報（$N$値、PS検層など）から求めるのが適切か？
Q5-12 杭の水平地盤反力係数（水平ばね）算定式中の係数$α$の根拠は何か？
Q5-13 水平地盤反力係数をFrancisの式で評価する場合の注意点は何か？
Q5-14 杭の一次設計用いられるChangの式は二次設計においても適用できるか？
Q5-15 地盤条件や敷地条件などから杭施工法を選択する際に、考慮すべき点は何か？
Q5-16 既製コンクリート杭施工時に支持層を判定する場合、電流計と積分電流計での信頼性、精度の違いははどの程度か？
Q5-17 中間層に礫混じり地盤がある場合、既製杭の施工法での注意事項は何か？
Q5-18 既製コンクリート杭の施工で2mほど高止まりした。支持性能の保証はどのようにすればよいか？
Q5-19 建替え工事で既存杭を残置することによってどの様な効果が期待できるか？
Q5-20 汚染土壌が存在する敷地における杭施工での注意点は何か？

# 第 1 章　序　　論

# 第1章 序論

## 1.1 構造材料としての地盤と基礎構造設計

我が国の建築物の構造設計も他の構造物と同様、従来の仕様設計から性能設計に移行しつつある。建築構造物の基礎構造は2001年の日本建築学会の「建築基礎構造設計指針（以下「基礎指針」と略す。）」[1.1.1)]の改定にあたって、「基礎構造の設計は、設計者の基礎構造の要求性能を明確にし、その性能を確保することである。」と明瞭に性能設計の主旨を示している。建築構造物は図1.1.1に示すように、建物の自重および積載荷重の他、立地する地域により様々な種類および大きさの自然の外力を受ける。構造設計では、設定した外力のもとに建築物の要求性能が確保できるようにする必要がある。建築構造物に及ぼす外力は最終的には基礎構造を介して地盤に伝えられる。つまり、建築構造物の性能設計にとって、基礎構造の性能設計は不可欠であり、そして、基礎構造を支える基礎地盤についても性能設計の考えが重要である。

基礎地盤は上部構造の構造材料と同じく、建築構造物を構成する構造材料の一部と理解すべきである。建築構造物の合理的な基礎構造の設計には、まず地盤に関する既往資料の調査や予備的な地盤調査・試験結果を踏まえて、基礎地盤の地層構成とその連続性、地層の厚さ、支持層の深さや傾斜、地下水位の深さなどを適切に設定する必要がある。そして、基礎形式を決定し、基礎構造としての要求性能と品質を勘案して適切な基礎構造の設計法を選択する。選択した設計法には、それを具現化する施工法に対する十分な理解が必要である。そのためには、地盤を理解して基礎を設計するときに、地盤条件と想定する基礎の対応に対しても十分な注意を払うことが求められる。設計法および施工法に必要とする地盤定数を考慮した地盤調査・試験の実施と得られた結果より適切に設計用地盤定数を評価する必要がある。

建築基礎構造設計に必要な地盤定数の評価方法についても基本的な考えは「基礎指針（2001）」に示されている。一方、どのような地盤調査・試験方法を用いるべきか、地盤調査・試験結果からどのように基礎地盤に関する設計条件や設計用地盤定数を求めるかについては、基本的には基礎の設計者に委ねられている。これは前述の様に、建築の基礎設計が従前の「仕様設計」の考え方から「性能設計」に変わって、構造物に要求される性能のみが規定され、その照査方法については究極的には全て設計者に委ねる考え方となっているためである。

表1.1.1および表1.1.2は建築基礎設計のための地盤定数とそれを求めるための調査・試験方法を示している。地盤はその成因や構造物建設までの長い間に受けた様々な自然営力により強度・変形特性が大きく異なり、他の主要な人工的な建築構造材料（鉄やコンクリートなど）に比較して多種多様であり、かつ、限りなく均一性に乏しい。地下水位は地盤材料の力学的性質を支配する有効応力に大きく影響するが、様々な影響を受けて変動することが知られ、適切な評価は容易でない。地盤材料の力学的性質は拘束圧依存性とひずみ依存性が強い。地盤物性を調査・試験する方法も多種多様である。それぞれに特徴があり、適用範囲がある。そのため、基礎構造設計者は各種地盤調査・試験法の特徴と適用範囲および得られる結果の評価への深い理解が望まれる。

本書の最も重要な位置づけは、基礎の設計者に、設計並びに設計に基づく施工に必要とする地盤情報を求めるための地盤調査・試験方法の特徴と地盤調査・試験結果から基礎地盤に関する設計条件や設計・施工に必要とする地盤定数を求める方法およびその際の留意点についての情報提供である。

なお、地盤の静的強度定数の内、「$\phi$」については、長い間広く「内部摩擦角」と表記されてきたが（これは多分に先行していた英語の「internal friction angle」から来ている）。本書では、改訂された地盤工学会の学術用語表記（地盤強度の本質はせん断強度である。）に従い、以下に「内部摩擦角」から変更して「せん断抵抗角」と表記することとする。

## 1.2 本書の構成と利用方法

本書は、「第1章 序論」、「第2章 地盤調査と地盤評価」、「第3章 設計用地盤定数の評価」、「第4章 基礎の支持性能と地盤評価」および「第5章 地盤評価に関するQ&A」から構成されている。

「第1章 序論」においては、地盤は上部構造の構造材料と同じく構造材料の一つであるとの認識のもと、基礎構造の性能設計のため、資料調査、地盤調査・試験によ

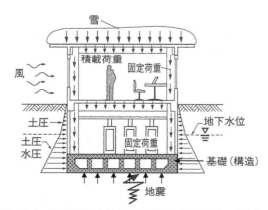

図1.1.1 建築構造物が支える荷重と基礎地盤の役割

表 1.1.1　建築基礎設計に必要な主な地盤定数

| 地盤の状態を表す情報 | 地盤の工学的性質 |
|---|---|
| 堆積年代<br>（埋立，沖積，洪積） | 強度定数<br>（粘着力c，せん断抵抗角φ<br>　液状化強度，限界導水勾配$i_c$） |
| 土層構成<br>（層序，層厚，<br>　　支持地盤の不陸） | 変形特性<br>（ヤング係数E<br>　せん断弾性係数G<br>　減衰定数h，ポアソン比ν） |
| 土質<br>（粘土，シルト，<br>　　　　砂，礫など） | 圧密特性<br>（体積圧縮係数$m_v$，圧縮指数$C_c$<br>　再載荷時の圧縮指数$C_r$<br>　圧密降伏応力$P_y$） |
| 地下水<br>（地下水位，被圧状況） | |
| 応力履歴<br>（正規圧密，過圧密，<br>　　　　　　圧密未了） | 物理的性質<br>（透水係数k，土粒子の密度$\rho_s$<br>　単位体積重量$\rho$，間隙比e<br>　含水比w，相対密度Dr<br>　塑性指数$I_p$，静止土圧係数$k_0$） |
| 応力状態 | |

表 1.1.2　建築基礎設計における検討項目・地盤調査項目
および主な調査・試験方法

| 検討項目 | 調査項目 | 主な調査・試験方法 |
|---|---|---|
| 支持層の検討 | 地層の構成<br>土質，層厚 | ボーリング調査<br>標準貫入試験 |
| 支持力 | せん断強度 | 標準貫入試験，せん断試験<br>平板載荷試験 |
| 沈下量 | 圧密特性，変形特性<br>地層の傾斜，<br>地盤の均一性 | 物理試験，圧密試験<br>変形試験，PS検層<br>標準貫入試験<br>平板載荷試験<br>孔内水平載荷試験 |
| 液状化 | 液状化強度 | 物理試験，地下水位調査<br>標準貫入試験，液状化実験 |
| 杭の水平抵抗 | 水平地盤反力係数 | 孔内水平載荷試験 |
| 地盤の振動特性 | せん断波速度<br>繰返し変形特性 | PS検層<br>繰返し変形試験 |

る地盤材料に関する情報の把握、設計のための地盤モデルの作成、適切な設計法の選択とそれに必要な地盤定数の評価が必要不可欠であることを述べた。第2章から第4章においては、実際の基礎設計の大筋の手順を勘案して、地盤調査・試験結果に基づく「地盤の評価」について3章に分けて記述した。

「第2章　地盤調査と地盤評価」では、調査・試験により得られた敷地地盤に関する情報に基づき、設計対象構造物を念頭に基礎設計に必要な基本的な地盤条件の確認と設定にあたっての留意点について記述した。「第3章　設計用地盤定数の評価」では、建築構造物の特性及び第2章の地盤情報を勘案した基礎構造の設計法に必要な地盤定数を調査・試験結果から求めるにあたっての基本事項と留意点を説明した。「第4章　基礎の支持性能と地盤評価」では、第2章および第3章で得られた地盤情報（地盤条件・地盤定数）を実務の基礎設計に用いるにあたって、設計法との関連においての基本事項と留意点を説明した。

「第5章　地盤評価に関するQ&A」は第2章から第4章の解説の中において、基礎の設計者がしばしば遭遇する基礎地盤に関する共通の疑問点を下記に示す5つの分野に分類して、その対応についてQ&Aの形でわかり易く説明した。

5.1　地盤調査
5.2　液状化
5.3　基礎の耐震設計
5.4　直接基礎
5.5　杭基礎

なお、地盤情報を求める調査・試験法の詳細については紙面の都合で本書の範囲外とした。参考までに、（公益社団法人）地盤工学会から「地盤調査の方法と解説」がISOとの関係も勘案して2013年に改訂されており、地盤の工学的性質に関する調査法および試験法の詳細についてより深めたい読者はこの本を参照されることをお薦めしたい。一方、基礎設計に用いる数値解析の方法についても、有限要素解析法、地震応答解析法、液状化現象検討のための有効応力解析法などについての進歩は目覚しく、様々な方法が提案され、実務でも適用されている。まさしく「性能設計」の流れに符合している。地盤調査・試験法と同様、個々の解析法の詳細についても本書の取り扱う範囲外とした。必要な方は関係図書の参照をお薦めしたい。

上記に示す本書の構成から、本書の利用にあたっては、必ずしも順を追って読む必要はない。基礎構造の設計において、疑問あるいは対応に悩んでいる事項と関連する章と節に書かれている内容を理解し、並びに各章および各Q&Aの文末に記載されている参考文献も併せて活用していただければ幸いである。

## 1.3　地盤調査・試験による地盤評価

他の構造材料との最も大きな相違点である地盤材料の多様性と不均一性を考えると、基礎構造の設計は構造物の要求性能を満たし、敷地地盤の特性に適した基礎構造の特殊解を求めることである。

基礎構造の設計では、しばしば、設計用地盤定数を既往の地盤データに基づき、簡易なサウンディング試験結果（例えば標準貫入試験のN値）を用いて、提案されている経験式から推定することがある。しかし、地盤材料の多様性と不均一性を考えると、合理的な特殊解を求めるためには、敷地地盤についての調査・試験による直接的な地盤特性の評価が極めて重要である。また、止むを得ず、経験式に基づく地盤評価を行う際には、その適用範囲や経験式の誘導に用いたデータの特性を十分理解することが大切である。

敷地地盤の評価に用いる調査・試験には、原位置試験と原位置から試料を採取して実施する室内試験がある。敷地地盤に直接荷重を加えて支持性能や変形特性を求める原位置試験では、実荷重レベルでの実験は膨大な費用がかかる難点があるうえ、荷重による地盤の荷重面での変位は求められるが、荷重によって生じる地盤のひずみの評価およびひずみと変形係数の関係の把握が困難であ

る。一方、室内試験による地盤評価には地盤試料を採取する必要がある。その際、地盤中からの試料採取には応力解放や試料採取が地盤の工学的性質に与える影響が避けられない。それらの要因による影響の評価も重要な課題である。現状では、地盤材料を評価する万能な試験法はなく、それぞれの試験法には利点と欠点があり、適用範囲もある。従って、基礎設計に必要とする地盤定数が求められる適切な調査・試験法の選択も基礎設計者にとって重要な課題である。以下に原位置試験および試料採取と室内試験により直接に敷地地盤を評価する場合の主な注意点について述べる。

### 1.3.1 原位置試験による地盤評価

本節では、表 1.1.2 に示す地盤の変形係数を求める主要な原位置試験である平板載荷試験、孔内水平方向載荷試験、および PS 検層で得られる変形特性の理解についての留意点を述べる。

図 1.3.1 は平板載荷試験と得られる結果の評価にあたっての注意点について示している。原位置試験と言っても、実物と同じ荷重面積で載荷することは多くの場合不可能である。実際の載荷板は通常直径 30cm 程度である。実物と同じ鉛直応力($q$)を加えても、荷重の届く範囲は異なり、当然のことながら反映される地盤の支持性能と変形係数は異なる。そして、得られる変位のひずみレベルの評価も困難である。地層構成、地層の厚さおよび各地層の土質をも勘案して、面積の小さい載荷板で得られた変形係数を評価する必要がある。

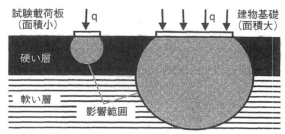

**図 1.3.1 平板載荷試験における寸法効果とその影響**

図 1.3.2 は地盤の水平方向の変形係数の評価に用いるプレボーリングタイプの孔内水平方向載荷試験（PBP）で得られる圧力～変形量の模式図である[1.1.2)]。この試験法は図示のように、セルの圧力と加圧されるセルの半径方向（水平方向）の変位またはセルの体積変化から地盤の変形係数（$E_0$）、降伏圧（$P_y$）、破壊圧（$P_l$）を求めるのが目的である[1.1.2)]。実際の測定では、削孔に伴う孔壁の崩壊の影響を除くため、載荷の途中で除荷・再載荷のサイクルを実施することがある。そのため、影響が不明でかつ一定でない応力・ひずみ履歴を地盤に与えている可能性があり、測定結果に大きなばらつきをもたらす原因になることがある。そして、直線部分で得られる変形係数 $E_0$（図 1.3.2 参照）に対応するひずみは繰り返し三軸試験での軸ひずみあるいはせん断ひずみとは異なるもので、両試験法で得られる変形係数を直接的に比較することはできない。また、原位置試験とは言え、少なくとも、$E_0$ を測定している地盤の水平方向の応力状態が地盤の初期の $K_0$ 状態とは言い難い。つまり、このように求められた地盤の水平方向の変形係数は特殊な境界条件での値であり、一般的な変形係数とみなすことはできない。従って、その活用方法も限られる。

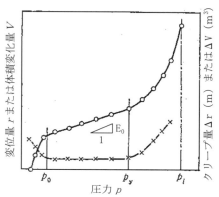

**図 1.3.2 PBP 試験で得られる典型的な圧力～変形量関係図[1.1.2)]**

微小ひずみでの変形係数は原位置試験である PS 検層で得られるせん断波速度 $V_s$ を用いて、波動論に基づき (1.3.1) 式により、せん断弾性係数 $G_0$ を求めることが広く行われている。

$$G_0 = \rho V_s^2 \quad (1.3.1)$$

ここで、$\rho$ は地盤の密度

PS 検層の代表的な試験法としては、ダウンホール法（DH 法）および孔内起振受振法（SPS 法）がある。ダウンホール法は地上で加振し、ボーリング孔内に吊り下げた受振機を適切な位置に圧着して受振する。これに対して孔内起振受振法は、起振機と受振機が一体になった測定器（ゾンデ）をボーリング孔内の孔内水位以下の適切な深さに吊り下げて（浮遊型）、任意の深さの P 波および S 波速度を測定する。両方法による測定値に大きな差はなく（±10%程度）、また、単層で層が厚いところでの対応がよいことから、測定法の精度自体には有意な差はないと考えてよい。両試験方法により得られた S 波速度についての比較検討の詳細は 3.7.5 節「S 波測定法の違いによる $V_s$ の比較」にあるので参照したい。

孔内起振受振法の場合、深さ方向に測定器を連続的に下げて測定するので、地層の細かな変化を把握できる。これに対して、ダウンホール法の場合、測定位置ごとに測定器を孔壁に圧着設置する作業のため、測定間隔が広くなりがちである。層厚さが薄い土層を見逃す可能性があるので、注意する必要がある。図 1.3.3 の波形記録の例では、深さ 1m から 25m まで、S 波の到達時間はほぼ一直線的に変化している[1.1.3)]。これをそのまま直線で評価すると、24m にわたって同じ S 波速度をもつ地層となる。しかし、図 1.3.4 に示すように、わずかな傾きの違いを丁寧に評価すると、24m の間に、$V_s$ は 150m/s～260m/s

の範囲に分布し、一直線で評価した平均的な値からは実に±25%の変化の幅がある[1.1.4]。$G_0$ に変換すると±50%の幅になる。詳細な地層構成が不明な場合や、データ処理する技術者の熟練度により走時曲線を平滑化して $V_s$ を評価する影響は大きい。$V_s$ が一定の層が厚い場合は地層の平均的な $V_s$ 値が示されていると理解して、$V_s$ の応力依存性を勘案して層の中心深さがこの平均値に相当し、層の深さ方向で $V_s$ を調整して評価するのが妥当と考える。

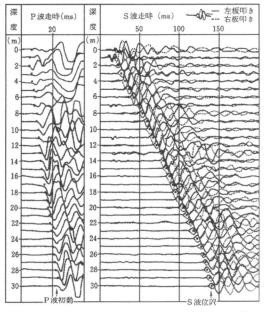

図 1.3.3 PS検層で得られた走時曲線の例[1.1.3]

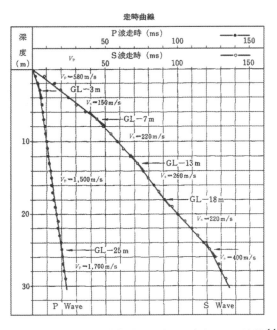

図 1.3.4 図 1.3.3 の走時曲線から求められた $V_s$ の比較[1.1.3]

### 1.3.2 室内試験による地盤評価

原位置試験は地盤の原位置の応力・ひずみ条件のもとでの工学的性質が求められる大きな利点がある。一方、構造物の建設には地盤の掘削や建設に伴い、地盤中の応力・ひずみ条件が変化する。これらの影響による地盤の工学的性質への影響の評価にあたっては、原位置から試料を採取して室内試験により評価する必要がある。ところが、原位置から試料を採取することは、必然的に原位置での拘束応力が一度ゼロ（大気圧）になる。さらには、試料を採取する際に地盤の原位置での密度・構造特性を変化させ、その結果、地盤の強度・変形特性に影響を与える可能性があり、その影響評価が重要である。

#### (1) 試料採取法が地盤の変形特性に与える影響

地盤のせん断弾性係数（$G$）は $10^{-6}$ のひずみ（$\gamma$）からひずみ依存性があり、特に $10^{-4}$ から強いひずみ依存性が見られる。そして、図 1.3.5(a) に例示するように、砂地盤のせん断弾性係数は試料の採取法に大きく影響を受ける[1.1.4]。凍結サンプリング法で採取した試料（FS）から求めた微小ひずみでのせん断弾性係数（$G_0$）は PS 検層で得られる S 波速度（$V_s$）から求めて値とほぼ対応しているが、実務で広く用いられているチューブの回転貫入による試料採取法で採取した試料（TS）を用いて求めたせん断弾性係数は PS 検層で求めた値よりかなり低い。試料採取法による変形特性への影響は無視できない。一方、せん断弾性係数のひずみ依存性（$G/G_0 \sim \gamma$ 関係）は図 1.3.5 (b) に示す様に、試料の品質による影響はほとんど無視できる。従って、実務での対応としては微小ひずみでのせん断弾性係数 $G_0$ を PS 検層による $V_s$ で求め、せん断弾性係数のひずみ依存性はチューブ試料を用いた室内試験により求めれば、原位置での $G/G_0 \sim \gamma$ 関係がほぼ評価できると考えて良い。試料採取法の礫地盤や粘土地盤の変形特性への影響も図 1.3.5(a) と同様、大きいことが知られている。その場合も、上記の方法で対応することが可能である。

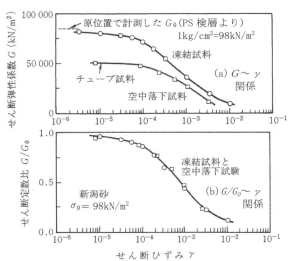

図 1.3.5 試料採取法が変形係数に与える影響[1.1.4]

#### (2) 試料採取法が地盤の強度特性に与える影響

図 1.3.6 は砂地盤の液状化強度に与える試料採取法の影響を示している[1.1.5]。砂試料の採取に実務で広く用いられているチューブの回転貫入による試料採取法で採取した試料では、試料の攪乱の影響が無視できない場合が

あることを示している。しかも、液状化の可能性の大きな $N$ 値が 10 以下の埋立地盤では原位置強度を過大に評価する可能性がある。過大評価の大きな原因の一つは図 1.3.7 に見るように、サンプリングチューブの回転貫入によるせん断で緩い砂地盤が密実化すると考えられる[1.1.6]。相対密度が 60% 以下の緩い砂地盤は密実化の可能性が高い。時間と費用をかけて試料採取し、実験を実施したのに、設計にとってはかえって危険側の評価になる可能性があるので十分注意する必要がある。一方、密な地盤は逆に緩くなるが、密度の変化は緩い地盤ほど大きくない。密な地盤はせん断による土の骨格構造への影響が大きいと考えられる。原位置地盤の液状化強度を原位置試料で直接評価する場合は、地盤の原位置での密度および構造並びに過去に受けた応力およびひずみ履歴を保持した良質の不攪乱試料を用いることが重要である。

一方、試料採取法の砂地盤の静的強度への影響は比較的小さい。詳細は 3.6 節「地盤の強度定数（$c$、$\phi$）」を参照されたい。

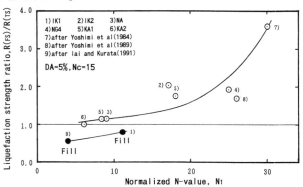

図 1.3.6　正規化 $N$ 値、$N_1$ と液状化強度比の関係[1.1.5]

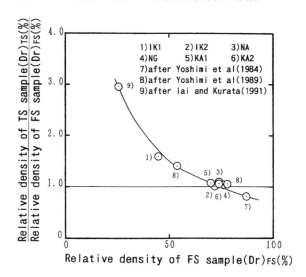

図 1.3.7　試料採取法が砂地盤の相対密度に与える影響[1.1.5]

図 1.3.8 は試料採取法が粘性土の一軸圧縮強度に与える影響を示した例である[1.1.6]。鋭敏性の高い有明粘土とは言え、試料採取法による一軸圧縮強度への影響はかなり大きいと言える。試験法自体のみならず、試験装置を操作する技術者の熟練度も重要な要素であることを理解すべきである。

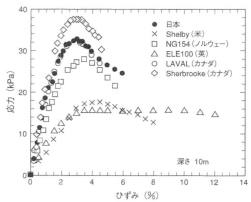

図 1.3.8　試料採取法が粘性土の一軸圧縮強度に与える影響[1.1.6]

## 1.4　基礎構造設計と地盤定数の評価

地盤の変形係数のひずみ依存性は地盤の地震応答解析に用いる動的非線形特性の研究として急速に進んできた。その後、非線形特性への載荷速度の影響は通常の地震動の周波数の範囲ではほとんどないことが明らかになり[1.1.7]、「動的荷重」の本質は「荷重の繰り返し載荷」であることが明らかになった。このような背景のもとに静的変形の議論に用いる変形特性もひずみ依存性を考慮した方が実現象を良く説明できることが知られるようになり、静的な設計にも変形係数のひずみ依存性が考慮されるようになってきた。

図 1.4.1 は掘削に伴う根切り底の浮き上がり量の予測にひずみ及び応力による地盤の非線形特性を考慮した事例である[1.1.8]。微小ひずみの剛性は PS 検層で求めた $V_s$ を、剛性の応力（掘削および地下水位の変動）およびひずみ依存性はブロックサンプリングで採取した原位置試料を用いた繰り返し三軸試験により求めた結果を用いた。このように、地盤の応力およびひずみの大きさに見合う変形係数を考慮することによって掘削に伴う支持地盤の浮き上がりおよび沈下挙動を比較的よく予測できることを示している（図 1.4.2 参照[1.1.8]）。基礎構造の設計・施工における地盤の変形予測にとって地盤の変形係数の評価は極めて重要である。

基礎地盤の液状化評価を含めた検討を基礎設計で行う場合がある。その場合の検討方法としては有効応力解析法と全応力解析法が考えられる。全応力解析法としては等価線形法が広く用いられている。地盤定数としては、微小ひずみでのせん断弾性係数 $G_0$ とせん断ひずみ $\gamma$ による剛性低下（$G/G_0 \sim \gamma$）および減衰の増加（$h \sim \gamma$）の関係があれば良い。これらの地盤定数は PS 検層や繰り返し三軸試験により求められる。これに対して、液状化発生の有無だけではなく、部分的な地層の過剰間隙水圧の上昇による地盤の強度・変形特性への影響、さらにはそれらによる基礎への影響を詳細に評価するには有効応力解析が有効である。有効応力解析では、各種の構成モデルが地盤の応力−ひずみ−過剰間隙水圧関係を支配している。解析ソフトの中には、構成モデルに含まれている解析用パラメーターの内、地盤情報との定量的な関連付けが不

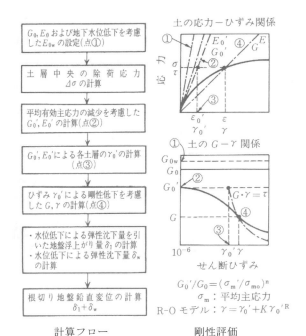

図1.4.1 地盤の非線形特性を考慮した浮き上がり及び沈下の予測（計算フローと剛性評価）[1.1.8)]

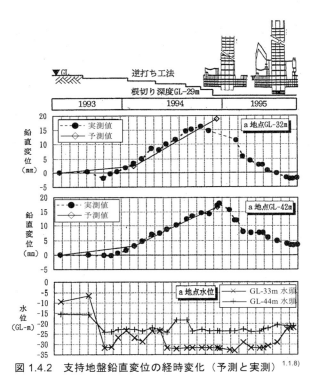

図1.4.2 支持地盤鉛直変位の経時変化（予測と実測）[1.1.8)]

明あるいはあいまいなパラメーターもある。従って、有効応力解析法を用いるにあたっては、当該解析法による既往の解析事例（対象構造物、地盤特性、当該解析法を選択する理由）を理解し、解析におけるパラメーターの設定方法と解析結果についての評価に留意することが大切である。

## 1.5 まとめ

建築構造物の性能設計にとって、基礎構造の性能設計は不可欠であり、基礎構造を支える基礎地盤の評価についても性能設計の考えが重要である。建設する構造物の規模、構造的特徴などを踏まえて敷地地盤の設計用地盤モデルを作成し、適切な解析方法を選択して、それに必要な地盤定数を設定する。その際、敷地における地盤特性の平面方向・深さ方向の不均一性、地盤特性を求める原位置調査法・試験法の特徴と適用範囲、求められる地盤特性の潜在的ばらつき大きさを把握しておく必要がある。一方、室内試験により地盤特性を評価する場合は、試料採取法の影響の評価が重要である。そして、上部構造に用いる構造材料とは違って、地盤材料の強度および変形特性の応力およびひずみ依存性が大きいことは最も注意する必要がある。合理的な基礎設計にはこれらの地盤特性の適切な評価が不可欠である。

第2章以降は基礎設計・施工に必要な地盤特性の評価の詳細について述べている。

### 参 考 文 献

1.1.1) 日本建築学会：建築基礎構造設計指針，pp.61-72, 149-150, 2001.

1.1.2) 地盤工学会：地盤調査の方法と解説, p.322, 2004.

1.1.3) 地盤工学会：設計用地盤定数の決め方―土質編―, p.190, 2007.

1.1.4) Tokimatsu, K. and Hosaka, Y.: Effects of sample disturbance on dynamic properties of sand, Soils and Foundations, Vol.26, No.1, pp.53-64, 1986.

1.1.5) Hatanaka, M. Uchida, A. and Oh-oka, H: Correlation between the liquefaction strength of saturated sands obtained by in-situ freezing method and rotary-type triple tube method," Soils and Foundations, Vol.35, No.2, pp.67-75, 1995.

1.1.6) Tanaka H.: Sample quality of cohesive soils; lessons from three sites, Ariake, Bothlernnar and Drammeu, Soils and Foundations, No.4, pp.57-74, 2000.

1.1.7) 清田芳治, 萩原庸嘉, 田村英雄：珪砂6号の動的変形特性に関する研究，第30回土質工学研究発表会, pp.851-852, 1995.

1.1.8) 加倉井正昭, 青木雅路, 貞永誠, 石原完爾, 石井修：大規模直接基礎構造物の建設時における支持地盤の挙動, 日本建築学会大会学術講演梗概集, pp.525-528, 1996.

# 第2章　地盤調査と地盤評価

# 第2章　地盤調査と地盤評価

## 2.1　基礎設計と地盤評価
### 2.1.1　概要

　設計者は計画している建物の地盤がどのようなものであるかを把握することは基礎構造設計を行う前提として重要であり、出来ることであればその地層構成のみならずその力学性状を早期に把握したいところであろう。この手順その他についてはすでに既存の関係書籍において相応の理解が進んでいると推測される。しかし具体的な設計に必要な地盤評価はその決め方について共通認識ができておらず、設計者は戸惑うことも多い。そこで、地盤定数を決めるための地盤評価という考え方に立ち、その具体的な方法を述べる。

### 2.1.2　地盤評価と基礎・地盤説明書について
#### (1)　構造設計における地盤評価

　構造設計が地震などの外力によって構造物に発生する力・変形（応力・ひずみ）に対して安全で、機能などに障害がないような部材設計（材料、断面寸法、強度、剛性など）を行うことであるとすれば、同様に敷地地盤の層構成、各土層の連続性、厚さ（変化を含む）、強度、剛性などを評価して地盤をモデル化し、最終的な数値（地盤定数等）を決めることは設計に必要な地盤評価行為といえる。

　基礎構造の設計では、地盤の支持力や沈下のみならず、地盤の液状化に代表される地盤工学的問題等の検討を行うこととなり、該当地盤及びその周辺地盤の性状を調査・検討して、敷地及び基礎の地盤性状を明らかにすることが必要となる。その結果としては先に述べた敷地の性状と各種地盤定数を求めることになる。現状では、地盤評価の手順は明確ではないが、今後はこのような考え方を積極的に導入することが望まれる。具体的には確認申請時に地盤評価を盛り込んだ地盤概要書の作成(提出)というような考え方が必要である。

#### (2)　基礎・地盤説明書（地盤評価結果の説明書）の提案

　現行では、確認審査等に関する指針（平成19年国土交通省告示835号）において、審査に必要な図書として、「基礎・地盤概要書」（現行は基礎・地盤説明書に修正）が明記されており、審査する事項としては以下に示すような項目が挙げられている。

① 地層構成、支持地盤及び建築物(地下部分を含む。)の位置が明記されていること。
② 地下水位が明記されていること（地階を有しない建築物に直接基礎を用いた場合を除く。）。
③ 基礎の工法（地盤改良を含む。）の種別、位置、形状、寸法及び材料の種別が明記されており、それらが建築基準法令の規定に適合していること。
④ 構造計算において用いた支持層の位置、層の構成及び地盤調査の結果により設定した地盤の特性値が明記されており、それらが適切であること。
⑤ 地盤の許容応力度並びに基礎及び基礎ぐいの許容支持力の数値及びそれらの算出方法が明記されており、それらが建築基準法令の規定に適合していること。

　以上の内容では基礎を設計するときに十分な地盤評価は難しいことが多いので、基礎構造を想定し、地盤の性状により踏み込んだ評価をすることが望ましい。表2.1.1に地盤評価を行う時の具体的な内容を示す。

表2.1.1　基礎・地盤説明書

| 分類 | 項目 | 検討内容 |
|---|---|---|
| 地層判断 | 成層地盤 | 敷地内で層序変化が少なく、下記の条件を満足する。<br>・支持層（直接基礎）以下に大きな層序の欠落がない。<br>・支持層（杭基礎の場合は周面抵抗想定地盤も含む）以下に大きな層序の欠落がない。<br>・支持層の層序がボーリング位置で変化しない。 |
| | 非成層地盤 | 成層地盤の条件を満足しないもの。<br>・地盤のモデル化で設計者が地盤調査結果から敷地を複数の地層に区分する。<br>・地層の傾斜が明らかな場合は非成層（傾斜）地盤としてその角度を明示する。 |
| | 支持層の不陸 | 成層地盤で地盤に不陸があり、複数のモデル柱状図で表現（モデル地盤ごとに支持力等を計算する。）し、杭支持の場合は必要に応じて地盤調査で補完する。 |
| | 基盤の傾斜 | 工学基盤の傾斜（10度以上）が明らかな場合は、傾斜角度を明示する。 |
| | 地盤のモデル化 | 設計者が地盤調査結果から基礎形式を想定して地盤の若干の不陸と地層変化を想定して設計用に設定した柱状図で支持層が明示されている。 |
| 地盤性状判断 | 液状化 | ・設計者は、一次設計用の地表面加速度を150galか200galで設定し、FL値により液状化危険度を判定する。<br>・150galか200galの判断は建物の重要性、周辺への影響を考慮して設計者が選択する。<br>・液状化層が一部（薄い層）に限られている場合は、その影響が基礎の地震時の耐震性に影響がないかどうかの判断をする。その結果が問題ないと判断される場合において$D_{cy}$、$PL$で5以下は問題ないと判断する。 |
| | 広域地盤沈下 | 地盤調査結果からの圧密度の評価だけでなく、周辺の沈下測定結果から、広域地盤沈下のないことを確認する。もしあれば、その影響を考慮した設計（直接基礎では沈下量、杭ではNF、抜け上がり検討など）を行う。 |
| 周辺環境 | 斜面近接 | 斜面が近接する場合、可能な限り常時、地震時、降雨時の安定性を評価し、安全性に問題があれば、敷地内での対応を考える。 |
| 設計用地盤 | 地層の設定 | 設計用の地層（敷地内の地層構成、層厚、傾斜など）を明示し、その設計根拠を記述する。 |
| | 地盤定数の設定 | 地層ごとの基礎設計に必要な地盤定数を明示し、その設定根拠を記述する。 |

## （3）地層判断と層序の把握

構造物の規模、種類、構造形式、基礎形式等により調査すべき対象となる地盤の広さ、深さは変わるが、少なくとも設計に関係する地盤を明確にすることが必要である。具体的には基礎の鉛直支持性能（変形性能も含む）を求めるための地盤性状、地震の応答特性あるいは基礎の地震時の鉛直及び水平の挙動を求めるための地盤性状、液状化も含めた地震時の地盤の振動特性を求めるための地盤性状、必要に応じて地盤環境振動等を求めるための地盤性状等を考慮して、調査すべき地盤の範囲と深さを明確にする。

## （4）地盤性状判断

地震時の液状化の判定とその結果における基礎あるいは上部構造に関する影響度合の判断は設計者にとって重要である。例えば液状化層が薄い場合でもその層は地震時にせん断抵抗は失われることを考えるとその層を貫いている杭はどのような状況になるか等を考慮した設計が求められる。安易に地表面動的変位 $Dcy$ とか液状化指数 $PL$ の値だけで判断しないことが重要である。地下水位の設定においても少なくともボーリングの孔内水位ではない、地下水位の観測結果で判断してすべきであるが、一方で地下水位（自由水）の季節変動も大きいので設計用の地下水位決定には注意が必要であろう。

また想定される地盤の加速度が150galから200gal程度の場合でも東北地方太平洋沖地震のように地震規模（マグニチュード）が大きくなることが予想される場合には、液状化判定において、地震波の繰返し回数を増加させた検討が必要になる。

広域地盤沈下が発生する地域は減少していることは事実であるが、敷地地盤への安易な盛り土等が行われると周辺も含めた地盤沈下を発生させる要因になり、沖積層等の軟弱地盤においては、注意が必要であると共に敷地地盤の地盤沈下想定層の圧密特性を把握して、過圧密地盤においてもその過圧密比が大きくない場合には、沈下が大きくなることもあるので、その可能性に対する判断は必ず行う。

## （5）地盤評価の具体的な項目

1）共通項目

地盤調査結果から基礎形式を想定した地盤層序（設計で考慮する地層）の明記とその性状の定量的な数字を確定させる。

2）設計用の地盤層序の決定

複数のボーリング調査結果から設計用の地盤層序を平面上で1つにするのか複数にするかの決定を行う。そのためには考慮すべき設計用の地盤は、想定される基礎形式により大きく変わることを念頭に置いた地盤層序決定が必要になる。

a．直接基礎の場合

直接基礎の場合には基礎スラブから下部への荷重伝達を考慮することが重要である。特に基礎幅の2倍から5倍の範囲では地中増加応力の変化が著しいので、その範囲にどのような地層があるかを考慮して地層わけを行うことが重要である。特に粘性土地盤が厚く堆積する場合には、均一と考えるよりその上下で強度、剛性が異なることが多いので土質が同じでも適切に層別することが必要である。

b．支持杭基礎の場合

少なくとも支持杭先端から杭径の3から5倍程度の範囲で支持層が同一地層かを判断するために十分な深さの地盤調査が行われている前提での地層判断が必要である。また支持層の傾斜とか欠落等はその地域の地層特性を十分に調査して対応すべきである。

c．摩擦杭基礎の場合

対象層の層序の均一性に十分注意することと、強度特性及び圧密対象層かどうかの把握に留意する。

d．地盤改良基礎の場合

改良対象層の特定とその改良効果に関する検討が事前に必要であるが、地盤改良はその深さが増加すると施工精度も含めて不確実性が増加するので、何のための地盤改良（支持力増加、沈下抑制、液状化防止等）かを十分に理解して層序及び地盤改良範囲を特定することが重要である。

## （6）土質特性の特定

土質特性は地層の層厚で変化するので、目安として少なくとも同一地層が5m以上あるときには同一地層内で上中下の3点の土質定数を決めることを原則とする。土質特性とは粘性土、砂質土、礫質土で大別し、各々の特性に応じた項目とその数字と根拠（具体的方法）を明記する。

- 粘性土地盤：物理特性、力学特性（特に対象地盤の試料をサンプリングしていない場合はその根拠を明示する。）
- 砂質土地盤：物理特性、力学特性（特に対象地盤をサンプリングした場合はその方法と解釈（攪乱の程度）を明示する。）
- 礫質土地盤：砂質地盤と同様だが、特に粒径の大きさ（推測も含め）に対する考察を加えると共に施工上の課題を指摘する。

## （7）直接基礎の場合

基礎底面深さとその下部の支持地盤の連続性、層厚、土質特性を示す。特に連続性と層厚は上部構造の規模、重量等から考えられる基礎底面積下の荷重影響範囲を明確にして、その領域における地盤調査結果に抜けがないようにする。その結果から設計者判断において定量的な数字を示す。特に支持力と沈下計算の根拠となる土質定数についてはその推定根拠を明確にする。

## （8）杭基礎の場合

1）支持地盤の不陸を考慮した調査・設計の考え方

幾つかの既往報告[2.1.1)～2.1.5)]によると、支持地盤の不陸が比較的少ないと考えられる地域でも1～2m程度の不陸が存在することが多いこと、ボーリング調査数量を増やしても十分に不陸を把握することが難しいとの報告がある。したがって、支持地盤の不陸が事前

に十分な精度で把握できないという前提で杭の設計における考え方を述べる。

2）場所打ちコンクリート杭

支持層の不陸が想定以上になると、想定杭長さより施工杭の長短が発生する可能性があるので、杭長さが変わる場合にはその影響を適切に評価しておく。なお、地盤の不陸を予め考慮して設計した場合にはその旨を設計図書に明記しておくことが重要である。特に施工時における鉄筋篭の臨機応変な変更は難しいことが多いので、その対応方法も含めて事前の協議と対応（設計含む）を決めておくべきである。これは他の杭施工法にも言えることであり、施工法の特徴を理解した対応が望まれる。

3）既製杭

a．打込み杭

打ち止め管理による支持層確認となる。結果的には杭頭部位置は一定にならない可能性が高い。この場合は、予めの設計に余裕をもたせることは場所打ちコンクリートの場合と同じであるが、杭頭の処理と補強方法の対応が必要となる。

杭打ち時において、杭体を破損する可能性を常に考えた対応が必要であり、打撃回数が2000回を超えるような場合には、杭体に何らかの損傷が起きるとした対応（品質評価）を行うことが求められる。また地盤が深くまで軟弱で杭が長尺の場合には杭体を伝わる波により引張り亀裂の発生が予見されるので、上層の地盤（特に中間層を打ち抜く必要がある場合）はプレボーリングなどの対応をしてから打込み施工にするなどの配慮が必要になる。

b．埋込み杭

既製コンクリート杭の場合、支持層確認にはオーガーなどの電流値あるいはそれを応用した積分電流値の値を参考にしながら管理するのが通常である。もし設計杭長に対して高止まり、あるいは低止まりが生じた場合の対応方法についてはその処理方法あるいは補強方法が必要になる。ただ最近は耐震設計の関係で上杭にSC杭を使うことがあるが、その対応も含めて検討しておく必要があろう。特に基礎と杭の固定方法に特殊な工法（例えば杭頭にピン接合等の工夫を凝らしたもの）を採用している場合には、杭頭部の高止まりや低止まりは前提としていないものが多いので、杭頭部を切断する可能性に対しては特に事前に対応法の詳細を検討して杭体強度の保持と想定されている杭頭性能に支障が無いような対応が必要である。

また、高支持力杭（$\alpha \geq 300$）の場合には先端の根固め部の強度が支持力に大きく影響するので敷地地盤の先端部付近からサンプリングした土との事前配合試験、試験施工などを利用した先端部の未固結試料採取と強度試験などの方法により、確実に設計で要求される強度の確保（事前評価及び品質管理）に努めることが求められる。

鋼管杭の場合も基本的には既製コンクリート杭と同じであるが、高止まりあるいは低止まりの対応方法、補強法にはガスによる切断あるいは溶接による継ぎ足しなどが考えられるが、鋼管の特性を十分理解した対応が望まれる。

c．回転圧入杭

杭体は基本的に鋼管に限定されると思われるが、支持層確認にトルク値などを使った方法が使われており、施工機械の能力と杭体の強度などにも十分に注意した設定を心がけるべきである。高止まりや低止まりの対応方法、補強法は埋め込み杭の場合と基本的には同様である。

(9) 支持層の傾斜あるいは不陸の大きい地盤での設計の考え方

支持地盤の傾斜とか不陸の大きい場合は事前の地盤調査だけでは杭の長さの設定が難しいことが多い。このような地盤あるいはその可能性が予想される場合で設計者が杭基礎を想定した設計を行うときは、ボーリングによる地盤調査だけでなく、敷地を柱スパン程度のメッシュに分割した支持層確認用のサウンディングを義務付けるとか、設計図書に杭位置毎にボーリング等により支持層を確認する等明記することが設計あるいは許認可の手戻りだけでなく、施工におけるトラブルも小さくなる方法となる。地盤が変化すると予想される場合、あるいは支持地盤の傾斜等で直接基礎と杭基礎の異種基礎を採用する場合は、直接基礎や杭基礎以上に必要にして十分な調査とともに、より厳密な支持層の傾斜や不陸の判定などを行った地盤評価が必要になる。

2.1.3 地盤評価をさらに効果的にするための提案

地盤調査は基礎などの設計を行う前に設計に必要な地盤情報を提供することである。しかし最近は基礎設計の条件をどのくらい地盤調査に反映できるかを考えたときに、決して十分なものではないことが多い。たとえば調査位置の選定も更地と既存建物がある場合では異なるし、一度に理想的な位置で調査が行われることは少ないであろう。またその時点で構造物の詳細が決まっていることはまれで、細かい調査項目が決められない状況が多い。このため調査を1回で済ませるよりも、その目的に合わせた調査を複数回行うことが、目的により合致した地盤調査となるばかりでなく、効果的な地盤評価を行うために重要になる。

(1) 複数地盤調査計画の提案

予備調査：資料調査、現地調査
　　　　検討項目：敷地の地形地質の概要、
　　　　周辺地盤調査結果：調査内容の種類、
　　　　データ使用権の確認
1次調査（地層判断調査）：
2次調査（設計定数判定調査）：
3次調査（施工情報提供調査）：

予備調査の目的は既存資料、文献などを使った調査で敷地周辺の地盤の情報量の把握及び地層判断に関す

る着目点などをある程度理解することにある。既存資料では公開されているデータベースに具体的な地盤データ（地質構成，$N$ 値，強度など）も含めて十分な量と質が確保されていれば，今後の調査内容を決めることもできるので，1 次調査，2 次調査を一度に実施することも可能となる。さらに周辺敷地での既往地盤調査結果が入手できれば，さらにその内容を詳しく検討できるし，また後の調査の一部として利用することも考えられる。ただし，ここで注意すべきことは既往地盤調査結果の帰属問題である。通常はその使用確認（許可）が取れた場合に根拠データとして使用可能になる。対象となる敷地で地盤調査を行わず，周辺データ（あいまいな意味で）を使っての基礎設計は後で設計の根拠を問われたときに大きな問題となるので注意が必要である。

(2) 1 次調査（地層判断調査）における注意事項

1 次調査は予備調査で明らかになった情報を踏まえて計画すべきである。特に調査深さの設定，地盤層序の評価及びその不陸の程度の推測を踏まえた調査本数の計画を行う。また，地盤の概要とそこから抽出される地盤上の課題とそのための具体的な調査あるいは試験内容の検討を行えば，より効率的な調査（2 次調査）が実施可能となる。もちろん近隣データ等を使って上記の検討は可能な場合はあるが，その場合も 1 次調査の省略とその理由を明記すべきであり，そのデータの内容の確認を行っておくことが重要であろう。このときの主要なアウトプットは敷地地盤の土層構成図である。今までのような土層構成の想定図ではなく構成図ということに意味がある。発注者は 1 次調査で土層構成にどのくらいの誤差が含まれているかを明記して，2 次調査において追加すべきもの（例えば追加ボーリングなど）があれば，それを併記することが必要であろう。地下水位については自由水面の水位についてはこの段階で把握する。粒度分析試験を 1 次調査に入れるかは微妙なところがあるが，土層判定（液状化判定も含めて）に重要と判断した場合にはこの段階で計画に入れるべきものになろう。

(3) 2 次調査（設計定数判定調査）における注意事項

2 次調査は地層構成が明確になったうえで，基礎設計に必要な地盤定数を求めるための調査である。具体的には地盤の物理性状を把握する調査と力学性状を把握する調査に分けられる。

1 次調査から，設計者判断としての設計用の地盤構成を具体的に決定するための 2 次調査を行い，その結果に基づいた地盤構成を決定する。

基礎の種類，規模等から，想定される基礎設計に必要な力学性状を求める範囲の地盤を規定する。その結果に基づいた各層の力学定数の根拠となる試験を具体的に示し 2 次調査計画項目に明記する。また，その試験結果から設計用の数値を求めるが，その根拠あるいは判断基準を示すことも必要である。特に杭基礎においては先端支持力の根拠となる先端地盤の連続性，不均一性等を十分に検討できるだけの調査範囲を考慮した計画とする。

(4) 3 次調査（施工情報提供調査）

2 次調査において基礎設計の概要あるいは詳細が絞り込まれた時点において，その施工法を決定するために必要な調査を行う。既製杭の施工では中間層に礫層が介在する場合にはその粒径の大きさを十分に把握しておかないとトラブルの原因になるので注意が必要である。また支持層深さの変化があると想定された場合においては，支持層確認用のボーリング調査（支持層確認に特化した調査）を行うなどの配慮が必要になる。この支持層確認については従来あまり重要視されなかったが，最近の既製杭の高支持力化に伴い，確実な支持層への定着がより一層重要になってきており，支持層深さの設計者判断がより求められる状況にある。よって余程正確に支持層深さを把握していない限り，支持層確認用のボーリング調査は必須とするような考え方を持つことが重要である[2.1.5]。さらに杭の大径化，高支持力化に伴い支持性能に関係する地盤の影響範囲が増大しているので，杓子定規な支持層判断（$N$ 値 50 以上が 5m）ではなく，採用が予定される杭に必要な支持層の確認が重要であろう。よって，1 次調査では確認していない深さまで 3 次調査で確認することも考慮に入れることも重要であろう。

また支持層が急激に変化している場合には，さらに慎重な調査が求められ，場合によっては杭の施工位置の全数確認を必要とする場合がある[2.1.4]。

地下水位は地下工事の山留め設計のみならず杭の施工にも重要な情報である。特に被圧水頭等の確認は掘削時における安全確保においてなくてはならないものである。また杭の施工においても杭の品質確保において重視すべきものである。たとえば場所打ちコンクリート杭の場合には支持層付近での被圧水の水頭を正しく把握することが必要である。その情報に間違いがあると，孔壁の崩壊等の発生の恐れや，支持層の緩みの発生が懸念される場合もあるので，事前の調査による確認が重要である。

地下水の流れの有無についても事前の調査のみならず，現地調査の必要な場合がある。特に支持層の地下水に一定以上の流れがあると，場所打ちコンクリート杭ではセメントペーストの流出，根固め杭ではセメントミルクの流出や希釈の恐れがある。これらは施工品質確保に致命的な影響を及ぼすことになるため，工法選択も含めて情報提供に必要な調査を行うことが重要である。

参 考 文 献

2.1.1) 永田誠，大木仁，佐伯英一郎，桑原文夫：杭の支持層不陸に関する調査報告，その 1　支持力と支持層の不陸について，第 40 回地盤工学研究発表会，pp.1547-1548, 2005.

2.1.2) 大木仁，永田誠，佐伯英一郎，桑原文夫：杭の支持層不陸に関する調査報告，その 2　支持層不陸調査結果，第

40回地盤工学研究発表会，pp.1549-1550，2005．

2.1.3) 大木仁，桑原文夫，永田誠，時松孝次，佐伯英一郎：杭の支持層不陸に関する調査報告，その3　支持層不陸の事前調査法，第41回地盤工学研究発表会，pp.1527-1528，2006．

2.1.4) 武居幸次郎，實松敏明，下村修一，玉川悠貴：回転打撃ドリルを用いた削孔検層（MWD検層）による支持層調査例，第44回地盤工学研究発表会，pp.73-74，2009．

2.1.5) 加倉井正昭，辻本勝彦，桑原文夫，真鍋雅夫：地盤調査と杭施工の関係（その1）－支持層の不陸に関する一考察－，日本建築学会大会学術講演梗概集，pp.595-596，2009．

## 2.2 支持層の不陸・傾斜
### 2.2.1 はじめに

構造物の基礎には、構造物に作用する荷重を構造耐力上安全に、かつ構造物の使用性や耐久性を損なわないように地盤に伝える機能が求められている。この機能を確実に満たす合理的な基礎を設計・施工するためには、適切な支持層の選定と併せて、その分布状況を正確に確認することが極めて重要である。

支持層は、同一地盤でも対象とする構造物の規模や基礎構造の設計方針などにより異なり、一般化して扱うことが難しい。このため、不陸、傾斜、層厚変化など、その分布特性に関する既往資料はほとんど見当たらない。

本節では、東京と大阪の地盤を対象とした支持層の不陸・傾斜の分析例および杭の支持層確認に関わる課題と対応について示す。

図 2.2.1 分析対象データの調査地（東京：30 地点）

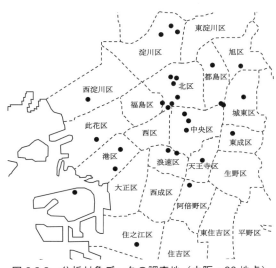

図 2.2.2 分析対象データの調査地（大阪：30 地点）

### 2.2.2 支持層の不陸・傾斜の分析例（東京・大阪）
#### （1）分析方法
1) 分析対象データ

分析対象データは、東京都区部と大阪市内の大規模建築工事に関わるボーリング調査データである。図 2.2.1、図 2.2.2 に分析対象としたデータの調査地を示す。東京では 4 本以上、大阪では 3 本以上のボーリングが実施されている調査地を各 30 地点選定している。

各調査地におけるボーリングの平均調査深度と最大調査深度のヒストグラムを、それぞれ図 2.2.3、図 2.2.4 に示す。平均調査深度、最大調査深度とも、東京に比べて大阪の方が大きい傾向が見られる。

図 2.2.5 に各調査地における最小調査間隔のヒストグラムを示す。東京、大阪とも大半の調査地の最小調査間隔は 20m 以上の範囲に分布しており平均はいずれも 32m となっている。

2) 支持層の選定方法
a) 留意点及び基本方針

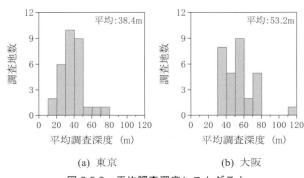

図 2.2.3　平均調査深度ヒストグラム

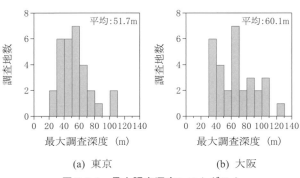

図 2.2.4　最大調査深度ヒストグラム

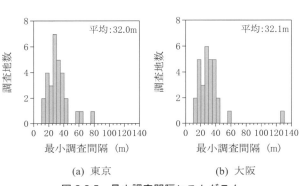

図 2.2.5　最小調査間隔ヒストグラム

図 2.2.6 に東京の低地部の典型的な地層断面図の例を示す。下部に堅固な地層が連続しており比較的容易に支持層を選定できる地盤条件であるが、地層断面図に示されている地層境界と $N$ 値$\geq 50$ の条件で選定した支持層の上面は異なっている。一般に、支持層は $N$ 値を考慮して選定するため、地層断面図に示されている地層境界と支持層境界の間にはずれが生じる。

図 2.2.7 に大阪の低地部の典型的な地層断面図の例を示す。粘性土層と砂質土層からなる互層地盤で、地層及び $N$ 値の変化が激しく、支持層の選定が容易ではない地盤条件である。一般に支持層は、地盤特性のほかに対象構造物の用途や規模など構造物側の設計条件を踏まえて選定する必要があるため、同一地盤でも構造物側の設計条件により異なる。特に互層地盤では、構造物側の設計条件が支持層選定に大きく影響を及ぼす点に注意が必要である。

これらの留意点を踏まえ、ここでは、地盤特性に焦点を当てた横並びの比較を狙いとして、客観的基準を定めて地盤調査結果だけから支持層を選定することとした。

b) 支持層候補層の選定（ボーリング毎）

支持層の選定に先立ち、まずボーリング毎に候補となる地層（支持層候補層）を選定することとした。その選定基準として次の2基準を定めた。

① 基準A：条件1、2のいずれかを満たす地層のうち最も浅い地層
　条件1：条件a、bを同時に満たす単一の地層
　条件2：重なった状態で条件a、bを同時に満たす連続する複数層中の最浅層
　条件a：$N$ 値$\geq 40$ かつ厚さ5m以上
　条件b：下部は $N$ 値$>10$ の洪積層
② 基準B：条件3、4のいずれかを満たす地層のうち最も浅い地層
　条件3：条件c、dを同時に満たす単一の地層
　条件4：重なった状態で条件c、dを同時に満たす連続する複数層中の最浅層
　条件c：$N$ 値$\geq 40$ かつ厚さ4m以上
　条件d：下部は $N$ 値$>5$ の洪積層

図2.2.8に基準A、Bに対応する支持層候補層の例を示す。基準Aは東京と大阪の比較的堅固な支持層、基準Bは大阪の中間層に対応する基準の位置付けである。基準Aは、大阪の互層地盤への適用も考慮し、一般的な東京の堅固な支持層の選定基準からやや緩和して定めている。

3) 支持層の不陸・傾斜の分析方法

a) 基本方針

各調査地でボーリング毎に選定される支持層候補層は、同一の地層（単一層）となる場合と異なる地層（複数層）となる場合がある。参考として、図2.2.9に基準Aで支持層候補層が2層選定される地盤の例を示す。

支持層候補層が複数選定される地盤では、異なる地層に杭を支持させるケースと、異種基礎となることを避け同一層に支持させるケースが考えられる。同一層に支持させるケースでは、最下位の候補層（図2.2.10参照）に支持させることになる。このような基礎設計の実状を踏まえて分析を進めることとした。

b) 支持層の傾斜の定義

図2.2.11に支持層が単一層の場合、図2.2.12に支持層

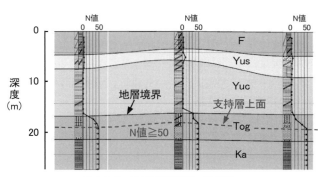

図 2.2.6　地層断面図例（東京）

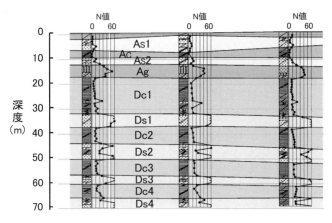

図 2.2.7　地層断面図例（大阪）

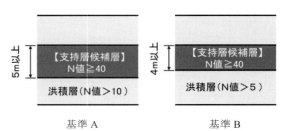

図 2.2.8　基準A、Bに対応する支持層候補層

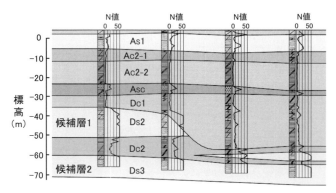

図 2.2.9　支持層候補層が複数層となる地盤例（東京）

が複数層の場合の傾斜の扱いを示す。2本のボーリングの支持層上端に対応する点を結ぶ直線が水平面となす角を傾斜とし、支持層が複数層の場合は、異なる層を跨ぐ条件と最下位層を対象とする条件の2通りの傾斜を区別して扱うこととした。

## （2）分析結果及び考察
### 1）支持層候補層の特性

東京の支持層の分析には基準Aのみ、大阪の支持層の分析には基準A、Bの両方を適用した。表2.2.1は支持層候補層の選定結果をまとめたものである。東京、大阪ともいずれの基準でも、複数の地層が候補層に選定される調査地が少なからずある。比較的堅固な支持層に対応する基準Aを満たす地層は、東京では全調査地で確認されたが、大阪では6調査地で確認されなかった。一方、中間層に対応する基準Bを満たす地層は大阪の全調査地で確認された。

図2.2.13に各調査地で選定された支持層候補層数の分布を示す。候補層数の平均は、東京では1.7、大阪ではいずれの基準でも1.5と、東京と大阪で明確な相違は見られない。

図2.2.14に候補層が複数の調査地における最下位の候補層に到達するボーリングの割合の分布を示す。東京に比べ大阪では最下位の候補層に到達するボーリング数の割合が低下する傾向が見られる。

図2.2.15に候補層が単一の調査地における候補層上面の平均深度の分布を示す。この図から次のような傾向を確認できる。

- 比較的堅固な支持層に対応する基準Aで選定した候補層の平均深度は、東京に比べ大阪の方が大きくなるが、中間層に対応する基準Bで選定した大阪の候補層の平均深度は、基準Aで選定した東京の候補層の平均深度と同程度となる。

### 2）支持層の不陸・傾斜の程度

ボーリング位置毎に選定した候補層から次の3条件で支持層を定め、各条件で定めた支持層の不陸・傾斜の程度について分析を行った。

条件①：候補層が単一 ；候補層を支持層とする
条件②：候補層が複数 ；各候補層を支持層とする
条件③：候補層が複数 ；最下位層を支持層とする

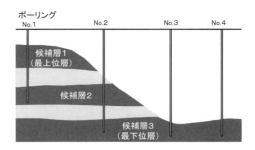

図2.2.10　最上位・最下位の支持層候補層

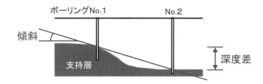

図2.2.11　支持層の傾斜（単一層の場合）

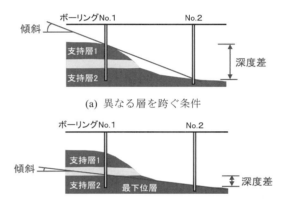

(a) 異なる層を跨ぐ条件

(b) 最下位層を対象とする条件

図2.2.12　支持層の傾斜（複数層の場合）

表2.2.1　支持層候補層の選定結果

|  |  | 東京 | 大阪 | |
| --- | --- | --- | --- | --- |
|  |  | 基準A | 基準A | 基準B |
| 支持層候補層確認 | 単一 | 15 | 17 | 17 |
|  | 複数 | 15 | 7 | 13 |
| 支持層候補層未確認 | | 0 | 6 | 0 |
| 計（調査地数） | | 30 | 30 | 30 |

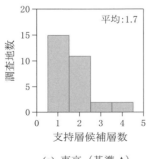

(a) 東京（基準A）

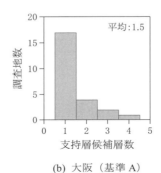

(b) 大阪（基準A）

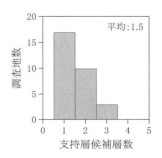

(c) 大阪（基準B）

図2.2.13　支持層候補層の数

図 2.2.16 に候補層が単一の調査地における支持層上面の最大深度差の分布を示す。東京、大阪ともいずれの選定基準でも、大半の調査地の支持層上面の最大深度差は4m以下となっている。

図 2.2.17 に候補層が複数の調査地における最上位層上面と最下位層上面の平均深度差の分布を示す。ある程度深くなると堅固な地層が連続する東京の地盤と、N値が10前後の粘性土層を含む互層が深部まで連続する大阪の地盤の相違を反映し、東京に比べて大阪の方が平均深度差が大きくなる傾向が見られる。

図 2.2.18 に最大傾斜発生区間における水平距離と支持層上面の深度差の関係を示す。支持層が単一の場合（条件①）と複数の場合（条件②）を併せて示しており、支持層が複数の場合は異なる層を跨ぐ条件（図 2.2.12 参照）

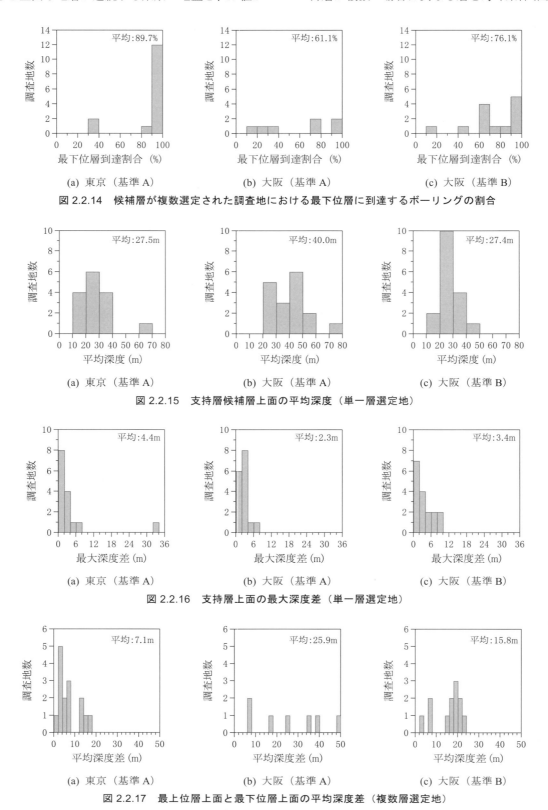

図 2.2.14 候補層が複数選定された調査地における最下位層に到達するボーリングの割合

図 2.2.15 支持層候補層上面の平均深度（単一層選定地）

図 2.2.16 支持層上面の最大深度差（単一層選定地）

図 2.2.17 最上位層上面と最下位層上面の平均深度差（複数層選定地）

に対応するデータを示している。図 2.2.18 に示したデータに対応する最大傾斜角の分布を図 2.2.19、図 2.2.20 に示す。これらの図から次のような傾向を確認できる。

- 東京、大阪ともいずれの選定基準でも、支持層が単一の場合に比べて複数の場合の方が深度差及び最大傾斜角が大きくなる。
- 東京、大阪ともいずれの選定基準でも、支持層が単一の場合は最大傾斜角が 10 度未満となる調査地が多いが、支持層が複数の場合は最大傾斜角が 10 度以上となる調査地が多い。

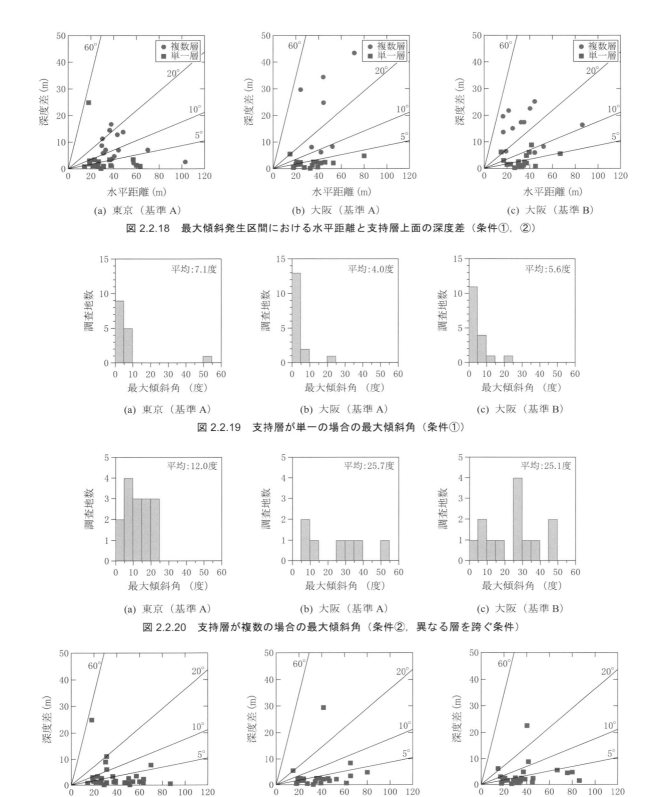

(a) 東京（基準A）　　(b) 大阪（基準A）　　(c) 大阪（基準B）

図 2.2.18　最大傾斜発生区間における水平距離と支持層上面の深度差（条件①、②）

(a) 東京（基準A）　　(b) 大阪（基準A）　　(c) 大阪（基準B）

図 2.2.19　支持層が単一の場合の最大傾斜角（条件①）

(a) 東京（基準A）　　(b) 大阪（基準A）　　(c) 大阪（基準B）

図 2.2.20　支持層が複数の場合の最大傾斜角（条件②、異なる層を跨ぐ条件）

(a) 東京（基準A）　　(b) 大阪（基準A）　　(c) 大阪（基準B）

図 2.2.21　単一の支持層の最大傾斜発生区間における水平距離と支持層上面の深度差の関係（条件①、③）

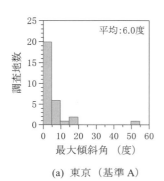
(a) 東京（基準A）

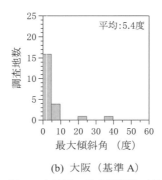
(b) 大阪（基準A）

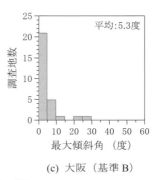
(c) 大阪（基準B）

図2.2.22　単一の支持層の最大傾斜角（条件①，③）

図2.2.21に単一の支持層の最大傾斜発生区間における水平距離と支持層上面の深度差の関係を示す。対象とした支持層は候補層が単一の調査地の支持層（条件①）と候補層が複数の調査地の最下位の支持層（条件③）である。図2.2.21に示したデータに対応する最大傾斜角の分布を図2.2.22に示す。これらの図から確認できる事項をまとめると次の通りである。

- 単一の支持層の最大傾斜角の分布には、東京と大阪で顕著な相違は見られない（最大傾斜角の平均：東京6度、大阪5度）。
- 東京、大阪とも、大半の調査地の支持層の最大傾斜角は10度未満に収まっているが、支持層の最大傾斜角が20度を超える調査地もある。

図2.2.23に単一の支持層の最大傾斜角が50度を超える東京の調査地の地層断面図を示す。この調査地の土丹層には局所的に$N$値が低下する領域があり、この影響で支持層の最大傾斜角が大きくなっている。

図2.2.24に単一の支持層の最大傾斜角が20度を超える大阪の調査地の地層断面図を示す。この調査地は上町断層の撓曲帯内に位置し、地層が断層活動の影響で一定の方向に傾斜している。支持層の大きな最大傾斜角はこのような地盤の成り立ちを反映したものである。

### 2.2.3 支持層確認に関わる課題と対応
#### （1）支持層確認に関わる地盤調査数量の実態

ここでは、実務における一般的な地盤調査数量に関する文献情報を紹介する。

1) 地盤調査規模に関するアンケート調査結果

2006年に日本建築学会「地盤調査小委員会」にて、実務における地盤調査の実態把握を目的としたアンケート調査が行われている[2.2.1]。このアンケート調査で、155物件の地盤調査データに基づき、1物件あたりのボーリング数量に関して確認された事項をまとめると次の通りである。

- ボーリング本数と建築面積の関係は、地盤調査計画指針1995年版[2.2.2]に示されている目安（図2.2.25参照）の範囲とほぼ対応している。
- ボーリング本数に地層構成（成層／不均質・傾斜）の変化に応じた明瞭な差は見られない。
- ボーリング本数に地形・地質（沖積低地／洪積台地）

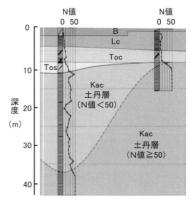

図2.2.23　支持層の最大傾斜角が50度を超える調査地の地層断面図（東京）

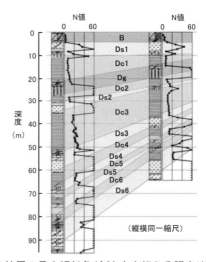

図2.2.24　支持層の最大傾斜角が20度を超える調査地の地層断面図（大阪）

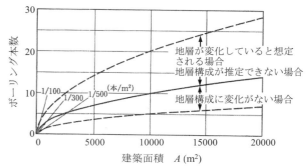

図2.2.25　ボーリング本数の目安[2.2.2], [2.2.3]

の相違による差は見られない。
- ボーリング本数に地域（東日本／西日本）の相違による差は見られない。
- 建物階数が20階以下に比べ20階以上の場合はボーリング本数が多くなる傾向が見られる。
- 民間工事に比べ官庁工事ではボーリング数が多くなる傾向が見られる。

2) 地盤調査計画指針におけるボーリング数量の扱い

地盤調査計画指針2009年版[2.2.3)]では、地盤調査の数量は想定される地盤や建物条件、基礎の設計・施工法などに応じて適切に決めるべきものとし、ボーリング本数に関して具体的数字を示していないが、調査本数を検討する際の目安として図2.2.25を1995年版[2.2.2)]を踏襲して示している。併せて、図2.2.25に上述のアンケート調査結果[2.2.1)]を重ね合わせた図2.2.26を示し、ボーリング本数の実態調査結果は地層構成の変化に応じた明瞭な差は見られないものの図2.2.25とほぼ対応していることを指摘している。

1995年版[2.2.2)]では、図2.2.25は「基礎設計・調査の経験が豊富な技術者の意見をもとに適切なボーリング本数として想定されたもの」とされている。以降、図2.2.25に示されている建築面積とボーリング本数の関係を「指針目安」と呼ぶことにする。

3) 首都圏と関西圏の地盤調査実績

文献2.2.4)では、首都圏と関西圏の多数の調査地の地盤調査実績に基づき、建築面積とボーリング本数の関係をまとめている。図2.2.27は、支持層の不陸（高低差）が2m以上の場合とそれ未満の場合に分けて、この関係を示したものである。図2.2.28、図2.2.29は、このうち建築面積が5000m$^2$以下のデータを首都圏と関西圏に分けて示したものである。図2.2.25との比較を含めこれらの図から、ボーリング本数と建築面積の関係は指針目安と概ね対応するものの、建築面積がある程度大きくなるとボーリング本数は頭打ち（10本程度）になる傾向があることや、ボーリング本数が支持層の不陸の程度とあまり関係なく決められている傾向があることを確認できる。

**(2) 支持層確認に必要な地盤調査数量**

1) 地盤調査数量に関する現状の課題

前述の通り文献情報から、一般の地盤調査におけるボーリング本数は、図2.2.25の指針目安に概ね対応するものの、地層構成の変化や支持層の不陸・傾斜の程度は十分に考慮されずに決められている傾向が確認された。ここで、図2.2.25の原典は地盤調査計画指針の1995年版[2.2.2)]であり、1995年以降の設計法・工法の変遷、例えば2000年の建築基準法改正を契機とした杭の高支持力化の動きなどは、図2.2.25には反映されていない点に注意が必要である。

支持層の分布特性を正確に把握するためには、期待する調査精度と想定される支持層の分布特性（不陸、傾斜、層厚変化、連続性）との関係を踏まえて調査数量を決める必要があるが、これらの関係に関わる定量的情報が乏しいこともあり、このような考え方が一般に認識されているとは言い難い状況にある。このような状況が、一般の地盤調査でボーリング本数を決める際に地層構成の変化や支持層の不陸・傾斜が十分に考慮されないことの一因になっていると考えられる。

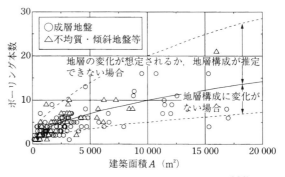

図2.2.26　ボーリング本数の実態調査結果[2.2.3)]

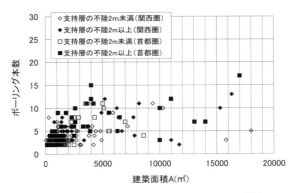

図2.2.27　建築面積とボーリング本数の関係[2.2.4)]

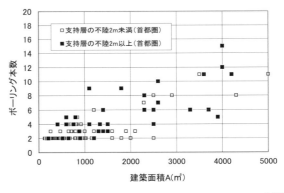

図2.2.28　建築面積とボーリング本数の関係（首都圏）[2.2.4)]

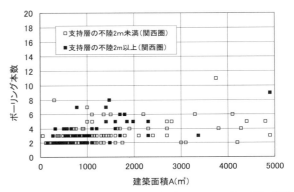

図2.2.29　建築面積とボーリング本数の関係（関西圏）[2.2.4)]

2) 支持層の不陸・傾斜と必要な調査数量の関係

上記の課題を踏まえ、支持層の不陸・傾斜の程度と必要な調査数量の関係に関する検討を行った。

支持層上面が一定の角度で一様に傾斜する条件では、支持層の傾斜と期待する支持層深度変化量の検知精度に応じて、必要な調査間隔を決めることができる。図 2.2.30 はこの関係を示したものである。例えば、支持層の傾斜が 10 度を超える条件で、支持層深度の変化を 2m 毎に検知したい場合は、調査間隔を 11m 以下にする必要がある。一般にボーリング調査は 20m 以上の間隔で実施することが多いが（図 2.2.5 参照）、支持層の傾斜が 10 度を超える条件で調査間隔を 20m とすると、支持層深度変化量の検知精度は 3.5m を超えることになる。

しかしながら、支持層上面が一定の角度で一様に傾斜する条件を敷地全域で想定できる地盤は稀であり、通常は、支持層上面の傾斜の変化に伴う不陸（うねり）を考慮する必要がある。そこで、不陸の程度を定量的に表す指標「うねり指標」[2.2.5]を導入し、支持層の不陸の程度と必要な調査数量の関係に関する検討を行った。検討に際して、指針目安（図 2.2.25 参照）の適用性の評価を併せて行なった。

a) 検討対象データ

検討には支持層に大きな不陸・傾斜のある調査地を含む 21 調査地の多点調査データを用いた。いずれの調査地でも、一般的なボーリング調査と回転打撃ドリルを用いた削孔検層（MWD 検層）[2.2.6]により、図 2.2.31 に示すように指針目安を大きく上回る点数（目安上限の 1.7〜7.0 倍）の調査が実施されている。

b) 検討手順

検討手順は以下の通りである。

① 各調査地の支持層上面分布を全データを用いて通常型クリギング法[2.2.7]で連続的に推定
② 各調査地の支持層上面分布を指針目安上限まで間引いたデータを用いて手順①と同様に推定
③ 手順②で間引いた点の支持層深度と②の結果から推定した支持層深度の差を推定誤差として評価
④ 手順①で推定した支持層上面分布から最大傾斜角とうねり指標 $I_u$ を算出
⑤ 各指標間の関係確認

手順④における $I_u$ の算出手順は以下の通りである。

・支持層上面との深度差の二乗和（縦横 1m 間隔）が最小になる平面を「平均面」として評価
・下式でうねり指標を算出

$$I_u = \sum_{i=1}^{n} |D_i - D_{ai}|/n \quad \cdots\cdots\cdots (2.2.1)$$

$I_u$ ：うねり指標
$D_i$ ：支持層上面の深度
$D_{ai}$ ：平均面の深度
$n$ ：深度差算定点(縦横 1m 間隔)の数

c) 検討結果・考察

図 2.2.32 に手順①により多点調査データから連続的に推定した 4 調査地の支持層上面分布を示す。同図にはう

ねり指標 $I_u$ の算出過程で求めた平均面を併せて示している。調査地 A〜D の順に $I_u$ が大きくなるが、$I_u$ が大きくなると支持層上面と平均面との乖離度が大きくなる傾向を確認できる。

図 2.2.33 に調査地 B における全データを用いて求めた

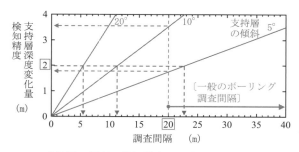

図 2.2.30 支持層の傾斜・検知精度と調査間隔の関係（一様な傾斜）

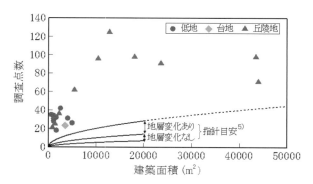

図 2.2.31 検討対象データの調査点数と建築面積の関係

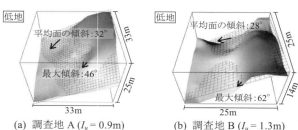

(a) 調査地 A ($I_u = 0.9$m)　　(b) 調査地 B ($I_u = 1.3$m)

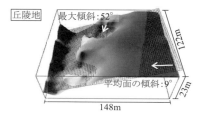

(c) 調査地 C ($I_u = 2.8$m)

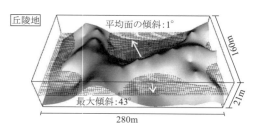

(d) 調査地 D ($I_u = 4.7$m)

図 2.2.32 4 調査地の支持層上面の分布

支持層上面コンターと指針目安上限まで間引いたデータを用いて求めた支持層上面コンターを比較して示す。調査地 B では、指針目安上限では調査点数が不足し支持層上面を正確に推定できないことが分かる。

図 2.2.34 に指針目安上限に対応する点数で調査した場合の支持層深度推定誤差の分布例を示す。うねり指標 $I_u$ が大きくなると推定誤差の分布範囲が広がり誤差（絶対値）の最大値が大きくなる傾向を確認できる。

図 2.2.35 に支持層上面の最大傾斜角と支持層深度の推定誤差（絶対値）の関係を示す。検討対象データの特性を反映し、大半の調査地において、支持層上面の最大傾斜角は 20 度を超え、推定誤差（絶対値）の平均値は 1～4m、最大値は 2～10m の範囲に分布している。全体的に見ると最大傾斜角が大きくなると平均値、最大値とも推定誤差が大きくなる傾向が見られるが、最大傾斜角が 40 度を超える範囲では最大傾斜角と推定誤差の間に明瞭な相関関係は見られない。

図 2.2.36 にうねり指標 $I_u$ と推定誤差（絶対値）の関係を示す。$I_u$ が大きくなると平均値、最大値とも推定誤差が大きくなる傾向が認められ、うねり指標 $I_u$ が調査点数を決める上で有効な指標であることを確認できる。

ここで検討対象とした大半の調査地では、指針目安上限相当の調査点数では、推定誤差（絶対値）の平均値が 1m、最大値が 2m を超え、正確に支持層分布を把握することは困難である。この結果を先に示したボーリング本数の実態調査結果（図 2.2.26～図 2.2.29 参照）と併せて見ると、一般的な地盤調査では調査点数が不足し正確に支持層分布を把握できないケースが少なからずあることがうかがえる。

**（3）杭の施工過程における支持層確認の課題と留意点**

地盤調査点数が不足する理由の一つとして、杭の施工過程で正確に支持層を確認できる地盤条件は限られるが、このことが一般には十分に理解されていないことが挙げられる。

1）既製杭埋込み工法

埋込み杭工法では、オーガー駆動モーターの「電流値」や、これを一定区間毎に積分した「積分電流値」を管理指標として支持層確認を行うことが多い。一般に、積分電流値は瞬間的な負荷を反映する電流値よりも支持層確認に適した指標と考えられている。しかし、積分電流値で支持層を確認できるのは支持層と支持層以浅の地層の硬さのコントラストが明瞭な地盤（いわゆる L 型地盤）に限られる点に注意が必要である [2.2.8-10]。

図 2.2.37 に積分電流値の適用性が高い地盤と低い地盤の例を示す。支持層以浅に軟弱な沖積層が堆積する L 型地盤では積分電流値と $N$ 値の変化性状はよく対応しているが、支持層以浅に洪積粘性土が堆積する地盤や互層地盤では積分電流値と $N$ 値の変化性状はあまり対応していない。

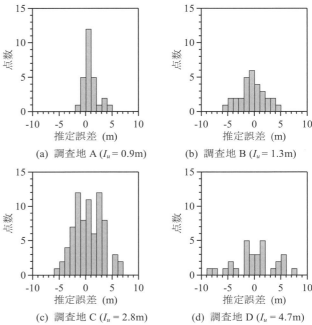

図 2.2.34 支持層深度推定誤差の分布例

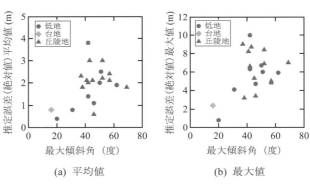

図 2.2.35 最大傾斜角と推定誤差（絶対値）の関係

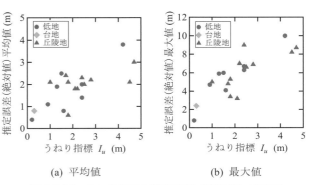

図 2.2.36 うねり指標と推定誤差（絶対値）の関係

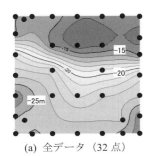
(a) 全データ（32 点）

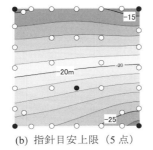
(b) 指針目安上限（5 点）

図 2.2.33 支持層上面コンター比較例（調査地 B）

既製杭は製作に一定の期間を要するため、施工時点で支持層深度が事前の想定と大きく異なることが判明すると、追加杭の製作や設計変更への対応などにより、建設工程全体に多大な影響を及ぼす恐れがある。このため、既製杭を採用する場合には、事前に十分な地盤調査を行い支持層を正確に確認しておくことが極めて重要である。

2) 場所打ちコンクリート杭工法

場所打ちコンクリート杭（以降、場所打ち杭）の特長として、施工時に杭先端部の掘削土を採取し直接観察できることが挙げられる。ただし掘削土は大きく乱された状態となるため、掘削土の観察で支持層を確認できるのは、支持層とその上部層の土質に明瞭な相違がある場合に限られる点に注意が必要である[2.2.11]。図 2.2.38 に支持層確認が容易な地盤と難しい地盤の例を示す。

場所打ち杭は、鉄筋かごの継手部の調整で、ある程度までは杭長変更に容易に対応可能であるが、支持層深度が事前の想定と大きく異なると、新たな鉄筋の調達や設計変更への対応などにより、建設工程全体に影響を及ぼす恐れがある。従って、場所打ち杭を採用する場合も、事前の地盤調査で支持層を正確に確認しておくことが基本である。

（4）地盤調査の進め方・調査手法

1) 調査の進め方

先に述べたように、支持層の分布特性を正確に把握するためには、必要な調査精度と想定される支持層の分布特性（不陸、傾斜、層厚変化、連続性）との関係を踏まえて調査数量を決める必要があるが、周辺の既往調査データから支持層の分布特性を事前に予測できる地盤は限られ、またその予測精度にも限界がある。

一般に、地盤調査は建設プロジェクトの初期フェーズで設計に先立ち一度にまとめて行うことが多いが、一度の調査で過不足無く正確に支持層を確認できる地盤条件は限られる。この課題に対応するためには、支持層の変化に応じて柔軟な対応がとれるよう、地盤調査を段階的に実施できるよう計画しておくことが重要である。図 2.2.39 に、現在一般的に行われている事前一括調査と、

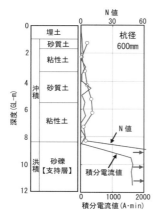

(a) 適用性が高い地盤例（L 型地盤）

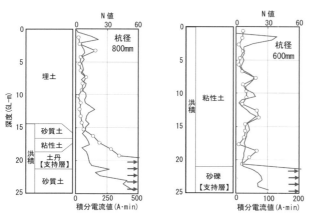

(b) 適用性が低い地盤例（土丹，洪積粘性土）

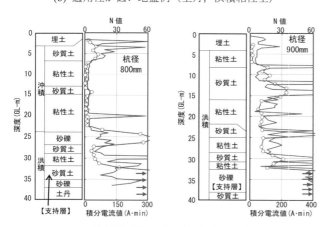

(c) 適用性が低い地盤例（互層地盤）

図 2.2.37　支持層確認における積分電流値の適用性[2.2.10]

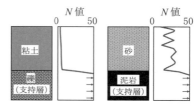

(a) 支持層確認が容易な地盤例（土質変化：明瞭）

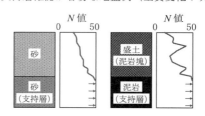

(b) 支持層確認が困難な地盤例（土質変化：不明瞭）

図 2.2.38　場所打ち杭施工時に支持層確認が容易な地盤と困難な地盤の例

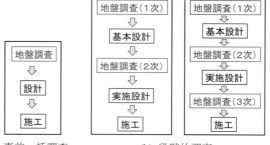

(a) 事前一括調査　　　　(b) 段階的調査

図 2.2.39　事前一括調査と段階的調査の実施フロー

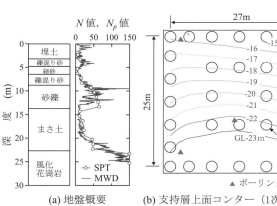
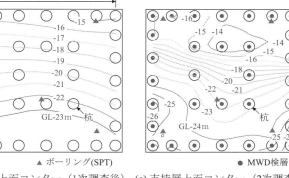
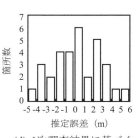

(a) 地盤概要　(b) 支持層上面コンター（1次調査後）　(c) 支持層上面コンター（2次調査後）　(d) 1次調査結果に基づく杭位置の支持層深度推定誤差

**図 2.2.40　段階的調査事例** [2.2.17]

今後基本とすべき段階的調査のフロー例を示す。

地盤調査を段階的に進めることは以前から推奨されているが [2.2.12-13]、適切に実践されているとは言い難い状況にある。当初の地盤調査に不備があっても予算や工程の制約から追加調査を実施できないケースが少なからずあるようである [2.2.14]。段階的調査を着実に実践するためには、予めプロジェクトの全体計画・工程に地盤調査を数回に分けて組み入れておくことがポイントとなる。

段階的調査事例として、図 2.2.40 に超高層建物を支える杭の支持層となる風化花崗岩の調査例 [2.2.17]を示す。1次調査として指針目安に対応する5点のボーリング調査を行ったところ、支持層となる風化花崗岩（$N$ 値$\geqq 50$）の上面に大きな傾斜があること、及び場所打ち杭の施工過程における支持層確認が困難な地盤条件であることが確認された。この結果を踏まえ、超高層建物を支える杭の設計・施工を適切に行うため、実施設計に先立ち2次調査として全杭位置32点でMWD検層 [2.2.6]を行ったところ、風化花崗岩上面の高低差が13m、最大傾斜角が60度にも及ぶことなど、支持層の不陸・傾斜が極めて大きいことが確認された。1次調査結果に基づく各杭位置の支持層深度の推定誤差（絶対値）は、杭の半数にあたる16箇所で2mを超え、最大誤差は5mにも及んでいる。本事例から、不陸・傾斜の大きな支持層を正確に確認するためには、調査を段階的に進めることが極めて重要であることが分かる。

2) 調査手法

不陸・傾斜が大きな支持層の分布状況を正確に把握するためには、段階的に調査点数を増やし多点で調査する必要があるが、これを効率よく進めるためには、標準貫入試験を併用した一般的なボーリング調査のほかに、調査速度と経済性の面で優れたサウンディング調査法を活用することが有効である。

支持層調査に適したサウンディング調査法としては、オートマチックラムサウンディング [2.2.15]、MWD検層 [2.2.6]などが挙げられる。一般に、これらのサウンディング調査で得られる指標（$N_d$ 値、$N_p$ 値など）と標準貫入試験の $N$ 値の関係は対象とする土に依存するので、サウンディング調査を活用する場合は、調査地毎に標準貫入試験結果との関係を確認し適用性を検証しておくことが重要

である。サウンディング調査法を活用した支持層調査例については文献 2.2.16)〜2.2.20)を参照されたい。

(5) 地層断面図に関わる留意点

最後に、杭の支持層を評価する際に最も参考にされる地盤情報である地層断面図に関わる留意点について述べておく。

地層断面図は各調査位置で得られた深度方向の地盤情報（柱状図、$N$ 値など）を水平方向に展開して作成される。展開の仕方に明確なルールがあるわけではなく、調査位置間の地層分布は作成担当者の能力や考え方に依存したものとなる。

一般に、調査位置間の地層分布の推定精度は、地層の変化の程度と調査密度との関係により大きく異なる。地層の変化が大きな地盤で推定精度を高めるためには、調査点数を増やし調査密度を上げる必要がある（図 2.2.41 参照）。地層の変化に対して粗い間隔の調査結果に基づく地層断面図は、実際の地盤と大きく異なる可能性があることに十分注意が必要である。

特に中間層（薄層）を支持層とする杭基礎の設計では、支持層の連続性や厚さ確認のために密な間隔で調査を行う必要がある。図 2.2.42 に示すように、対象とする支持層の連続性や厚さの変化に対して調査間隔が粗いと、異

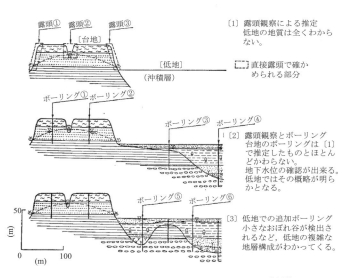

**図 2.2.41　調査密度と地層断面図の精度** [2.2.21]

なる地層を誤って繋ぐなど、実際とは異なる地層断面を推定し、杭の高止まりや支持層未到達など思わぬトラブルを招く恐れがあるので注意が必要である。

外国の地盤調査報告書における調査結果のまとめ方の例として、図 2.2.43 に、マレーシアの地盤調査報告書の地層断面図とアメリカの地盤調査報告書の土質柱状図を示す。以下のような誤用防止のための注意書きが記されている。

- 地層断面図（マレーシア）：「地層断面はボーリングを補間して推定したものであり実際とは異なる可能性がある。」
- 土質柱状図（アメリカ）：「本結果は本試験地点における試験実施時点のものである。位置の相違、同一位置でも時間経過により地盤特性は変わる可能性がある。本結果は実際の土質特性を単純化して示している。」（引用元の地盤調査報告書には地層断面図は一切示されていない）

我が国では、このような注意書きが図面毎に記されることは稀であるが、受け手側がこのような注意点を十分に理解しているとは言い難いように思われる。地層断面図を描く際には、大きく離れた調査位置間の地層を無理に繋がないようにしたり、必要に応じて注意書きを添えたりするなど、受け手を意識し誤用防止に十分配慮することが重要である。

### 2.2.4　まとめ

本節では、東京と大阪の地盤を対象とした支持層の不陸・傾斜の分析例、及び杭の支持層確認に関わる課題と対応について示した。

東京都区部と大阪市内、各 30 調査地の地盤調査データに基づく支持層の不陸・傾斜の分析結果のポイントをまとめると次の通りである。

① 東京と大阪の地層構成は大きく異なるものの、ここで定めた基準で選定した支持層（単一層）の最大傾斜角の分布には、東京と大阪で顕著な相違は見られない（最大傾斜角の平均値は、東京が 6 度、大阪が 5 度）。

② 東京、大阪とも、大半の調査地の支持層の最大傾斜角は 10 度未満に収まっているが、支持層の最大傾斜角が 20 度を超える調査地もある。

杭の支持層確認に関わる課題と対応のポイントをまとめると次の通りである。

① 支持層の分布特性を正確に把握するためには、期待する調査精度と想定される支持層の分布特性との関係を踏まえて調査数量を決める必要があるが、支持層の分布特性の事前予測が難しいこともあり、このような考え方は一般の地盤調査に十分に反映されているとは言い難い状況にある。

② 地盤調査は一度にまとめて行うことが多いが、一度の調査で過不足無く正確に支持層を確認できる地盤は限られる。

③ 上記の課題に対する対応策として、支持層の変化に応じて柔軟な対応がとれるよう、予め地盤調査を段階的に進める流れをプロジェクトの全体計画・工程に組み入れておくことが有効である。

④ 段階的に多点の調査を効率よく進めるためには、一般的なボーリング調査のほかに、調査速度と経済性の面で優れたサウンディング調査法を活用することが有効である。

⑤ 杭の施工過程で正確に支持層を確認できる地盤条件は限られる。このことを正しく理解し、杭の設計・施工に先立ち地盤調査で支持層を正確に確認しておくことが重要である。

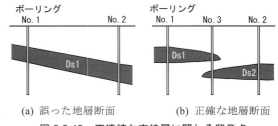

(a) 誤った地層断面　　(b) 正確な地層断面

図 2.2.42　不連続な支持層に関わる留意点

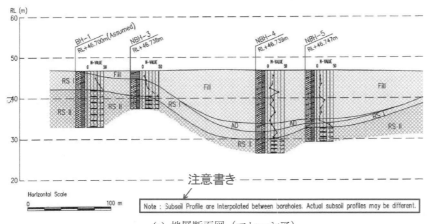

(a) 地層断面図（マレーシア）　　(b) 土質柱状図（アメリカ）

図 2.2.43　外国の地盤調査報告書における注意書き記載例

⑥ 地層断面図の推定精度は、地層の変化の程度と調査密度との関係に大きく依存する。杭長を決める際には、地盤調査報告書に示されている地層断面図を鵜呑みにせず、その推定精度をよく吟味する必要がある。

⑦ 中間層（薄層）を支持層とする場合は、支持層の連続性や厚さ確認のために密な間隔で調査を行う必要がある。支持層の最大傾斜角は東京と大阪で顕著な相違は見られないが、中間層（薄層）を支持層とすることが多い大阪では、より密な間隔で調査を行う必要があると言える。

### 参 考 文 献

2.2.1) 金子治，金井重雄：地盤調査の現状と最新の動向，2006年度日本建築学会大会パネルディスカッション資料，pp. 7-14.

2.2.2) 日本建築学会：建築基礎設計のための地盤調査計画指針（第2版），1995.

2.2.3) 日本建築学会：建築基礎設計のための地盤調査計画指針（第3版），2009.

2.2.4) 加倉井正昭，辻本勝彦，桑原文夫，真鍋雅夫：地盤調査と杭施工の関係（その1）―支持地盤の不陸に関する一考察―，日本建築学会大会学術講演梗概集，構造I，pp. 595-596, 2009.8.

2.2.5) 玉川悠貴，武居幸次郎，藤嶋泰輔：支持層の不陸の程度と必要な調査点数に関する検討，日本建築学会大会学術講演梗概集，構造I，pp. 823-824, 2013.

2.2.6) 西謙二，笹尾光，鈴木康嗣，武居幸次郎，實松俊明：回転打撃式ドリルを用いた新しい地盤調査法，日本建築学会技術報告集，第5号，pp. 69-73, 1997.

2.2.7) Wackernagel, H. 原著，青木健治監訳：地球統計学，森北出版，2003.

2.2.8) 加倉井正昭，桑原文夫，真鍋雅夫，木屋好伸，林隆浩：地盤調査と杭施工の関係（その3）―積分電流計による支持層判断―，日本建築学会大会学術講演梗概集，構造I，pp. 479-480, 2010.9.

2.2.9) 武居幸次郎，下村修一，玉川悠貴：互層地盤における高支持力杭の支持層調査例―MWD検層で全杭位置を確認―，建築技術，pp. 182-183, 2010.7.

2.2.10) 下村修一，武居幸次郎，玉川悠貴：埋込み杭の施工時に得られる積分電流値と標準貫入試験の$N$値の関係，日本建築学会大会学術講演梗概集，構造I，pp. 395-396, 2012.9.

2.2.11) 日本建築学会：杭の鉛直支持力小委員会報告書，第4章，pp. 26-30, 2008.

2.2.12) 日本建築学会：建築基礎構造設計規準・同解説, pp. 39-53, 1974.

2.2.13) 日本建築学会：建築基礎構造設計指針，pp. 45-46, 1988.

2.2.14) 「我が国の基礎設計の現状と将来のあり方に関する研究委員会」地盤調査WG：「地盤調査および設計の現状とあり方」に関するアンケート調査, 土と基礎, pp. 57-61, 2000.4.

2.2.15) 地盤工学会：地盤調査の方法と解説, pp. 460-463, 2013.

2.2.16) 古垣内靖：支持層深度分布をオートマチックラムサウンディング試験で評価した杭の設計，建築技術，pp. 184-185, 2010.7.

2.2.17) 武居幸次郎，實松俊明，下村修一，玉川悠貴：回転打撃ドリルを用いた削孔検層（MWD検層）による支持層調査例，第44回地盤工学研究発表会，pp. 73-74, 2009.

2.2.18) 瀧正哉，友住博明，武居幸次郎，下村修一：複雑な切盛り造成地盤における異種基礎―MWD検層による多地点の地盤調査結果を反映―，基礎工，pp. 38-41, 2009.10.

2.2.19) 武居幸次郎，下村修一，玉川悠貴：複雑な地盤に対する適用性を高めた新地盤調査車，地盤工学会誌，pp. 44-45, 2011.10.

2.2.20) 山崎貴之，増田康男，宮嶋澄夫：MWD検層による広範囲にわたる基礎杭の支持層調査―北海道新幹線函館総合車両基地作業交番検査坑―，基礎工，pp. 57-59, 2014.6.

2.2.21) 土質工学会：土質・基礎工学のための地質学入門, p. 136, 1979.

## 2.3 試料採取方法と地盤定数との関係
### 2.3.1 はじめに

地盤を構成する土層の特性を把握するためには、一般に、その層を代表する要素を取り出し、それに対して各種実験を行う。また、場合によっては、表層からの各種サウンディングによって推定する方法も用いられる。通常、試料採取ではサンプラーを挿入するため地盤の乱れは避けられない。そのため、試料採取方法とその影響度を把握することが重要となる。本節では、粘性土地盤を中心に、試料の採取方法とその方法で採取した試料の特性についての現状を取りまとめる。

### 2.3.2 試料採取から土質試験までの乱れの状況

粘性土地盤から試料を採取し、試験に供するまでの手順を概説し、その工程での土要素の状態変化を説明する。

まず、薄肉の金属製サンプラーを粘土層内に鉛直に貫入させ、その中に入った粘土をサンプラーとともに採取する。次に、試料が入ったサンプラーを室内に運んでサンプラーから粘土塊を押し出し、供試体として試験に供する。この過程において、粘土が力学的な意味で乱されなかったとすると、鉛直応力 $\sigma_v'$ と水平応力 $\sigma_h'$ ($=K_o\sigma_v'$) の応力下で正規圧密された粘土の供試体には、これらの平均値の等方有効応力が作用するといわれている。つまり、等方有効応力と同じ大きさの負の過剰間隙水圧が発生して、供試体内の有効拘束圧が保たれるのである。

しかし、実際には、サンプラーの貫入や粘土土塊の押出し、整形などの作業過程で供試体は乱されるために、負の過剰間隙水圧が消散して、供試体に作用している有効応力が低下する。そのため、乱された供試体が発揮する非排水せん断強さは、それが原位置で発揮する非排水せん断強さよりも低くなるのである。

図 2.3.1 は、上記の過程を有効応力経路で示したものである[2.3.1)]。A 点が原位置での有効応力状態で、B 点は乱れがない状態で切り出した供試体の有効応力状態で、$p'$ は A 点の平均有効応力、$q$ は負の水圧のため 0 となる。C 点は採取から整形までの乱れによって有効応力が低下した状況を示している。B 点ならびに C 点で発揮されると想定される非排水せん断強さは、破壊線上の D、E 点となる。この差が乱れによる強度低下量となる。

図 2.3.2 は、サンプリングから試料の整形までの工程

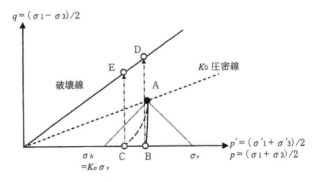

**図 2.3.1 サンプリングによる供試体の有効応力変化の概念**[2.3.1)]

で乱れがない場合で、その供試体を三軸室にセットし、セル圧を加えるまでの状況変化である[2.3.2)]。(a)図が原位置の状況で、(b)図が三軸セル内にセットした状況である。(c)図は、非排水条件下で $\sigma_c$ の大きさの等方全応力を加えた状態である。この場合、供試体に作用している有効応力は不変であるので、どのような大きさの圧力を加えても供試体は圧密されず、水圧が変化することになる。

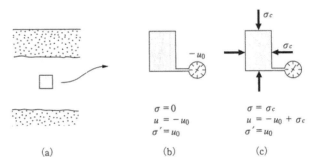

**図 2.3.2 非排水条件下の全応力・有効応力の変化(概念図)**[2.3.2)]

しかしながら、実際には、貫入時の押込み、引抜き時に発生する負圧、試料運搬時の機械的な乱れ、サンプラーからの押抜き時の応力開放、整形など乱れを受ける。そのため、図 2.3.1 に示した C 点の位置は、より原点側に位置しているものと考えられる。

先に、供試体を試験機にセットしたときの負圧が平均有効応力となることを図 2.3.2(b)で示した。ここで、大気圧の下で存在できる最大の負圧は-98 kPa であることから、サンプリング試料の採取深度によっては、供試体セット時の一軸供試体の有効応力は原位置のそれよりも低下することになる。このように、大深度から採取した試料では、応力開放の影響が大きくなるため、原位置の応力状態を再現した圧密条件を与えるなど、応力開放の影響を軽減する試験方法が必要となる。

上記の議論は、飽和した土がベースである。もし土が不飽和状態であれば、圧力の変動で空気の体積が容易に変化するため、試料が変形して乱れることになる。

このような地盤工学的な背景を下に、以下、具体的なサンプリング方法と地盤定数の関係について説明する。なお、地盤は、一般に土自体の重さで深いほど、作用している圧力が高く、それに応じて間隙比が小さくなり、発揮される強度は高くなる。

### 2.3.3 サンプリングの方法と強度の評価

表 2.3.1 は、基準化されたサンプラーの構造と適用地盤の関係である[2.3.3)]。ここでは、洪積粘土を対象に報告する。

中くらい以上の粘土層を対象としたサンプリングでは、ロータリー式三重管サンプラーが適切である。ほかに、ロータリー式二重管サンプラー（通称；デニソンサンプラー）や水圧式の固定ピストンサンプラーは、それほど硬くない粘土層には適用できる。

サンプラーの適用土質は、多くの研究から確立されてきたものである。阪口・西垣によると、1985 年当時には、

表 2.3.1 基準化されたサンプラーの構造と適用地盤の関係[2.3.3]

| サンプラーの種類 | | 構造 | 地盤の種類 | | | | | | | | 岩盤 | | |
|---|---|---|---|---|---|---|---|---|---|---|---|---|---|
| | | | 粘性土 | | | 砂質土 | | | 砂礫 | | 軟岩 | 中硬岩 | 硬岩 |
| | | | 軟質 | 中くらい | 硬質 | ゆるい | 中くらい | 密な | ゆるい | 密な | | | |
| | | | N 値 の 目 安 | | | | | | | | | | |
| | | | 0〜4 | 4〜8 | 8以上 | 10以下 | 10〜30 | 30以上 | 30以下 | 30以上 | | | |
| 固定ピストン式シンウォールサンプラー | エキステンションロッド式 | 単管 | ◎ | ○ | | ○ | | | | | | | |
| | 水圧式 | 〃 | ◎ | ◎ | | ◎ | | | | | | | |
| ロータリー式二重管サンプラー | | 二重管 | | ◎ | ○ | | | | | | | | |
| ロータリー式三重管サンプラー | | 三重管 | | ◎ | ◎ | | ◎ | ◎ | | | | | |
| ロータリー式スリーブ内蔵二重管サンプラー | | 二重管 | | ○ | ○ | | | ○ | | | ◎ | ◎ | ◎ |
| ブロックサンプリング | | — | ◎ | ◎ | ◎ | ○ | ◎ | ◎ | ○ | ○ | | | |

◎ 最適，○ 適

硬質粘土から軟岩に対するサンプリング方法は確立されておらず[2.3.4]、その後10年間の研究成果としての結果として、表2.3.1が得られた。

図 2.3.3 は、関西空港プロジェクトで実施されたサンプラーの違いによる一軸圧縮強さを比較した試験結果である[2.3.5]。これによると、固定ピストンサンプラー試料の強度が高いところと、デニソンサンプラー試料の強度が高いところがあり、採取深度によって異なっていることがわかる。破壊ひずみを見ると、深度−212 m 付近のデータは2%を超えている。他の結果も1%以上であり、硬質の粘土としてはやや大きく（一般には、1%以下；図2.3.5 参照）、試料採取から試験までの間の乱れが影響しているものと思われる。

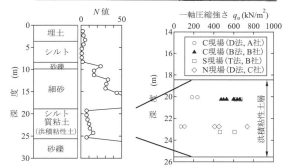

図 2.3.4 東京洪積層の採取方法の違いによる一軸圧縮強度[2.3.6]

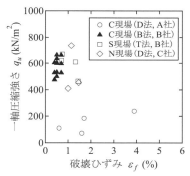

図 2.3.5 異なるサンプラー採取試料の一軸圧縮強さと破壊ひずみの関係[2.3.6]

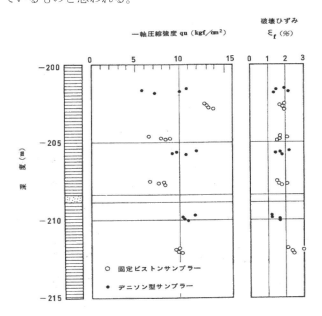

図 2.3.3 異なるサンプラー採取試料の一軸圧縮試験結果[2.3.5]

図 2.3.4 は、東京洪積層を対象に異なる地盤調査会社により採取された粘土層の一軸圧縮強さである[2.3.6]。A社のデニソンサンプリング試料（D 法）の強度が他のものよりも低いことがわかる。また、同じデニソンサンプリングでもC社のほうが強度は高い。B社のブロックサンプル（B 法）、トリプルサンプリング（T 法）は、C社のデニソンサンプリングとほぼおなじ強度とみなせる。

図 2.3.5 は、図 2.3.4 の一軸圧縮強さと破壊ひずみの関係である。機械的な乱れが少ないブロックサンプリング試料では破壊ひずみが1%以下であるが、A社のデニソンサンプリング試料の破壊ひずみが相対的に大きいことが認められる。

図 2.3.6 は、関西空港エリアの試料を対象に異なる試験方法による強度の違いを示したもので、(a)図は一軸圧縮強さであり、(b)図が各種試験から推定した非排水せん断強さの深度方向分布である[2.3.7]。深度−15m 付近での一軸圧縮強さがそれよりも上位の強度よりも低いことがわかる。それをベースとした非排水せん断強さは他の方法から推定したものよりも低く、非排水せん断強さを推定する方法ならびにそのための試験方法の違いが大きく、設計用の地盤定数に影響することを示している。

深度-15 m 付近において一軸圧縮強さが低下した理由は、砂分が他よりも多く含有していたため、乱れやすくなったものと推定される。同じ試料を用いた他の試験では、せん断前に圧密過程があり、サンプリング等での乱れを圧密過程で修復したためと考えられる。

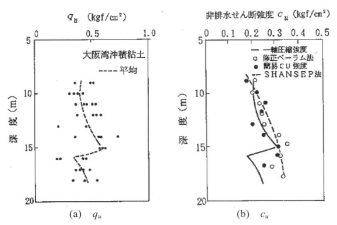

図 2.3.6 一軸圧縮強さの深度方向分布と異なる方法で推定した非排水せん断強さ分布[2.3.7]

### 2.3.4 サンプリングの方法と圧密特性の評価

図 2.3.7 は、沖積粘土の圧縮特性である[2.3.8]。人為的に乱したものと極力乱さないものの違いを表している。

図 2.3.8 は、東京洪積層を対象にして異なるサンプラー試料に対する圧密試験結果である[2.3.6]。同じブロックサンプリングでも圧密降伏応力が半分程度のものがあるが、これは試験方法としての荷重ステップの問題や試料の不均質性が大きく影響していると思われる。また、デニソンサンプラーによる試料は、深度方向に圧密降伏応力が増加している傾向にあるが、間隙比が小さい場合に圧密降伏応力が低く、間隙比が大きい場合に圧密降伏応力が高いという結果であり、採取方法というよりも試料のばらつきに起因するものと考えられる。

図 2.3.9 に示す圧縮曲線[2.3.6]を見ると、A 社デニソンサンプラーによる試料の間隙比が大きく、採取時に試料が乱れて、間隙比が増加したものと思われる。

以上、サンプリング方法の違いが試料の特性に与える影響をまとめてきたが、単に、採取方法の違いだけでは評価できず、採取機材のオペレータの技量や、土質特性、さらには試験方法に影響されると評価できる。なお、図 2.3.6 に示したように、せん断過程前に圧密することで試料の乱れを修復できるなど、試験方法の選定により精度が高い地盤特性を把握できる可能性があることも指摘できる。

### 2.3.5 せん断強さ、圧密降伏応力に及ぼす採取方法

2.3.3、2.3.4 において、非排水せん断強さと圧密降伏応力に及ぼす試料採取方法の違いの影響を示した。ここでは、両者どちらがより影響を受けやすいか検討した事例を示す。

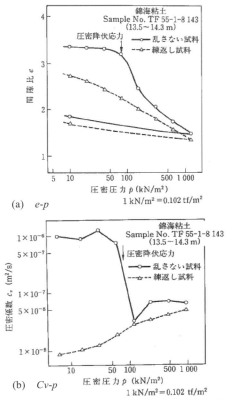

図 2.3.7 乱さないおよび人為的に乱した沖積粘土に対する圧密試験結果[2.3.8]

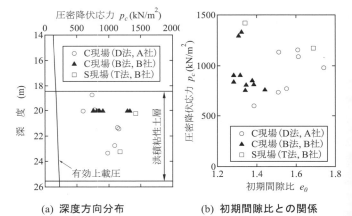

図 2.3.8 異なるサンプラー採取試料に対する圧縮試験結果[2.3.6]

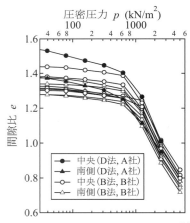

図 2.3.9 異なる採取試料の圧縮曲線[2.3.6]

図 2.3.10 は、田中らが示した沖積粘土層におけるせん断強さと圧密降伏応力の分布を示したもの[2.3.9)]である。

ここで、非排水せん断強さとは、各サンプラーから得られた試料の一軸圧縮試験結果から求めた非排水せん断強さ $S_u$（$q_u/2$）と現場ベーン試験から得られたもの $S_u(v)$ である。固定ピストンサンプラー（FPT）およびラバル型大口径サンプラー（LLD）の $S_u$ は、各深度ともに現場ベーン試験から得られるせん断強さ $S_u(v)$ とほぼ同じで、品質がよい試料が採取できたことを示す。NGI 型 54 mm サンプラー（NGI54）からの試料も、$S_u(v)$ よりも若干低いものの、比較的良い試料が得られたと思われる。

しかしながら、シェルビーサンプラー（SHT）および NGI 型 101 mm サンプラー（NGI100）から得られた試料は、$S_u(v)$ を大きく下回っており、これらでは乱れが少ないという試料の採取には問題があることがわかる。

圧密降伏応力 $P_c$ は、SHT が FPT よりも過小評価されているが、LLD と同様に、有効土被り圧とほぼ同じとみなせる。これより、$P_c$ は一軸圧縮強さほどには、乱れの影響を受けにくいことが認められる。

### 2.3.6 近年の評価方法の例

図 2.3.11 は、神戸空港整備の際に行われた地盤調査結果である[2.3.10)]。本調査では、圧密降伏応力を求めるために、通常の段階載荷圧密試験のデータではなく、小幅載荷圧密試験、連続的なデータが得られる定ひずみ速度圧密試験を行っている点が注目できる。ここで、ひずみ速度 0.01%/min の定ひずみ圧密試験結果から得られた圧密降伏応力 $P_c$ は 0.85 倍したものをプロットしている。この理由は、ひずみ速度が高いと実地盤の $P_c$ 値よりも大きい値を示している可能性が高いことから、他の試験結果との整合性を図るための補正値が 0.85〜0.90 であったことからと報告されている。実施した数量が少ないが、ひずみ速度が 0.001%/min の $P_c$ 値も、小幅載荷圧密試験から求めた $P_c$ 値よりも大き目にプロットされている。これらのことは、定ひずみ圧密試験では、ひずみ速度によって $P_c$ 値が変化することを意味している。

また、同研究[2.3.10)]では、ボーリング孔に沈下測定素子を組み込み、埋立による沈下を現地で測定している（図 2.3.12 参照）。この図を見ると、採取試料の間隙比が現地測定値よりも大きいことが確認できる。この試みは試料の乱れをボーリングによる乱れだけと設定した場合の

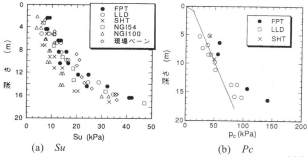

(a) $S_u$  (b) $P_c$
図 2.3.10 各種サンプラー試料の一軸圧縮・圧密試験結果[2.3.9)]

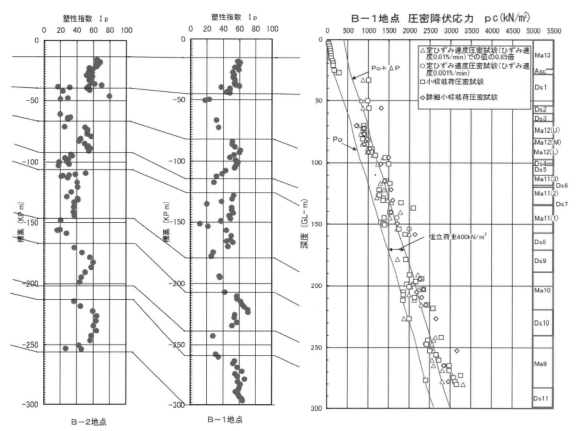

図 2.3.11 神戸空港における地盤性状と圧密特性[2.3.10)]

結果という位置付けになる。

図2.3.12は、沈下測定素子を組み込んだボーリング孔で測定した間隙比と上載圧の関係（●印）と採取した試料に対する小幅載荷試験の結果（○印）である[2.3.10]。また、$P_{cm}$と$P_{ct}$は、それぞれ、ボーリング孔で測定した圧縮曲線ならびに小幅載荷試験で求めた圧縮曲線から得られた圧密降伏応力であり、その比は0.83であった。これら圧密降伏応力を求めたときのひずみ速度は、$P_{cm}$を求めたボーリング内では$1\times10^{-6}\sim10^{-7}$ (%/min)、$P_{ct}$を求めた室内試験で、$3\times10^{-4}\sim6\times10^{-7}$ (%/min)であり、これらひずみ速度の比は、2〜3オーダーであった。この圧密降伏応力とひずみ速度の関係は、ひずみ速度が2オーダー低くなると圧密降伏応力は0.8〜0.9倍となるという今井らの研究[2.3.11]と一致していた。

これらのことから、定ひずみ速度圧密試験では、一般に圧密降伏応力が大き目に推定されること、その比率はひずみ速度に依存し、ひずみ速度が2オーダー低くなると圧密降伏応力が0.8〜0.9倍となることが言えそうである。

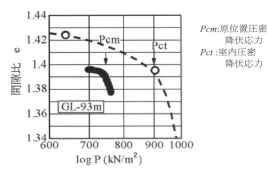

図2.3.12 原位置圧密試験と室内圧密試験の結果例[2.3.10]に加筆

近年、地盤の変形解析のために、ひずみレベルの違いに基づく変形係数を求める研究が行われてきた。そこで扱う変形係数も試料の乱れ等の影響を受けることから、サンプリング方法と微小ひずみレベルでの変形係数の関係を求める研究が行われてきた。

図2.3.13は、渋谷らが示した原位置せん断弾性波速度から求めたせん断剛性率$G_f$に対する室内試験によるせん断ひずみ0.002%以下でのせん断剛性率$G_{max\_lab}$と$G_f$の比である[2.3.12]。この図から、次のことが確認できる。

・固定ピストン式シンウォールサンプラーにより採取した粘性土試料、原位置凍結サンプリング方法により採取した砂質土／礫質土試料、ブロックあるいはコアサンプリングによる改良土／堆積軟岩において、$G_{max\_lab}$と$G_f$の比は、0.8から1.2の範囲にある。

・シンウォールサンプラーにより採取したゆるい沖積砂層（$G_f < 50\ MPa$）では、$G_{max\_lab}$の方が$G_f$よりも著しく高い。密な洪積砂質土（$50\ MPa < G_f < 400\ MPa$）では、逆の傾向にある。

・ロータリーコアで採取した堆積軟岩試料の$G_{max\_lab}$は$G_f$よりも極端に低い。

以上のように、対象とする地盤と採取方法によって、室内実験で得られる微小ひずみ領域での変形係数に差がある。この図は、設計に用いる「原位置の微小変形特性」の妥当性を確認するために大いに役立つ。

図2.3.14は、大阪における各種地盤調査結果を取りまとめたものである[2.3.13]。調査したボーリングの位置は5m程度の離れであったが、層構成は複雑で、層序の細部は一致していない。そのため、湿潤密度$\rho_t$、自然含水比$w_n$、せん断弾性波速度$V_s$とそれから求めた弾性ヤング率$E_o$の深度方向分布は、その変化が非常に激しい。そのため、測定長さが数10cmのRI密度検層とサスペンション式PS検層でも、局所的な変化を正確に捉えていない可能性が高い。

礫、砂、粘土の順に、$\rho_t$、$V_s$、$E_o$の値は大きく、これらの下限値は深いほど大きい。乱れが少ない試料を用いた三軸試験（LDTで軸ひずみを測定）による非排水弾性ヤング率は$V_s$から求めた$E_o$とよく対応していることも確認できている。

プレボーリング式の孔内水平載荷試験から求めた剛性も深度に対して漸増しているが、$V_s$から求めた$E_o$の値よりも相当低く、層序に対する感度がよくない。一方、セルフボーリング式の孔内水平載荷試験から求めた剛性はかなり高く、$E_o$に近いことが確認された。これは、ボーリング孔の掘削において、孔壁に発生する乱れを小さく抑えられたことに起因すると考えられる。

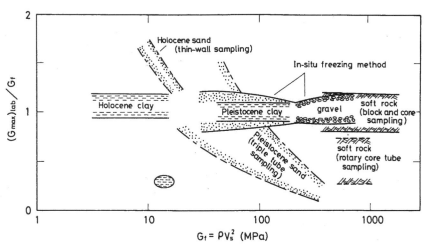

図2.3.13 自然地盤の疑似弾性せん断構成率の測定事例のとりまとめ[2.3.12]

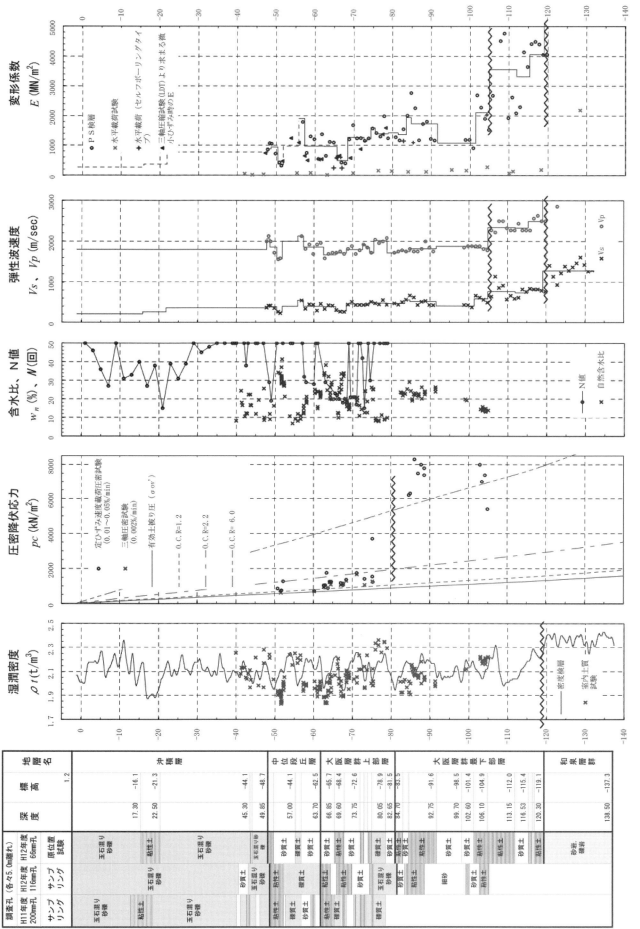

図 2.3.14 大阪地区における各種試験結果とそれらから推定した変形係数[2.3.13)]

乱れが少ない試料を用いた定ひずみ速度圧密試験によって求めた圧密降伏応力分布から、2つの層境界が同定できる。圧密降伏応力を有効上載圧で除した過圧密比は、上部層で1.2〜2.2、最下部層で6.0以上となり、非常に異なっている。この圧密降伏応力の差は、PS検層やプレボーリング式の孔内水平載荷試験では確認されていない。なお、定ひずみ圧密試験のひずみ速度は、0.01〜0.05%/minであった。

三軸試験機を用いた異方圧密試験から求めた圧密降伏応力が図中に示されている。この値は、圧密試験から求めたものよりも若干小さい。その要因は圧密降伏応力付近のひずみ速度が低いこととしている。

以上、ここで紹介した大阪での地盤調査の結果は、深度方向に変形係数等が漸増していくことを示しているが、原位置地盤調査だけ評価することが難しく、乱さない試料を用いた室内試験の結果が必要となることを示している。すなわち、サウンディングに加え、乱れが少ない試料を用いた室内試験を行って、それらを総合的に評価することで設計用の地盤定数を合理的に設定できると思われる。

### 2.3.7 まとめ

本節では、サンプリングによる試料の乱れを念頭に、採取した試料の応力変化を考察した。また、各種の基準化されているサンプラーによる試料の品質を、文献を中心に整理して、現状を評価した。その結果、サンプリングされた試料の特性は、単にサンプラーの特性だけでなく、オペレータの技量、対象とする地盤の特性が影響することが確認できた。

採取した試料をトリミングしてそのまま用いる一軸圧縮試験よりも、それを圧密して、乱れの影響を修復する三軸圧密せん断試験など、地盤内の強度を高精度で求める方法も基準化されている。さらに、採取試料に対する試験だけでなく、物理探査などのサウンディングを組み合わせることで、地盤特性を複合的に評価して、よりよい設計値とする試みがあることも提示した。

#### 参 考 文 献

2.3.1) 片桐雅明：初級講座この式どうできたの？どう使うの？第8回粘土のせん断強さを求める，基礎工，2010年5月号，pp.97-101，2010.

2.3.2) 今井五郎：わかりやすい土の力学，鹿島出版会，p.201，1983.

2.3.3) 地盤工学会：地盤調査法，pp.137-151，1995.

2.3.4) 阪口理，西垣好彦：硬質粘土および軟岩のサンプリング概要，昭和60年度サンプリングシンポジウム発表論文集，pp.19-28，1985.

2.3.5) 小野寺駿一：大阪湾泉州沖地盤の工学的性質に関する研究，東京工業大学学位請求論文，p.208，1984.

2.3.6) 武居幸次郎：洪積粘性土の土質試験結果に及ぼす試料採取方法の影響，日本建築学会大会学術講演梗概集，pp.593-594，2009

2.3.7) 土田孝，水上純一，森好生，及川研：一軸圧縮試験と三軸試験を併用した新しい粘性土地盤の強度決定法の提案，港研報告，Vo.28．No.3，pp.81-145，1989.

2.3.8) 地盤工学会編：地盤工学ハンドブック，第3編　地盤工学の実務と理論，p.375，1999.

2.3.9) 田中政典，田中洋行，横山裕司，鈴木耕司：異なったサンプラーで得られた試料の品質評価，サンプリングシンポジウム（平成7年），pp.31-36，1995.

2.3.10) 長谷川憲孝，松井保，田中泰雄，高橋嘉樹，南部光弘：神戸空港海底地盤における洪積粘土層の原位置圧密挙動，土木学会論文集，Vol.62，No.4，pp.780-792，2007.

2.3.11) Imai, G., Ohmukai, N. and Tanaka, H., : An isotaches-types compression model for predicting long term consolidation of KIA clays, Proceedings of the Symposium on geotechnical Aspects of Kansai International Airport, pp.49-64, 2005.

2.3.12) 澁谷啓，三田地利之，山下聡，田中洋行，中島雅之，古川卓，稲原英彦：サンプリング方法が地盤材料の微小ひずみでの変形特性に及ぼす影響，サンプリングシンポジウム（平成7年），pp.71-78，1995.

2.3.13) 宮川久，中島啓，龍岡文夫：各種原位置地盤調査と室内試験による大阪層群の変形特性，土木学会第57回年次学術講演会，III-678，2002.

## 2.4 物理探査による地盤評価
### 2.4.1 はじめに

物理探査の手法には、大きく分けて、弾性波探査、電気探査、電磁探査、重力探査、磁気探査などがある。これらのうち、弾性波探査から得られる地盤のせん断波（S波）速度構造は、建築物の耐震設計において重要な地盤情報の1つである。このため、建築実務における物理探査としては、PS検層に代表される弾性波探査が多く利用されてきた。しかし、PS検層の実施には、ボーリング孔すなわち地盤の掘削が必要で、建築物の重要度や規模によっては、かかる費用や時間の制約から、必ずしも実施の容易でない場合がある。

この問題を解消する方法の1つとして、微動の表面波的性質を利用して地盤のS波速度構造を推定する手法（以下、微動探査法）が挙げられる。微動の観測は、ボーリング等の地盤掘削を必要とせず、時と場所によらず地表面で簡単に実施できる。また、この手法は、地盤構造が概ね水平成層の場合は、その有効性や適用条件がある程度わかっている。このため、近年の建築実務でも、PS検層データの空間補間や精度確認などを目的として、微動探査法の利用される場面が増えてきている。しかし、地盤構造が不規則な場合は、手法の適用性に不明な部分が多く残されている。

以上の背景から、不規則な地盤構造を有する地域を対象に、現状の微動探査法を利活用する可能性と適用限界について検討し、限られたケーススタディの範囲ではあるが、手法を適用する上での留意点を指摘する。

なお、地盤構造が概ね水平成層の場合の微動探査法の有効性や適用条件、不規則地盤構造における手法の適用性に関する既往の知見について、第5章の以下のQ&Aに紹介している。参考にされたい。

1-13 微動アレイ探査や表面波(レイリー波)探査から得られる地盤のS波速度構造の精度はどの程度か？
1-14 微動 $H/V$ スペクトルのピーク周期から地盤の固有周期を評価できるか？
1-15 微動 $H/V$ スペクトルから工学的基盤の傾斜がわかるか？

### 2.4.2 造成宅地における微動探査法の適用性

造成宅地における地盤探査法の1つとして、簡便・安価に実施できる微動観測を利用できれば、その工学的意義は極めて高い。そこで、埋没谷状の不規則地盤を有する丘陵地の造成宅地区域において、既存の調査等に基づく地盤断面と微動の $H/V$ スペクトル[2.4.1),2.4.2)]の場所による変化との比較から、造成宅地における微動探査法の適用性を検討する。

#### (1) 検討対象とする造成宅地の地盤概要

京阪奈地方の丘陵地に再開発中の造成宅地の一区画を検討対象とした。対象区画の平面図を図2.4.1に示す。図には、造成時の切土と盛土の分布および造成前に存在した3つの池を示してある。この区画内の8地点（図2.4.1

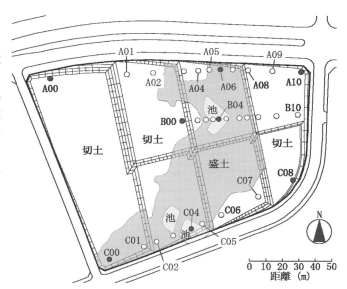

図 2.4.1 検討対象の造成宅地区画の平面図、切土と盛土の分布、および微動観測地点（○印：うち●は地盤調査地点）。3つの池は造成前のもの。

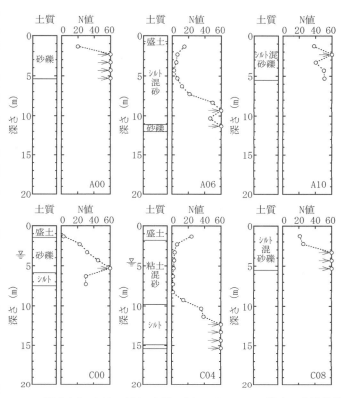

図 2.4.2 A00、A06、A10、C00、C04、C08地点の土質柱状図および標準貫入試験 $N$ 値の深さ方向分布

表 2.4.1 各地層の標準貫入試験 $N$ 値の範囲と平均値

| 地層 | $N$ 値［平均値］ |
|---|---|
| 盛土（シルト混じり砂礫） | 3〜24［10］ |
| 沖積層（砂質土） | 1〜15［6］ |
| 大阪層群（礫質土） | 20〜60以上［47］ |
| 大阪層郡（粘性土） | 13〜60以上［40］ |

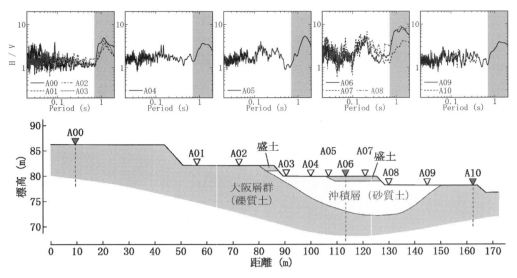

図 2.4.3 測線 A に沿う微動の H/V スペクトル（上）および地盤調査等に基づく推定地盤断面（下）

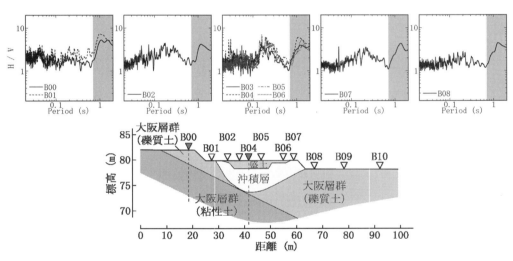

図 2.4.4 測線 B に沿う微動の H/V スペクトル（上）および地盤調査等に基づく推定地盤断面（下）

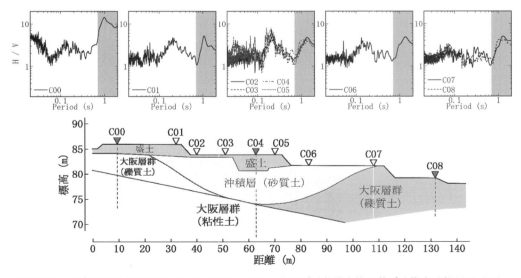

図 2.4.5 測線 C に沿う微動の H/V スペクトル（上）および地盤調査等に基づく推定地盤断面（下）

の●印：A00、A06、A10、B00、B04、C00、C04、C08）では、造成後、深度 5〜15m 程度までの標準貫入試験が行われている。図 2.4.2 に、B00 と B04 を除く 6 地点の土質柱状図と N 値の深さ方向分布を示す。また、地盤調査の際、水準測量により各地点の標高が得られている。以上の地盤情報と造成前の地形図や造成時の表層地質の観察等か

ら、対象区画を概ね東西方向に横断する、地点A00～A10、B00～B10、C00～C08に沿う3測線（以後、測線A、B、C）の地盤断面が推定されている（図2.4.3～5の下図参照）。表2.4.1は、地盤断面を構成する各地層の標準貫入試験N値の範囲と平均値である。図2.4.3～5の比較および表2.4.1から、対象区画内では、礫質土または粘性土から成る大阪層群と、それ以浅の堆積土（沖積砂質土層および盛土）との境界でN値が大きく変化しており、両者のS波速度コントラストが明瞭であることが示唆される。また、この沖積層によって、概ね北北東～南南西の走向を持つ幅30～60m程度の埋没谷が大阪層群上に形成されていることが分かる。なお、図2.4.1との比較から、この埋没谷の範囲は、造成前に存在した3つの池を含んでおり、旧河道であった可能性も想像される。

(2) 微動の移動1点観測およびH/Vスペクトル

微動の移動1点観測は、測線A～Cに沿う31地点（図2.4.1の○印：A00～A10、B00～B10、C00～C08）について、2009年12月21日（同図の●印8地点）と2010年5月6日（それ以外の23地点）の2日に分けて、いずれも日中に行った。観測では、固有周期2秒の3成分速度計（(株)ANET馬込事業所（旧(株)物探サービス）製GEONET1-2S3D：写真2.4.1）を用いた。参考までに、当該観測の写真ではないが、同様の観測システムを使用した微動の移動1点観測の風景の例を写真2.4.2に示す。なお、当該観測に要した時間は、場所の移動を含めて1地点あたり平均で15～20分程度であった。

観測波形は増幅器とローパスフィルタ（カットオフ周波数50Hz、-12dB/Oct.）を通した後、サンプリング周波数200HzでA/D変換（24bit）し、ノートパソコンに記録した。記録波形が定常性を保っている区間を選び、各成分20.48秒のデータセットを8～16個程度作成して、文献2.4.2の方法により、H/Vスペクトルを求めた。H/Vスペクトルの定義は、次式とした。

$$H/V = \sqrt{\frac{P_{NS} + P_{EW}}{P_{UD}}} \quad (2.4.1)$$

ここに、$P_{NS}$、$P_{EW}$、$P_{UD}$は、水平直交2成分および鉛直成分の微動のパワースペクトルである。

図2.4.3～5の上図に、測線A～Cに沿う各地点の微動のH/Vスペクトルを示す。図から、いずれの測線でも、場所によらず、観測H/Vスペクトルの周期1秒付近に明瞭なピークが見られる。一方、周期1秒以下のH/Vスペクトルの形状は、場所により大きく変化している。短周期微動のH/Vスペクトルは、周期特性・絶対値とも、時間によらず安定であること[2.4.3]から、観測地点の地盤特性を反映したものと考えられている。そこで、各地点で観測日時の違いはあるが、図2.4.3～5の微動H/Vスペクトルについて、時間変動の影響は小さいと考え、沖積層による埋没谷を横断する方向の地盤構造の変化（図2.4.3～5下図）を反映する微動特性として、周期1秒以下のH/Vスペクトルの形状に着目する。

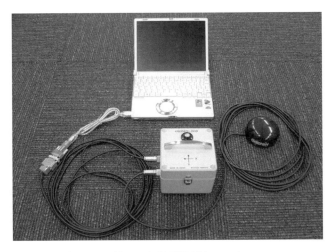

写真2.4.1　使用した微動観測システム

写真2.4.2　微動の移動1点観測の風景の例

(3) 埋没谷の形状と微動H/Vスペクトルとの関係

図2.4.3～5から、観測H/Vスペクトルの周期1秒以下の形状は、周期0.2秒付近に明瞭なピークが見られる場合、ピークが見られない場合、両者の中間（周期0.1～0.2秒付近に不明瞭なピークが見られる場合）の3パターンに分類できる。ここで、推定地盤断面との比較から、測線A～Cとも、大阪層群が露頭している、あるいは沖積層による埋没谷の端部付近の地点では、H/Vスペクトルの周期1秒以下にはピークが見られない場合が多い。しかし、大阪層群上の堆積土の厚さが大きくなると、H/Vスペクトルには、周期0.1～0.2秒付近に不明瞭なピークが現れるようになり、埋没谷の中央部（堆積土の厚さが概ね最大となる地点）では、周期0.2秒付近に明瞭なピークが見られる傾向がある。このことは、本検討の対象宅地では、微動のH/Vスペクトルから、沖積層による埋没谷となっている範囲の大半を判別できる可能性を示唆している。すなわち、微動の移動1点観測は、宅地内のどこで地盤調査を行うべきかを決める先験的情報を得るための方法として有効と考えられる。

ただし、上記の傾向（図2.4.3～5参照）において、微動H/Vスペクトルの場所による変化と直下地盤の堆積土の厚さのそれとの関係は、必ずしも一対一でない。例えば、A04、A05地点は、埋没谷の中央部に比較的近い位

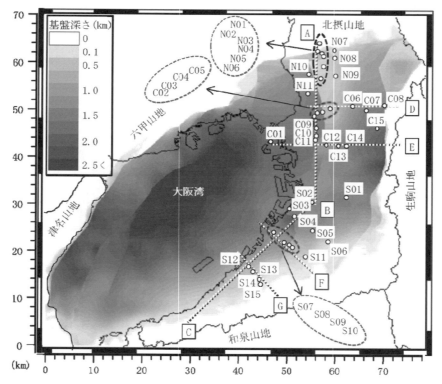

図 2.4.6 FDM 解析で用いた大阪平野の3次元堆積盆地構造モデルの基盤（S波速度 2.7km/s）上面深度の分布および H/V スペクトルを算定した 41 地点（N01～N11、C01～C15、S01～S15）[2.4.7],[2.4.8]

置にあるが、両地点の微動 H/V スペクトルの周期1秒以下のピークは不明瞭である（図2.4.3 参照）。また、埋没谷の端部に比較的近い B02、B06、B07 地点は、堆積土の厚さが同程度であるが、H/V ピークの明瞭な場合と不明瞭な場合とがある（図 2.4.4 参照）。この原因として、不規則地盤における微動の H/V スペクトルは直下の地盤特性のみで決まらない場合のあること[2.4.4]が考えられるが、現時点では不明である。今後の課題としたい。なお、各地点の切盛分布や盛土の厚さと微動 H/V スペクトルの形状との間に相関性は見られなかった。

**（4）まとめ**

埋没谷状の不規則地盤を有する造成宅地において、微動 H/V スペクトルを利用した地盤探査法の適用性を検討した。その結果、微動の移動1点観測は、宅地内のどこで地盤調査を行うべきかを決める先験的情報を得るための方法として有効である可能性が示唆された。ただし、H/V スペクトルは必ずしも直下の地盤特性のみで決まらない場合があり、注意を要する。なお、2.4.2 節の検討の一部は、文献 2.4.5、2.4.6、2.4.7 で公表されている。

**2.4.3 大阪堆積盆地における水平成層仮定の H/V スペクトル逆解析による基盤深度の推定誤差**

上林ら[2.4.8],[2.4.9]は、大阪平野で観測された周波数 1Hz 以下の微動の H/V スペクトルを対象に、3次元堆積盆地構造モデルを用いた有限差分法（FDM）による波動数値解析を行い、地盤構造の水平成層領域だけでなく、不規則領域においても、H/V のピーク周波数とスペクトル形状の両方を良く再現できることを示している。また、不

表 2.4.2 仮定した大阪平野の地殻構造

| 深度 (km) | 密度 ($kN/m^3$) | P波速度 (km/s) | S波速度 (km/s) |
|---|---|---|---|
| ～3.3 | 26 | 5.2 | 2.7 |
| ～12 | 27 | 5.8 | 3.2 |
| ～22 | 28 | 6.0 | 3.4 |
| ～34 | 29 | 6.6 | 3.8 |
|  | 32 | 8.0 | 4.6 |

規則領域では、観測および3次元 FDM 解析の H/V ピーク周波数が直下の1次元速度構造に基づくレイリー波基本モードのそれと異なること、H/V ピークが不明瞭となることなどを指摘している。

そこで、3次元 FDM 解析の H/V スペクトルを観測データと見なし、水平成層構造を仮定した表面波（レイリー波とラブ波）H/V スペクトルの逆解析[2.4.10]を行って、直下の1次元速度構造を推定し、正解（FDM 解析の地盤モデル）基盤深度との誤差および地盤構造の不規則性との関係について検討した。

**（1）大阪平野の H/V スペクトルと逆解析の方法**

図 2.4.6 に、文献 2.4.8、2.4.9 の FDM 解析で用いた大阪平野の3次元堆積盆地構造モデルの基盤（S波速度 $VS$ = 2.7km/s）上面深度の分布および H/V スペクトルを算定した 41 地点（N01～N11、C01～C15、S01～S15）を示す。これらの地点を、地盤構造の水平成層領域、やや不規則領域、不規則領域（北摂地域の地溝帯や上町断層帯下盤側など）に分け、各領域の代表的な H/V スペクトルを図

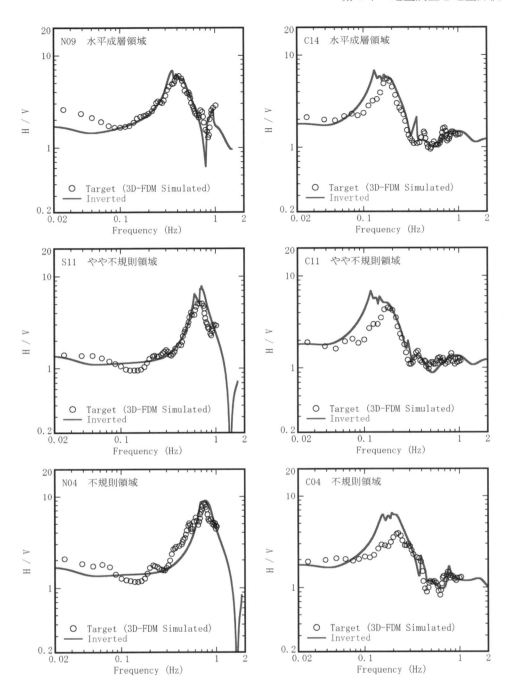

図 2.4.7 3次元 FDM 解析の H/V スペクトル(○印)に対する水平成層構造を仮定した逆解析(実線)の例(水平成層領域の N09、C15 地点、やや不規則領域の S11、C11 地点、不規則領域の N04、C04 地点)

2.4.7 に○印で示す(周波数 0.02～1Hz)。いずれの H/V スペクトルにも単一のピークが認められ、これは、堆積層と基盤の $V_S$ コントラストを反映したものである。

H/V スペクトルの逆解析では、遺伝的アルゴリズム(GA)を用い、評価関数 F を次式とした。

$$F = \frac{1}{I}\sum_{i=1}^{I}\left(\frac{(H/V)_{mi} - (H/V)_{Si}}{(H/V)_{mi}}\right)^2 \to \min. \quad (2.4.2)$$

ここに、$(H/V)_m$ は 3 次元 FDM 解析による H/V スペクトル [2.4.8),2.4.9)]、$(H/V)_S$ は水平成層構造を仮定した表面波の H/V スペクトル [2.4.10)]、I はデータ数である。$(H/V)_S$ の算定では、基本モードから 4 次高次モードまでを考慮し、水平動中のレイリー波/ラブ波振幅比の値は 0.7 を基本(基盤深度 0.1km 程度以下の地点では 1.0)とした。

逆解析では、堆積層を 4 層に分割し、各層の物性値は文献 2.4.8、2.4.9 に倣って深度の関数として与え、層厚のみ未知パラメタとした。$(H/V)_S$ のピークを有限とするため等に必要な地殻構造($V_S = 2.7$〜$4.6$km/s)は、文献 2.4.8、2.4.9 を参考に、表 2.4.2 に示す 5 層(最下層は半無限体)にモデル化した。

(2)H/V スペクトル逆解析による基盤深度の推定誤差

図 2.4.7 の実線は、各地点の逆解析で得られた最適解(1 次元速度構造)に対応する $(H/V)_S$ である。不規則領

域のC04を除き、$(H/V)_S$は、周波数特性・絶対値とも$(H/V)_m$と良く適合している。C04では、$(H/V)_S$の周波数特性は$(H/V)_m$と対応するが、H/Vピーク値が過大となっている。なお、全地点とも、逆解析における H/V ピーク周波数の残差率は 0.1 程度以下である。

図 2.4.8 に、逆解析から推定された 41 地点の基盤深度を正解（3 次元 FDM 解析の地盤モデル）のそれと比較して示す。また、各地点の基盤深度の推定誤差率を図 2.4.9 に、逆解析における H/V スペクトルの残差率（(2.4.2)式の平方根：以下、H/V-RMS 残差率）を図 2.4.10 に示す。さらに、図 2.4.9、2.4.10 から、各地点の H/V-RMS 残差率と基盤深度の推定誤差率との関係を図 2.4.11 に示す。なお、図 2.4.8～10 の各地点は、水平成層領域、やや不規則領域、不規則領域ごとに、正解基盤深度が浅い順に左から並んでいる。

図 2.4.8～11 の対比から、水平成層領域では、ほとんどの地点で、基盤深度の大小によらず、H/V-RMS 残差率は 0.2～0.3 程度、基盤深度の推定誤差率は概ね 0.1 程度以下で、逆解析から基盤深度が適切に推定されている。やや不規則領域でも、これらの残差率および誤差率の値は水平成層領域に比べて若干大きいものの、S11 を除いて、概ね同様の傾向が確認される。

一方、不規則領域では、多くの地点で、H/V-RMS 残差率は 0.3～0.4 程度以上（最大 0.88）、基盤深度の推定誤差率は概ね 0.2～0.4 程度と、水平成層領域に比べて 2～4 倍程度以上大きな値となっている。また、N02、C12、N10 の 3 地点では、H/V-RMS 残差率は 0.2 程度であるが、基盤深度の推定誤差率は 0.3～0.4 程度となっている。こ

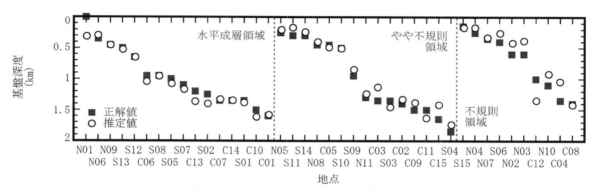

図 2.4.8　水平成層構造仮定の H/V スペクトルの逆解析による基盤深度の推定値と正解値（3 次元 FDM 解析の地盤モデル）との比較

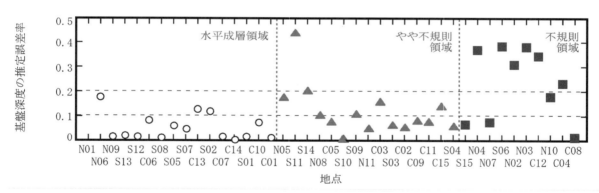

図 2.4.9　図 2.4.8 における基盤深度の推定誤差率

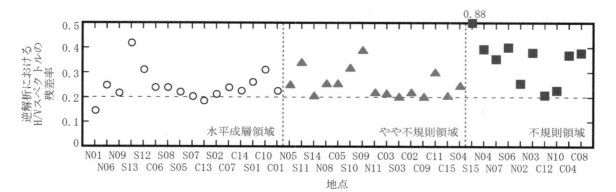

図 2.4.10　逆解析における H/V スペクトルの残差率

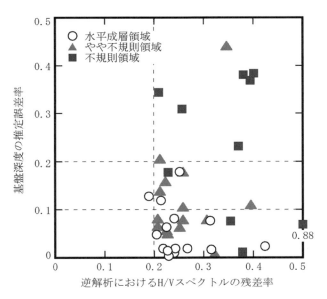

図 2.4.11 水平成層構造を仮定した逆解析における H/V スペクトルの残差率（図 2.4.10）と基盤深度の推定誤差率（図 2.4.9）との比較

のことは、不規則領域では、水平成層構造を仮定した H/V スペクトルの逆解析から基盤深度を適切に推定できない場合の多いこと、また、逆解析で適合度の高い結果が得られても、推定基盤深度に大きな誤差が含まれる場合のあることを意味している。この傾向は、基盤深度が浅いほど顕著なようにも見える。なお、S15、N07、C08 の 3 地点では、基盤深度の推定誤差率は 0.1 以下であるが、これは、H/V -RMS 残差率が 0.88、0.35、0.38 と大きいことから、偶然と考えられる。

（3）まとめ

大阪堆積盆地を対象に、数値解析に基づいて、地盤構造の不規則領域では、水平成層構造を仮定した H/V スペクトルの逆解析から基盤深度を適切に推定できない場合の多いこと、また、逆解析で適合度の高い結果が得られても、推定基盤深度に大きな誤差が含まれる場合のあることを示した。なお、2.4.3 節の検討の一部は、文献 2.4.11 などで公表されている。

参 考 文 献

2.4.1) 中村豊, 上野真：地表面震動の上下成分と水平成分を利用した表層地盤特性推定の試み, 7JEES, pp.265-270, 1986.

2.4.2) 時松孝次, 新井洋：レイリー波とラブ波の振幅比が微動の水平鉛直スペクトル比に与える影響, 日本建築学会構造系論文集, 511, pp. 69-75, 1998.

2.4.3) 時松孝次, 宮寺泰生：短周期微動に含まれるレイリー波の特性と地盤構造の関係, 日本建築学会構造系論文報告集, 439, pp. 81-87, 1992.

2.4.4) Uebayashi, H.: Extrapolation of Irregular Subsurface Structures Using the Horizontal-to-Vertical Spectral Ratio of Long-Period Microtremors, Bull. Seism. Soc. Am., 93(2),pp. 570-582, 2003.

2.4.5) 新井洋：埋没谷状の不整形地盤を有する造成宅地の微動特性に関する一検討, 日本建築学会大会学術講演梗概集, 構造 II, pp. 151-152, 2011.

2.4.6) 新井洋：造成宅地の地盤探査における微動 H/V スペクトルの利用に関する一検討, 第 46 回地盤工学研究発表会講演集, pp. 63-64, 2011.

2.4.7) 新井洋：地盤における微動 H/V スペクトルの利用法, 微動の利用技術（講習会テキスト）, 日本地震工学会 微動利用技術研究委員会, pp. 1-34, 2011.

2.4.8) 上林ほか：地震学会秋期大会, 2011.

2.4.9) Uebayashi, H., Kawabe, H., and Kamae, K.: Reproduction of Microseism H/V Spectral Features Using a Three-Dimensional Complex Topographical Model of the Sediment-Bedrock Interface in the Osaka Sedimentary Basin, Geophysical Journal International, 189, 1060-1074, 2012.

2.4.10) Arai, H. and Tokimatsu, K.: S-Wave Velocity Profiling by Inversion of Microtremor H/V Spectrum, Bull. Seism. Soc. Am., 94(1), pp. 53-63, 2004.

2.4.11) 新井洋, 上林宏敏：大阪堆積盆地における 1 次元速度構造を仮定した H/V スペクトルの逆解析, 第 48 回地盤工学研究発表会講演集, pp. 1913-1914, 2013.

## 2.5 洪積粘性土地盤の物性
### 2.5.1 はじめに

構造物基礎の設計・施工においては、自然由来である敷地地盤に対して、その物理・力学特性を適切に推測・評価・設定することが、設計・施工を合理化するための鍵となる。一般に、建設予定地の地層構成は、地形・地質からある程度推定可能である[例えば 2.5.1)]。同一の地層名に分類される地盤は、たとえ地域が離れていても土質の起源・堆積年代・堆積環境・応力履歴が似通っていることから、その地盤物性値には地層ごとにある程度範囲がある。したがって、地層ごとにみられる地盤物性値の特徴を整理・分析しておくことは、事前情報が少ない時点での地盤調査計画や基礎形式の検討、地盤調査結果の妥当性の確認、合理的な基礎構造の設計・施工のための地盤物性値の設定において役に立つと考えられる。

以上の背景から、関東エリア（東京都、神奈川県、千葉県、埼玉県、栃木県）で行われた地盤調査報告書をもとに、洪積粘性土について地盤物性値を整理し、その特徴を検討した。

### 2.5.2 検討対象とした洪積粘性土の概要

表 2.5.1 に示す関東エリア（東京都、神奈川県、千葉県、埼玉県）において、細粒分含有率が 70%以上の洪積粘性土および7号地層の粘性土に対して行われた地盤調査結果を対象として、地盤物性値の検討を行った。検討対象地層としては、堆積年代の新しい地層から順に、7号地層、関東ローム、東京層群（東京層相当、晴海層、成田層）、上総層群である。

一般に、洪積層とは、第四期の最終氷期極相期（最終氷期のうち最も海面が低下した時期で、およそ2万年前）以前に堆積した地層をいう。沖積層は、最終氷期極相期以降の海進にともなって堆積した地層をいう。最終氷期極相期以降〜現在までに、小規模な海退・海進が繰り返されたことが花粉・有孔虫・珪藻化石の分析から判明している[2.5.2)]。沖積層のうち、特におよそ1万年以前・以後において堆積した地層の物性が異なる。そこで東京低地の沖積層については、堆積年代がおよそ1万年前を境にして、上位の地層を有楽町層、下位の地層を7号地層と呼んでいる。7号地層は、一時的な海退によって有楽町層とは明らかに異なる応力履歴を受けており、過圧密な地層となっていることから、検討対象とした。7号地層は、最終氷期極相期以降の海進にともなって氾濫原〜河口付近で堆積した地層であり、一般に砂と粘性土の互層となっていて、貝殻や腐植を含んでいる[2.5.3), 2.5.4)]。なお、約1万年前を境に、それより古い年代に堆積した地層を洪積層、新しい地層を沖積層とする説もある。

東京付近のロームは、堆積年代の新しい〜古い順に、立川ローム〜武蔵野ローム〜下末吉ローム〜多摩ロームに分類される[2.5.5)]。検討対象とした案件では、立川ローム、武蔵野ローム、下末吉ロームの調査結果が得られている。地盤物性値の特徴から、立川・武蔵野ローム（栃木県で見られる田原・宝木ロームを含む）と、下末吉ローム（栃木県で見られる宝積寺ロームを含む）とを、区別して検討した。

東京層群のうち、上記した東京層相当とは、東京層・世田谷層・高砂層である。これらの地層は、地盤調査報告書において一般に東京層として表記されている。おおむね同一の堆積年代の地層として、晴海層、成田層（千葉県で見られる）がある。

上総層群は、東京層群より古い時代に堆積した地層（江戸川層、舎人層、北多摩層）とした[2.5.1)]。

表 2.5.1 検討を行った洪積粘性土（○：分析実施）

| 採取場所 | ローム |  |  | 東京層相当 |  |  | 上総層群 |
| --- | --- | --- | --- | --- | --- | --- | --- |
|  | 立川武蔵野 | 下末吉 | 7号 | 東京 | 晴海 | 成田 |  |
| 東京都府中市 | ○ |  |  |  |  |  | ○ |
| 西東京市 | ○ |  |  |  |  |  | ○ |
| 東京都板橋区 |  | ○ |  | ○ |  |  |  |
| 豊島区 |  | ○ |  | ○ |  |  |  |
| 文京区 |  | ○ |  | ○ |  |  |  |
| 江東区 |  |  | ○ | ○ |  |  |  |
| 港区 |  |  |  | ○ |  |  |  |
| 品川区 |  |  |  | ○ |  |  |  |
| 神奈川県川崎市 |  |  |  | ○ |  |  |  |
| 千葉県市川市 |  |  |  |  |  | ○ |  |
| 埼玉県草加市 |  |  |  | ○ |  |  |  |
| 新座市 | ○ | ○ |  |  |  |  |  |

### 2.5.3 洪積粘性土の地盤物性値の特徴

図 2.5.1 は、液性限界 $w_L$ と塑性指数 $I_p$ の関係を示す。立川・武蔵野ローム相当および下末吉ローム相当は、液性限界が 90%以上かつ A 線より下方に位置しており、高圧縮性シルトに分類される。立川・武蔵野ロームに比べて、下末吉ロームは、同一の液性限界のときの塑性指数が大きい。それ以外の地層のデータは、おおむね液性限界が 30%〜110%であり、A 線に沿って分布している。図 2.5.1 に示した結果は、既往の文献で示されている塑性図（図 2.5.2）と整合している。

図 2.5.3 は、液性限界 $w_L$ と圧縮指数 $C_c$ の関係を示す。液性限界が大きくなるのにしたがって、圧縮指数が大きくなる傾向があり、地層ごとに正の相関が認められる。ロームは圧縮指数が 1 以上であり、それ以外の地層の圧

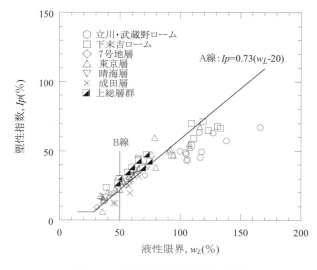

図 2.5.1 液性限界と塑性指数の関係

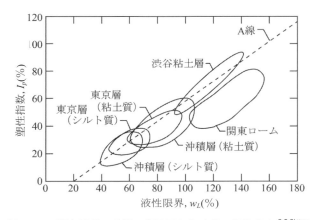

図 2.5.2 関東近郊の土質の塑性図における一般的分布[2.5.6)修正]

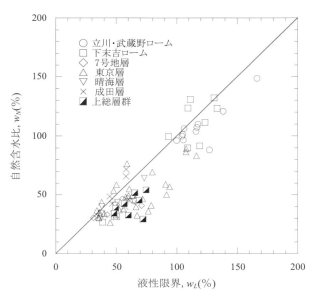

図 2.5.4 液性限界と自然含水比の関係

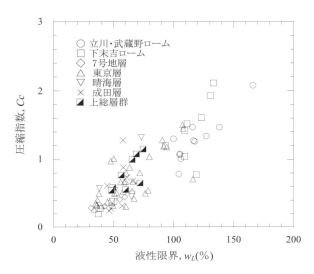

図 2.5.3 液性限界と圧縮指数の関係

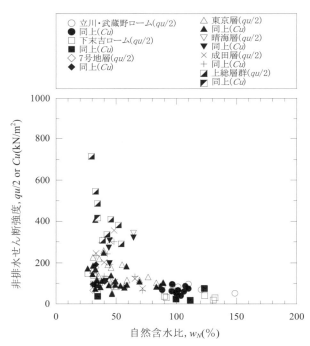

図 2.5.5 自然含水比と非排水せん断強度の関係

縮指数は 0.2～1.2 程度である。立川・武蔵野ロームに比べて、下末吉ロームは、同一の液性限界のときの圧縮指数が大きい。

図 2.5.4 は、液性限界 $w_L$ と自然含水比 $w_N$ の関係を示す。液性限界の分布範囲は、ロームでは 90%～170%、それ以外の地層では 30%～110% である。一方、自然含水比の分布範囲は、ロームでは 80% 以上、それ以外の地層は 30%～90% である。液性限界が大きくなるのにしたがって、自然含水比が大きくなる傾向があり、地層ごとに正の相関が認められる。下末吉ローム、東京層、成田層の一部のデータは、自然含水比＞液性限界となっており、洪積粘性土であっても乱された場合には著しく強度低下する可能性があることを示唆している。

図 2.5.5 は、自然含水比 $w_N$ と非排水せん断強度の関係を示す。非排水せん断強度は、一軸圧縮試験から求めた一軸圧縮強さ $q_u$ を 2 で除した値または三軸試験（UU）から求めた $c_u$ とし、それぞれ別のシンボルで示す。自然含水比が大きくなるのにしたがって非排水せん断強度は小さくなる傾向が認められるものの、両者の相関は低い。

図 2.5.6 は、N 値と非排水せん断強度の関係を示す。非排水せん断強度は、一軸圧縮試験から求めた一軸圧縮強さ $q_u$ を 2 で除した値または三軸試験（UU）から求めた $c_u$ とし、それぞれ別のシンボルで示す。N 値が大きくなるのにしたがって、非排水せん断強度は大きくなる傾向が、地層ごとに認められる。上総層群は、東京層群（東京層相当、晴海層、成田層）に比べて、同一の N 値に対する非排水せん断強度が大きい。図中には、テルツァーギとペック（Terzaghi and Peck, 1948）が粘性土に対して提案した一軸圧縮強さ $q_u$ と N 値の相関関係[2.5.7)]を実線で

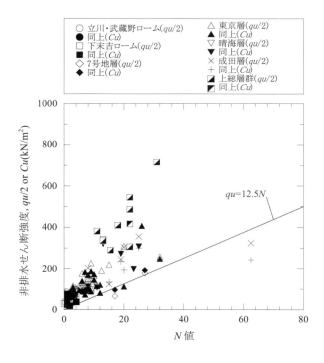

図 2.5.6 N 値と非排水せん断強度の関係

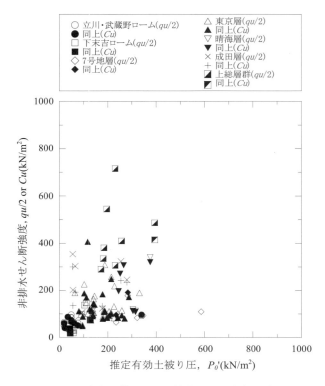

図 2.5.7 有効土被り圧と非排水せん断強度の関係

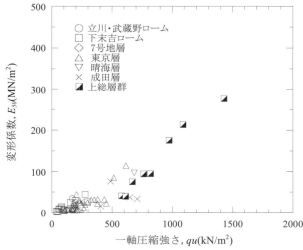

図 2.5.8 一軸圧縮強さと変形係数 $E_{50}$ の関係

示す。テルツァーギとペック（Terzaghi and Peck, 1948）が示した相関関係は、今回分析したデータの分布範囲の下限となっている。これは、標準貫入試験のサンプラーで採取された試料を用いた土質試験結果に基づく提案であるためと推定される。

図 2.5.7 は、地盤調査時点の有効土被り圧 $P_0'$ と非排水せん断強度の関係を示す。非排水せん断強度は、一軸圧縮試験から求めた一軸圧縮強さ $q_u$ を 2 で除した値または三軸試験（UU）から求めた $c_u$ とし、それぞれ別のシンボルで示す。有効土被り圧が大きくなるのにしたがって、非排水せん断強度は大きくなる傾向を示すものの、地層ごとの相関関係は明確ではない。

なお、有効土被り圧は、地表から土質試料を採取した深度まで湿潤単位体積重量を積分して得られる全応力表示の土被り圧から、間隙水圧を引いて算定した。間隙水圧は、無水掘り水位を地表の不圧地下水位とみなし、それ以深は静水圧分布であると仮定して求めた。地中の被圧地下水位が測られている場合には、測定した被圧帯水層以深の被圧水頭は一定と仮定した。不透水層中の間隙水圧は、不透水層の上面・下面での間隙水圧を線形補間して求めた。

図 2.5.8 は、一軸圧縮強さ $q_u$ と変形係数 $E_{50}$ の関係を示す。一軸圧縮強さが大きくなるのにしたがって、$E_{50}$ は大きくなる傾向が認められる。

図 2.5.9 は、段階載荷による圧密試験から得られた圧密降伏応力 $P_c$ で正規化した非排水せん断強度と塑性指数 $I_p$ の関係を示す。非排水せん断強度は、一軸圧縮試験から求めた一軸圧縮強さ $q_u$ を 2 で除した値または三軸試験（UU）から求めた $c_u$ とし、それぞれ別のシンボルで

示す。圧密降伏応力で正規化した非排水せん断強度は、地層や塑性指数によらず、おおむね 0.1〜0.3 の範囲に分布している。

図 2.5.10 は、地盤調査時点の有効土被り圧 $P_0'$ で正規化した非排水せん断強度と塑性指数 $I_p$ の関係を示す。有効土被り圧で正規化した非排水せん断強度と塑性指数には、相関関係は認められない。なお、今回の分析対象としたデータは、すべて過圧密であった。

図 2.5.9 と図 2.5.10 で示した正規化した非排水せん断強度と塑性指数の関係については、粘性土のせん断強度が圧密応力によってどの程度増加するかを表す指標とし

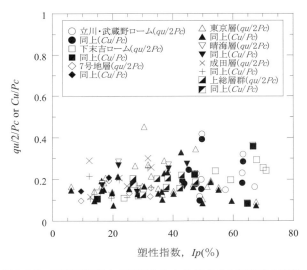

図2.5.9 圧密降伏応力で正規化した非排水せん断強度と塑性指数の関係

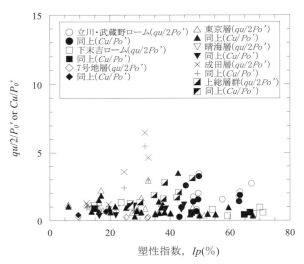

図2.5.10 有効土被り圧で正規化した非排水せん断強度と塑性指数の関係

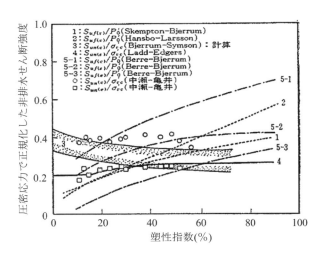

図2.5.11 圧密応力で正規化した非排水せん断強度と塑性指数の関係[2.5.8]修正

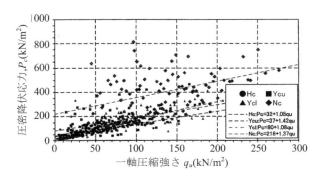

図2.5.12 沖積層の一軸圧縮強さと圧密降伏応力の関係[2.5.9]修正
（Hcは埋土層、Ycu・Yclは上部・下部有楽町層、Ncは7号地層を表す。）

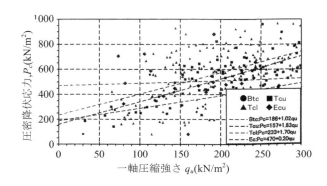

図2.5.13 洪積層の一軸圧縮強さと圧密降伏応力の関係[2.5.9]修正
（Btcは埋没ローム、Tcu・Tclは上部・下部東京層、Ecuは江戸川層を表す。）

て、既往の文献においても紹介されている。
　例えば、図 2.5.11 は、半沢ら（1991）[2.5.8]によりまとめられた正規化した非排水せん断強度と塑性指数の関係であり、おもに正規圧密粘性土に対する分析結果である。正規化した非排水せん断強度は、塑性指数によらず一定であるか、もしくは塑性指数とともに増加する関係が示されており、正規化した非排水せん断強度の多くは0.2～0.4の範囲にある。また文献2.5.9)においては、東京低地でみられる沖積粘性土（正規圧密粘性土）の $q_u/(2P_c)$ は0.35～0.45、東京層の $q_u/(2P_c)$ は0.3程度であることが指摘されており、その根拠として図2.5.12～図2.5.13が示されている。
　以上から、(1)洪積粘性土であっても、圧密応力として圧密降伏応力を用いることにより、正規化した非排水せん断強度と塑性指数の関係（図2.5.9 参照）は、正規圧密粘性土のそれと同様な傾向を示すこと、(2)今回整理した洪積粘性土では、圧密降伏応力で正規化した非排水せん断強度は、塑性指数によらずおおむね0.1～0.3の範囲にあり、沖積粘性土について報告されている値[2.5.8), 2.5.9)]に比べて小さいことが指摘できる。
　図 2.5.14 は、自然含水比 $w_N$ と段階載荷による圧密試験から得られた圧密降伏応力 $Pc$ の関係を示す。自然含水比が大きくなるのにしたがって、圧密降伏応力は小さ

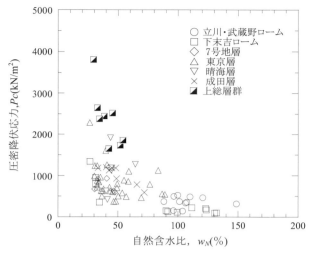

図 2.5.14 自然含水比と圧密降伏応力の関係

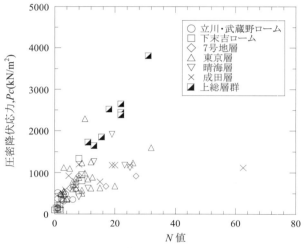

図 2.5.15 $N$ 値と圧密降伏応力の関係

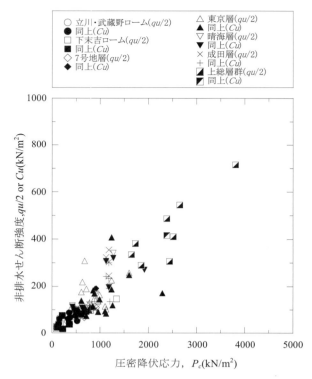

図 2.5.16 非排水せん断強度と圧密降伏応力の関係

くなる傾向が、地層ごとに認められる。

図 2.5.15 は、$N$ 値と段階載荷による圧密試験から得られた圧密降伏応力 $P_c$ の関係を示す。$N$ 値が大きくなるのにしたがって、圧密降伏応力は大きくなる傾向が、地層ごとに認められる。上総層群は、東京層群(東京層相当、晴海層、成田層)に比べて、同一の $N$ 値に対する圧密降伏応力が大きい。

図 2.5.16 は、非排水せん断強度と段階載荷による圧密試験から得られた圧密降伏応力 $P_c$ の関係を示す。非排水せん断強度は、一軸圧縮試験から求めた一軸圧縮さ $q_u$ を 2 で除した値または三軸試験(UU)から求めた $c_u$ とし、それぞれ別のシンボルで示す。圧密降伏応力が大きくなるのにしたがって、せん断強度は直線的に大きくなる傾向が認められる。その傾きは、図 2.5.9 から示唆されるように、0.1～0.3 の範囲にある。これは、図 2.5.13 に示した既往のデータの分布とおおむね整合している。

### 2.5.4 まとめ

関東エリア(東京都、神奈川県、千葉県、埼玉県、栃木県)で行われた地盤調査をもとに、洪積粘性土および 7 号地層の粘性土の地盤物性値の特徴を検討した。検討対象地層としては、堆積年代の新しい地層から順に、7 号地層、関東ローム、東京層群(東京層相当、晴海層、成田層)、上総層群である。以下に、検討から得られた主な結論を示す。

1) 下末吉ローム、東京層、成田層の一部のデータは、自然含水比＞液性限界となっている。洪積粘性土であっても、乱された場合には著しく強度低下する可能性がある。

2) $N$ 値が大きくなるのにしたがって、非排水せん断強度は大きくなる傾向が、地層ごとに認められる。テルツァーギとペック(Terzaghi and Peck, 1948)が粘性土に対して提案した一軸圧縮強さ $q_u$ と $N$ 値の相関関係は、今回分析したデータの分布範囲の下限となっている。

3) 圧密降伏応力 $P_c$ が大きくなるのにしたがって、非排水せん断強度は直線的に大きくなる傾向が認められる。圧密降伏応力で正規化した非排水せん断強度は、塑性指数によらず、おおむね 0.1～0.3 である。これは、正規圧密粘性土について従来報告されている圧密応力で正規化した非排水せん断強度よりも小さい。

なお、地盤物性値は、地盤調査を行って求めるのが基本である。ここで示した地盤物性値は、事前情報が少ない時点での基礎形式の検討、地盤調査結果の妥当性の確認、合理的な基礎構造の設計・施工のための地盤物性値の設定などにおいて、参考資料として利用されたい。

### 参 考 文 献

2.5.1) 東京都：新版 東京港地盤図，2001.
2.5.2) 東京都土木技術研究所編：東京都総合地盤図Ⅰ 東京都の地盤(1)，技報堂出版株式会社，pp.1-10, 1977.
2.5.3) 東京都港湾局：新版 東京港地盤図，pp.5-7, 2001.
2.5.4) 貝塚爽平，小池一之，遠藤邦彦，山崎晴雄，鈴木毅彦：日本の地形4 関東・伊豆小笠原，(財)東京大学出版会，pp.210-211, 2004.
2.5.5) (社)土質工学会：土質基礎工学ライブラリー10 日本の特殊土，(社)土質工学会，pp.26-27, 1974.
2.5.6) 東京地盤調査研究会：東京地盤図，p.20, 1961.
2.5.7) Terzaghi, K. and Peck, R. B. : Soil Mechanics in Engineering Practices, John Wiley & Sons, p.300, 1948.
2.5.8) 半沢秀郎，鈴木耕司，田中洋行：粘土のノーマライズされた非排水せん断強度，土と基礎，Vol.39, No.8, pp.29-34, 1991.
2.5.9) 東京都港湾局(2001)：新版 東京港地盤図，p.79, 2001.

## 2.6 地下水位の評価
### 2.6.1 はじめに

地下水位の評価は建築物の設計や施工段階で大変重要な意味を持っている。設計用の地下水位は地盤調査での孔内水位（無水掘り）の結果をそのまま設計用に使っている場合が多いと考えられるものの、季節変動、長期変動などをどの程度考慮して設定すべきであろうか。

建築基礎構造設計指針（2001）[2.6.1]の本文では、地下水位の設定について、「水圧は地盤調査において各土層の地下水位を把握し、土層の連続性等を考慮のうえ自由水位面を判断して、その最高水位の再現期待値から設定する。」と記されている。また、同指針解説では、「各都市には地下水位の変動の記録が整備されている。港湾局や旧国土庁・旧環境庁などの記録もある。」とあり、水位について再現期待値を求める変動幅の判断には、既往の調査結果を参考にして設定することになっている。

地下水位の設定において地域性や様々な外乱を考慮するためには、長期にわたる計測データ（例えば「地下水位年表」国交省河川局のような公的資料）が重要な役割を担っている。本節では、既往の公的資料を基に、季節変動、長期変動など地域に応じた一般的な範囲を設定できるか検討するため、地下水位の長期計測結果の分析を行ったので、その結果を以下に示す。

### 2.6.2 地下水位の設定が重要となる項目

建築物の設計や施工において地下水位の設定が重要となる項目について下記に示す。

#### （1）建築物の設計
1) 建物基礎・杭の浮上り評価

常時荷重時では、建物自重＋基礎直下の浮力の有無（地下水位の変動）を考慮して検討する。地上階が無い部分等、部分的な浮上りが生じる場合でも基礎梁の補強、基礎荷重の増加、浮力防止永久アンカーの採用等の対策は必要となる。

地震荷重時では、建物自重±地震時増分荷重＋基礎直下の浮力有無（地下水位の変動）を考慮して検討する。中地震時の検討は必須で、高層建物では大地震時の検討も必要となる。部分的な浮上りが生じる場合、常時荷重と同じような対策を地震レベルに応じて検討する。

2) 地下外壁の検討

静止土圧＋水圧で検討する。設計水圧は建物使用期間（50年，100年等）を考慮して設定する。

3) 液状化の検討

鉛直有効土被り圧（地下水位）を考慮した繰返しせん断応力比の比較から判断する。地下水位の設定は、液状化判定結果に大きく影響する。

4) 耐圧版の設計

建物基礎の耐圧版の設計では、（特に杭基礎において）基礎直下の水圧が外力として採用されるため地下水位の設定は重要となる。

#### （2）建築物の施工
1) 山留め壁の設計

山留め壁の設計は土圧＋水圧で行う。設計水圧は山留め壁位置の設計水位による。設計水位は、山留め使用期間を考慮して設定する。通常、敷地での観測水位に季節変動を考慮して設定する。

2) ボイリング・盤ぶくれの検討

根切り底面の安定として、根切り底面以下の砂質土に対して行う。

### 2.6.3 既往公的資料による長期計測結果

図2.6.1に東京都における昭和29年以降の被圧地下水位の経年変化を示す。被圧地下水位は昭和50年以降の揚水規制により、水位は上昇し続け、平成に入っても鈍化は見られるが上昇傾向にある。

図2.6.2は東京都における浅層地下水位（概ね水位10m以浅）の変動と月別降雨量である。基本的に降雨の影響を受けて地下水位は季節変動するが、標高が高い台地では変動幅が大きく、年間で5m近く変動する場所もある。

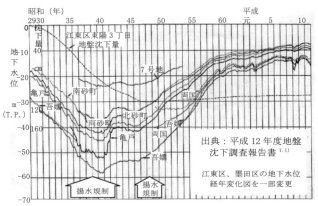

図 2.6.1 被圧地下水位の経年変化（東京）[2.6.2]

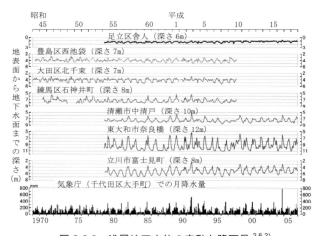

図 2.6.2 浅層地下水位の変動と降雨量 [2.6.2]

公的資料による長期水位測定データとして、国交省河川局発刊の「地下水位年表」（2002年～2004年）[2.6.3]から関東地区で23地点、近畿地区で24地点の浅層地下水位（ストレーナ深度 GL-10m以浅）の測定値を収集した。測定地点を図-2.6.3に、各測定地点の標高と年平均

水位の一覧を表 2.6.1 に示す。なお、調査地点は、河川局の調査結果ゆえ、河川近傍に限定されている点には注意が必要である。また、表中の地下水位のブランクは、未測定の年である。

図 2.6.4 に関東地区における 2002 年および 2004 年の月平均水位の経時変化を示す。2002 年では 7 月～10 月の水位が、2004 年では 10 月、11 月の水位が高い地点が多くみられた（図には示さないが 2003 年では 8 月の水位が高いものが多い）。年度による違いはあるものの、浅層地下水位の上昇は梅雨・秋雨の時期や台風襲来に伴う降雨と関係があるものと考えられる。

表 2.6.1 浅層地下水位測定地点と年平均水位 （*は管頭高）

(a) 関東地区

| No. | 地点 | 標高 T.P.+(m) | 年平均水位 GL-(m) 2002年 | 2003年 | 2004年 |
|---|---|---|---|---|---|
| 1 | 埼・熊谷市 | 29.30 | | | 4.75 |
| 2 | 埼・吉川町 | 4.71 | 1.12 | 0.91 | 1.15 |
| 3 | 栃・高根沢町 | 136.77 | 9.09 | 9.30 | |
| 4 | 栃・宇都宮市 | 100.12 | 0.89 | 0.87 | |
| 5 | 茨・協和町 | 44.57 | 2.54 | 2.52 | |
| 6 | 茨・下館市1 | 40.00 | 1.72 | 1.65 | |
| 7 | 茨・下妻市 | 27.70 | 1.60 | 1.47 | |
| 8 | 茨・水海道市 | 15.93 | 1.98 | 1.82 | |
| 9 | 埼・深谷市 | 64.00 | 3.02 | 2.91 | 3.09 |
| 10 | 埼・越谷市 | 4.25 | 1.55 | 1.36 | 1.56 |
| 11 | 茨・下館市2 | 38.47 | 1.95 | 1.82 | 2.03 |
| 12 | 埼・庄和町 | 5.97 | 1.60 | 1.46 | |
| 13 | 埼・春日部市1 | 5.97 | – | – | 1.59 |
| 14 | 埼・春日部市2 | 5.93 | 1.06 | 0.99 | 1.08 |
| 15 | 埼・杉戸町 | 8.32 | 2.08 | 2.00 | 2.12 |
| 16 | 群・板倉町* | 19.21 | 3.85 | – | |
| 17 | 茨・つくば市 | 25.29 | 2.41 | 2.14 | 2.30 |
| 18 | 東・立川市 | 76.46 | 6.31 | 6.18 | 6.24 |
| 19 | 東・日野市 | 65.37 | 3.02 | 2.88 | 2.92 |
| 20 | 東・府中市 | 48.78 | 4.26 | 4.21 | 4.27 |
| 21 | 神・川崎市 | 17.50 | 5.24 | 5.16 | 5.13 |
| 22 | 東・狛江市 | 21.29 | 3.77 | 3.78 | 3.80 |
| 23 | 神・横浜市* | 13.47 | 3.19 | 3.75 | |

(b) 近畿地区

| No. | 地点 | 標高 T.P.+(m) | 年平均水位 GL-(m) 2002年 | 2003年 | 2004年 |
|---|---|---|---|---|---|
| 1 | 和・和歌山市1* | 5.10 | 2.22 | 2.06 | 2.10 |
| 2 | 和・和歌山市2* | 4.64 | 2.58 | 2.43 | 2.46 |
| 3 | 和・和歌山市3 | 5.30 | 2.46 | – | – |
| 4 | 和・和歌山市4 | 13.51 | 6.30 | 6.03 | 6.05 |
| 5 | 和・岩出町 | 19.02 | 1.01 | 1.01 | 1.04 |
| 6 | 大・大阪市1 | -0.84 | 1.93 | 1.83 | 1.85 |
| 7 | 大・大阪市2 | 2.39 | 2.69 | 2.65 | 2.67 |
| 8 | 大・大阪市3 | 2.49 | 2.67 | 2.60 | 2.60 |
| 9 | 大・茨木市 | 8.18 | 3.33 | 3.20 | 3.36 |
| 10 | 大・東大阪市 | 6.10 | 1.90 | 1.79 | 1.82 |
| 11 | 奈・大和郡山市1 | 63.45 | 1.59 | 1.18 | 1.33 |
| 12 | 奈・大和郡山市2 | 47.76 | 4.87 | 4.55 | 4.48 |
| 13 | 奈・天理市 | 73.70 | 6.20 | 6.06 | 6.09 |
| 14 | 奈・橿原市 | 64.82 | 1.18 | 1.14 | 1.17 |
| 15 | 滋・野洲市* | 84.69 | -1.40 | -1.76 | -1.61 |
| 16 | 京・京都市 | 12.51 | 2.04 | 1.77 | 1.86 |
| 17 | 京・城陽市 | 24.39 | 5.76 | 5.52 | 5.50 |
| 18 | 京・田辺町 | 24.45 | 1.67 | 1.26 | 1.30 |
| 19 | 京・木津町 | 32.76 | 5.93 | 5.56 | 5.59 |
| 20 | 兵・豊岡市1 | 3.37 | 2.03 | 1.99 | 1.98 |
| 21 | 兵・豊岡市2 | 2.57 | 1.04 | 1.07 | 1.08 |
| 22 | 兵・豊岡市3 | 2.36 | 1.95 | 1.96 | 1.91 |
| 23 | 福・坂井町 | 2.20 | 1.47 | 1.49 | 1.45 |
| 24 | 福・丸岡町 | 11.55 | 1.68 | 1.75 | 1.35 |

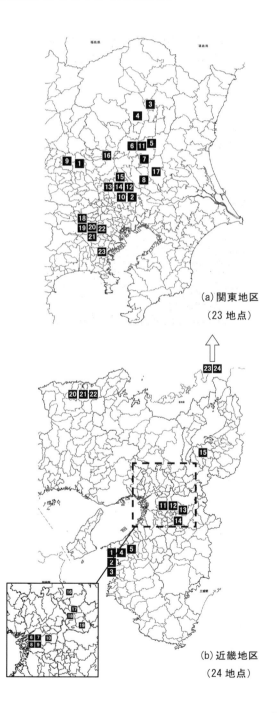

図 2.6.3 地下水位年表による浅層地下水位の測定地点 [2.6.3]

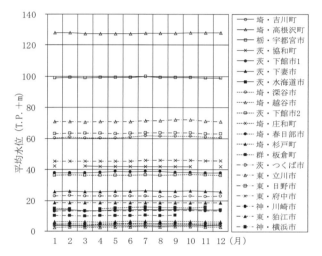

図 2.6.4(a) 関東地区での月平均水位の変化（2002 年）

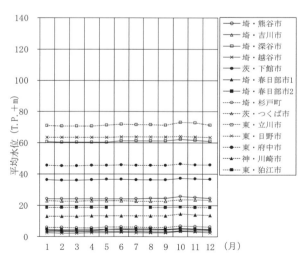

図 2.6.4(b) 関東地区での月平均水位の変化（2004 年）

そこで、代表例として関東地区では、埼玉県深谷市（No.9）および神奈川県川崎市（No.21）の月平均水位と降雨量の経時変化を図 2.6.5 に、近畿地区では、和歌山県和歌山市（No.1）および大阪府大阪市（No.6）のそれを図 2.6.6 に示した。なお、同図には、各月の水位変動幅として月別の最高、最低水位も示す。

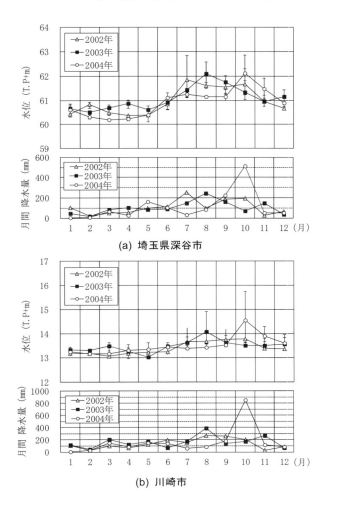

図 2.6.5　月平均水位と降雨量（関東の例）
（上：埼玉県深谷市、下：川崎市）

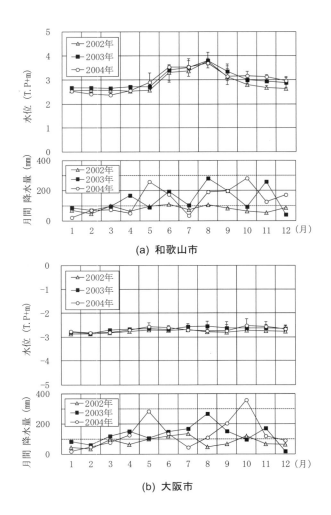

図 2.6.6　月平均水位と降雨量（近畿の例）
（上：和歌山市、下：大阪市）

関東 2 地点における月平均水位は、年ごとにばらつきはあるが、4 月から 10 月にかけて上昇し、11 月から 3 月にかけて低下する傾向が見られる。また、月平均水位が最高となる月は年により異なり、7 月〜10 月であった。月ごとの平均水位の変動と月間降水量との相関は高いものの、月平均水位が最高となる月は、年ごとの降雨量により異なるものと判断される。

和歌山市については、深谷市と同様に 4 月から 10 月にかけて上昇、11 月から 3 月にかけて低下し平均水位に季節差がみられる。一方、大阪市においては、年間を通して平均水位の変動、および年毎のばらつきは小さい。また、降水量との関係性もあまり見られない。

使用限界状態のような長期荷重用の地下水位としては、月平均程度は考慮すべきと考えると、単年度の年間測定結果でも、場所によっては十分な調査とはならないことがわかる。

次に、各測定地点の標高（T.P.+m）と年平均水位（GL-m）の比較を図 2.6.7 に示す。関東地区、近畿地区とも標高と浅層地下水位の GL からの深度に関係性は見られない。

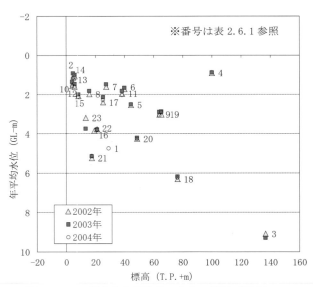

図 2.6.7(a)　標高と年平均地下水位の関係（関東）

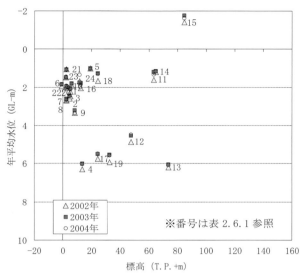

図 2.6.7(b) 標高と年平均水位の関係（近畿）

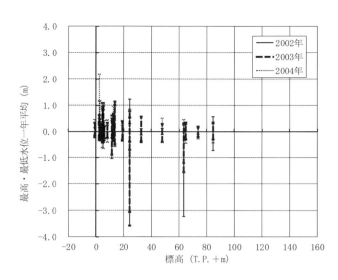

図 2.6.8(b) 標高と年平均からの変動幅（近畿）

各測定地点の標高（T.P.+m）の年平均水位（GL-m）の変動幅を図 2.6.8 に示す。最高・最低水位は、各月の最高・最低水位から求めた値である。関東地区においては、年平均水位と最高水位との差は 0.25m～2.38m（平均変動幅 1.07m、標準偏差 σ=0.52）、最低水位との差は 0.11m～1.05m（平均 0.46m、σ=0.20）であり、水位上昇方向の変動幅が大きい。近畿地区においては、最高水位との差は 0.10m～2.19m（平均 0.53m、σ=0.37）、最低水位との差は 0.10m～3.59m（平均 0.54m、σ=0.74）であり、一部で水位低下方向の変動幅が大きい測定地点がある。なお、最低水位の大きく低下した 2 地点（近畿 No.11、No.18）を外すと、最低水位との差は 0.10m～1.04m（平均変動幅 0.34m、σ=0.18）となり、関東と同様に水位上昇方向の変動幅の方が大きいことになる。この理由として、最高水位と最低水位では、短期的な豪雨時の降水量の影響の受け方が違うことが予想される。

損傷限界・終局限界状態設定に用いる最高水位としては、年平均水位からの変動幅と月平均の最高値からの変動幅の両方からの設定が考えられるが、短期的な豪雨の大きさとその影響の評価が今後の課題として挙げられる。

「地下水位年表」（2002 年～2004 年）から浅層地下水位（ストレーナ深度 GL-10m 以浅）と中層地下水位（ストレーナ深度 GL-10m 以深）の同一地点での測定結果を比較した。茨城県つくば市（No.17）を図 2.6.9 に、兵庫県豊岡市（No.20）を図 2.6.10 にそれぞれ示す。

つくば市では、浅層と中層の水位変動幅に深度の違いはほとんど見られない。一方、豊岡市では、12 月～3 月の降雪時期に中層水位の極端な低下が見られた。消雪パイプ用井戸の揚水による影響と考えられる。

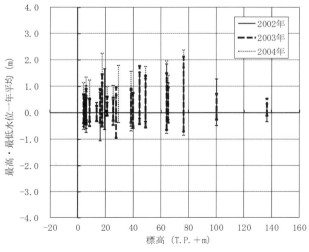

図 2.6.8(a) 標高と年平均からの変動幅（関東）

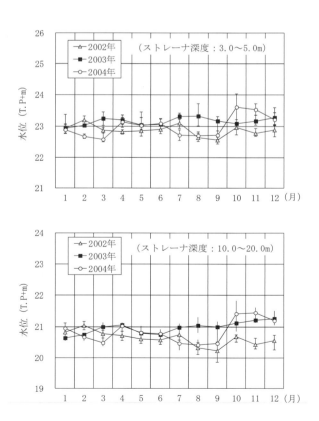

図 2.6.9 浅層・中層地下水位の月別変化（つくば市）

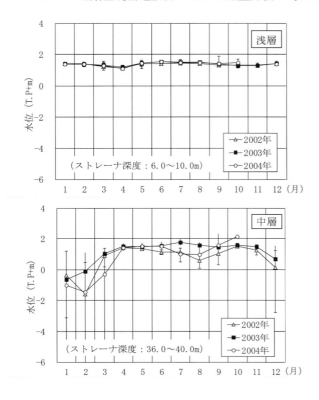

図 2.6.10 浅層・中層地下水位の月別変化（豊岡市1）

### 2.6.4 まとめ

国交省河川局「地下水年表」の関東地区、近畿地区における過去3年間（2002年～2004年）の浅層地下水位および中層地下水位の長期計測データの挙動を示した。分析結果の主な傾向を以下に示す。

(1) 関東地区と近畿地区では、浅層地下水位の変化に与える降雨量、標高等の影響が異なるものの、関東は降雨量との密接な関係が見られる地点が多く、関西では降雨量と相関がみられない地点もあった。

(2) 関東地区、近畿地区とも、地盤高とGLからの水位に関係性は見られない。

(3) 年平均水位からの水位変動は、一般に上昇方向の幅が低下方向の幅より大きく、変動幅は正規分布していない。但し、近畿では内陸部で水位低下の変動幅が極端に大きい地点があった。

(4) 中層地下水位は表層地下水位と同じような経年変化を示すが、深くなると降雨量による変動幅が小さくなる傾向がある。積雪地帯では、冬場の消雪用揚水の影響で水位低下が大きくなる地点も見られた。

設計地下水位の設定では、地下水位の変動に与える標高、季節、降雨量等の影響が考えられ、一般的には標高の低い沖積低地では降雨量による地下水位の変動幅が小さく、標高の高い洪積台地・盆地では変動幅が大きい傾向が見られた。但し、変動幅の評価は、降雨の絶対量や季節変化によるばらつきがあるため、単年度の長期測定による評価では不十分な場合も考えられる。今後、このような長期計測データの収集・分析が重要であり、各地での計画的な地下水位の長期計測が望まれる。

### 参 考 文 献

2.6.1) 日本建築学会編：建築基礎構造設計指針，3.3節水圧，pp.21-34，2001.

2.6.2) 清水孝昭ほか：近接山留め工事の現状と課題，主題解説(3)近接施工における地下水処理，日本建築学会大会パネルディスカッション資料，2008.10.

2.6.3) 国土交通省：地下水年表，2002年，2003年，2004年

2.6.4) 東京都環境局：東京都の地盤沈下と地下水の現況検証について，地下水対策検討委員会検討のまとめ，2006.5.

2.6.5) 遠藤毅：南関東地域における地下水問題の歴史と今後の課題，日本応用地質学会，2009年度特別講演及びシンポジウム

2.6.6) 清水満：地下水の回復に伴う鉄道施設の地下水障害と対策，地質と調査，pp.25-30，2009年第2号

2.6.7) 長屋淳一：大阪平野における地下水問題，2007年戦略研究公開シンポジウム「ひとがかえる都市の地下水」，2007.2.

2.6.8) 東京都土木技術支援・人材育成センター：平成20年地盤沈下調査報告書，2009.7.

2.6.9) 東京都土木技術支援・人材育成センター：平成21年度年報，資料編2.浅層地下水の観測記録（平成20年），2009.

2.6.10) 東京都港湾局：平成20年東京港地盤沈下及び地下水位観測調査結果，2009.

## 2.7 地盤の液状化評価

本節では地盤の液状化評価に関して、(1)液状化評価の現状、(2)$D_{cy}$と$PL$の比較、(3)洪積砂の取り扱い、(4)液状化検討時のマグニチュードに関する知見を整理した。

### 2.7.1 地盤の液状化評価の現状
（1）はじめに

地盤の液状化判定は、建築基礎構造設計指針(1988)[2.7.1]（以下、基礎指針(1988)と略す）において本格的に導入され、$F_l$値で液状化発生の可否を判定できるようになった。

1995年兵庫県南部地震では、震度7の揺れを伴う直下型地震を経験し、神戸市の人工島を中心に液状化被害が発生した。指針の液状化判定法について実被害との検証も行われた。この地震を受けて、2001年に改訂された基礎指針[2.7.2]では、「液状化判定」に加え、「液状化後の地盤物性と変形の予測」、「液状化地盤の変形を考慮した杭基礎設計」に関する情報が新たに盛り込まれた。

2011年東北地方太平洋沖地震では東京湾岸の埋立地を中心に戸建て住宅が大きな液状化被害を受け、液状化による沈下が問題となった。液状化発生の可否だけでなく、液状化による変形や沈下予測が実際の被害をどの程度評価できるかが最近の話題となっている。

基礎指針に基づいて液状化判定を実施するためには、標準貫入試験の$N$値の他に細粒分含有率などが必要である。液状化の有無は基礎設計の基本方針をかなり左右し、細粒分含有率が液状化判定に影響を与えることが認知されてきたため、液状化が懸念される場所で実施される地盤調査では、細粒分含有率を調べることがかなり浸透してきた。

本節では、基礎指針の液状化判定の概要と過去の地震での液状化被害との検証事例および実務での液状化検討方法を紹介する。また、液状化評価に関する課題を述べる。

（2）基礎指針の液状化判定法
1) 液状化判定法の概要[2.7.2]

基礎指針の液状化判定法は主に標準貫入試験の$N$値に基づく方法が基本である。液状化判定の対象とすべき土層は、地表面から20m以浅の沖積層で細粒分含有率35％以下の土である。ただし、埋立地盤など人工造成地盤では、細粒分含有率35％以上でも粘土分含有率や塑性指数によっては液状化の検討対象に含める。

液状化の判定は以下に示す手順によって行う。
a) 地盤内に発生する等価繰返しせん断応力比の算定

等価繰返しせん断応力比は(2.7.1)式によって求める。

$$\frac{\tau_d}{\sigma'_z} = r_n \frac{\alpha_{max}}{g} \frac{\sigma_z}{\sigma'_z} r_d \qquad (2.7.1)$$

ここに、$\tau_d$は水平面に生じる等価な一定繰返しせん断応力振幅(kN/m²)、$\sigma'_z$は検討深さにおける有効土被り圧(kN/m²)、$r_n$は等価の繰返し回数に関する補正係数で0.1(M-1)、$M$はマグニチュード、$g$は重力加速度(980cm/s²)、$\sigma_z$は検討深さにおける全土被り圧(kN/m²)、$r_d$は地盤が剛体でないことによる低減係数で(1-0.015z)、$z$は地表面からの深度(m)である。

(2.7.1)式の算定に用いる地表面水平加速度$\alpha_{max}$の値は、限界状態設計への対応として、
① 損傷限界検討用　150～200 cm/s²
② 終局限界検討用　350 cm/s²
が推奨されている。なお、等価繰り返しせん断応力比は地震応答解析結果から求めてもよいとしている。

b) 液状化抵抗比の算定

飽和土層における液状化抵抗比($\tau_l/\sigma'_z$)は、標準貫入試験の$N$値から補正$N$値($N_a$)を算出して、図2.7.1のせん断ひずみ振幅5％の曲線により求める。補正$N$値($N_a$)は(2.7.2)～(2.7.4)式により求める。

$$N_1 = C_N \cdot N \qquad (2.7.2)$$

$$C_N = \sqrt{98/\sigma'_z} \qquad (2.7.3)$$

$$N_a = N_1 + \Delta N_f \qquad (2.7.4)$$

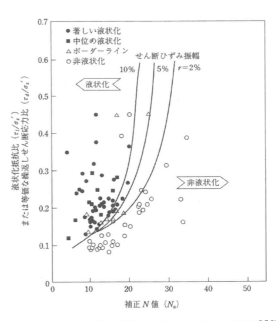

図2.7.1　液状化抵抗比と補正$N$値$N_a$の関係[2.7.2]

ここに、$N_1$は換算$N$値、$C_N$は拘束圧に関する換算係数、$\Delta N_f$は細粒分含有率$F_c$に応じた補正$N$値増分（図2.7.2参照）、$N$はトンビ法または自動落下装置による実測$N$値とする。

c) 液状化発生に対する安全率の算定

各深さにおける液状化発生に対する安全率$F_l$は(2.7.5)式によって求める。

$$F_l = \frac{\tau_l/\sigma'_z}{\tau_d/\sigma'_z} \qquad (2.7.5)$$

$F_l$値が1より小さい土層については液状化発生の可能性があると判定する。$F_l$値の値が小さいほど、また$F_l$が1より小さい土層の厚さが厚くなるほど液状化の危険度が高くなる。

2) 液状化程度の判定[2.7.2]

基礎指針では、液状化の発生だけでなく液状化に伴う変形予測や液状化の程度を評価する方法が提案された。これは、兵庫県南部地震において、液状化・側方流動地盤の変形により、支持杭基礎の建物に多数被害が生じたことから、液状化発生の予測に加え、液状化後の地盤変形性状を把握し、それらの情報を基礎の耐震設計に反映させる手段が必要であるとの要請に答えたためである。

液状化発生の可能性が高いと判断された地盤では、動的水平変位、残留水平変位、地盤沈下が生じる。このような地盤変位は、液状化・側方流動時における杭の設計を応答変位法で行う際に必要になる。水平地盤の動的水平変位は以下の手順によって求める。さらに、地表変位$D_{cy}$を求めて液状化程度の判定を行えるようにしている。

a) $N_a, \tau_d/\sigma_z'$から図2.7.3によって各層の繰返しせん断ひずみ$\gamma_{cy}$を求める
b) 各層の$\gamma_{cy}$に層厚をかけて鉛直方向に累積し、液状化層の動的地盤変位とする
c) 地表変位を$D_{cy}$とし、表2.7.1に従って液状化程度を評価する

なお、水平地盤での沈下量$S$を求める場合は、上記と同じ手順で$\gamma_{cy}$を圧縮ひずみ$\varepsilon_v$と読み換えて$S=D_{cy}$として求める。

3) 水平地盤反力係数の低減

液状化する可能性のある地盤で杭基礎を用いる場合、杭の水平耐力検討において、水平地盤反力の低減を考慮する必要がある。基礎指針では水平地盤反力係数$k_h$と塑性水平地盤反力$p_y$の低減が次式により提案されている。

$$k_{hl} = \beta k_{h0} \cdot y_r^{-1/2} \quad (2.7.6)$$
$$p_{yl} = \alpha p_{y0} \quad (2.7.7)$$

ここに、$\beta$は補正係数であり、補正$N$値$N_a$との関係として図2.7.4で規定される。$k_{h0}$:水平地盤反力係数、$y_r$:液状化を考慮した杭と地盤の相対変位、$p_{y0}$:砂質土地盤の塑性水平地盤反力である。塑性水平地盤反力の低減値$\alpha$については暫定的に$\alpha=\beta$としている。

図2.7.4に示す低減係数は、バックデータが乏しい中で図2.7.5に示す残留せん断強度と$N$値の関係[2.7.3]を参考にして、かなり大胆に設定されたものである。このばね定数を用いて兵庫県南部地震での被害事例や無被害事例と検証を行い、大きな矛盾が生じていないとの報告[2.7.4]がある。

4) 過去の地震での検証と評価

兵庫県南部地震では、ポートアイランドや六甲アイランドの人工島で大規模な液状化や側方流動が発生し、杭基礎に大きな被害が発生した。神戸市内では地表面で300〜800cm/s²の加速度が観測されているが、このような大きな地震動に対して基礎指針の適用性を検討している

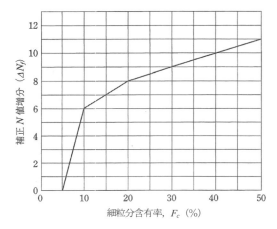

図2.7.2 細粒分による補正$N$値増分[2.7.2]

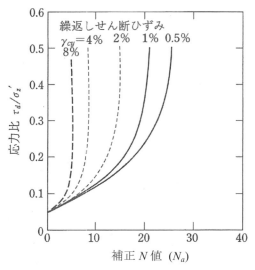

図2.7.3 補正$N$値と繰返しせん断ひずみの関係[2.7.2]

表2.7.1 $D_{cy}$と液状化の程度の関係[2.7.2]

| $D_{cy}$(cm) | 液状化の程度 |
|---|---|
| 0 | なし |
| ―05 | 軽微 |
| 05―10 | 小 |
| 10―20 | 中 |
| 20―40 | 大 |
| 40― | 甚大 |

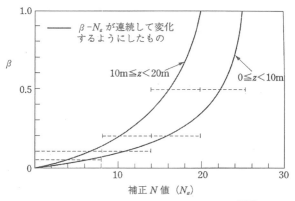

図2.7.4 水平地盤反力係数の低減率[2.7.2]

2.7.5)。液状化発生分布と基礎指針による判定結果を図 2.7.6〜7 に示す。判定に用いた地表面最大加速度は震度 6 以上の地域で 500 cm/s$^2$、それ以外で 300 cm/s$^2$ とした。細粒分含有率は一律 15%とした。判定結果が実際の液状化発生状況と調和的であることから、基礎指針の液状化判定法は直下型の大地震に対しても有効であると述べている。

さらに、基礎指針で算定した推定沈下の算定結果 [2.7.6)] を図 2.7.8 に示す。地表面最大加速度は阪急線以北と埋立地で 350 cm/s$^2$、それ以外の建物被害集中地域で 550 cm/s$^2$ とした。大きな沈下量が推定された地点と実際の液状化分布は概ね調和的である。

一方、東北地方太平洋沖地震に対しても、液状化被害が見られた浦安市を対象として基礎指針の適用性を検討している [2.7.7), 2.7.8)]。浦安市での各地域の平均 N 値を用いて加速度 200 cm/s$^2$、マグニチュード 9.0 で液状化判定を行った結果を図 2.7.9 に示す。各地区の地下水位はそれぞれの平均とし、細粒分含有率は 15, 25, 35%としている。液状化被害は、非埋立地である元町地区ではほとんど確

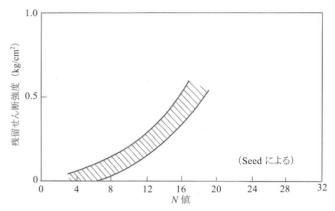

図 2.7.5 残留せん断強度と N 値の関係 [2.7.3)]

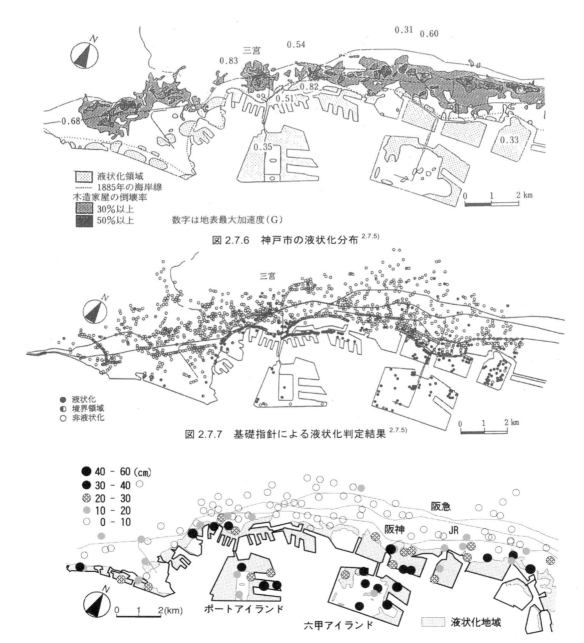

図 2.7.6 神戸市の液状化分布 [2.7.5)]

図 2.7.7 基礎指針による液状化判定結果 [2.7.5)]

図 2.7.8 液状化による沈下量の推定 [2.7.6)]

認されていない。中町と新町は埋立地であるが、埋立年代の古い中町の方が液状化被害が顕著であった。これは、中町と新町で使用された埋立材料の違いや新町の標高がやや高いこと、新町地区では比較的液状化対策が実施されていることなどが挙げられている。基礎指針に基づく液状化判定結果は液状化被害が顕著であったD,H地区において$F_l$値が全般的に小さく、液状化被害の小さかったA,I地区では$F_l$値が1を上回る深度が他の地区より多い傾向にある。これらの判定結果は被害状況と概ね調和的である。なお、B地区の実測値はデータがないものと思われる。

　基礎指針で算定した推定沈下量と実測沈下量（杭基礎建物と周辺地盤の相対沈下量）を比較した結果を表2.7.2に示す。推定沈下量は非液状化地点で概ね10cm程度以下、液状化地点では概ね10～20cm程度以上となっており、基礎指針は液状化による被害程度をある程度の精度で推定できていたと考えられる。ただし、推定沈下量は細粒分含有率に大きく影響されることがわかる。液状化による沈下予測の精度を上げるためには、更なる研究や検討が必要と思われる。

**(3) 建築基礎設計における液状化評価の現状**

　建築基礎設計の実務では、建物の重要度に応じて地盤調査にかける費用に差があるため、液状化評価の方法や検討に用いる地盤情報が異なるケースが多い。筆者が把握する範囲で、液状化評価の現状を述べる。

1) 一般建物

　時刻歴応答解析を実施しない一次設計のみが行われる建物においては、液状化判定も簡易判定のみで実施されることが多い。

　地震外力は基礎指針で推奨する損傷限界検討用の荷重として150～200cm/s$^2$を用いる。荷重が範囲で規定されている理由は地域による地震の発生ポテンシャルの違いなどを考慮していると考えてよい。したがって、通常の地盤では200cm/s$^2$を用いることが基本となる。

表2.7.2　各地区の推定沈下量平均値と実測値の比較(一部加筆)[2.7.8]

|  |  |  | 推定値(cm) | | | 実測値(cm) | | |
|---|---|---|---|---|---|---|---|---|
|  |  |  | $Fc=15\%$ | $Fc=25\%$ | $Fc=35\%$ |  |  |  |
|  |  |  | 平均 | 平均 | 平均 | 最大 | 平均 | 最少 |
| 元町 | A | 浦安駅周辺 | 9 | 6 | 5 | 0 | 0 | 0 |
| 中町 | B | 舞浜 | 25 | 18 | 14 | — | — | — |
|  | C | 富岡 | 18 | 13 | 10 | 30 | 26 | 15 |
|  | D | 今川 | 23 | 16 | 12 | 50 | 22 | 5 |
|  | E | 美浜・入船 | 32 | 23 | 18 | 45 | 19 | 7 |
| 新町 | F | 港 | 26 | 19 | 15 | 60 | 22 | 5 |
|  | G | 高洲 | 38 | 28 | 23 | 50 | 23 | 2 |
|  | H | 明海・日の出(北西) | 44 | 33 | 27 | 65 | 32 | 3 |
|  | I | 明海・日の出(南東) | 17 | 11 | 9 | 15 | 8 | 2 |

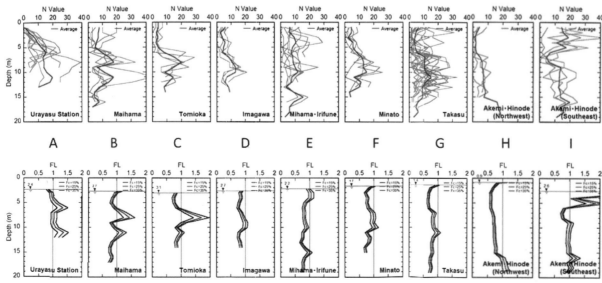

図2.7.9　浦安市における液状化発生状況と地区ごとの判定結果[2.7.7]

液状化抵抗の推定については、$N$値に基づく評価がかなり定着している。図2.7.1の液状化抵抗比算定曲線は基礎指針(1988)で提案されたが、その後実施された原位置凍結サンプリングによる不撹乱試料の液状化強度が算定曲線とほぼ対応する[2.7.9]ことが示され(図2.7.10参照)、不撹乱試料を採取して液状化強度を調査するケースはかなり稀になった。

　「(1)はじめに」でも述べたように、細粒分含有率が液状化判定に必要であるという考え方が浸透してきたため、地盤調査の段階で$N$値と細粒分含有率の調査が実施され、$N$値のみで液状化判定を行う場面は少なくなってきたように思える。ただし、細粒分含有率のデータがない場合、土質名称から細粒分含有率を推定することがしばしば行われる。この方法は概略検討としては許されるが、対象地盤の液状化可能性を最終的に判断するにはあまりふさわしくない。敷地における複数のボーリングデータの中で、少なくても1本については液状化対象となる砂層において$N$値の調査深度に対応する1mごとの細粒分含有率を調べることが望ましい。

2) 重要度の高い建物

　免震や高層など大臣認定を受ける重要度の高い建物の設計では、時刻歴応答解析を実施することが多いため液状化判定でも応答解析の結果を用いることがある。例えば、地震応答解析で得られるせん断応力の深度分布を用いて、(2.7.1)式の $(\alpha_{max}/g)(\sigma_z/\sigma_z')r_d$ を含めた最大せん断応力比を解析結果から求めて、$r_n$の係数をかけて(2.7.1)式の左辺を算定する。このような方法を用いることで、対象地盤の応答特性を考慮した液状化評価が可能になる。これは、簡易判定における$r_d$がいくつかの地震応答解析を行って平均的な値として求めたものであるためである。図2.7.11に示すように、地震動や地盤条件によって応答解析結果から逆算された$r_d$にはかなり幅がある[2.7.10]。したがって、地震応答解析を行うと、地盤条件や地震動によって簡易判定の方法とは異なる結果が得られる可能性がある。その際の入力地震動としては、終局限界告示スペクトルの適合波や近傍断層を想定したサイト波などが用いられる。

　地震応答解析に用いる解析手法として、指針では等価線形解析でもよいとしている。ただし、入力地震動が大きくなると解析で得られる地盤のひずみが1%以上となることもあり、解析手法としての適用範囲を超える可能性がある。吉田[2.7.11]が286か所のサイトで11の地震動に対して等価線形(EQ)と逐次非線形(NL)を比較した結果によると、図2.7.12〜13に示すように等価線形では加速度を過大評価し、せん断ひずみを過小評価する傾向にある。したがって、等価線形解析を基本としながらも、必要に応じて逐次非線形解析など詳細な解析手法を用いた方がよいケースがある。

　一方、液状化抵抗の推定については、一般建物と同様に$N$値と細粒分含有率から推定する方法が定着している。ただし、特殊土や洪積砂などのように対象地盤の液状化強度が基礎指針の液状化抵抗比曲線と相違が予想される

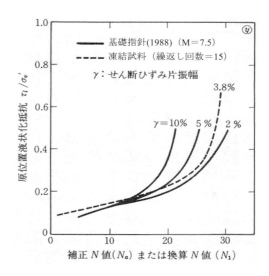

図2.7.10　指針の液状化抵抗比曲線と凍結試料による液状化強度の比較[2.7.9]

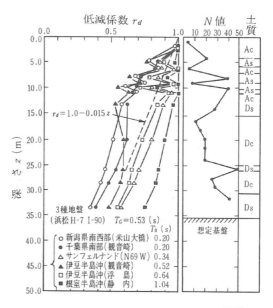

図2.7.11　深さ方向の$r_d$の計算例[2.7.10]

ケースでは、不撹乱試料による液状化強度試験が行われることもある。

(4) 液状化評価に関する今後の課題

　液状化発生の可能性を評価する技術はある程度確立され実務にも定着してきたが、近年は液状化後の物性値が様々な検討で利用されるなど、液状化の影響を考慮した基礎の設計が広がりつつある。

　本報告で紹介した液状化評価に関して、今後の課題を述べる。

1) 液状化発生予測

　基礎指針(1988)で導入された液状化判定は、この25年余りで実務設計にかなり定着した。また、兵庫県南部地震や東北地方太平洋沖地震などの被災事例との検証を通じて、液状化発生予測については概ね実被害との対応が見られたことから、大きな軌道修正は必要ないと思われる。

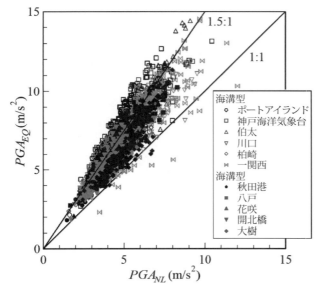

図 2.7.12 地表最大加速度の比較 [2.7.11]

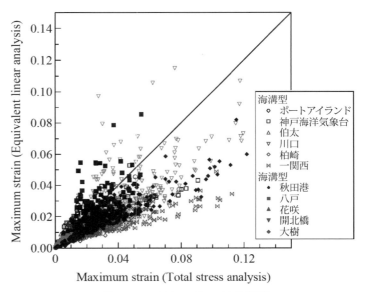

図 2.7.13 最大ひずみの比較 [2.7.11]

ただし、近年の地震では細粒分の多い埋土での液状化が確認されるなど、液状化発生は細粒分含有率の大きさだけでは判断できない可能性がある。埋土などセメンテーション（土粒子の化学的な結合）がほとんどない場合は、細粒分含有率の検討対象範囲を変えるなどの修正が必要である。

また、簡易判定における地表面加速度は過去の記録に基づいて設定されたことを考えると、特にレベル2地震動に対しては、地震応答解析を積極的に利用して対象地盤の応答特性を考慮した液状化発生予測を行うことが望ましい。

2) 液状化被害程度予測

液状化による沈下などの被害程度予測について被災事例との検証が報告[2.7.5, 2.7.8]され、定性的な傾向は予測可能であることが示された。液状化の程度を表す $D_{cy}$ はいくつかの場面で基礎設計に利用され、かなり浸透しつつある。しかし、液状化による沈下量を精度よく予測することは難しく、基礎設計で液状化の程度を取り入れた設計を行うためには被害事例の更なる検証だけでなく、解析や実験技術の向上が望まれる。

基礎指針では $D_{cy}$ の算定も液状化発生予測と同じ補正 $N$ 値 $N_a$ によって評価されるため、細粒分含有率による補正が沈下量に大きな影響を与えている。例えば、細粒分による補正を液状化発生と沈下評価で分けるなどの工夫が必要である。

3) 液状化による水平地盤反力係数の低減

基礎指針では、液状化した場合の水平地盤反力係数の低減方法しか示されていないが、基礎指針（1988）では、図 2.7.14 に示すように非液状化層の厚さによって水平地盤反力を低減する範囲を変えるなど、設計の考え方についてのコメントがある。ただし具体的な数値は示されていない。非液状化層の取り扱いについては、5章 5.2 の Q&A でも取り上げるように比較的関心が高い問題であ

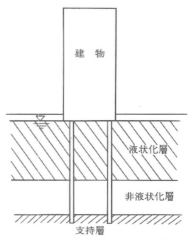

(a) 地表面近くから液状化する場合

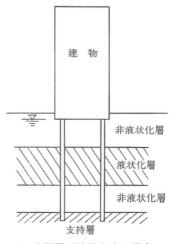

(b) 中間層が液状化する場合

図 2.7.14 液状化層の発生様式の差異 [2.7.1]

り、定量的な提案が待たれる。

過去の地震において、杭基礎の被害が人命喪失につながることはなかったが、財産保全という視点から見た場

合、基礎の被害は必ずしも許容されない。液状化地盤での杭基礎の被災事例は兵庫県南部地震だけでなく、東北地方太平洋沖地震でも確認されている。液状化時の水平地盤反力係数の低減も含めて、杭基礎の設計における液状化の取扱いについて、今よりも具体的な提案が求められている。

### 2.7.2 液状化可能性評価における $D_{cy}$ と $PL$
(1) はじめに

基礎指針では、液状化の程度を表す指標として地表面動的変位 $D_{cy}$ を採用しているが、2007年版建築物の構造関係技術基準解説書[2.7.12]（以下、構造基準）では $D_{cy}$ と液状化指数 $PL$ を併記して扱っている。$D_{cy}$ と $PL$ の比較については文献[2.7.13]において、終局限界状態（350～400cm/s$^2$）では $D_{cy}=5$～10cm に対して $PL=10$～15 が対応しているという結果を示している（図2.7.15参照）。

本項では、モデル地盤を対象として $D_{cy}$ と $PL$ を算出して両者の値を比較するとともに、構造基準での取り扱いの留意点や既往の知見との比較について述べる。

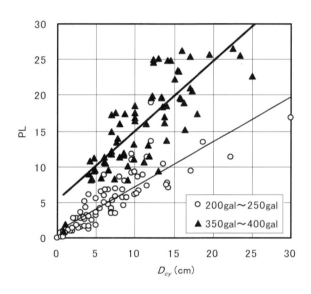

図2.7.15　$D_{cy}$ と $PL$ の相関関係[2.7.13]

(2) 液状化の程度を表す指標
1) 地表面動的変位 $D_{cy}$

$D_{cy}$ は基礎指針において液状化の程度を評価する指標として用いられている。$D_{cy}$ は液状化安全率 $F_l<1$ となる地層に対して繰返しせん断応力比と補正 $N$ 値 $N_a$（$F_c$ と拘束圧による補正）から繰返しせん断ひずみ $\gamma_{cy}$ を算出し、そのひずみを深さ方向に累積することにより地表の水平変位や沈下量として算出する。$D_{cy}$ は $F_l$ 値の大きさではなく $F_l<1$ となる層の補正 $N$ 値 $N_a$ に依存した値となっている。$D_{cy}$ と液状化の程度の関係は表2.7.3に示すように定義されている。

2) 液状化指数 $PL$

$PL$ は液状化による構造物への被害の程度を予測する指標として提案された[2.7.14]もので、道路橋示方書(2002)[2.7.15]において側方流動力の補正係数として用いられている。$PL$ は液状化判定結果である $F_l$ の大きさと深度の重み関数に応じて(2.7.8)式で計算される値であり、$F_l$ 値が小さいほどまた深度が浅いほど大きな値となる。

$$PL=\int_0^{20}(1-F_l)(10-0.5x)dx \quad (2.7.8)$$
（x：深度(m)，$F_l≧1.0$の場合は$F_l=1.0$とする）

$PL$ による液状化程度の評価は表2.7.4に示すように定義されている。つまり、$D_{cy}$ と $PL$ は背景が異なる指標であり、それぞれの数値が持つ意味は本来同じではない。

3) 構造基準での取り扱い

構造基準では、$D_{cy}$ と $PL$ を併記して扱い、「150cm/s$^2$ 以上に対しては $F_l>1$、350cm/s$^2$ 以上に対しては $F_l>1$ または $D_{cy}≦5$cm または $PL≦5$ 以下を満足すれば液状化のおそれはないとする」としており、$D_{cy}$ と $PL$ のいずれかが 5 より小さい場合は液状化の影響は無視できると判断している。この判断は事実上 $D_{cy}$ と $PL$ による液状化程度を同等と扱っていることになる。

表2.7.3　地盤変位略算値($D_{cy}$)と液状化の程度の関係[2.7.12]

| $D_{cy}$ (cm) | 液状化の程度 |
| --- | --- |
| 0 | なし |
| 5以下 | 軽微 |
| 5を超え10以下 | 小 |
| 10を超え20以下 | 中 |
| 20を超え40以下 | 大 |
| 40を超える | 甚大 |

表2.7.4　$PL$ 値と液状化の危険度の関係[2.7.12]

| $PL$ | 液状化の危険度 |
| --- | --- |
| 0 | かなり低い |
| 5以下 | 低い |
| 5を超え15以下 | 高い |
| 15を超える | 極めて高い |

(3) モデル地盤での検討

$D_{cy}$ と $PL$ による評価の比較を行うためモデル地盤を対象として液状化判定を行い、それぞれの値を算出した。

1) 検討条件

下記の条件に対して液状化判定を行い、$F_l$ 値から $D_{cy}$ および $PL$ を算出した。$F_l$ 値は基礎指針の液状化判定法に基づいて算出しているため、$D_{cy}$ および $PL$ の算出に用いる $F_l$ 値は同じ値である。各地盤モデルにおいて、液状化層の $N$ 値、細粒分含有率は深度方向に一定とした。

・地層構成：砂層（地表～深度20m）
・地下水位：3m
・$N$ 値：5,10,15,20
・$F_c$（細粒分）：5,10,20,35%
・液状化層厚(深さ)：5m(3～8m), 10m(3～13m), 17m(3～20m)
・地表面最大加速度 $\alpha_{max}$：150,200,250,350cm/s$^2$
・マグニチュード $M$：7.5
・砂層の単位体積重量 $\gamma_t$：18kN/m$^3$

2) 計算結果

液状化層厚 17m、$F_c$=5%に対する検討結果を図 2.7.16 に示す。全体的に $D_{cy}$ が $PL$ より大きく、液状化の程度を大きく評価している。特に $N$ 値が小さいと $D_{cy}$>>$PL$ の傾向がある。ただし、$N$ 値が大きくなると両者の差は小さくなる。図 2.7.17 は液状化層厚 17m、$F_c$=35%に対する検討結果であるが、図 2.7.16 と比較すると細粒分の増加は見かけ上 $N$ 値が上昇することと同じ評価となるので、もとの $N$ 値が小さくても $D_{cy}$ と $PL$ の差は小さくなる傾向にある。

図 2.7.18 および図 2.7.19 は液状化層厚 5m の検討結果である。全体的な傾向は液状化層厚 17m と同様に $D_{cy}$>$PL$ であるが、$α_{max}$=350cm/s$^2$ では $PL$>$D_{cy}$ となる場合がある。以上より $N$ 値や地表面加速度によって $D_{cy}$ と $PL$ の評価には差があり、大小関係は変化する。

図 2.7.20〜2.7.22 は液状化層厚 17m、10m、5m に対して $α_{max}$=350cm/s$^2$ における $D_{cy}$ と $PL$ の関係を示したものである。$D_{cy}$ および $PL$ が大きな値となる範囲（$N$ 値および $F_c$ が小さい範囲に該当する）では $D_{cy}$>$PL$ となる。一

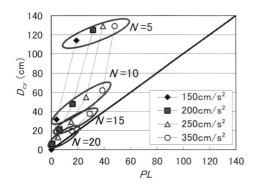

図 2.7.16　$D_{cy}$ と $PL$ の比較（層厚 17m, $F_c$=5%）

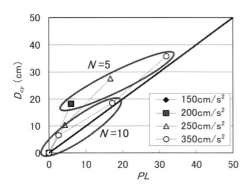

図 2.7.17　$D_{cy}$ と $PL$ の比較（層厚 17m, $F_c$=35%）

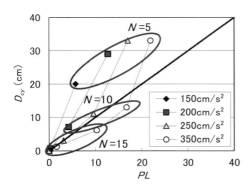

図 2.7.18　$D_{cy}$ と $PL$ の比較（層厚 5m, $F_c$=5%）

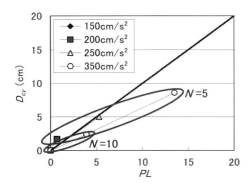

図 2.7.19　$D_{cy}$ と $PL$ の比較（層厚 5m, $F_c$=35%）

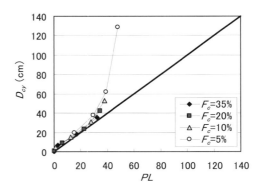

図 2.7.20　$D_{cy}$ と $PL$ の比較（層厚 17m, $α_{max}$=350cm/s$^2$）

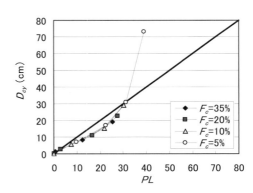

図 2.7.21　$D_{cy}$ と $PL$ の比較（層厚 10m, $α_{max}$=350cm/s$^2$）

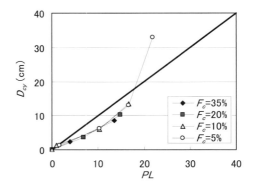

図 2.7.22　$D_{cy}$ と $PL$ の比較（層厚 5m, $α_{max}$=350cm/s$^2$）

方、構造基準で液状化の影響が無視できるとしている $D_{cy}$ ＜5, $PL$ ＜5 の範囲に着目すると、

　液状化層厚＞10m　→　$D_{cy} \fallingdotseq PL$
　液状化層厚＜10m　→　$D_{cy} < PL$

となり、想定する液状化層厚によって評価に差があることがわかる。文献 2.7.13)では $D_{cy}$ =5～10cm と $PL$ =10～15 が対応しているとしているが、この傾向も液状化層厚によって変わることがわかる。

(4) まとめ

液状化の程度を表わす指標として用いられている $D_{cy}$ と $PL$ の評価について、同じ地盤条件での算定を行った。検討結果を以下にまとめる。

1) $D_{cy}$ は $PL$ より全体的には液状化の程度を大きく評価する傾向にある。特に $N$ 値が 5 以下、$F_c$ が 5％以下では $D_{cy} >> PL$ の傾向がある。
2) 構造基準で液状化の影響が無視できるとしている $\alpha_{max}$ =350cm/s² における $D_{cy}$ ＜5, $PL$ ＜5 の範囲では、
　液状化層厚＞10m　→　$D_{cy} \fallingdotseq PL$
　液状化層厚＜10m　→　$D_{cy} < PL$
となり、$PL$ が $D_{cy}$ より液状化の程度を大きく評価している。

なお、本報告は文献 2.7.16) として公表されたものである。

### 2.7.3 洪積砂の取り扱い

(1) はじめに

地質学的には新生代第四紀の更新世(約200万年前～約1万年前)に堆積した地層を洪積層と呼んでおり、第四紀の完新世(約1万年前～現在)に堆積した地層を沖積層と呼んでいる(ただし、地域によっては東京の七号地層や名古屋の濃尾層などのように約2万年前から約1年前の地層を沖積層に含むときもある)。洪積層は沖積層より古い堆積層であり、深い位置に存在し建物の支持層などに用いられることが一般的である。過去に日本で発生した比較的大きな地震では、沖積層や埋土層での液状化が頻繁に生じているが、洪積層が液状化したとの報告はない。これは、洪積層が深い位置に堆積しており、液状化が発生したとしてもそれを確認できないためと思われる。

図 2.7.23 は土木研究所が実施した各種砂地盤の液状化強度試験結果である 2.7.17)。繰返し三軸強度試験は、自然地盤から凍結サンプリングによって採取された極めて乱れの少ない高品質な砂試料を用いている。図に示すように、同じ換算 $N$ 値でも、洪積土は沖積土に比べて液状化強度が大きい傾向にある。この理由として、洪積土は年代効果を受けていることが影響していると考えられている。年代効果とは、①上載圧を受けた砂層の粒子間隙の減少(圧密作用)、②地震などの繰返しせん断応力が作用することによるインターロッキング(噛み合わせ)効果の増大、③粒子間隙への鉱物の沈殿・成長(セメンテーション作用)などがある。ただし、これらの効果が液状化強度に及ぼす影響の定量的な評価は明らかになっていない。

基礎指針(1988)で液状化検討の対象層は「砂質土、中間土」と記載され、洪積層の取扱いは曖昧であったが、基礎指針(2001)では「沖積層、埋土層」が対象と明記された。

また、土木関係の液状化判定法の代表格である道路橋仕方書でも、旧版では沖積層に限定していないが、過去の地震で洪積層の液状化が確認されなかったことを背景に、2012年の改定では、沖積層のみが対象とされた。なお、洪積層の定義は、基礎指針と道路橋仕方書で若干異なり、前者は、約2万年前の最終氷期より古い地層、後者は、約1.2万年前の海面上昇停滞期より古い地層としている。

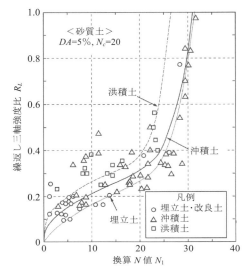

図 2.7.23　各種堆積年代の液状化強度の比較 2.7.17)

(2) 堆積年代が液状化強度に及ぼす影響

繰返し非排水三軸試験結果と静的排水三軸試験結果を表 2.7.5 および図 2.7.24 に示す 2.7.17), 2.7.18)。ここで、繰返し非排水三軸試験結果は、凍結サンプリングにより採取した高品質な乱さない試料を用いている。両試験が比較できる試料はわずか8試料であり、このうち洪積砂層を対象としたものは2試料のみである。

堆積年代を調べたが 2.7.18)、堆積年代が特定できていない試料(洪積砂層の2試料)があること、試料数が少ないことなどから、堆積年代が液状化強度に及ぼす影響については検討に至っていない。

(3) 粘着力が液状化強度に及ぼす影響

図 2.7.24 の粘着力～液状化強度グラフを見ると、沖積砂層の粘着力が洪積砂層よりも大きいものもあり、粘着力～液状化強度関係に相関は認められない。相関が認められない要因として、①排水三軸試験結果で求めた粘着力の精度に問題がある可能性があること、②繰返し非排水三軸試験の試料と排水三軸試験の試料の基本物性に相違があること、が考えられる。①については既存資料 2.7.19) で確認したが、いずれの試料もバラツキのないモール円が得られており、精度は良好と判断した。②については、両試験で用いた試料の基本物性を比較したところ、

表 2.7.5　凍結サンプリング試料の液状化試験結果と静的三軸(CD)試験結果

| 採取地点 | 堆積時代 | 採取深度 (m) | 標準貫入試験 | | 物理試験結果 | | | 液状化試験 | 静的三軸圧縮(CD)試験 | | 堆積年代 |
|---|---|---|---|---|---|---|---|---|---|---|---|
| | | | $N$値 | $N_1$値 | 細粒分含有率(%) | $D_{50}$ (mm) | 相対密度 (%) | 液状化強度比 (DA=5%) | 粘着力 $C$(kN/m²) | 内部摩擦角 $\phi$(°) | |
| 江戸川 | 洪積層 | 9.00～9.15 | 23.5 | 23.8 | 12.3 | 0.18 | 68.5 | 0.4 | 17.6 | 37.3 | 不明 |
| | | 13.00～13.15 | 28 | 23.2 | 6.5 | 0.57 | 86.4 | 0.45 | 30.4 | 35.2 | |
| 利根川 | | 7.30～7.45 | 21 | 25.5 | 6.0 | 0.16 | 91.2 | 0.38 | 10.8 | 41.2 | 8500～7000年前 |
| | | 15.48～15.63 | 36 | 28.5 | 2.0 | 0.16 | 81.1 | 0.54 | 18.6 | 39.9 | |
| 名取川 | 沖積層 | 5.00～5.15 | 16.5 | 21.6 | 0.3 | 1.11 | 67.4 | 0.28 | 18.6 | 37.9 | 3800～2800年前よりも新しい |
| | | 14.00～14.15 | 32.3 | 26.7 | 4.3 | 0.18 | 73.7 | 0.29 | 40.2 | 37.1 | |
| 淀　川 | | 6.00～6.15 | 24 | 29.4 | 0.3 | 0.45 | 86.3 | 0.63 | 7.8 | 33.4 | 4600～2000年前よりも新しい |
| | | 19.00～19.15 | 28 | 18.9 | 0.7 | 0.66 | 52.3 | 0.29 | 27.4 | 34.7 | 4600～2000年前 |

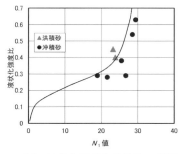
(a) $N_1$値と液状化強度比の関係

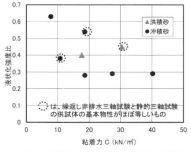
(b) 粘着力と液状化強度比の関係

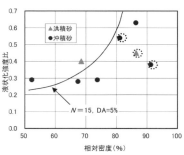
(c) 相対密度と液状化強度比の関係

図 2.7.24　繰返し非排水三軸試験結果と静的排水三軸試験結果

表 2.7.6　文献一覧表（洪積層の液状化強度）

| 番号 | 文献名 | 著者 | 代表者所属 | 雑誌・図書名 | 年 | 巻、号、頁 |
|---|---|---|---|---|---|---|
| 1 | $N_1$値の小さな洪積砂質土層の液状化強度測定例 | 大岡 弘・竹原 直人 森 誠二 | 建設省 建築研究所 | 第50回 土木学会 年次学術講演会 講演概要集第3部(A) | 1995 | pp.510-511 |
| 2 | 原位置凍結試料を用いた洪積砂層の液状化強度特性 | 斉藤賢二・牛垣和正 福本俊一・仙頭紀明 | NTT ファシリティーズ | 土と基礎 Vol.51 No.3 | 2003 | pp.7-9 |
| 3 | 凍結試料による江戸川砂の液状化強度と原位置試験との相関 | 森井 慶行・後藤 聡 末岡 徹 | 大成建設 | 第53回 土木学会 年次学術講演会 講演概要集 | 1998 | pp.220-221 |
| 4 | 不撹乱名古屋洪積砂の液状化強度特性 | 青山 秀樹・森本 清信 畑中 宗憲・内田 明彦 大原 淳良 | 竹中工務店 | 第48回 土木学会 年次学術講演会 講演概要集第3部 | 1993 | pp.466-467 |
| 5 | 乱さない洪積砂の強度特性について | 菊地喜昭・土田孝 | 運輸省 港湾技術研究所 | 第19回土質工学 研究発表会講演集 | 1984 | pp.267-268 |
| 6 | 細粒分を含む洪積砂の液状化強度に及ぼす種々の影響 | 内田明彦・畑中宗憲 藤田和敏 | 竹中工務店 | 第40回地盤工学 研究発表会発表講演集 | 2005 | pp.519-520 |
| 7 | 洪積砂礫地盤の真の液状化強度－凍結採取法による洪積砂礫地盤の力学特性の評価方法に関する研究（その3） | 社本康広・西尾伸也 馬場幸吉・後藤茂 玉置克之・赤川敏 | 清水建設 | 第21回土質工学 研究発表会講演集 | 1986 | pp.579-582 |
| 8 | 洪積砂地盤の液状化抵抗における拘束圧の影響 | 森信夫・玉置克之 社本康広・桂豊 吉見吉昭 | 清水建設 | 第28回土質工学 研究発表会講演集 | 1993 | pp.919-920 |
| 9 | 構造異方性が不撹乱砂質土の液状化強度および静的強度特性に及ぼす影響 | 内田 明彦・畑中 宗憲 田屋 祐司・酒匂 教明 | 竹中工務店 | 第25回 地震工学 研究発表会講論文集 No.B1-2 | 1999 | pp.241-244 |

江戸川と利根川の3試料を除いて、乾燥密度、相対密度、平均粒径、細粒分含有率に相違があり、両試験で用いた試料の基本物性が一致していないことがわかった。一般に、河川の砂は、非常に不均質な状態で堆積し、位置が少し変わるだけで粒度が異なる。これは、河川では流速や堆積環境の激しい変化を繰返し受けるためである。以上より、粘着力と洪積層の年代効果との相関を明らかにすることはできなかった。

(4) 洪積砂層の液状化特性に関する文献

「洪積砂層」「液状化」をキーワードに文献を集め、表2.7.6に示した。この中には、粘着力が液状化強度に及ぼす影響を検討している文献は見当たらなかった。

### （5）今後の課題

以上のように、洪積層はこれまで液状化の発生が確認されていないこと、室内土質試験の結果から沖積砂と比べて平均的に液状化強度が大きいこと、基準・指針でも沖積層だけを液状化対象としていることなどから、一般的に洪積層は液状化しにくい土と考えられる。しかし、図 2.7.23 でもすべての洪積土が沖積土より大きな液状化強度を示している訳ではない。洪積層であっても N 値が低くセメンテーションが喪失している地層については液状化の危険性があるという意見もある。

このような地区の例として、名古屋の低地がある。この地区では、地下水位が浅い上に、深度 10m 付近から N 値 10 程度の比較的ゆるい洪積層が出現することが知られている。このような地盤では洪積層であっても地震時に液状化が発生する可能性を否定できない。重要構造物などの設計では簡易判定で液状化発生が予想されたら、対象地盤から乱れの少ない試料（凍結サンプリング試料など）を採取して繰り返し三軸試験などを実施し、液状化強度を調べて液状化可能性を評価することが望ましい。

洪積層という地層の分類だけで液状化検討対象外と判断するのは危険である。液状化検討対象とするかどうかは工学的な指標（N 値や Vs など）も含めて判断する方がよい。

### 2.7.4 液状化検討時のマグニチュード
#### （1）はじめに

基礎指針による液状化判定では，検討地点の地盤内に発生する繰返しせん断応力比（以下、地震動強さと称する）は地震マグニチュード M を用いて求める。また、基礎指針では M=7.5 を用いた液状化判定の計算例が示されており、本報告では、M=7.5 の設定根拠について再検討する。

#### （2）M=7.5 の設定根拠

基礎指針の液状化判定では、検討地点の地盤内の各深さに発生する等価な地震動強さは次式から求める。

$$\frac{\tau_d}{\sigma'_z} = r_n \frac{\alpha_{max}}{g} \frac{\sigma_z}{\sigma'_z} r_d \qquad (2.7.9)$$

ここに、$\tau_d$ は水平面に生じる等価な一定繰返しせん断応力振幅(kN/m$^2$)、$\sigma'_z$ は検討深さにおける有効土被り圧（鉛直有効応力）(kN/m$^2$)、$r_n$ は等価の繰返し回数に関する補正係数で(2.7.10)式で表す、$\alpha_{max}$ は地表面における設計用水平加速度(cm/s$^2$)。$g$ は重力加速度(980cm/s$^2$)、$\sigma_z$ は検討深さにおける全土被り圧（鉛直全応力）(kN/m$^2$)、$r_d$ は地盤が剛体でないことによる低減係数で 1-0.015$z$、$z$ は地表面からの検討深さ(m)である。

$$r_n = 0.1 \, (M-1) \qquad (2.7.10)$$

液状化判定では、不規則な地震荷重を正弦波荷重に換算する。補正係数 $r_n$ は、不規則な地震荷重を一定振幅の正弦波荷重に換算するための係数であり、基礎指針では地震マグニチュード M を用いて，繰返しせん断応力を一定振幅のせん断応力に換算している。

表 2.7.7 地震マグニチュードに対する等価繰返し回数と補正係数 [2.7.19), 2.7.21)]

| Earthquake magnitude, M (1) | Number of representative cycles at 0.65 $\tau_{max}$ (2) | $[(\tau_{av}/\sigma'_0)_l$ for $M = M]/$ $[(\tau_{av}/\sigma'_0)_l$ for $M = 7\text{-}1/2]$ (3) |
|---|---|---|
| 8-1/2 | 26 | 0.89 |
| 7-1/2 | 15 | 1.0 |
| 6-3/4 | 10 | 1.13 |
| 6 | 5–6 | 1.32 |
| 5-1/4 | 2–3 | 1.5 |

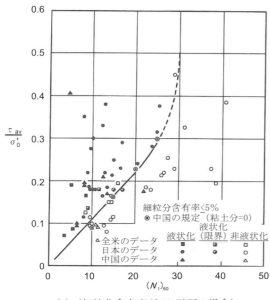

(a)（細粒分含有率が 5%以下の場合）

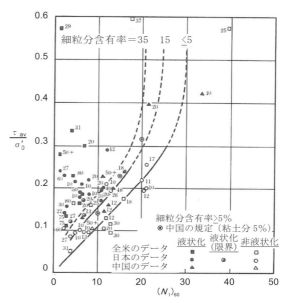

(b)（細粒分含有率が 5%以上の場合）

図 2.7.25　M=7.5 の地震に対する$(N_1)_{60}$と$\tau_{av}/\sigma'_0$の関係 [2.7.19)]

この補正係数 $r_n$ はシード（Seed）らの研究[2.7.19]を利用している。マグニチュード $M=7.5$ では $r_n=0.65$ となり、シード（Seed）らが提案した地震動強さを表す(2.7.11)式と同じになる。また、石原・安田[2.7.20]は、室内試験で地震波荷重による繰返し三軸試験を行い、一定振幅の正弦波荷重と地震波荷重の液状化抵抗の換算係数は、0.55〜0.70 になることを示している。

$$\frac{\tau_d}{\sigma_v} = 0.65 \frac{\alpha_{max}}{g} \frac{\sigma_v}{\sigma'_v} r_d \qquad (2.7.11)$$

シード（Seed）ら[2.7.21]は、多くの加速度波形を検討した結果、地震マグニチュード $M$ が大きいほど等価な繰返し回数が多くなる傾向を認め、表 2.7.7 に示す最大せん断応力 $\tau_{max}$ の 0.65 倍としたときの等価な繰返し回数と地震マグニチュードの関係を提案している。また、北米、南米、日本、中国での過去の液状化、非液状化履歴を有する 125 地点のデータを基に、等価な地震動強さと換算した $N$ 値（$(N_1)_{60}$）の関係を、図2.7.25(a)、(b)に示すチャートで表した。これらのチャートに示されている液状化と非液状化を区分する境界線（同図中の曲線）は、マグニチュード $M=7.5$ に対して描いたもので、液状化判定において、想定するマグニチュードが異なる場合には、等価な地震動強さに表 2.7.7 の(3)に示した補正係数を乗じることになる。

時松ら[2.7.22]は、想定するマグニチュードが異なる場合の地盤中に発生する繰返しせん断応力を容易に評価するために、$r_n$ を(2.7.10)式で表した。これは、表2.7.7 の関係に基づきマグニチュード $M=7.5$ を基準とした等価な繰返し回数に換算するために、マグニチュード $M$ を用いた $r_n$ を導入したものである。等価な繰返しせん断応力と繰返し回数の関係は、両対数グラフ上で 0.2 の傾きを持つ直線で表されると仮定することで、補正係数 $r_n$ と繰返し回数の関係は、図 2.7.26 に示したように(2.7.12)式で表される。また、(2.7.12)式に基づくと、補正係数 $r_n$ とマグニチュード $M$ の関係は、図2.7.27 に示すように(2.7.10)式で表されることになる。

$$r_n = 0.65 (N_1/15)^{0.2} \qquad (2.7.12)$$

液状化判定は、図 2.7.28 に示したチャートを用いて行う。図 2.7.28 は、等価な地震動強さと補正 $N$ 値の関係を示したもので、同図中に示したプロットは、日本、北米、中国での地震マグニチュード $M$ が 5.5〜8.3 であった過去の地震での液状化と非液状化の液状化履歴を表している。また、同図中の曲線は、原位置凍結サンプリング試料とチューブサンプリング試料を用いた室内試験結果によるもので、等価な繰返し回数が 15 回のときの液状化抵抗を表している。この曲線により液状化と非液状化を明確に区分することができる。

以上のことより、現行指針の液状化判定は、地震マグニチュード $M$ が 5.5〜8.5 までが適用範囲（検討した地震マグニチュードの大きさの範囲）となり、マグニチュード $M=7.5$ に換算したときの液状化判定を行って

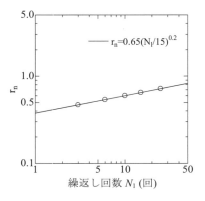

図 2.7.26 補正係数 $r_n$ と繰返し回数 $N_l$ の関係[2.7.22]

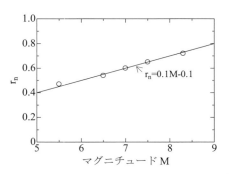

図 2.7.27 補正係数 $r_n$ とマグニチュード $M$ の関係[2.7.22]

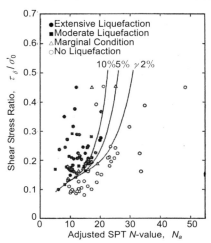

図 2.7.28 補正 $N$ 値とせん断応力比の関係[2.7.22]

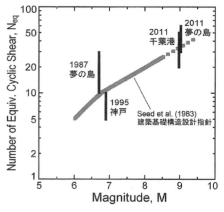

図 2.7.29 地震マグニチュードと液状化に関する地震動の等価繰返し回数（点線は表 2.7.7 の外挿）の関係[2.7.23]

いることになる。

一方、国土技術政策総合研究所（国総研）では、2011年東北地方太平洋沖地震の発生直後から、現地調査等を通して被害の把握と、被災状況の分析を通じて自治体等への復旧・復興技術支援を実施している。この中で、液状化に関して、東京湾岸地域における地盤調査結果や記録波形等を用いて、現行指針の(2.7.10)式の適用性に関する解析的検討を行い、解析で得られた結果は図2.7.29に示すように表2.7.7の概ね外挿線上に位置することを報告している[2.7.23]。

### （3）等価な繰返し回数が異なる場合の液状化抵抗

図2.7.28は、等価な繰返し回数が15回のときの液状化抵抗に相当しているが、異なる等価な繰返し回数での液状化抵抗は図2.7.30に示したようにかなり異なっている。そこで、吉見[2.7.24]は、表2.7.7に示した等価な繰返し回数と地震マグニチュードの関係を用いて、マグニチュード$M=7.5$を基準としたときの、液状化抵抗の補正係数$r_m$を図2.7.30から求め、補正係数$r_m$と補正$N$値、地震マグニチュードの関係を図2.7.31で表した。異なる繰返し回数での液状化抵抗は、この補正係数$r_m$と図2.7.28から読み取った液状化抵抗を掛け合わせて求める。この考え方を地震動強さに適用したのが、図2.7.32に示した補正係数$r_n$と補正$N$値、地震マグニチュード、繰返し回数の関係で、地震動強さは図2.7.32から得られる補正係数$r_n$を用いて求めることになる。

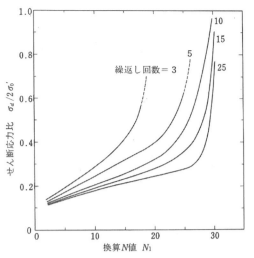

図2.7.30　液状化抵抗と補正$N$値の関係
（軸ひずみ振幅5％）[2.7.24]

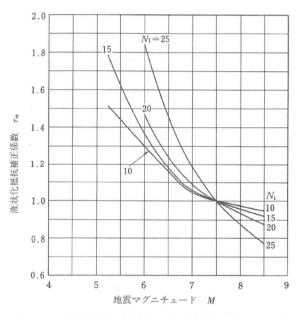

図2.7.31　補正係数$r_m$と補正$N$値、地震マグニチュードの関係
（基準マグニチュード=7.5）[2.7.24]

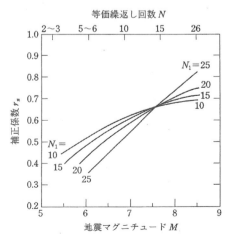

図2.7.32　補正係数$r_n$と補正$N$値、地震マグニチュード、繰返し回数の関係[2.7.2]

### 参　考　文　献

2.7.1) 日本建築学会：建築基礎構造設計指針，1988.
2.7.2) 日本建築学会：建築基礎構造設計指針，2001.
2.7.3) Seed,H.B. : Design Problems in Soil Liquefaction, J.GE,ASCE,Vol.113,No.8,pp.827-845,1987.
2.7.4) 建築基礎における液状化・側方流動対策検討委員会：兵庫県南部地震における液状化・側方流動に関する研究報告書，1998.
2.7.5) 田屋裕司，時松孝次，岩田暁洋：兵庫県南部地震の建物被害および液状化現象と地盤特性との関係，日本建築学会大会学術講演梗概集，B-1，pp.1115-1116，1995.
2.7.6) 時松孝次，多田公平，庭野淳子：地震時の液状化および側方流動に伴う地盤変形量の評価，第33回地盤工学研究発表会講演集，pp.971-972，1998.
2.7.7) 浦安市液状化対策技術検討調査委員会：浦安市液状化対策技術検討調査報告書，平成24年3月.
2.7.8) 時松孝次：東日本大震災における地盤災害と基礎の被害，2012年度日本建築学会大会パネルディスカッション資料，pp.1-11.
2.7.9) 吉見吉昭：砂地盤の液状化(第2版)，技報堂出版，1991.
2.7.10) 岩崎敏男，龍岡文夫，常田賢一，安田進：砂質地盤の地震時流動化の簡易判定法と適用例，第5回日本地震工学シンポジウム講演集，pp.641-648,1978.
2.7.11) 吉田望：等価線形化法の適用性に関するケーススタディ，大ひずみ領域を考慮した土の繰返しせん断特性に関するシンポジウム，地盤工学会，pp.57-62，2013.
2.7.12) 国土交通省住宅局建築指導課他監修：2007年版建築物の構造関係技術基準解説書，2007.
2.7.13) 吉富宏紀，安達俊夫，真島正人，伊勢本昇昭，船原英樹：

液状化の程度を表す判定指標に関する考察，日本建築学会大会学術講演集，構造Ⅰ，pp.791-792，2005.

2.7.14) 岩崎敏男，龍岡文夫，常田賢一，安田進：地震時地盤液状化の程度と予測について，土と基礎，vol.28，No.4，pp.23-29，1980.

2.7.15) 日本道路協会：道路橋示方書・同解説Ⅴ耐震設計編，2002.

2.7.16) 内田明彦，田地陽一，田部井哲夫，山田雅一，畑中宗憲：液状化可能性評価における $D_{cy}$ と $PL$ の比較、日本建築学会大会学術講演梗概集，構造Ⅰ，pp.435-436，2010.

2.7.17) 建設省土木研究所動土質研究室，（財）国土開発技術研究センター：兵庫県南部地震に係わる地震動・液状化調査及び橋脚基礎の構造解析業務 －既存及び新規の液状化試験データに基づいた液状化判定の見直しに関する調査－ 報告書，1996.3.

2.7.18) 建設省土木研究所動土質研究室：地盤の凍結サンプリング及び室内土質試験業務 報告書（名取川右岸）他3件，1996.3.

2.7.19) Seed,H.B., Tokimatsu,K., Harder,L.F. and Chung, R.M.：InFluence of SPT Procedures in Soil Liquefaction Resistance Evaluation, Journal of Geotechnical Engineering, ASCE, Vol.111, No.12, pp.1425-1445, 1985.

2.7.20) 石原研而，安田進：液状化に及ぼす地震波の不規則性と初期拘束圧の影響，土と基礎，Vol.23，No.6，pp.29-35，1975.

2.7.21) Seed,H.B., Idriss,I.M. and Arango,I. : Evaluation oFliquefaction Potential Using Field Performance Data, Journal of Geotechnical Engineering, ASCE, Vol.109, No.3, pp.458-482, 1983.

2.7.22) Tokimatsu,K. and Yoshimi,Y.：Empirical Correlation of Soil Liquefaction Based on SPT N- value and Fines Content, Soils and Foundations, Vol.23, No.4, pp.56-74,1983.

2.7.23) 国土技術政策総合研究所・建築研究所：平成23年（2011年）東北地方太平洋沖地震被害調査報告，5．6 地盤の液状化，資料第674号，建築研究資料第136号，pp. 1-16，2012.

2.7.24) 吉見吉昭：$N$ 値による液状化判定（建築），基礎工，Vol.18，No.3，pp.84-90，1990.

# 第3章　設計用地盤定数の評価

# 第3章 設計用地盤定数の評価

第2章において説明したように、基礎地盤の地層構成とその連続性、各層の厚さ、支持層の深さや傾斜、地下水位の深さなどを適切に設定して設計用地盤モデルを作成した後、基礎形式を決定し、基礎構造としての要求品質を勘案して適切な基礎構造の設計法を選択する。基礎設計に必要とする地盤定数（地盤情報）を考慮した地盤調査・試験の実施と得られた結果より適切に設計用地盤定数を設定する必要がある。

本章ではまず、強度定数と変形定数の応力依存性とひずみ依存性、続いて変形係数 ($E$)、ポアソン比 ($v$)、静止土圧係数 ($K_0$)、圧密沈下に関する地盤定数である圧縮指数 ($C_c$)、再載荷指数 ($C_r$) と圧密降伏応力 ($p_c$)、地盤の強度定数 ($c$ および $\phi$)、S波速度 ($V_s$) と $N$ 値の関係を中心に、関連する地盤調査・試験法、得られる結果の評価とその活用についてできるだけ実地盤データに基づき、下記の構成で述べる。

3.1 地盤定数の応力依存性とひずみ依存性
3.2 $N$ 値より求めた変形係数 ($E$)
3.3 ポアソン比 ($v$)
3.4 静止土圧係数 ($K_0$)
3.5 圧密に関する地盤定数 ($p_c, C_r$)
3.6 地盤の強度定数 ($c, \phi$)
3.7 S波速度 ($V_S$) と $N$ 値の関係

## 3.1 地盤定数の応力依存性とひずみ依存性
### 3.1.1 地盤定数の応力依存性
#### (1) 強度定数の応力依存性

地盤の静的せん断強度を規定するクーロンの破壊基準は (3.1.1) 式で示される。実務で粘着力を無視することが多い砂質土のせん断強度は有効拘束圧に比例する。拘束圧がなければ、砂地盤はただの土粒子の集まりで、強度を持たないことを示している。別な言い方をすれば、同じ性質の土粒子で、密度が同じであれば、深い地盤（自重による拘束応力が大きい）の方が大きな強度を持つということになる。地盤中の土要素は3方向（鉛直方向と水平2方向）の応力成分を受けている。(3.1.1) 式における拘束応力はこの3方向の有効応力の平均値（有効平均主応力）である。従って、地盤の原位置強度を正確に評価するためには、原位置における3方向の有効応力を正確に評価する必要がある。鉛直方向の有効応力は地盤の単位体積重量と地下水位より比較的容易に求められる。これに対して、水平方向の有効応力は釣り合えば任意の値が取りうるので、正確に求めるのは、今日においても地盤工学では最も困難な事項の一つである。建築基礎設計の実務での水平方向応力の取り扱いについては、3.4 節で静止土圧係数の評価として述べる。

$$\tau = c + \sigma' \tan \phi \qquad (3.1.1)$$

ここで、$\tau$：地盤のせん断強度、$c$：粘着力、$\sigma'$：有効拘束圧、$\phi$：せん断抵抗角（内部摩擦角）

$$\left(\frac{\tau_l}{\sigma'_z}\right)_{\text{(In-situ)}} = 0.9 \frac{1+2K_0}{3} \left(\frac{\sigma_d}{2\sigma'_0}\right)_{\text{(Laboratory test)}} \qquad (3.1.2)$$

ここで、$\tau_l/\sigma'_z$：原位置液状化強度
$\sigma_d/2\sigma'_0$：要素試験で求めた液状化強度
$K_0$：静止土圧係数

砂地盤の液状化強度も有効拘束圧に強く依存している。図 3.1.1 は中空ねじりせん断試験による液状化試験の結果を示している [3.1.1]。鉛直有効拘束圧は同じであるが、側方の有効応力が異なると見かけ上液状化強度が異なる。一方、側方の有効応力を含めて有効平均主応力で評価すると図 3.1.2 のように、液状化強度は一本の曲線で表される。つまり、原位置での液状化強度を正確に評価するためには鉛直有効応力だけではなく、水平方向の有効応力も適切に求める必要がある。そのため、乱さない試料を採取して液状化試験により液状化強度を測定しても、原位置での強度を求めるためには (3.1.2) 式で静止土圧係数 ($K_0$) を設定して原位置強度に変換する必要がある [3.1.2]。

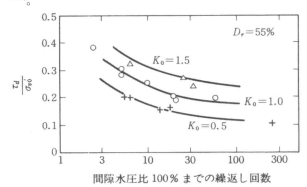

**図 3.1.1 液状化強度におよぼす水平方向応力の影響** [3.1.1]

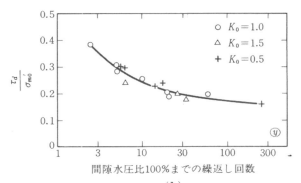

**図 3.1.2 有効平均主応力で液状化強度を評価した結果** [3.1.1]

## （2）変形係数の応力依存性

一方、地盤の微小ひずみにおけるせん断弾性係数($G_0$)は(3.1.3)式で表されることが広く知られている。地盤のせん断弾性係数も有効拘束圧に大きく依存している。拘束圧がなければ、せん断剛性を持たないことを示している。そして、有効拘束圧依存の程度を表すべき乗 $n$ の値は図 3.1.3 示すように、ひずみ依存性がある[3.1.3]。砂質土の場合、ばらつきはあるが、せん断ひずみが $10^{-4}$ ではほぼ 0.5、$10^{-2}$ ではほぼ 1.0 に近づいていく。

$$G_0 = f(e)(\sigma_{m'})^n \quad (3.1.3)$$

ここで、$e$：間隙比、$f(e)$：地盤の間隙比の関数、$\sigma_{m'}$：有効平均主応力、$n$：べき乗（応力の依存の程度を示す）

礫質土の場合は、砂質土よりも拘束圧依存性が大きく、$n=0.75\sim1.0$ の範囲のデータが多い（例えば図 3.1.4 参照）[3.1.4]。さらに、不攪乱試料は再構成試料よりも拘束圧依存性が大きく、再調整試料の結果から原位置礫地盤の変形特性の拘束圧依存性を評価することは困難であることを示している(図 3.1.4 参照)[3.1.4]。

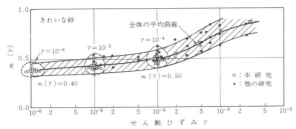

図 3.1.3 砂のせん断弾性係数の拘束圧依存性を示すべき乗 $n$ のひずみ依存性[3.1.3]

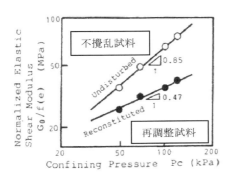

図 3.1.4 礫地盤の $G_0$ に及ぼす拘束圧依存性[3.1.4]

なお、変形係数への拘束応力の影響としては、拘束応力の大きさ以外にも、主応力差（異方応力）や応力履歴（過圧密）の影響が考えられる。砂質土および礫質土に関しては、これらの影響は拘束応力の大きさの影響に比べてかなり小さいので、実務ではほとんどの場合それらの影響は考慮されていない。

粘性土に関しても異方応力の影響は小さいが、過圧密度の影響については、図 3.1.5 に例示するように、せん断剛性は過圧密により間隙比がほとんど変化していないのに、せん断剛性が 20% 程度大きくなっている。過圧密状態での粘土のせん断剛性の変化を模式的に示したのが図 3.1.6 である。塑性指数が大きい圧縮性が卓越する粘性土でせん断剛性の低下率が低く、低塑性ほど低下率が高いので注意する必要がある。

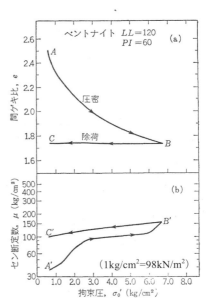

図 3.1.5 カオリンの圧密・除荷時のせん断剛性[3.1.5]

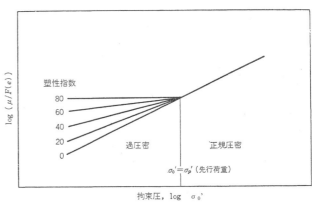

図 3.1.6 粘土の過圧密の影響度合い[3.1.6]

### 3.1.2 地盤定数のひずみ依存性

建築構造物を構築する他の構造材料（鉄、アルミニューム、コンクリートなど）に比べると地盤は完全な連続体ではないことが大きな特徴である。変形は土粒子の移動を伴い、非可逆性を示す。そして、変形特性が変化し始めるひずみレベルが $10^{-6}\sim10^{-5}$ と他の構造材料に比べるとはるかに小さいことが特徴である。地盤のこのような特質により、建築物の基礎設計に際しては、さまざまな外力によって発生する地盤のひずみレベルに対応した地盤の変形係数を求める必要がある。

### （1）地盤の変形係数に影響を及ぼす要因とその影響度

ハーデン(Hardin) & ブラック(Black) (1968)[3.1.6] は、地盤の変形係数（せん断弾性係数 $G$）への影響要因を系統的に検討して、せん断弾性係数 $G$ を (3.1.4) 式として表現した[3.1.1]。

$$G = f(\sigma_m', e, H, S, \tau, C, \gamma, f, t, \theta, T) \quad (3.1.4)$$

ここで、$\sigma_m'$：平均有効拘束圧，$e$：間隙比，$H$：応力・振動履歴，$S$：飽和度，$\tau$：せん断応力，$C$：粒子特性，粒度，$\gamma$：ひずみ振幅，$f$：振動数，$t$：時間，載荷時間，$\theta$：土質構造に関する定数，$T$：温度

影響要因の内、地盤の飽和度および載荷速度（振動数）がせん断弾性係数に及ぼす影響は図 3.1.7 および図 3.1.8 に示すように、ほとんどないと考えてよい。

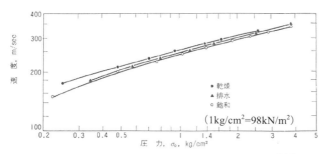

図 3.1.7　せん断波速度と供試体の飽和度の関係 [3.1.7]

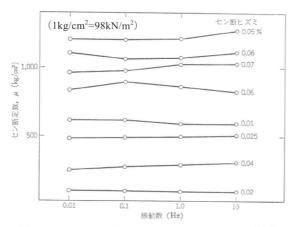

図 3.1.8　せん断弾性係数に及ぼす振動数の影響 [3.1.8]

その他の影響要因の内、多くの研究者たちの実験的検討の結果により、砂・礫および粘土地盤に共通で、重要な影響要因は、①平均有効拘束圧（$\sigma_m'$）、②ひずみ振幅（$\gamma$）、および③間隙比（$e$）であることが明らかになった。そして、再調整試料を用いた要素試験結果を基に、微小ひずみにおける地盤のせん断弾性係数 $G_0$ は砂質土については（3.1.5）式および（3.1.6）式がリチャート（Richart）[3.1.7]により提案された。（3.1.5）式は丸い粒子からなる砂に、（3.1.6）式は角張った粒子からなる砂に対応している。（3.1.5）式および（3.1.6）式はその後の日本の研究者たちによる実験で、日本の砂にも概ね適用できることが知られている（図 3.1.9 参照）。そして、大きな間隙比に対応できる（3.1.6）式はその後、粘性土にも適用できることがわかった。なお、（3.1.6）式についてみると、間隙比が 2.97 のときにせん断弾性係数はゼロとなり、物理的・力学的意味を持たなくなる。砂の場合、間隙比が 1.2 を超えることはほとんどないが、圧縮性が大きい粘土では間隙比が 2.7 程度となることはよくあり、これらの実験式を用いるにあたっては、その適用範囲を確認しておく必要がある。なお、砂地盤の変形特性が地盤の相対密度ではなく、地盤の間隙比と関連付けられていることは興味深い [3.1.6]。

$$G_0 = 700(2.17-e)^2/(1+e) \cdot (\sigma_m')^{0.5} \quad (3.1.5)$$
丸い粒子からなる砂

$$G_0 = 330(2.97-e)^2/(1+e) \cdot (\sigma_m')^{0.5} \quad (3.1.6)$$
角張った粒子からなる砂

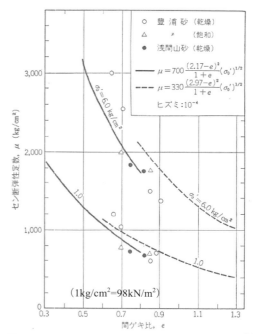

図 3.1.9　せん断弾性係数に及ぼす間隙比の影響 [3.1.9]

ところで、粘性土については前述の①～③以外にも過圧密度、圧密時間の影響が指摘されている。過圧密度の $G_0$ への影響は図 3.1.5（点 A' と点 C' のせん断定数の比較）に示した通りである。圧密時間の影響については、圧密の進行に従い間隙比が小さくなり、せん断剛性が増加することが知られている。そして、圧密が完了した（過剰間隙水圧が消散した）後においてもせん断弾性係数が増加することがある。この要因は未だに明確になっていないが、粘土特有の 2 次圧密が影響していることが考えられる。従って、原位置から採取した試料による室内試験でせん断弾性係数を評価する場合は十分な圧密時間を与える必要がある。なお、原位置試験でせん断弾性係数を求める場合はこれらの影響は含まれていると考えてよい。

地盤の変形係数への主要な三つの影響要因の内、有効拘束圧の影響については 3.1.1(2) で説明した。間隙比の影響は、(3.1.5)式および (3.1.6) 式に示されている。以下に、地盤の変形係数に及ぼすひずみ振幅の影響について説明する。地盤の変形係数を求める試験法は大きくは、原位置試験法と室内試験法の二つに分けられる。試験法と得られる変形係数のひずみレベルの関係については、先達によって幾つか試案が示されている。本書は建築物

の基礎設計に用いる地盤の変形係数の検討を重要な課題としてきたので、ここで、改めて試験法と試験により求められる変形係数のひずみとの関係について、室内試験と原位置試験とに分けて考えてみた。試験法にはそれぞれ特徴があり、また適用限界もある。従って、それぞれの試験法で得られた結果をどのように使うかを十分検討して、適切に試験法を選ぶことが大切である。

**(2) 室内試験と得られる変形係数のひずみレベルの関係**

1) 微小ひずみの変形係数

主として微小ひずみ領域の変形係数を対象とする試験法としては共振法試験および超音波試験がある。共振法試験は、試料の一端に強制振動を与えて共振曲線を求める。共振振動数より変形係数を、共振曲線より減衰定数を求める。この方法は線型の振動理論を利用するので、微小ひずみの範囲に限られる。超音波試験は、超音波を試料の一端で発生させて他端で受信し、両端を通過する時間を計測し、試料の長さから伝播速度を求める方法である。これらの試験法では、特別な装置が必要で、微小ひずみ($10^{-5} \sim 10^{-4}$) での変形係数しか求められないこと、原位置特性の評価が目的であれば品質の高い不攪乱試料（1.3.2 (2) 参照）の採取が必要であること、後述の PS 検層による測定や $N$ 値からの推定の方法もあるので、現在は、実務ではあまり使われていない。

微小ひずみでのせん断弾性係数を求める方法として、近年、地盤工学会で基準化されたベンダエレメント試験法がある[3.1.10]。ベンダエレメント試験法は、供試体両端に設置された一対のベンダエレメントで、供試体中を伝播するせん断波速度を求めて、微小ひずみでのせん断弾性係数を求める方法である。ベンダエレメント試験法は、他の試験に付随して任意の載荷時点、応力状態でのせん断弾性係数を求めることができる利点がある。今後、得られるデータと既往の結果の比較検討により、本方法の測定精度や有効性が確認されるものと思われる。なお、原位置特性の評価には高品質の不攪乱試料が必要であることは他の室内試験と同じである。

2) 中ひずみから大ひずみ範囲の変形係数

$10^{-4}$ よりも大きなひずみ範囲での変形係数を求める試験法としては一軸圧縮試験、三軸圧縮試験および繰返し変形試験がある。一軸圧縮試験の破壊時ひずみはほぼ $1 \times 10^{-2} \sim 5 \times 10^{-2}$ の範囲にある。破壊までのひずみでの変形係数を考えるとほぼ半オーダー小さくなる。実務でよく使われる $E_{50}$ は $5 \times 10^{-3} \sim 1 \times 10^{-2}$ の範囲と考えてよい。なお、一軸圧縮試験では供試体端面の不平滑によるベディングエラーの影響により、変形係数が小さめに測定される可能性がある。一方、ひずみも同様の理由により過大に評価されるので、変形係数〜ひずみ関係への影響は相殺される関係にある。三軸圧縮試験では破壊時のひずみは通常 $10^{-2} \sim 10^{-1}$ のオーダーである。三軸圧縮試験では試験時に拘束圧を加えるので試料の乱れやベディングエラーの影響は一軸圧縮試験に比べて小さい。破壊に至るひずみ範囲での変形係数を考えると信頼できるひずみの最大値はこの半分となり、$10^{-3} \sim 5 \times 10^{-2}$ のオーダーである。

広範囲のひずみレベルの変形係数を効率的に求める方法としては繰返し三軸圧縮試験や繰返し中空ねじりせん断試験がある。実地盤試料は均一性が乏しいので、複数の地盤試料に異なるひずみを加えて、広いひずみ範囲の変形係数を求めるよりも、一つの地盤試料について、ひずみレベルを小さい方からステップバイステップで順次繰り返しせん断応力を加えて（通常 10 ステージ程度）、$10^{-5} \sim 10^{-2}$ の範囲の変形係数を求める方法が合理的であるので、研究でも、実務でもこの方法が広く用いられている(このような方法はステージテストと呼ばれている。詳細は後述)。この試験法では、ひずみ履歴の影響が考えられるが、小さいひずみレベルから実験が開始するので、通常、この影響は無視されている。1%を超えるひずみでの変形係数は液状化試験結果から求めることもできる。液状化の定義（両振幅軸ひずみ $DA=5\%$) から、$1 \times 10^{-2} \sim 4.0 \times 10^{-2}$ 程度のせん断ひずみに対応する変形係数が求められる。

ところで、圧密試験も荷重と変形の関係を求めているので、一種の変形係数 (体積圧縮係数 $m_v$、圧縮係数 $a_v$、圧縮指数 $Cc$) を求める試験とも理解できる。通常の載荷範囲では、20mm の初期高さに対して、変位が数十 μm から数 mm として、$10^{-4} \sim 10^{-2}$ のオーダーのひずみ範囲に対する変形係数と理解できる。なお、圧密試験については、従来の段階載荷法に加えて定ひずみ速度載荷試験法も行われている。圧密降伏応力の決定には試験法による影響が指摘されているが、試験法の変形係数への影響についての指摘はほとんどない。詳細は 3.5 節を参照されたい。

**(3) 原位置試験と得られる変形係数のひずみレベルの関係**

原位置試験としては、微小ひずみを対象とする PS 検層が広く行われている。この方法では、せん断波速度 ($V_s$) を求めて弾性波動論からせん断弾性係数 $G(G_0)$ を求める ((3.1.7)式)。そのひずみレベルは $10^{-6}$ 程度と考えられている。基礎地盤の卓越周期の評価、工学的基盤の深さなど、高層建築物の耐震検討には欠かせない地盤情報である。

$$G_0 = \rho V s^2 \qquad (3.1.7)$$

ここで、$\rho$ は地盤の密度

PS 検層より 2 オーダー大きいひずみでの変形係数を求める試験法に平板載荷試験がある。平板載荷試験では載荷板の近くと地盤の深いところではひずみは違うが、ひずみ＝全沈下量/影響範囲（＝載荷板径の約 2 倍）と考えると、ほぼ $10^{-3}$ から $10^{-2}$ の範囲と推定できる。通常の実験では、設計荷重の 3 倍か極限荷重まで載荷する。極限荷重では沈下量が載荷板径の 10%まで載荷するので、通常の場合沈下量の最大値は 30mm となる。したがって、最大ひずみは 30/600 となって 5%である。これを踏まえると、平板載荷試験で得られるひずみ範囲は $10^{-3}$ から $10^{-2}$ と考えてよい。

地盤の水平方向の変形特性を求める原位置試験法に孔内水平載荷試験がある[3.1.10]。この試験法の場合は、得られる地盤の応力〜変位関係のどの部分をもとに、どのようにひずみを定義して、変形係数を求めるのかについて議論の余地がある。試験のやり方（試験機と孔壁のなじみを良くする繰返し載荷の有無など）も技術者によって違うようであり、現時点では、得られる変形係数は地盤定数というより一種のインデックスと理解すべきである。測定結果を普遍的に活用するためには、試験方法の詳細な規定とひずみの定義について、今後の詳細な検討が必要である。この試験法は試験のためのボーリング孔の掘削方法で、プレボーリング方式（PBP）とセルフボーリング方式（SBP）がある（詳細は、3.4.4節を参照）。SBP方式でのひずみはPBP方式より小さいと考えられるが、ひずみの絶対値については今後検討する必要がある。なお、既往の研究では孔内水平載荷試験で得られる水平方向の変形係数 $E$ と一軸圧縮試験で得られる割線係数 $E$ はほぼ等価というデータがある（図3.2.9参照）。しかし、それぞれの $E$ を求めた時のひずみについては不明であり、また、地盤の異方性の影響も考慮する必要がある。

直接地盤の水平方向の変形係数を求める方法のひとつとして、杭の水平載荷試験がある。ただ、近年、杭径が非常に大きくなったため、載荷試験を実施するには莫大な費用がかかるので、限られた場合にしか行われていない。杭の水平抵抗の設計で用いる水平地盤反力係数は実務では、既往のデータにもとづく経験式で $N$ 値から求めることが多い。この経験式には杭径が含まれているので、前述のように、地盤固有の性質（地盤定数）を表していると言うよりは一種のインデックスと言うべき係数であり、詳細は3.2節を参照されたい。なお、以上の検討結果からみると、原位置試験では、$10^{-4}$ 付近の変形係数を精度良く求める試験法が今の所欠落しているようである。

(4) $G \sim \gamma$、$h \sim \gamma$ 関係の評価

地盤あるいは地盤—構造物系の地震応答解析にはせん断剛性および減衰定数のひずみ依存性である $G \sim \gamma$、$h \sim \gamma$ 関係が用いられる。$G \sim \gamma$、$h \sim \gamma$ 関係については検討対象地盤より試料を採取して、繰り返しせん断試験を実施して求めることができる。

1) $G \sim \gamma$、$h \sim \gamma$ 関係を求める

室内試験で直接 $G \sim \gamma$、$h \sim \gamma$ 関係を求める方法としては中空ねじりせん断試験がある。中空ねじりせん断試験の実施には大きな試料（試料の外形が70mmないし100mm）を採取する必要があり、不攪乱試料の整形には技術的困難さがある。実務では多くの場合、円柱形供試体（多くの場合：直径5cm、高さ約10cm）を用いた繰り返し三軸試験により軸差応力（$\sigma_d$：一軸方向応力と三軸方向応力の差）と軸ひずみ（$\varepsilon$）からヤング係数（$E$）〜（$\varepsilon$）関係を求め、ポアソン比（$\nu$）を設定して、(3.1.8)式を介して $G \sim \gamma$、$h \sim \gamma$ 関係を求めている。なお、減衰定数 $h$ についてはヒステリシスループの面積比から定義されているので、三軸試験で得られる $h$ をそのまま用いればよい（図3.1.10参照）。

$$G = E/\{2(1+\nu)\} \quad (3.1.8)$$
$$\gamma = \varepsilon\,(1+\nu)$$
$$h = \Delta W/(2\pi W)$$

ここに、$E$：ヤング係数、 $\nu$：ポアソン比
　　　　$\varepsilon$：軸ひずみ、　$\gamma$：せん断ひずみ

繰り返し三軸試験では試料を飽和状態にし、各ステージでの繰り返し載荷は非排水条件で行う。その理由は、飽和土の非排水状態でのポアソン比は他の条件に関わらずほぼ0.5で一定だからである。ポアソン比の求め方等については3.3節を参照されたい。

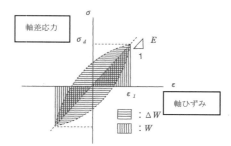

図3.1.10　等価ヤング係数($E$)と減衰定数($h$)の定義

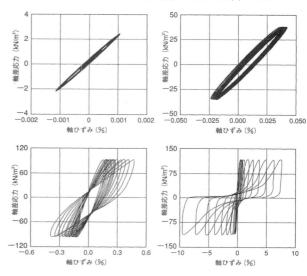

図3.1.11　繰り返し三軸試験で得られた不攪乱砂試料の異なるひずみレベルでの軸差応力と軸ひずみの関係例

図3.1.11はステージテストで得られた各ひずみレベルでの $E \sim \delta$ 関係の例である。通常、各ステージ（ひずみレベル）で履歴ループが定常になる10回目の応力—ひずみのループに基づき $E$、$\delta$ および $h$ を求める。ひずみが $10^{-3}$ のオーダーまでは10回目ぐらいでほぼ定常な履歴ループになる。しかし、$10^{-2}$ 以上のレベルになると、ダイレタンシー特性が顕著になり、$E \sim \delta$ 関係は逆S字型を示し（図3.1.11右下の図参照）、一つのステップの中でも繰り返し回数が進むに従いひずみもどんどん大きくなる。そのため、繰り返し三軸試験で精度よく $G \sim \gamma$、$h \sim \gamma$ 関係を求められるせん断ひずみの範囲はおおよそ $1 \times 10^{-5}$ から $5 \times 10^{-3}$ であると考えるべきである。そして、数パーセントの大ひずみでの変形係数は、液状化試験で得られる $G \sim \gamma$、$h \sim \gamma$ の関係で求められ、これを加えることで微小

ひずみ～大ひずみ領域までの $G\sim\gamma$、$h\sim\gamma$ 関係を評価できる[3.1.11]。ところで、1.3.2 節で述べた様に、原位置試料で求めた $G\sim\gamma$ 関係には試料の採取法に大きく影響を受ける。一方、$G$ を微小ひずみ（$10^{-6}$ から $10^{-5}$）における $G$（$G_0$）で正規化した $G/G_0\sim\gamma$ 関係には試料の品質の影響は無視できるので、通常は $G/G_0\sim\gamma$ が用いられる。なお、実務では、$G_0$ は原位置の PS 検層で得られる $V_s$ から求めている。1995 年の兵庫県南部地震以降に各種設計指針でレベル 2 地震動に対する検討が要請されるようになった。その場合、地盤のひずみはかなり大きい領域に及ぶので大ひずみ領域までの $G/G_0\sim\gamma$、$h\sim\gamma$ 関係が得られることは有用である。

2) $G/G_0\sim\gamma$、$h\sim\gamma$ 関係に影響を及ぼす要因

既往の研究で、$G/G_0\sim\gamma$、$h\sim\gamma$ 関係に影響を及ぼす要因としては、砂質土・礫質土では拘束圧、粘性土では塑性指数（$I_p$）が重要であることが知られている。以下、実務設計での参考資料として、実地盤データに基づき、それらの影響の程度を示した。

(a) 砂質土・礫質土の $G/G_0\sim\gamma$、$h\sim\gamma$ 関係に及ぼす影響要因

図 3.1.12 は 6 号珪砂について、単純せん断試験で得られた $G/G_0\sim\gamma$、$h\sim\gamma$ 関係に及ぼす拘束圧の影響を示している[3.1.12]。拘束圧が $49kN/m^2\sim196kN/m^2$ の範囲で、ひずみによる $G/G_0$ の低下は拘束圧が大きいほど緩やかである。$G$ が $G_0$ の半分に低下するせん断ひずみ（$\gamma_{0.5}$）は拘束圧が大きくなるに従い、$5\times10^{-4}$ から $1\times10^{-3}$ に大きくなる。$h\sim\gamma$ 関係にも拘束圧依存性がみられ、拘束圧が大きくなると減衰定数 $h$ は小さくなる。従って、同じ土質の土層でも存在している深さが大きく異なる場合は、$G/G_0\sim\gamma$、$h\sim\gamma$ 関係については拘束圧の影響を考慮した方がよい。

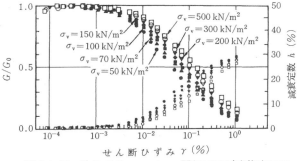

図 3.1.12 砂の $G/G_0\sim\gamma$、$h\sim\gamma$ 関係に及ぼす拘束圧の影響例[3.1.12]

(b) 粘性土の $G/G_0\sim\gamma$、$h\sim\gamma$ 関係に及ぼす影響要因

図 3.1.13 は不攪乱戸田シルトについての繰り返し三軸試験結果で得られた $G\sim\gamma$、$h\sim\gamma$ 関係について示している[3.1.13]。$G\sim\gamma$ 関係については砂地盤と同様、明瞭な拘束圧依存性がある。これに対して $h\sim\gamma$ 関係への拘束圧依存性は小さい。

図 3.1.14 は図 3.1.13 のデータを $G/G_0\sim\gamma$ 関係で整理し、拘束圧の影響を示している[3.1.11]。シルト地盤の $G/G_0\sim\gamma$ 関係は砂とは違って、拘束圧の影響は小さい。

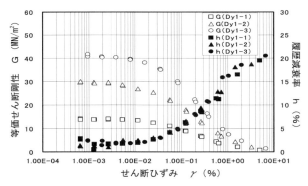

図 3.1.13 シルト地盤の $G\sim\gamma$、$h\sim\gamma$ 関係に及ぼす拘束圧の影響例[3.1.13]

図 3.1.15 は不攪乱川崎粘土についての $G/G_0\sim\gamma$ 関係を示している[3.1.14]。有効拘束圧が一定であれば、塑性指数が大きいほどせん断ひずみの増大に伴う剛性の低下が小さくなる傾向がある。図 3.1.16 は図 3.1.14 のデータに既往の塑性指数の異なるシルト試料（豊洲シルト）のデータを加えて、$G/G_0\sim\gamma$ 関係に及ぼす塑性指数の影響を示したものである。拘束圧の大きさに関係なく、川崎粘土と同様、シルト地盤も $G/G_0\sim\gamma$ 関係に及ぼす塑性指数の影響がみられる。図 3.1.17 は粘性土地盤の $G/G_0\sim\gamma$ 関係に及ぼす塑性指数の影響を定量的に検討するため、図 3.1.13 のシルト地盤および図 3.1.15 の川崎粘土の $G/G_0=0.5$ におけるせん断ひずみ $\gamma_{0.5}$ と塑性指数の関係を示した。バラツキはあるが、塑性指数が 0～40 程度までの範囲では $I_p$ と $\gamma_{0.5}$ には比較的良い相関がみられる。以上から、砂質および礫質地盤に比べて、粘性土の $G/G_0\sim\gamma$ および $h\sim\gamma$ 関係に及ぼす拘束圧の影響は小さい。

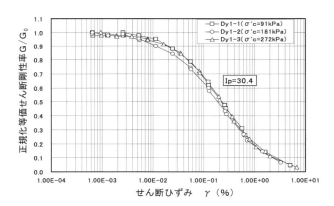

図 3.1.14 シルト地盤の $G/G_0\sim\gamma$ 関係に及ぼす拘束圧の影響例[3.1.13]

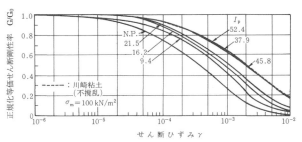

図 3.1.15 粘土の $G/G_0\sim\gamma$ 関係に及ぼす $I_p$ の影響例[3.1.14]

### 3) $G/G_0 \sim \gamma$ および $h \sim \gamma$ 関係のモデル化

地盤や地盤—構造物系の応答解析では、実験で求めた $G/G_0 \sim \gamma$ および $h \sim \gamma$ 関係をモデル化して用いることが広く行われている。その際、代表的なモデルとして、H-Dモデル（(ハーデン・ドルネビッチ)、Hardin & Drnevich の提案）と R-O（(ラムバーグ・オスグッド)、Ramberg & Osgood の提案）モデルがある。両モデルの実地盤の $G/G_0 \sim \gamma$ および $h \sim \gamma$ 関係のモデル化については多くの研究者により検討されているが、いずれのモデルがより合理的に実地盤の $G/G_0 \sim \gamma$ および $h \sim \gamma$ 関係をモデル化しているかについてははっきりした結論はない[3.1.15]。むしろ、モデル化にあたってのモデルの定数をいかに地盤特性から合理的に、そして、一義的に求めるかが大事であると言える。

そして、粘性土の $G/G_0 \sim \gamma$ 関係は塑性指数 $I_p$ により、ある程度推定できることを示唆している。なお、$I_p$ が約 40 よりも大きくなると、$\gamma_{0.5}$ への $I_p$ の影響はほぼ一定になるようである。

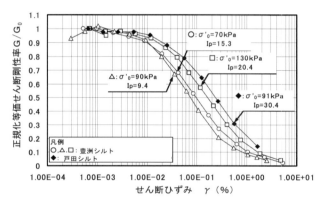

図 3.1.16 シルト地盤の $G/G_0 \sim \gamma$ 関係に及ぼす塑性指数の影響例 [3.1.13]

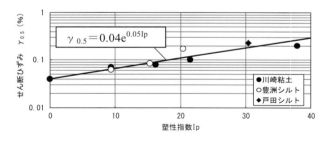

図 3.1.17 $G/G_0 = 0.5$ におけるせん断ひずみ $\gamma_{0.5}$ と塑性指数 $I_p$ の関係例（粘土地盤およびシルト地盤）

### 3.1.3 まとめ

本章では、建築物の基礎設計に用いる地盤定数の応力依存性とひずみ依存性について、実地盤データを中心に説明した。強度定数は地盤の土質に関わらず大きな拘束応力依存性がある。そのため、原位置地盤の強度の評価には地盤の水平方向応力の評価が大変重要である。変形係数であるせん断剛性に及ぼす要因としては、ひずみレベル、拘束圧、間隙比が重要な影響要因となっている。その中でも、ひずみレベルの影響が最も大きい。減衰定数への影響要因としてはひずみレベルが最も大きい。地震時の地盤や地盤—構造物系の挙動を高い精度で予測する場合には、ひずみレベルに依存する変形係数を用いる必要がある。実務では、原位置から採取した試料を用いて $G \sim \gamma$、$h \sim \gamma$ 関係を求め、PS検層から求めた $G_0$ と併せて、$G/G_0 \sim \gamma$、$h \sim \gamma$ 関係を求めて用いる方法がよい。

### 参 考 文 献

3.1.1) Ishihara, K., S.Iwamoto, S.Yasuda and H.Takatsu: Liquefaction of Anisotropically Consolidated Sand, Proc. 9th ICSMFE, Vol.2, pp.261-264, 1977.

3.1.2) 吉見吉昭：砂地盤の液状化、技報堂出版, p.80,85, 1991.

3.1.3) Iwasaki,T., Tatsuoka, F. and Takagai,Y.: Shear modulus of sands under cyclic torsional shear loadings, Soils and Foundations, Vol.18., No.1, pp.39-46, 1978.

3.1.4) S. Goto, Y. Shamoto and K. Tamaoki : Dynamic properties of undisturbed sample by In-situ frozen, Proc. of the 8th Asian Regional Conference of Soil Mechanic and Foundation Engineering, Vol.1, pp.233-236, 1987

3.1.5) Humphries & Whales : Stress history effects on dynamic modulus of clay, ASCE, Vol.94, SM2, pp.371-389, 1968.

3.1.6) 石原研而：土質動力学の基礎、鹿島出版会, p. 293, 1976.

3.1.7) Hardin & Richart : Elastic wave velocities in granular soils, ASCE, Vol. 89, SM1, pp.33-65, 1963.

3.1.8) 原昭夫：地盤の動力学的性質とその応用, 第2回地盤振動シンポジウム, 日本建築学会, pp.33-39, 1973.

3.1.9) 栗林栄一, 岩崎敏男, 龍岡文夫, 堀内俊一：土の動的変形特性―共振法土質試験機による測定―, 建設省土木研究所, 土木研究所資料, 912号, pp. 35-36,1974.

3.1.10) 地盤工学会：地盤調査の方法と解説, pp.319-328, pp.336-337, 2004.

3.1.11) 内田明彦, 時松孝次：大ひずみ領域における不攪乱砂質, 礫質土の変形特性, 日本建築学会構造系論文集, 第 561 号, pp.103-109, 2002.

3.1.12) 清田芳治, 萩原庸嘉, 田村英雄：珪砂6号の動的変形特性に関する研究, 第 30 回土質工学研究発表会, pp.851-852, 1995.

3.1.13) 森俊朗, 富樫勝男, 畑中宗憲：非排水繰り返しせん断を受けたシルト地盤のせん断強度・変形特性, 地盤工学研究発表会, pp.351-352, 2006.

3.1.14) Zen, K., Umehara,Y. and Hamada,K.: Laboratory tests and in-situ seimic survey on vibratory shear modulus of clayey soils with various plasticities, 第5回地震工学シンポジュウム講演集, pp.721-728, 1978.

3.1.15) 吉田望, 若松加寿江：土の繰り返しせん断特性のモデル化と地質年代・堆積環境の影響, 地盤工学ジャーナル, Vol.8,No.2, pp.265-284, 2013.

## 3.2 N 値より求めた変形係数（E）
### 3.2.1 はじめに

地盤の変形係数 E は、基礎の沈下、杭の水平抵抗および地震応答計算などに用いられ、建築構造設計を行う上で重要な地盤定数である。基礎指針[3.2.1)]に記載されている代表的な変形係数の評価式としては、沈下計算に用いられる $E=2.8N(MN/m^2)$（または $E=1.4N$）、杭の水平抵抗計算に用いられる $E=700N(kN/m^2)$ がある。これらの式は、ある限られた条件（地盤種別、ひずみレベル、拘束圧）における載荷実験（平板載荷試験、杭の水平載荷試験、地盤調査時の孔内水平載荷試験）による既往の研究結果に基づくものであるが、一般的にこれらの条件をあまり意識されずに用いられている場合が多く、場合によっては危険側の評価となる可能性も否めない。

本節では、沈下計算に用いられる $E=2.8N(MN/m^2)$ と杭の水平抵抗計算に用いられる $E=700N(kN/m^2)$ について、その式が提案された条件などを整理し、ひずみレベルなどに着目した検討などを行うことにより、それぞれの計算（設計）における変形係数 E の考え方を提言する。

### 3.2.2 沈下計算等に用いられる $E=2.8N(MN/m^2)$ の検討
**(1) $E=2.8N$ のこれまでの使われ方**
1) 既往研究の整理

基礎指針に示されている $E=2.8N(MN/m^2)$ の出典文献を調べると、6文献[3.2.2)〜3.2.7)]の砂地盤上の実大フーチングまたは平板載荷試験結果の沈下量 $S_E$ より、(3.2.1)式および(3.2.2)式を用いて逆算した E の値を、載荷面から深さ B（載荷幅）までの平均 N 値（$\overline{N}$）に対応してプロットした砂地盤の E と平均 N 値（$\overline{N}$）の関係図（図 3.2.1 参照）より、当該式を提案したものとされている。

$$S_E = I_S \frac{1-\nu^2}{E} qB \tag{3.2.1}$$

$$S_E = \mu_H \frac{q\sqrt{A}}{E} \tag{3.2.2}$$

ここで、$S_E$：沈下量(m)、$I_S$：基礎底面の形状と剛性によって決まる係数、$\nu$：地盤のポアソン比、$E$：地盤の変形係数(kN/m²)、$q$：基礎の荷重度(kN/m²)、$B$：基礎の短辺幅(m)、$\mu_H$：地盤の $\nu$ と厚さおよび基礎底面形状によって決まる係数、$A$：基礎の底面積(m²)

図 3.2.1 の E の算定条件は、以下によっている。[3.2.8)]
- 地下水位：載荷板底面から載荷板幅 B の深さに地下水位が存在する場合
- 過圧密：通常の設計地耐力以上の過圧密（荷重履歴）を受けている場合
- 極限支持力度 $P_u$ の約 1/3 の荷重度に対する沈下量より E を算定
- 砂のポアソン比には、一律 0.3 を採用

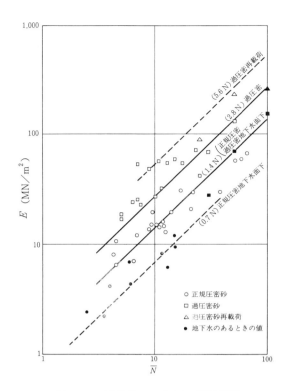

図 3.2.1 砂地盤の E と $\overline{N}$ の関係 [3.2.1)]

これらの文献の条件等を整理すると、表 3.2.1 となる。
以下の図表中の参考文献番号は、節番号 3.2 を除いた番号で示している。

ここで、再度この元データを整理してみると図 3.2.2 および図 3.2.3 となる。図 3.2.1 と図 3.2.2 とでは、若干プロットが異なるが、これは表 3.2.1 の備考に示すように図 3.2.1 では部分的に平均値を用いているためである。図 3.2.2 では対数軸なので相関が高いように感じるが、図 3.2.3 のように整理すると、ばらつきが大きいことがわかる。

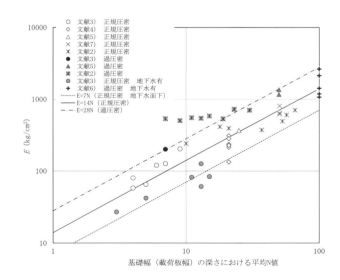

図 3.2.2 元データの再整理（縦横軸対数）

表 3.2.1　6文献[3.2.2)～3.2.7)]の試験結果の条件

| 文献No. | 著者 | 載荷試験 | 載荷幅(m) | 場所 | 土質 | 平均N値 | 試験結果数 | AIJ指針プロット数 | 備考 |
|---|---|---|---|---|---|---|---|---|---|
| 2) | Appolonia 他 | 実構造物沈下計測 | 1.5～12.2 | UK, USA | 砂 砂礫 | 7～66 | 14 | 14 | ・過圧密データ有り<br>・文献中にプロット図<br>・qcよりN値換算データも含む<br>・デジタルデータ半分 |
| 3) | AIJ中国支部基礎地盤委員会 | 平板載荷試験 | □0.3 | 鳥取 | 細砂 砂 シルト混り砂 | 3～15 | 18 | 16 | ・地下水、過圧密データ有り<br>・別文献に詳細試験結果有り<br>・AIJ指針には、部分的に平均値プロット[※1] |
| 4) | 福井 | 平板載荷試験 | □0.3～1.0 | 芦屋(兵庫) | 盛土砂 | 21 | 6 | 1 | ・別文献に詳細試験結果有り<br>・載荷板の幅(形状)をパラメータとした同一地、同一深度の結果<br>・AIJ指針には、平均値プロット[※1] |
| 5) | 吉田 他 | 平板載荷試験 | φ0.3～3.0 | 神戸(兵庫) | 洪積砂礫 | 25 50 | 3 | 2 | ・地下水データ有り<br>・別文献に詳細試験結果有り<br>・AIJ指針には、部分的に平均値プロット[※1] |
| 6) | 玉置 他 | 平板載荷試験 | φ0.3 | 東京 | 東京砂層(洪積) | 100 | 5 | 1 | ・全て地下水有り、過圧密<br>・別文献に詳細試験結果有り<br>・同一地、同一深度の結果<br>・AIJ指針には、平均値プロット[※1] |
| 7) | 坂口 他 | 平板載荷試験 | □0.8～1.5 | 昭島(東京) | 洪積礫 | 42～59 | 3 | 1 | ・別文献に詳細試験結果有り<br>・載荷板の幅(形状)をパラメータとした同一地、同一深度の結果<br>・AIJ指針には、平均値プロット[※1] |

[※1]：個々の試験結果から個々の $E$ を算定し、同条件のものの $E$ の平均値を掲載

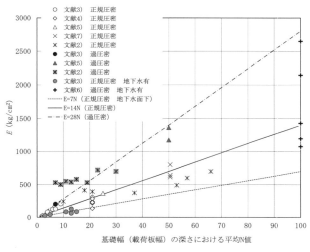

図 3.2.3　元データの再整理

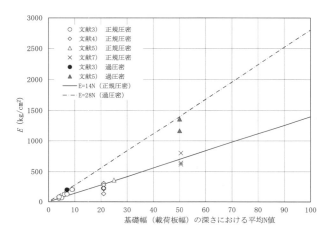

図 3.2.4　地下水の影響を受けていない平板載荷試験結果による $E$ の関係

また、地下水の影響を受けているものと実構造物の沈下計測結果を除外し、地下水の影響を受けていない平板載荷試験の結果について整理すると、図 3.2.4 となる。

図 3.2.4 は、図 3.2.3 と比べ若干ばらつきは少なくなるが、依然ばらつきが大きいことがわかる。

次に、ひずみ依存性を考慮して、元文献のデータのうち正規圧密とされているデータのみを対象に、沈下量を載荷幅で除したものを平均ひずみと仮定して、整理を行った。なお、アポロニア（D.J.D'Appolonia）[3.2.2)]のデータは、基礎幅の小さいもののみを用いる。

図 3.2.5 に平均ひずみと $E$ を $N$ 値で除した $E/N$ との関係を示す。図中にひずみ 1%において $E=14N$（$E/N=14$）とし、$\gamma_{0.5}=0.1\%$で設定した HD モデル曲線を併記した。図より、文献 3.2.2)のアポロニア（D.J.D'Appolonia）のデータの相関はあまり良くないものの、その他のデータに対しては良い相関が見られ、ひずみ 1%において $E=14N$（$E/N=14$）とし、$\gamma_{0.5}=0.1\%$で設定した HD モデル曲線とも近い分布となっている。

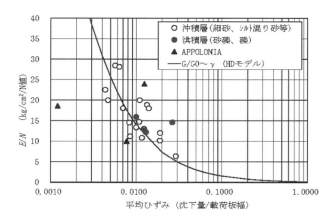

図3.2.5 平均ひずみと $E/N$ の関係

2) 基礎指針での取り扱い

基礎指針では、前述の図 3.2.1 を根拠に、地下水の無い状態での砂地盤の変形係数推定式として、以下の関係式が示されている。

洪積砂質土（過圧密砂質土）　　$E=2.8N$　（MN/m²）
沖積砂質土（正規圧密砂質土）　$E=1.4N$　（MN/m²）

また、N 値と S 波速度の関係式と上式との比較から、微小ひずみ時の変形係数に対して、洪積砂質土の $E=2.8N$ は概略 20％の値、沖積砂質土の $E=1.4N$ は 10～20％の値に相当するとしており、これらの変形係数を用いた場合は、やや大きめな沈下を推定する可能性が高いことが述べられている。

**(2) 沈下計算に用いる $E$ の考え方**

1) 各種試験から推定される $E$ の相関関係

一軸および三軸圧縮試験から求めた変形係数（$E_{50}$）と孔内水平載荷試験から求めた変形係数（$E_b$）のひずみレベルを推定すると、前者は軸ひずみ（ε）=0.3～2％、後者は軸ひずみ（ε）=1～6％の範囲にあると想定され、ひずみレベルに大きな違いがある。このため、従来 $E_{50}≒E_b$ の関係があるとされていたが、ひずみレベルの差により両者の変形係数の間にも差があるはずである。最近の地盤調査データによる両者の比較を図 3.2.6 に示す。図より従来の関係とは異なり、沖積粘性土層では $E_{50}>E_b$、洪積粘土層では $E_{50}≫E_b$ であることがわかる。

図 3.2.7 に PS 検層から求めた初期剛性 $E_s$ で変形係数（$E_{50}, E_b$）を除した $E/E_s$ とひずみの関係図を示す。図より、$E_{50}$ と $E_b$ の剛性率は、動的変形試験から求めたひずみ－剛性率低下曲線と比べて低い値を示した。ただし、洪積粘性土の $E_b$ については、動的変形試験結果と比較的良く一致している。

2) ひずみレベルについて

図 3.2.5 の平板載荷試験結果の変形係数を平均ひずみで整理したものや、図 3.2.7 の各種試験（一軸および三軸圧縮試験、孔内水平載荷試験）による変形係数をひずみで整理したものから、各々の試験時のひずみレベルを

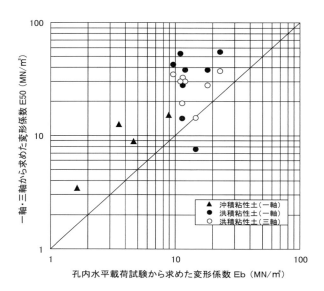

図3.2.6 $E_{50}$ と $E_b$ の関係

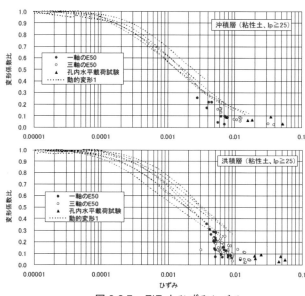

図3.2.7 $E/E_s$ とひずみレベル

考慮することで、HD モデルや動的変形試験によるモデルの $G/G_0～γ$（$E/E_0～ε$）関係とほぼ整合が取れていることが確認できる。

3) 沈下計算等の設計に用いる $E$ の提言

以上の検討結果より、$E=2.8N$ の関係は、洪積砂における、ひずみ 1％程度の時の変形係数を示し、$E=1.4N$ は沖積砂におけるそれを示すものであると思われる。そのため、その関係式をそのまま建物基礎の沈下計算に用いる場合は、1％程度のひずみレベルであることを想定する必要があると考えられる。

また、N 値と変形係数の相関が確認されているのは、あくまでも砂質土についてであり、粘性土については相関が低いとされている。粘性土については、少なくとも各種試験（一軸および三軸圧縮試験や孔内水平載荷試験など）による変形係数を利用して、沈下を検討することが望ましい。

### 3.2.3 杭の水平抵抗算定等に用いられる $E=700N$（kN/m²）の検討

#### (1) $E=700N$のこれまでの使われ方

1) 既存研究の整理

吉中は、多くの実測値を用いて$N$値と孔内水平載荷試験による変形係数$E_p$の関係を調べ、ばらつきはあるものの両者に相関があるものとして最小二乗法により $E≒700N$ の関係を示した（図3.2.8参照）。ただし、使用した試料のほとんどが砂質土、シルト質土、礫混じり土であること、粘性土の強度を$N$値から判定することは適当でないことから、この関係式は粘性土以外に適用すべきとした。

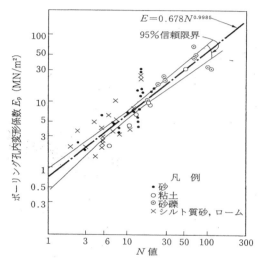

**図3.2.8 $N$値と孔内水平載荷試験の$E_p$の関係** [3.2.9]

また、吉中は、一軸・三軸から求めた変形係数$E_c$と同一地点で測定した孔内水平載荷試験による変形係数$E_p$の関係を調べ、粘土から第三紀層の土まで、$E_c=E_p$の関係があるとした(図3.2.9参照)。ただし、一軸・三軸から求めた変形係数は、応力～ひずみ曲線の直線部分の傾きを取っており、現在の$E_{50}$と同一かは定かでない。

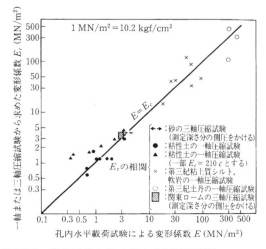

**図3.2.9 室内試験の$E_c$と孔内水平載荷試験の$E(E_p)$の関係** [3.2.10]

$E=700N$の関係は、その後、豊岡らにより実測値が追加され、この関係式には1/4～4倍のばらつきがあり適用には十分な注意が必要であると報告された(図3.2.10参照)。

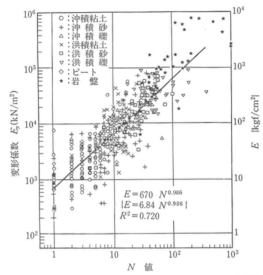

**図3.2.10 $N$値と孔内水平載荷試験の$E(E_p)$の関係** [3.2.11]

2) 基礎設計指針での取り扱い

基礎指針（2001）では、杭の水平抵抗を算定する際に土質に関わらず$E=700N$を使用する。ただし、その使用は、地盤を一様な弾性体と考えてChang式を適用し、(3.2.3)式により地盤の水平地盤反力係数$K_h$を求める場合に限定されている。

$$K_h = \alpha \cdot E_o \cdot B^{-3/4} \qquad (3.2.3)$$

ここで、$B$は杭径、$E_o=700N$、$\alpha$は$E_o$を求める方法や土質による係数である。

$N$値から$E_o$を求める場合は、砂で$\alpha=80$、粘土で$\alpha=60$であり、砂の方が粘土より大きい。このことは、$N$値が同じ地盤であれば、砂地盤の方が粘土地盤より大きな地盤反力係数となることを示している。

#### (2) $E=700N$のこれからの使い方

1) 最近の実測値を用いた$E=700N$の検証

a. $N$値と孔内水平載荷試験から求めた変形係数の関係

図3.2.11は、首都圏の約700試料について、孔内水平載荷試験から求めた変形係数（$E_b$）と推定$N$値との関係を示したものである。土質別・堆積年代別にみると、砂質土の変形係数は、埋土層・沖積層では、吉中式（$E=700N$）とほぼ一致するが、洪積層では、吉中式を下限値としてより大きな値を示す。粘性土の変形係数は、埋土層では、吉中式とほぼ一致するが、沖積層・洪積層では、吉中式を下限値としてより大きな値を示す。

図3.2.12は、孔内水平載荷試験から求めた変形係数($E_b$)と吉中式（$E=700N$）との比率を求めたものである。$N$値4以下では、その比率（$E_b/700N$）が5を超えるものが多いが、これは、$N$値4未満の範囲では、両者の相関がないことによる。

図3.2.13は、$N≧4$のデータについて両者の比率（$E_b/700N$）をヒストグラムの形で整理したものであり、そ

れの平均値を求めたものが表 3.2.2 である。

このように、従来は土質に関わらず $E=700N$ が成り立つとされていたが、実際は、堆積年代、土質によって両者の関係が異なることがわかった。孔内水平載荷試験では、孔壁の状態が試験結果を左右する。堆積年代が古いほど、また、砂質地盤より粘性土地盤の方が、孔壁の崩れなどが無く、孔壁が健全であった可能性がある。

表 3.2.2　孔内水平載荷試験で求めた変形係数と吉中式の関係とそのばらつき

| | $E_b/700N$ の比率とばらつきの平均値（$N≧4$） | | |
|---|---|---|---|
| | 埋土層 | 沖積層 | 洪積層 |
| 砂質土 | 1.1 | 1.1 | 2.2 |
| 粘性土 | データなし | 1.7 | 3.0 |

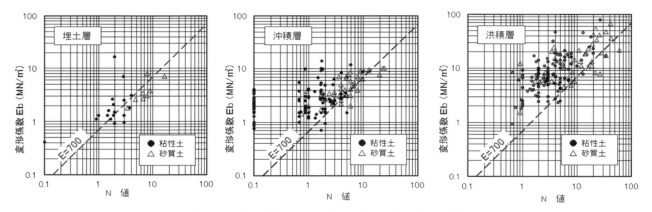

図 3.2.11　$N$ 値と孔内水平載荷試験から求めた変形係数の関係（首都圏 700 試料）

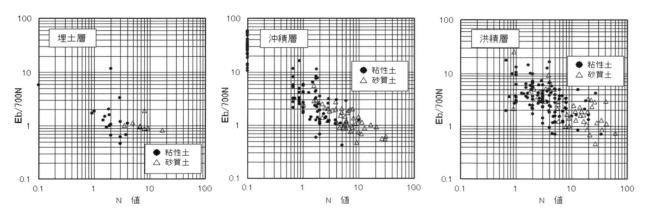

図 3.2.12　$N$ 値と $E_b／700N$ の関係（首都圏 700 資料）

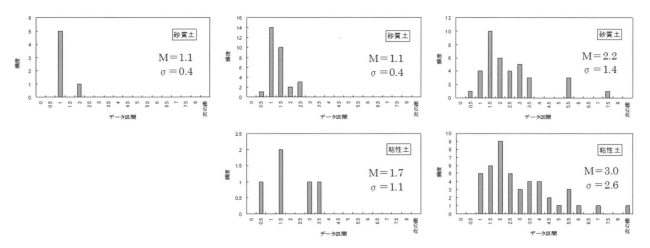

図 3.2.13　$E_b／700N$ のばらつきに関するヒストグラム（$N≧4$）

b. 杭の水平載荷試験結果と $E=700N$ の比較

既存の杭の水平載荷試験結果を収集し、実測値から逆算した地盤の変形係数（$E_{SPT}$）と$N$値から吉中式（$E=700N$）により求めた変形係数の比較検討を行った。

杭の水平載荷試験資料は、次の2機関より収集した。

・一般社団法人 日本建設業連合会
　　　　　　　　　（基礎部会・杭の水平耐力分科会）
・社団法人 コンクリートパイル技術協会

図 3.2.14 は、杭の水平載荷試験から逆算した変形係数（$E_{LT}$）と$N$値より吉中式で推定した変形係数（$E_{SPT}$）との関係を整理したものである。ここで、$E_{LT}$ と $E_{SPT}$ は次のように定義した。

$E_{LT}$ ： 杭の水平載荷試験から Chang の式より逆算した杭頭変位量1cm の時の地盤の変形係数

$E_{SPT}$ ： 上記の杭頭変位量1cm の時の地盤の変形係数（$E_{LT}$）から Chang の式より特性長（$1/\beta$）を逆算し、その区間の地盤の平均$N$値から吉中式（$E=700N$）で推定した地盤の変形係数

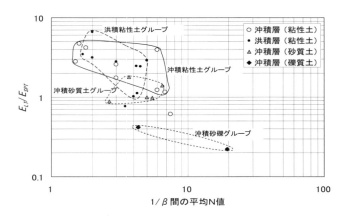

図 3.2.14　$N$ 値～実測変形係数と推定変形係数の比の関係

図 3.2.14 では、横軸に$1/\beta$区間の平均$N$値、縦軸に変形係数の比（$E_{LT}/E_{SPT}$）をとっている。地盤が砂礫のグループは、$E_{LT}/E_{SPT}=0.2〜0.4$ を示し、$N$値から推定した変形係数は、実測した変形係数と比較して 2.5〜5 倍大きな値を示していることがわかる。これは、沖積砂礫層に対する標準貫入試験では礫によって$N$値が過大に評価されるためと考えられる。

沖積砂質土のグループは、$E_{LT}/E_{SPT}=0.9〜1.8$ に分布し、$E_{LT}/E_{SPT}=1$付近のものが多い。すなわち、$N$ 値から推定した変形係数は、逆算値にほぼ等しい。したがって、沖積砂質土の杭の水平抵抗検討用の変形係数は、孔内水平載荷試験で求めてもよいし、$N$値から吉中式で推定してもよさそうである。粘性土のグループは、$E_{LT}/E_{SPT}=1.1〜6.6$ に分布し、$E_{LT}/E_{SPT}=2〜4$ に分布するものが多い。すなわち、$N$ 値から推定した変形係数は、逆算した変形係数の $1/2〜1/4$ の値を示していることがわかる。先の表 3.2.2 によると、沖積・洪積の粘性土層は、孔内水平載荷試験を行なうことで、$N$値より推定した値よりも平均的には 2〜3 倍程度大きな変形係数が期待できる。したがって、粘性土では、孔内水平載荷試験から求めた変形係数と杭の水平載荷試験から実測した水平変位1 cm の時の変形係数はほぼ一致するとみられる。

図 3.2.15 は、杭の水平載荷試験で得られた杭頭変位と変形係数の関係を示したものである。ただし、変形係数は、杭頭変位量1cm の時の変形係数（$E_{1cm}$）で基準化した基準化変形係数として示した。ここに、基礎指針に示されている水平変位～基準化水平地盤反力係数のグラフを記入したが、杭の水平載荷試験の結果とよく整合している。杭の水平載荷試験結果で、幾つか曲線が乱れているものがあるが、これはいずれも同一試験者によるもので、何らかの要因があったものと考える。

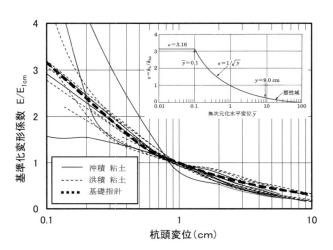

図 3.2.15　杭の水平載荷試験から求めた変形係数の非線形特性

2）$E=700N$ の使い方に関する提言

先の1）で検証したように$E_o$と$N$値の関係は、堆積年代、土質によって大きく異なる。したがって、この検証結果を踏まえ、表 3.2.3 の関係を使うことが考えられる。ただし、ここで用いる$N$値は、杭の水平抵抗に関与する区間（$1/\beta$、$\beta$：特性長）の平均$N$値を用いる必要がある。

表 3.2.3　杭の水平抵抗の算定に用いる変形係数算定式の提案（$N$値による推定）

|  | 砂質土 | 粘性土 |
| --- | --- | --- |
| 埋土層 | $E=700N$ | $E=700N$ |
| 沖積層 | $E=700N$ | $E=2\cdot 700N$ |
| 洪積層 | $E=2\cdot 700N$ | $E=3\cdot 700N$ |

3）設計法の高度化と $E=700N$ の位置付け

表 3.2.4 は、建築規模区分と規模に応じた設計法などの関係を示したものである。二号建築物のうち高さ31m 未満のもの、および三号建築物は、規模が小さいことにより地盤調査費用に制約があることが考えられる。また、設計法が相対的に簡易であることもあり、標準貫入試験を主体とした地盤調査が行われる可能性が高い。このようなケースでは、$N$値を指標として設計せざるを得ない

ため、地盤を一様な弾性体と仮定し、$E=700N$ を用いて Chang の式から杭の水平抵抗を評価することが行われると考えられる。

一方、最近の設計実務では、建築規模に関わらず、地盤を水平方向に分割し、個々の分割片に独立した水平ばね（非線形ばねも可能）を想定したウインクラーばねが多用されている。ウインクラーばねを使うことで、剛性が異なる複数の層からなる地盤の水平抵抗を考慮した杭各部の変位や応力を求めることができる。ただし、ウインクラーばねに用いる地盤の剛性は今後の課題である。

### 3.2.4 おわりに

既往の研究による提案式 $E=2.8N$（MN/m²）と $E=700N$（kN/m²）は、ある限られた条件（土質、ひずみレベルや計算法など）でのみ試験結果と相関があり、検討対象によって $E$ の評価式を使い分けなければならないと考えられる。

### 参 考 文 献

3.2.1) 日本建築学会：建築基礎構造設計指針, pp.146-147, 2001.
3.2.2) D.J.D'Appolonia et al.: Closure on Settlement of Spread Footings on Sand, Proc. ASCE, Vol.96, No.SM2, pp. 754-763, 1970.
3.2.3) AIJ 中国支部基礎地盤委員会：鳥取県地盤図, 1981.
3.2.4) 福井實：浅い基礎の支持力と変形に関する理論とその適用, 5.各種構造物の設計法比較, 土と基礎, Vol.31, No.3, pp. 75-81, 1983.
3.2.5) 吉田巖, 駒田敬一, 吉中竜之進, 足立義雄：大型鉛直載荷試験による洪積レキ層の変形特性, 土と基礎, Vol.14, No.12, pp. 29-37, 1966.
3.2.6) 玉置克之, 宮本武司：砂層の沈下量推定における結果の適用性, 平板載荷試験に関するシンポジウム, 土質工学会, pp. 51-58, 1979.
3.2.7) 阪口理, 二木幹夫：平板載荷試験における 2,3 の問題点について, 平板載荷試験に関するシンポジウム, 土質工学会, pp. 1-4, 1979.
3.2.8) 芳賀保夫：平板載荷試験より求めた地盤の変形係数, 中央建鐵株式会社中央技術研究所研究報告, 第 1 号, pp.35-74, 1998.
3.2.9) 吉中竜之進：地盤反力係数とその載荷幅による補正, 土木研究所資料, 第 299 号, 1967.
3.2.10) 吉中竜之進：横方向地盤反力係数, 土木研究所資料, vol.10, No.1, pp.32-37, 1968.
3.2.11) 土谷尚, 豊岡義則：SPT の $N$ 値とプレシオメーターの測定値（$Pf$, $Ep$）の関係について, サウンディングシンポジウム, 土質工学会, pp.101-108, 1980.

表 3.2.4 建築基準法による建物規模区分[※1]と構造設計方法一覧表（RC、SRC 造を中心として）

| 建物規模区分の名称 | | 超高層建築物（第一号） | 大規模建築物（第二号） | | 中規模建築物（第三号） | 小規模建築物（第四号） | 適合する主な法律 |
|---|---|---|---|---|---|---|---|
| 高さ等規定 | | 60m / 31m / 20m / 2F | | | | 木造戸建 | 建築基準法第20条 |
| 安全性の確認（要求性能） | | 荷重及び外力によって建築物の各部分に連続的に生ずる応力と変形を把握する。 | 地震力によって建築物の地上部分の各階に生ずる水平方向の変形を把握する。 | | 構造耐力上主要な部分ごとに応力度が許容応力度を超えないことを確認する。 | 構造方法に関する仕様規定への適合のみを要求。 | |
| 構造方法関係基準 | 耐久性等規定 | ○ | ○ | ○ | ○ | ○ | 令第36条 |
| | 構造方法規定1 | | ○ | ○ | ○ | ○ | |
| | 構造方法規定2 | | | ○ | ○ | ○ | |
| 構造計算方法 | 一般構造物 | 時刻歴解析 | 限界耐力法 | 許容応力度 / 保有水平耐力 | 許容応力度 / 剛性率・偏心率 | 許容応力度 | 不要 | 令第81条 令第82条 |
| | 免震構造物 | 時刻歴解析 | 応答スペクトル解析法（限界耐力法相当） | | | 不要 | |
| 審査手続き | | 大臣認定 | 適合性判定 | | 認定プログラム使用時のみ適合性判定 | 不要 | 建築基準法第20条 |
| | | 建 築 確 認 | | | | | |
| 地盤検討 | 地盤のモデル化 | ○ | ○ | ○ | ○ | ○ | △ | 令第93条 平13建告第1113号 |
| | 地盤種別判定 | ○ | ○ | ○ | ○ | ○ | | 昭55建告第1793号 |

※1 建築基準法第20条に定められる区分

## 3.3 ポアソン比（$\nu$）

### 3.3.1 はじめに

地盤のポアソン比（$\nu$）は、外力を受けた地盤の変位の評価にとって重要な地盤の変形係数であり、地盤の飽和状態、排水条件、ひずみ等に依存することが知られている[3.3.1)]。しかし、地盤の剛性と比べると、研究成果が少なく、建築基礎構造設計指針[3.3.2)]（以下、基礎指針という）を含む各機関の設計指針においてもポアソン比の取扱いについての情報は十分とはいえない。

建築基礎設計において、直接基礎の即時沈下量の算定や、孔内水平載荷試験結果から地盤の変形係数を求める場合、さらには、繰り返し三軸試験で求めたヤング係数（$E$）からせん断剛性（$G$）に変換するなどにおいてポアソン比が必要である。ポアソン比の評価が検討結果に及ぼす影響は無視できないものがあるが、実務設計では粘性土で$\nu=0.5$、砂質土で$\nu=0.3$と一律の値が使われている実態がある。

ここでは、原位置弾性波試験で測定したP波速度（$V_p$）とS波速度（$V_s$）から求められる微小ひずみでのポアソン比と地盤の土質種別の関係、室内土質試験により飽和度、ひずみ、拘束圧、相対密度がポアソン比に与える影響を検討した結果を紹介し、実務設計におけるポアソン比の評価の参考資料とする。

### 3.3.2 弾性波速度から求めた地盤のポアソン比

広く知られているように、弾性波動論から、微小ひずみでのポアソン比は弾性波試験で得られるP波速度（$V_p$）とS波速度（$V_s$）を用いて（3.3.1）式より求めることができる。

$$\nu = \frac{(V_P/V_S)^2 - 2}{2 \cdot (V_P/V_S)^2 - 1} \quad (3.3.1)$$

図 3.3.1 は、東京近郊において、孔内起振受振方式のPS検層結果から求めた微小ひずみのポアソン比と$N$値（$N>60$は換算値、100を上限とした）の関係を土質別かつ地質年代別に示したものである。

粘性土地盤は、$N$値の増加とともにポアソン比が低下する傾向がある。破線内のデータは、地下水位以浅の不飽和な地層（$V_p<1500$m/s）のものであり、地下水位以深の飽和地盤と比べて明らかに小さなポアソン比を示す。

砂質土は、東京近郊の砂質土と千葉県の台地部に分布する成田砂層のデータを分けて表示した。破線内のデータは、地下水位以浅の不飽和地盤のデータである。両者とも、$N$値の増加とともにポアソン比が低下する傾向がある。成田砂層は、$V_p \geqq 1500$m/s の飽和地盤であるが、東京近郊の砂質土と比べて明らかに小さなポアソン比を示す。

砂礫層も、粘性土や砂質土と同様に$N$値の増加とともにポアソン比が低下する傾向が認められる。

図 3.3.2 は、不飽和試料を除くすべてのデータについてのS波速度とポアソン比の関係を示している。土質に関係なく、S波速度の増加とともに、ポアソン比が低下する傾向がある。工学的基盤の目安である$Vs$が400m/sまでの範囲で、ポアソン比はほぼ0.47～0.50の範囲にある。バラツキも比較的小さく、実務設計でのポアソン比の採用にあたっては、原位置弾性波試験で得られるS波速度$V_s$により推定できる可能性を示している。

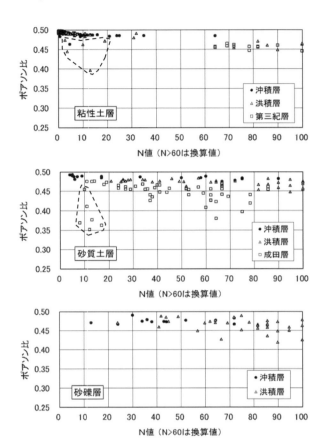

図 3.3.1　$N$値と微小ひずみにおけるポアソン比との関係

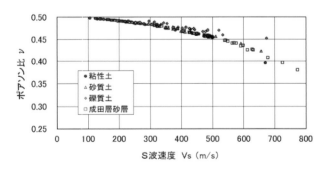

図 3.3.2　S波速度と微小ひずみにおけるポアソン比との関係

### 3.3.3 大ひずみ領域におけるポアソン比への影響要因

#### (1) はじめに

3.3.2節において、原位置での弾性波試験により測定した$V_s$および$V_p$から求めた微小ひずみでの地盤のポアソン比は、土質に関わらず、0.4～0.5の範囲にあることがわかった。一方、既往の室内要素試験による研究では、微小ひずみの範囲において、相対密度がポアソン比へ及ぼす影響はほとんどないが、飽和度が上がるとポアソン

比も大きくなり、拘束圧が大きくなるとポアソン比は小さくなる傾向があることが指摘されている[3.3.4]。ここでは、砂質土について、ひずみの大きな範囲（$10^{-2}$ まで）における飽和度、ひずみ、拘束圧、相対密度がポアソン比に与える影響を検討した要素試験結果を紹介して、実務設計におけるポアソン比の設定の際の参考に供する。

### (2) 繰り返し三軸試験で求めた地盤のポアソン比

#### 1) 実験装置・方法・条件

図 3.3.3 はポアソン比を求めた繰り返し三軸圧縮試験機である。軸ひずみの測定ついては非接触型の変位計を用いた。飽和試料の場合、繰り返しせん断に伴う側方変位は供試体と連結したビューレットに示す水面の変動（試料の体積変化）により測定した。不飽和試料の場合は、三軸セル内に内セルを設置し、内セル内部を水で満たすことで、試料の体積変化が内セル内の水面の上下変動量として測定され、その変動量から試料の側方変位を求める。

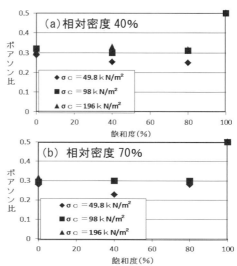

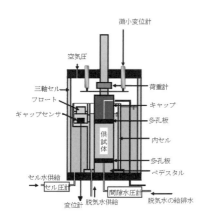

図 3.3.3　繰り返し三軸圧縮試験機概要

実験では、$B$ 値が 0.95 以上の試料を飽和試料とした。不飽和試料の場合は、供試体を飽和させたのちビューレットと接続し、ビューレットと供試体の水頭差で水の排出量から飽和度を調整した。試料は豊浦砂を用いた。試験条件は表 3.3.1 に示す。

表 3.3.1　試験条件

| 相対密度 | 40%　70% |
| --- | --- |
| 有効拘束圧 | 49.8 k N/m² 98 k N/m² 196 k N/m² |
| 飽和度 | 0% 40% 80% 100% |

#### 2) ポアソン比への影響要因とその影響度合い

a．$10^{-5}$ 程度のひずみにおける飽和度、拘束圧、相対密度の影響

図 3.3.4 はせん断ひずみが $10^{-5}$ 程度のひずみの小さい範囲でのポアソン比に及ぼす飽和度、拘束圧、相対密度の影響を示している。飽和試料の場合は、3.3.2 節に示す原位置弾性波試験で求めた結果とほぼ同じく、相対密度、拘束圧、飽和度にかかわらず約 0.5 となっている。一方、不飽和試料の場合、ポアソン比は相対密度、拘束圧、飽和度にかかわらず約 0.3 と飽和試料よりも小さい。

図 3.3.4　ポアソン比に及ぼす飽和度、拘束圧および相対密度の影響

b．ひずみがポアソン比に及ぼす影響

図 3.3.5 および図 3.3.6 はせん断ひずみとポアソン比の関係を示している。両図からわかるように、ポアソン比は、ばらつきはあるが、相対密度、拘束圧、飽和度に関わらず、せん断ひずみが $10^{-5}$ から $10^{-3}$ まではほぼ 0.3 となった。そして、せん断ひずみが $10^{-3}$ より大きくなると、ばらつきはあるがポアソン比も大きくなる傾向が認められる。また、試験範囲内では、相対密度、拘束圧、飽和度のポアソン比への影響は大きくなかった。

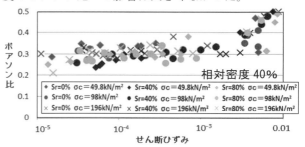

図 3.3.5　相対密度 40% のせん断ひずみとポアソン比の関係

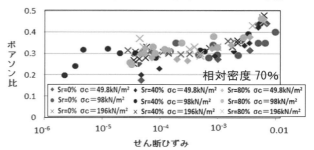

図 3.3.6　相対密度 70% のせん断ひずみとポアソン比の関係

### (3) まとめ

不飽和砂のポアソン比は、相対密度、拘束圧、飽和度によって大きな差は見られなかった。そして、せん断ひずみが $10^{-4}$ より増大するにつれてポアソン比は徐々に大きくなることがわかった。せん断ひずみが $10^{-4}$ 以下の範囲ではポアソン比は 0.3 とみなしても問題ないように見える。しかし、ひずみの大きな範囲については拘束圧やせん断ひずみの大きさを考慮した方が良い。

### 参 考 文 献

3.3.1) 日本建築学会基礎構造運営委員会：地盤の変形係数評価法に関する研究の現状，pp.11-12，p.23，1997.

3.3.2) 日本建築学会：建築基礎構造設計指針，pp150，2001.

3.3.3) 田部井哲夫，牛山裕紀，畑中宗憲，大西智晴，田地陽一：弾性波速度から求めた地盤のポアソン比の検討，日本建築学会大会学術講演梗概集，構造Ⅰ，pp477-478，2010.

3.3.4) 社本康広，佐藤正義，楠亀鉄男：不飽和砂の繰り返し変形特性，第26回土質工学研究発表会，pp.761-762，1991.

## 3.4 静止土圧係数 ($K_0$)
### 3.4.1 基礎設計における静止土圧係数

3.1節で述べた様に、地盤の原位置での強度・変形特性の正確な評価には、原位置での有効応力の正確な評価が不可欠である。鉛直応力成分は地盤の単位体積重量と地下水位がわかれば求められる。一方、水平方向の有効応力は釣り合えば任意の値を取りうるので、一義的には決まらない。そのため、水平方向の有効応力 ($\sigma_h{'}$) と鉛直方向の有効応力 ($\sigma_v{'}$) の比を静止土圧係数 $K_0$ と定義し ((3.4.1)式)、地盤中の水平方向応力は $\sigma_h{'}=K_0\sigma_v{'}$ で表して、静止土圧と呼ばれる。

$$K_0 = \sigma_h{'}/\sigma_v{'} \tag{3.4.1}$$

基礎設計において地盤中の水平方向応力を知ることは、先に述べた地盤の強度および変形係数を求めるためだけではなく、擁壁の設計における静止土圧の評価、杭の周面摩擦抵抗の評価、数値解析における地盤の初期応力の評価、砂地盤における締固め効果の評価などにも重要である。

### 3.4.2 静止土圧係数への影響要因

図3.4.1に見るように、静止した壁に作用している土圧（静止土圧）は、静止した壁のわずかな水平変位で $K_0$ 状態から主働状態に変化する[3.4.1]。従って、地盤の水平方向応力の測定には高い測定精度が必要である。

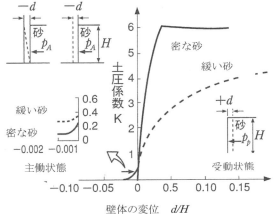

図 3.4.1 壁体の変位と土圧の変化[3.4.1]

地盤は通常その形成過程に様々な応力履歴を受ける。そして、地盤の水平方向応力は図3.4.2に示すように応力履歴の影響を受ける。図3.4.2は剛な箱に詰めた砂に鉛直方向から載荷—除荷試験を行った結果を示している[3.4.2]。除荷の際、水平方向に残留応力が生じ、過圧密によって $K_0$ 値が増加していることがわかる[3.4.2]。粘性土地盤についても過圧密比が静止土圧係数に大きな影響を与えることが知られている。山内・安原[3.4.3]がブルーカーとアイルランド（Brooker and Ireland）[3.4.4]の結果をも含めて、$K_0$と過圧密比（OCR）の関係をまとめたのが図3.4.3である。そして、実験結果より $K_0$ と OCR($n$) の関係は(3.4.2)式のようにあらわされる。

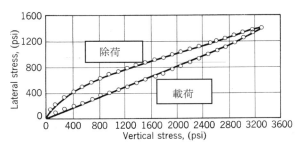

(a) 鉛直方向応力と水平方向応力の関係

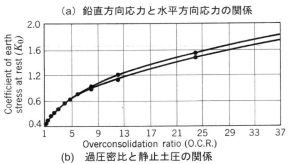

(b) 過圧密比と静止土圧の関係

図 3.4.2 側方拘束状態で測定した鉛直方向と水平方向の応力の変化[3.4.2]

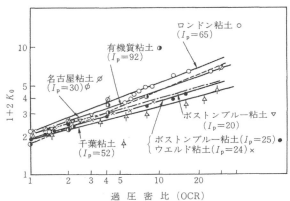

図 3.4.3 一次元膨潤時の静止土圧係数と過圧密比の関係[3.4.3]

$$1+2K_0, n = \alpha(n)^\beta \tag{3.4.2}$$

ここで、$n$ は過圧密比、$\alpha$ および $\beta$ は実験定数

具体的な $K_0$ 値の設定には実地盤データによる実験定数 $\alpha$、$\beta$ の設定法の検討が待たれる。

### 3.4.3 静止土圧係数を求める方法

今日、地盤中の水平方向応力（静止土圧係数）の測定法としては、①孔内水平方向載荷試験法（PBP法とSBP法）と②ダイラトメーター（DMT）試験法がある。これらの測定法の詳細は、2013年に改訂された地盤工学会の「地盤調査・試験法と解説」[3.4.5]を参照されたい。一方、この解説書において「・・・孔内水平方向載荷試験法は、その構造から静止土圧係数を推定できる有望な原位置試験と考えられてきたが、試験の実施にかなりの注意を払った場合のみ、推定が可能であることが明らかになってきた。一般に、プレボーリング方式（PBP）に比べるとセルフボーリング方式（SBP）の方が信頼性が高いが、SBPを使用する場合でも、測定管の設置やキャリブレーションが不正確であれば、得られる信頼性は低い。」と述べら

れている[3.4.5]。つまり、測定器を設置するため、地盤に孔をあけること自体が $K_0$ の値に大きく影響するという解決しがたい難題がある。これらの方法を用いた測定例は 3.4.4 節に示すが、ここでは、実務で用いられている簡易に $K_0$ 値を推定する方法と最近提案されている $V_s$ による推定法について紹介する。

### （1）せん断抵抗角（内部摩擦角）$\phi$ から $K_0$ を推定する方法

砂地盤の $K_0$ 値については、ヤーキー（Jaky）の式[3.4.6]として知られる (3.4.3) 式によりせん断抵抗角 $\phi'$ を用いて推定する方法が知られている。なお、(3.4.3) 式は理論式ではなく、落合[3.4.7]がケズデー（Kezdi）の論文を引用しての説明によると理論的に導かれたのは(3.4.4)式であり、$\phi' = 20°～40°$ の範囲では、$(1+2/3\sin\phi')/(1+\sin\phi')=0.92～0.86$ であるので、(3.4.4) 式は近似的に (3.4.5) 式となって、(3.4.5) 式が実験値による検討を経て (3.4.3) 式に修正され、広く知られるようになった。

$$K_0 = 1-\sin\phi' \qquad (3.4.3)$$
$$K_0 = (1-\sin\phi')(1+2/3\sin\phi')/(1+\sin\phi') \qquad (3.4.4)$$
$$K_0 = 0.9(1-\sin\phi') \qquad (3.4.5)$$

ところで、図 3.4.2 に示すように、過圧密により $K_0$ 値は増加する。そして、砂地盤の密度も過圧密により増大し、せん断抵抗角（$\phi$）が増大すると考えられる。しかし、(3.4.3) 式から、$\phi$ が大きくなると $K_0$ 値が減少する。二つの実験事実と整合しない。そのため、(3.4.3)式は過圧密地盤には適用できないことが指摘されている。

砂地盤については、地盤の形成期間における応力履歴の把握が困難なため、$K_0$ 値を正確に評価することは困難である。そのため、実務では正規圧密の場合は、地盤の緩密（$\phi'$の大きさ）に関係なく $K_0$ 値を 0.5 と慣用されることが多い。ところで、$K_0=0.5$ というのは (3.4.3) 式からせん断抵抗角が 30°であり、$N_1=5$ 相当の緩い砂地盤である。地盤がもっと密になれば、せん断抵抗角が 30°以上になり、(3.4.3) 式で求められる $K_0$ 値は 0.5 よりも小さくなる。粘着力のない砂地盤の実状とは整合しないと考えられている。結果的に、通常の実務では特段の理由がない限り、地盤の緩密、応力履歴の有無に関係なく、0.5 という値を慣用している場合がほとんどである。しかし、$K_0=0.5$ と設定することは必ずしも安全側の評価になっていないことに注意する必要がある。一方、締固めによる地盤改良では、積極的に応力履歴による $K_0$ 値の増大を評価しょうとしている。後述のように精度の良い推定法の開発が期待されている。

### （2）$V_s$ から $K_0$ 値を推定する方法

砂・礫質地盤の $K_0$ 値については、原位置の PS 検層で求めた $V_s$（$V_{sf}$）と不攪乱試料を用いて室内試験で測定した $V_s$（$V_{sl}$）とが本質的には同じであるはずという考えから、(3.4.6) 式と (3.4.7) 式からなる $V_s$ から $K_0$ 値を推定する方法が提案されている（$V_s$ 等価法[3.4.8]）。式の誘導は原論文を参照していただくとして、以下に室内試験での測定方法および得られた実地盤データの例を紹介する。

$$K_0 = \{(3/\sigma_v')(V_{sf}/a)^{1/n}-1\}/2 \qquad (3.4.6)$$
$$V_{sl} = V_{sf} = a(\sigma_m')^n \qquad (3.4.7)$$

ここに、$\sigma_v'$：検討深度での有効上載圧
$V_{sf}$：原位置で測定した S 波速度
$V_{sl}$：不攪乱試料で測定した S 波速度
$\sigma_m'$：室内試験に用いる有効平均主応力
$a$ と $n$ は実験によって定める定数

図 3.4.4 は室内で $V_s$ を測定する実験装置の概要を示している。ハンマーが回転してキャップの上のターゲットを打ち、水平方向のせん断波を発生させる。試料の側面に設置した二つの加速度計で加速度波形を記録し、加速度計間を通過する S 波の時間と 2 点間の距離から $V_s$ を求める。(3.4.7) 式の係数 $a$ と $n$ は室内試験により不攪乱試料の $V_s$ と拘束圧の関係から求められる。この方法が成り立つためには、$V_{sl}\sim\sigma_m'$ 関係に及ぼす主応力比の影響が無視できることが必要である。砂および礫地盤試料について、$V_{sl}\sim\sigma_m'$ 関係に及ぼす主応力比の影響を調べた実験結果によると、主応力比が 0.5～1.5 の範囲で、$V_{sl}\sim\sigma_m'$ 関係への影響は無視できる。

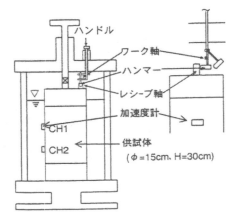

図 3.4.4 室内試験で $V_s$ を測定する装置[3.4.8]

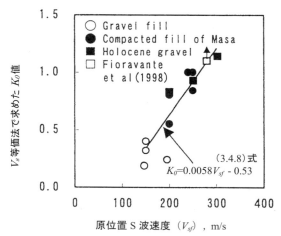

図 3.4.5 砂や礫地盤の $V_s$ から $K_0$ を推定する経験式[3.4.9]

$$K_0 = 0.0058 V_{sf} - 0.53 \quad (3.4.8)$$

図3.4.5は$V_s$等価法で求めた砂および礫地盤の$K_0$値とPS検層で求めたS波速度$V_{sf}$（m/s）との関係を示している例である（(3.4.8)式参照）。両者には比較的良い相関がみられる。このようなデータが蓄積されれば、$V_s$からある程度の精度で$K_0$値を推定できる可能性がある。

### 3.4.4 締固め改良地盤の静止土圧係数に関する検討
#### (1) 概要

図3.4.6は埋立砂地盤を砂杭締固め工法で改良して、改良前後の液状化強度が大幅に増加した例を示している[3.4.10]。なお、図(a)と図(b)は比較した地盤の深さが異なっている。液状化対策における締固め工法の設計において、改良後の液状化判定に用いる液状化強度は、砂杭と砂杭を結ぶ線上（杭間）の$N$値をもとに評価するのが一般的である。しかし、これまでの実測データや兵庫県南部地震において設計の想定を上回る地震に遭遇しながら、ほとんど被害がなかったことから、杭間強度のみで改良地盤を評価する従来の設計法では、改良後の地盤全体の平均的な液状化強度を過小評価している可能性が指摘されている[3.4.11]。

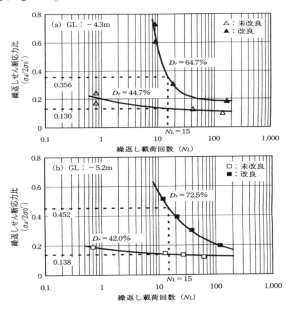

図3.4.6 砂杭締固め工法による地盤改良前後の液状化強度[3.4.10]

締固め改良地盤の液状化強度の発現に寄与する要因としては、地盤密度の増加に加え、静止土圧係数の増加、砂杭のもたらす地盤の剛性増加、杭間地盤における砂杭からの距離に応じた締固め効果の差違、砂杭の排水効果、飽和度の低下、が挙げられる。これらの締固め改良地盤の特性および兵庫県南部地震における検証事例を踏まえ、実際の締固め改良地盤の液状化抵抗$RL$は、割増係数$C$を用いて(3.4.9)式で表される[3.4.12]。

$$RL(改良地盤) = C \cdot RL(改良後杭間)$$
$$= C_2 \cdot C_3 \cdot C_4 \cdot C_5 \cdot C_6 \cdot RL(改良後杭間) \quad (3.4.9)$$

ここに、
$C_1$：地盤の密度増加
　［$C_1$は$RL$(改良後杭間)の中で考慮されている］
$C_2$：水平有効応力の増加
$C_3$：砂杭のもたらす地盤の剛性増加
$C_4$：杭間地盤における砂杭からの距離に応じた締固め効果の差違
$C_5$：砂杭の排水効果
$C_6$：飽和度の低下

これらの割増係数のうち、水平有効応力の増加（静止土圧係数$K_0$の増加）による割増係数$C_2$については、図3.4.7に示したプレシオメータを中心とした測定事例[3.4.13]をもとに、締固め改良地盤の静止土圧係数$K_0$を0.8～1.0と評価している。しかしながら、図3.4.7は、同じ改良率であっても、締固め改良地盤の静止土圧係数$K_0$のばらつきが大きい。例えば、改良率12.5%では、締固め改良地盤の静止土圧係数$K_0$は0.7～2.6の値を示している。こうした締固め改良地盤の静止土圧係数$K_0$のばらつきの要因は、地盤条件（細粒分含有率）、静止土圧係数$K_0$の測定方法、測定深度（拘束圧）の影響が考えられる。

その他にも、善ら（Zen et.al）[3.4.14]、山崎ら[3.4.15]、中澤ら[4.3.4.16]の研究では、原位置調査により改良率と$K_0$値の関係を求め、改良率の増加に応じて$K_0$値が増加することや、増加した$K_0$値の持続性について報告されている。

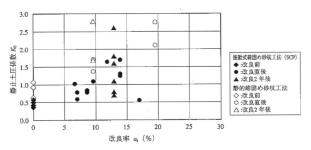

図3.4.7 改良率と改良前後の静止土圧係数$K_0$の関係[4.1.3]

#### (2) 締固め改良地盤の$K_0$値の測定事例

ここでは、締固め改良地盤の静止土圧係数$K_0$と地盤の細粒分含有率の関係に着目し、既往の調査事例を示した[3.4.21]。表3.4.1に、本検討に用いた調査事例を示す。密度増大工法により改良された地盤の$K_0$値を計測した既往の研究の中から、地盤条件、改良率、改良前後の$N$値、$K_0$値測定方法、測定深度、改良前後の$K_0$値が文献に明示されている事例を収集した。改良率については、データのばらつきを少なくするために、10～15%の事例を収集した。収集した事例では、サンドコンパクションパイル工法（SCP工法）、静的締固め工法、コンパクショングラウチング工法（CPG工法）が原地盤の$N$値20程度以下、細粒分含有率$Fc$=4～79%の埋立層、沖積砂層の液状化対策として施工されている。改良前後の$K_0$値は、プレボーリングタイプの孔内水平載荷試験（PBP）、セルフボーリ

ングタイプの孔内水平載荷試験(SBP)、ダイラトメーター試験(DMT)により計測されている。

表3.4.1 改良率と改良前後の静止土圧係数$K_0$の関係[3.4.21]

| No | 工法 | 地盤 | 原地盤のN値 | 原地盤の細粒分含有率(%) | 改良率(%) | $K_0$測定方法 | 測定深度GL(m) | 図での凡例 | 参考文献 |
|---|---|---|---|---|---|---|---|---|---|
| ① | SCP | 埋立層 | 3～20 | 56%以下 | 10.0 | PBP | -4.5 -10.5 | ○ | 7) |
| ② | 静的締固め | 沖積層 | 5～22 | 12～30% | 10.0 | SBP | -3.0 | □ | 8) |
| ③ | 静的締固め | 沖積層 | 2～15 | 4～79% | 15.0 | ダイラトメータ | -3.8m～-11m 30cmピッチ | ◇ | 9) |
| ④ | CPG | 埋立層 | 5～20 | 10～40% | 10.0 15.0 | SBP | -3.1,-4.7, -7.3,-8.8 | △ ▽ | 4) |

(3) 測定結果の検討

図3.4.8は、SCP工法における改良率10%と15%の設計チャート[3.4.17]に、表3.4.1に示した調査事例における改良前後のN値を重ね書きしたものである。調査事例の改良前後のN値の関係は、SCP工法の設計チャートと必ずしも一致していないが、いずれの工法においても改良によるN値の増加が認められる。改良によるN値の増加量は、SCP工法(表3.4.1のNo①)では9、静的締固め工法(No②、③)では5～13、CPG工法(No④)では0～10であり、工法による改良効果の有意な差は認められない。

図3.4.9は、表3.4.1に示した調査事例における改良前後の$K_0$値の比較を示したものである。調査事例No③における$K_0$値は、ダイラトメーター試験により30cmピッチで算定しているが、土層ごとに同程度の値であったた

め土層ごとに平均して代表値とした。同図から、改良前の$K_0$値は□印を除いて概ね0.5である。□印のデータが0.5より大きいのは、過圧密の影響とされている[3.4.18]。SBPやダイラトメーター試験は、ボーリング時に周囲を乱さないとされ、PBPにより計測された値に比べ精度が高い[3.4.12),3.4.19]といわれるが、今回調査した事例の中では改良前に計測された静止土圧係数$K_0$に測定方法による差違は認められない。改めて、本節の冒頭で引用した文献3.4.5の指摘のように、SBP試験法でも相当丁寧な実験の実施が必要であることが裏付けられた。同図から、改良後の静止土圧係数$K_0$はバラツキが大きく、0.5～2の範囲にあることがわかる。

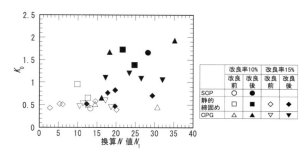

図3.4.10 改良前後の換算N値$N_1$と$K_0$値の関係[3.4.21]

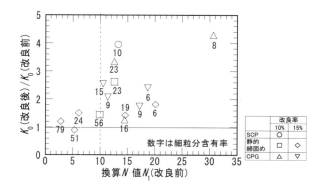

図3.4.11 換算N値$N_1$と$K_0$値の比の関係[3.4.21]

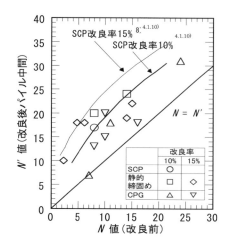

図3.4.8 改良前後のN値の比較[3.4.17]

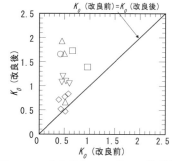

図3.4.9 改良前後の$K_0$値の比較[3.4.18]

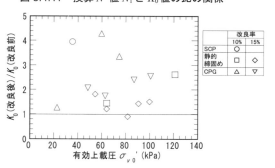

図3.4.12 地盤の有効上載圧と$K_0$値の比の関係[3.4.21]

図3.4.10は、表3.4.1に示した調査事例における改良前後の換算N値$N_1$と改良前後の静止土圧係数$K_0$の関係を示したものである。換算N値$N_1$は、N値に及ぼす有効上載圧の影響を考慮したもので、Tokimatsu and Yoshimiの手法[3.4.20]に基づき算定した。図から、いずれの工法においても、改良により換算N値$N_1$と静止土圧係数$K_0$が増加している。

図 3.4.11 は、改良前の換算 $N$ 値 $N_1$ と改良前後の静止土圧係数 $K_0$ の比（改良後 $K_0$ 値／改良前 $K_0$ 値）の関係を示したものである。同図には細粒分含有率の値も併記している。換算 $N$ 値 $N_1$ が 10 以下では、細粒分含有率が 20%以上のシルト混じり細砂やシルト質細砂に分類される地盤のデータが主体であるため、静止土圧係数 $K_0$ の比は 0.95～1.4 で改良による $K_0$ の増加は小さい。換算 $N$ 値 $N_1$ が 10 より大きいデータは細粒分含有率が 20%以下の細砂～中砂に分類される地盤のデータが主体であるため、$K_0$ の比は 1.2～4.2 で改良による $K_0$ の顕著な増加が認められる。

図 3.4.12 は、原地盤の有効上載圧と改良前後の静止土圧係数 $K_0$ の比（改良後 $K_0$ 値／改良前 $K_0$ 値）の関係を示したものである。調査事例では有効上載圧と改良前後の静止土圧係数 $K_0$ の比との間に相関関係は認められない。

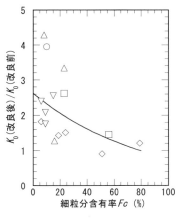

図 3.4.13 　細粒分含有率と $K_0$ 値の比の関係 [3.4.21]

図 3.4.13 は、地盤の細粒分含有率 $Fc$ と改良前後の静止土圧係数 $K_0$ の比（改良後 $K_0$ 値／改良前 $K_0$ 値）の関係を示したものである。細粒分含有率が大きい地盤ほど、改良前後の静止土圧係数 $K_0$ の比が 1 に近づき、密度増大工法による改良での $K_0$ 値の増加が小さい傾向が認められる。同図ではばらつきは大きいが、細粒分含有率と改良前後の $K_0$ 値の比の関係を指数関数で回帰分析をすると実線のようになる。細粒分含有率 $Fc$ が 20%の地盤で静止土圧係数 $K_0$ の比が 2、0%の地盤で 2.6 である。改良前の静止土圧係数 $K_0$ を 0.5 とすると細粒分含有率 $Fc$ が 20%以下の地盤では、改良により静止土圧係数 $K_0$ が 1～1.3 に増加すると評価することができる。

以上、既往の調査事例に基づく検討結果から、細粒分含有率が大きい地盤では密度増大工法による改良では、$K_0$ 値の増加が小さいことに留意する必要がある。

## 参 考 文 献

3.4.1) 岸田英明：基礎の根入部分の変位と土圧係数に関する研究，軟弱地盤と公団住宅基礎の耐震設計に関する研究報告書，日本建築学会 , pp.51-69, 1966 .

3.4.2) Hendron, A. J. Jr: The behavior of sand in one-dimensional compression," Ph. D. thesis, Department of civil engineering, University of Illinois. 1963.

3.4.3) 山内豊聡，安原一哉：粘性土の静止土圧係数に関する一考察，土質工学会論文報告集，Vol.14, No.2,pp.113-118 1974.

3.4.4) Brooker, E. W. and Ireland, H.O.: Earth pressure at rest related to stress history, Canadian Geotechnical Journal, Vol.2, No.1, pp.1-15, 1965.

3.4.5) 地盤工学会：地盤調査・試験の方法と解説，p. 205，2013.

3.4.6) Jaky, J.: Pressure on soils, Proc. Of 2$^{nd}$ ICSMFE, Vol1, pp. 103-107,1948.

3.4.7) 落合英俊：ヤーキーの静止土圧係数，土と基礎，Vol.33,No.4,pp.61-63, 1985.

3.4.8) Hatanaka, M. and Uchida, A.: A simple method for the determination of $K_0$-value in sandy soils, Soils and Foundations, Vol.36, No.2, pp.93-99, 1996 .

3.4.9) Hatanaka, M. Uchida, A. and Taya, Y.: Estimating $K_0$-values of in-situ gravelly soils," Soils and Foundations, Vol.39, No.5, pp.93-101, 1999.

3.4.10) Hatanaka,M. Lei Feng, Matsumura, N. and Yasu, H: A Study on the Engineering Properties of Sand Improved by the Sand Compaction Pile Method, Soils and Foundations, Vol.48, No.1, pp.73-85, 2008.

3.4.11) 原田健二，山本実，中野健二：建築構造物の直接基礎における締固め改良地盤の評価，日本建築学会大会学術講演梗概集， pp.605-606,1998.

3.4.12) 山本実，山崎勉，船原英樹，吉富宏紀：締固め改良地盤の液状化及び杭基礎に対する設計法について，日本建築学会構造委員会，建築基礎の設計施工に関する研究資料 10,建築基礎のための地盤改良設計指針作成にあたって，pp.49-59 , 2003.

3.4.13) 原田健二，山本実，大林淳：静的締固め砂杭打設地盤の $K_0$ 増加に関する一考察，第 53 回土木学会年次学術講演会第 3 部(B)，pp.540-541，1998.

3.4.14) Zen, K., Ikegami, M., Masaoka, T., Fujii, T. and Taki, M. Research on the coefficient of earth pressure at rest(Ko) for a CPG improved ground, *Soft Ground Engineering in Coastal Areas*, pp.285-292,2002.

3.4.15) 山﨑浩之，森川嘉之，小池二三勝：締固め砂杭工法による圧入後の $N$ 値の予測と $K_0$ 値の影響に関する考察，土木学会論文集，No.750/III-65, pp.231-236 , 2003 .

3.4.16) 中澤博志，菅野高弘：空港における滑走路を対象とした液状化対策に関する実験的研究，土木学会論文集 F，Vol.66, No.1, pp.27-43, 2010.

3.4.17) 不動建設研究室：コンポーザーシステムデザインマニュアル，pp.11-18,1971 .

3.4.18) 山本実，野津光夫，山田隆，小飼喜弘：静的締固め砂杭工法の改良効果-佐原試験工事-, 第 32 回地盤工学研究発表会発表講演集，pp.2317-2318,1997.

3.4.19) 地盤工学会：地盤調査 基本と手引き，pp.141-147, 2005.

3.4.20) Tokimatsu, K. and Yoshimi, Y.: Empirical Correlation of Soil Liquefaction based on SPT $N$-Value and Fine Content, S&F, Vol.23, No.4, pp.56-74,1983.

3.4.21) 田地陽一，大西智晴，田部井哲夫，畑中宗憲：密度増大工法により改良された地盤の静止土圧係数に与える細粒分含有率の影響，日本建築学会大会学術講演梗概集，構造Ⅰ， pp.495-496， 2010.

## 3.5 圧密に関する地盤定数（$p_c$, $C_r$）

今回圧密沈下に関する地盤定数について検討した内容は、圧密試験方法が及ぼす影響と、過圧密領域の粘性土の沈下特性である。まず、圧密試験方法の違いが及ぼす影響を調べる目的で、最近利用され始めている定ひずみ速度載荷試験に着目し、ひずみ速度が圧密降伏応力 $p_c$ の評価に及ぼす影響や、従来一般的であった段階載荷試験との違いなど既往の知見をまとめた。次に、従来あまり考慮されることのなかった過圧密領域の粘性土の沈下特性を調べる目的で、再圧縮指数 $C_r$ に着目して東京都心部の洪積粘性土層の圧密試験結果を調査した。

### 3.5.1 試験方法の相違が圧密降伏応力に及ぼす影響

**(1) 背景・課題**

土の圧密試験法としては「段階載荷試験」と「定ひずみ速度載荷試験」の2種類が日本工業規格 JIS に定められている。このうち段階載荷試験が従来用いられてきたが、定ひずみ速度載荷試験も最近利用され始めてきている。定ひずみ速度載荷試験は、試験時間が短く連続的な圧縮曲線が得られるメリットがあるものの、ひずみ速度の相違が圧密降伏応力 $p_c$ に及ぼす影響については不明な点が少なくない。2種類の試験法で $p_c$ が異なるケースも見られる。2種類の試験法で得られる $p_c$ を同一の地盤定数として扱えるか、既往資料に基づき考察した。

**(2) 地盤工学会における「定ひずみ速度載荷試験」の扱い**

地盤材料試験の方法と解説 [3.5.1)] における「土の定ひずみ速度載荷による圧密試験」（以降、定ひずみ速度載荷試験）の扱いのうち、特にひずみ速度の相違が圧密降伏応力 $p_c$ に及ぼす影響に関わる記載内容のポイントをまとめると以下のようである。

1) 2種類の試験法の位置付け
- 2種類の試験法それぞれに長所と短所がある。
- 両者の関係は二者択一ではなく並列の関係。
- 定ひずみ速度載荷試験の短所：ひずみ速度の違いによる時間効果の影響を受ける等

2) 試験方法
- ひずみ速度の範囲の標準：0.1〜0.01%/min

表 3.5.1 ひずみ速度の参考値 [3.5.1)]

| 塑性指数 $I_p$ | ひずみ速度 %/min |
|---|---|
| 10未満 | 0.1 |
| 10〜40 | 0.05 |
| 40以上 | 0.01 |

3) 解説
① ひずみ速度の参考値の根拠
- 図 3.5.1 に基づき、$p_c$（定ひずみ）＝ $p_c$（段階）となるようなひずみ速度を塑性指数別に読み取ったもの。

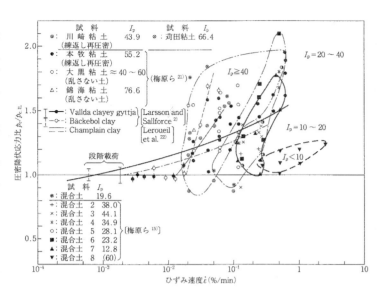

図 3.5.1 ひずみ速度と圧密降伏応力比の関係 [3.5.1)]

② ひずみ速度の影響
- ひずみ速度が大きくなるにつれて、圧縮曲線は右側に平行移動した形となる（図 3.5.2 参照）。
- 図 3.5.3 はひずみ速度が圧密降伏応力に与える影響の実例である。
- 圧密降伏応力は試験で適用したひずみ速度に対応した値となる。
- 定ひずみ速度載荷試験におけるひずみ速度と段階載荷試験における 24 時間載荷後のひずみ速度が異なれば、両者の圧密降伏応力の値が異なるのは当然の結果である。

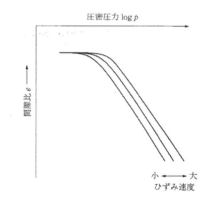

図 3.5.2 ひずみ速度が圧縮曲線に及ぼす影響 [3.5.1)]

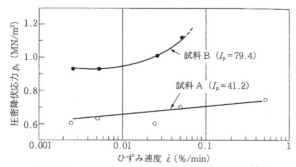

図 3.5.3 圧密降伏応力とひずみ速度の関係 [3.5.1)]

③ひずみ速度の影響に対する対応
- 実務では段階載荷試験が用いられてきたことを踏まえ、定ひずみ速度載荷試験の結果を段階載荷試験の結果とすり合わせることが必要である。
- この補正法として、塑性指数に応じて適切なひずみ速度を選択する方法を推奨する。図3.5.1の結果等をもとに表3.5.1のひずみ速度の目標値を示している。

**(3) 試験方法の相違による圧密降伏応力の相違**

　一般に定ひずみ速度載荷試験は、上記のように結果を段階載荷試験結果にすり合わせるべく、表3.5.1を参照してひずみ速度を定めて実施されるが、図3.5.4に示すように $p_c$（定ひずみ）＞$p_c$（段階）となる例が他でも少なからず見られる。定ひずみ速度載荷試験で求めた $p_c$ を段階載荷試験で求めた $p_c$ と同じとして扱うと沈下を過小評価する恐れがある点に注意が必要である。

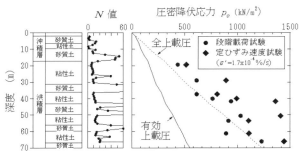

図3.5.4　2種類の圧密試験で求めた $p_c$ の比較結果
（大阪の洪積粘土）

**(4) 基礎設計で考慮すべきひずみ速度との関係の考察**

1) 基礎設計で想定すべきひずみ速度

　表3.5.2に、圧密層の厚さ5、20m、年間沈下量1、2cmの各条件に対応する平均ひずみ速度を示す。同表より実務では、$10^{-7}$%/min（$10^{-9}$%/s）以下のひずみ速度まで考慮すべきケースは少なくないと考えられる。

表3.5.2　圧密層の厚さと年間沈下量から求めた平均ひずみ速度

| 圧密層厚 m | 年間沈下量 cm/y | ひずみ速度（平均） %/min | %/s |
|---|---|---|---|
| 5 | 1 | $3.8×10^{-7}$ | $6.3×10^{-9}$ |
| 5 | 2 | $7.6×10^{-7}$ | $1.3×10^{-8}$ |
| 20 | 1 | $9.5×10^{-8}$ | $1.6×10^{-9}$ |
| 20 | 2 | $1.9×10^{-7}$ | $3.2×10^{-9}$ |

2) 定ひずみ速度載荷試験の課題

　実務で想定すべきひずみ速度で定ひずみ速度載荷試験を実施できるであろうか？

　ひずみ速度 $10^{-7}$%/min（$1.7×10^{-9}$%/s）で、ひずみ10%に至る時間は $10^8$ min≒190年となり、実務で想定すべきひずみ速度で試験を実施することは困難なことがわかる。

3) 段階載荷試験の課題

　段階載荷試験には以下の課題がある点に注意が必要である。

- 24時間載荷後のひずみ速度（$10^{-3}$%/min 程度）は基礎設計で想定すべきひずみ速度より大きい。時間効果の影響（二次圧密）を別途考慮する必要がある。
- 得られた指標とひずみ速度との関係は不明確（時間効果を曖昧に二次圧密として扱っている）

**(5) 既往の関連研究**

1) $p_c$（段階）と $p_c$（定ひずみ）の比較

①東京の洪積粘土の例 [3.5.2)]

　図3.5.5、表3.5.3に東京の洪積粘土の2種類の圧密試験結果を示す。定ひずみ速度載荷試験で求めた $p_c$ は段階載荷試験で求めた $p_c$ より2.5割大きくなっている。

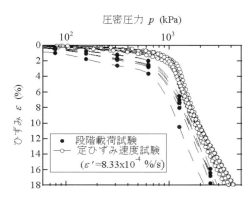

図3.5.5　2種類の試験で求めた圧縮曲線 [3.5.2)]

表3.5.3　圧密降伏応力 [3.5.2)]

| | 試験数 | $p_c$ (kPa) 平均 | 標準偏差 |
|---|---|---|---|
| 段階載荷試験 | 6 | 846 | 53 |
| 定ひずみ速度試験[*] | 8 | 1055 | 57 |

[*]) ひずみ速度：$8.33×10^{-4}$%/s (0.05%/min)

2) ひずみ速度が圧密降伏応力に及ぼす影響

① 6種類の粘土のデータ [3.5.3)]

　図3.5.6に3種類の圧密試験結果から求められた圧密降伏応力のひずみ速度依存性を示す（横軸：0.02%/minで基準化したひずみ速度、縦軸：ひずみ速度 0.02%/min に対応する値で基準化した圧密降伏応力）。対象は表3.5.4に示す6種類の粘土である。何れの粘土もひずみ速度が遅くなると圧密降伏応力が小さくなる特性を示している。データの下限のひずみ速度は $2×10^{-5}$%/min（$3.3×10^{-7}$%/s）程度であり実務で考慮すべきレベル（$10^{-9}$%/s）には至ってない。

②東京の洪積粘土のデータ [3.5.2)]

　図3.5.7に長期圧密試験結果（荷重保持期間30～90日）から求められた東京の洪積粘土の圧密降伏応力 $p_c$ のひずみ速度依存性を示す。ひずみ速度が遅くなると $p_c$ が小さくなる特性を示している。データの下限のひずみ速度は $10^{-7}$%/s 程度であり、実務で考慮すべきレベル（$10^{-9}$%/s）には至っていないが、ひずみ速度が $10^{-7}$%/s になると、表3.5.3に対応するひずみ速度（$8.3×10^{-4}$%/s）を適用した定ひずみ速度載荷試験結果より $p_c$ は約2割小さくなっている。

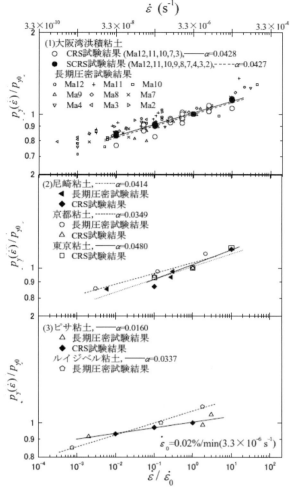

図 3.5.6 圧密降伏応力のひずみ速度依存性[3.5.3]

表 3.5.4 対象粘土[3.5.3]

| 試料 | 深度 | OCR[*] |
|---|---|---|
| 大阪湾粘土（更新世、Ma12,11,10,9,8,7,4,3,2） | 32〜285 | 1.19〜1.49 |
| 尼崎粘土（更新世, Ma12） | 36 | 1.89 |
| 京都粘土（更新世, Ma4） | 24 | 4.13 |
| 東京粘土（更新世） | 10 | 12.3 |
| ピサ粘土（完新世） | 20 | 1.46 |
| ルイジベル粘土（完新世） | 20 | 2.23 |

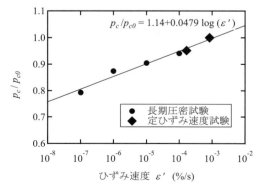

図 3.5.7 圧密降伏応力のひずみ速度依存性[3.5.2]

## 3.5.2 過圧密領域の沈下特性について
### (1) 過圧密領域の再圧縮指数 $C_r$

日本建築学会の基礎指針[3.5.4]においては、正規圧密された沖積粘性土の実験結果を示した過去の文献[3.3.5]から、過圧密領域の再圧縮指数 $C_r$ は圧縮指数 $C_c$ の 1/10 でおおむね表されると紹介されている（図 3.5.8 参照）。以下では、東京都心部の洪積粘性土層の圧密試験結果を対象として再圧縮指数 $C_r$ について調べた結果を示す[3.5.6]。

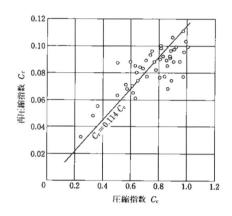

図 3.5.8 再圧縮指数 $C_r$ と圧縮指数 $C_c$ の関係[3.5.5]（沖積粘性土）

今回、採用した試験データの範囲は表 3.5.5 に示すとおりである。また、再圧縮指数 $C_r$ は、図 3.5.9 に示すように圧密試験結果の $e$-$\log p$ 曲線において、初めのデータと圧密降伏応力を判定した点とを直線で結んだ勾配を採用した。このようにして求めた再圧縮指数 $C_r$ と圧縮指数 $C_c$ との関係を図 3.5.10 に示す。図 3.5.10 より、今回調査した洪積粘土層の再圧縮指数 $C_r$ と圧縮指数 $C_c$ の関係を直線近似すると、再圧縮指数 $C_r$ は圧縮指数 $C_c$ の約 0.075 倍となり、既往の文献による 0.114 倍に対してやや小さめの値となるが、概ね 1/10 程度という従来の評価からそれほど外れていないといえる。

また、再圧縮指数 $C_r$ と圧縮指数 $C_c$ の比と、室内試験における初期間隙比 $e_0$ との関係を図 3.5.11 に示した。図 3.5.11 を見ると、$C_r/C_c$ は室内試験時の初期間隙比 $e_0$ が小さい範囲でバラツキが大きくなっている。

表 3.5.5 収集データ[3.5.6]

| | | | 最小値 | | 最大値 | データ数 |
|---|---|---|---|---|---|---|
| 調査深度 | | (GL-m) | 8 | 〜 | 37 | 28 |
| 圧縮指数 | $Cc$ | | 0.281 | 〜 | 2.45 | 28 |
| 圧密降伏応力 | $pc$ | (kN/m2) | 376 | 〜 | 2843 | 28 |
| 初期間隙比 | $e0$ | | 0.843 | 〜 | 3.01 | 28 |
| 再圧縮指数 | $Cr$ | | 0.024 | 〜 | 0.150 | 28 |
| 細粒分含有率 | $FC$ | (%) | 72.4 | 〜 | 100 | 28 |
| 塑性指数 | $Ip$ | | 13.4 | 〜 | 68.9 | 28 |
| 一軸圧縮強度 | $qu$ | (kN/m2) | 80.8 | 〜 | 564 | 24 |
| 一軸圧縮試験によるE | $E50$ | (MN/m2) | 2.21 | 〜 | 154 | 24 |
| PS検層によるE | $Eps$ | (MN/m2) | 127.4 | 〜 | 1350 | 3 |

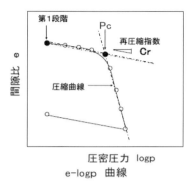

図 3.5.9 再圧縮指数 $C_r$ の評価法[3.5.6)]

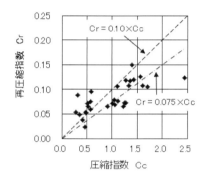

図 3.5.10 再圧縮指数 $C_r$ と圧縮指数 $C_c$ の関係（洪積粘性土）[3.5.6)]

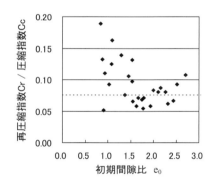

図 3.5.11 再圧縮指数 $C_r$／圧縮指数 $C_c$ と初期間隙比 $e_0$ の関係（洪積粘性土）

**（2）圧密試験結果に及ぼす砂分の影響**

　一般的に、粘土の圧密試験結果では、e-log$p$ 曲線から圧密降伏応力を判断するが、これは過圧密領域と正規圧密領域の勾配が圧密降伏応力を境にはっきり異なるためである。しかしながら、一般的に砂分が多くなるほど、図 3.5.12 の模式図に示すように、e-log$p$ 曲線において圧密降伏応力を示す明確な折れ点が判別しづらくなると考えられる。ここでは、再圧縮指数 $C_r$ と圧縮指数 $C_c$ の比（$C_r/C_c$）をとり、この値が 1 に近づくほど勾配の差は小さくなるために圧密降伏応力が判別しづらくなると考え、圧密試験結果に及ぼす砂分の影響を調査した。図 3.5.13 に $C_r/C_c$ と砂分含有率との関係、図 3.5.14 に $C_r/C_c$ と塑性指数 $I_p$ との関係を示す。図 3.5.13 からは明確な傾向が見られないが、図 3.5.14 では、塑性指数 $I_p$ が 40 以上のデータは、$C_r/C_c$ がほぼ 0.05～0.10 の間にあり、勾配の差が大きいため圧密降伏応力が比較的明確に判断できると思われる。塑性指数 $I_p$ が 40 以下のデータを見ると、$C_r/C_c$ の値が 0.10 より大きいデータが多くなる。すなわち、勾配の差は小さくなり圧密降伏応力の判断が難しくなる傾向にあるため、圧密試験結果の採用には注意が必要と推察される。

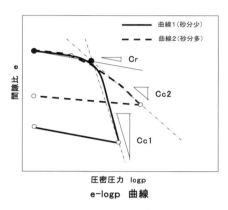

図 3.5.12 $C_r/C_c$ の模式図

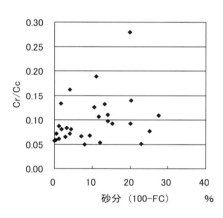

図 3.5.13 $C_r/C_c$ と砂分含有率の関係（洪積粘性土）

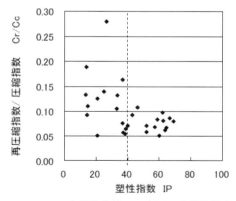

図 3.5.14 $C_r/C_c$ と塑性指数 $I_p$ の関係（洪積粘性土）[3.5.6)]

### 3.5.3 まとめ

　試験方法の相違が圧密降伏応力に及ぼす影響として、定ひずみ速度載荷試験で得られる圧密降伏応力 $p_c$ は、ひずみ速度に対する依存性の影響を受け、段階載荷試験で

得られる $p_c$ より大きくなる傾向がある。しかしながら、定ひずみ速度載荷試験は、段階載荷試験に比べ試験時間が短く連続的な圧縮曲線が得られるメリットもある。これらの特性を踏まえ、定ひずみ速度載荷試験を採用する場合には、段階載荷試験も併せて行い、試験法による $p_c$ の相違を定量的に評価できるようにしておくなど、適宜、対応策を講じておくことが望ましい。

過圧密領域の沈下特性について、東京都心部の洪積粘性土層の圧密試験結果（28例）を対象に再圧縮指数 $C_r$ を調べた結果、圧縮指数 $C_c$ に対する比($C_r/C_c$)は、0.075となり、概ね 1/10 程度という沖積粘性土に対する従来の評価とそれほど変わらないことを確認した。また、砂分を多く含む粘性土の圧縮曲線は、全体的になだらかで過圧密領域と正規圧密領域の勾配の差が小さく圧密降伏応力 $p_c$ の判断が難しい曲線形状となる傾向にある。このような粘性土の圧密試験結果における圧密降伏応力 $p_c$ の取り扱いや、圧密沈下計算における $C_c$ 法の採用についても十分な注意が必要である。

### 参 考 文 献

3.5.1) 地盤工学会編：土の定ひずみ速度載荷による圧密試験方法，地盤材料試験の方法と解説，pp. 500-517, 2009.

3.5.2) 武居幸次郎：長期圧密試験による圧密降伏応力のひずみ速度依存性評価，日本建築学会大会学術講演集 B-1 構造Ⅰ，pp. 457-458, 2007.

3.5.3) 大向直樹：ひずみ速度が圧密降伏応力に及ぼす影響度合いを推定する指標に関する検討，第 41 回地盤工学研究発表会，pp. 217-218, 2006.

3.5.4) 日本建築学会編：建築基礎構造設計指針，pp.136-137, 2001.

3.5.5) 大崎順彦：建築基礎構造，技報堂出版，pp.350-367, 1991.

3.5.6) 西山髙士，武居幸次郎，西尾博人，畑中宗憲：東京都心部における洪積粘性土の再圧縮指数，日本建築学会大会学術講演集 構造Ⅰ，pp. 415-416, 2011.

## 3.6 地盤の強度定数 ($c, \phi$)
### 3.6.1 はじめに

土粒子はその大きさにより 0.005mm 以下を粘土分、0.005～0.075mm をシルト分、0.075～2mm を砂分、2mm 以上を礫分と呼ぶ。実際の土は様々な粒径の土粒子を含み、中でも粘土分やシルト分の含有率が多いものを粘性土、砂分や礫分が卓越しているものを砂質土と呼んでいる。粘性土は粒径が細かいことや構造上の要因から水を通し難く、砂質土は粒径が大きいために水を通しやすいという性質がある。

一方、土の強度定数は、土の種類に固有なものではなく、せん断変形が生じる時の間隙水の排水条件で変化する。基礎設計において、排水条件のせん断強度を使うか、非排水条件のそれを使うかの判断は、施工速度と土の透水性能で決まる。基礎の支持力問題や通常の掘削・盛土工事を想定すると、粘性土は透水性が低いので非排水条件のせん断強度、砂質土は透水性が高いので排水条件のせん断強度を使うことになる。特殊な例では、何年もかけて非常にゆっくり盛土を行う場合は粘性土であっても排水条件のせん断強度、砂質土でも地震時の液状化問題では繰り返しせん断力の載荷時間が短いので非排水条件のせん断強度が採用される。

ところで、土の静的な強度定数は粘着力 $c$、せん断抵抗角（内部摩擦角）$\phi$ で表される。建築基礎設計の実務では、土を便宜的に粘性土と砂質土に分けて、粘性土は非排水強度として粘着力 $c$、砂質土は排水強度としてせん断抵抗角 $\phi$ でそれぞれ評価することが多い。それでは、粘性土と砂質土の境界はどこにあるのであろうか。土は砂分含有率と透水性能などとの関係から、実際には粘土領域、中間領域、砂質土領域の 3 つの領域に分けられる。しかし、静的強度評価の場合、一般に中間領域は安全側に粘性土として処理されることが多い[3.6.1)]。

粘土領域：
　砂分 50～60％以下、塑性指数 $I_p$＝20～30 以上 ┐
中間領域：　　　　　　　　　　　　　　　　　　　├ 粘性土
　砂分 50～80％、塑性指数 $I_p$＝NP～30 ┘
砂質土領域：
　砂分 70～90 以上、塑性指数 $I_p$＝NP → 砂質土

地盤の多様性と不均一性を考えると、地盤の強度定数は本来基礎地盤から試料を採取して室内試験により評価するのが望ましい。表 3.6.1 は、室内土質試験により地盤の静的な強度定数を求める方法を示している。一方、主として試料採取や室内試験の費用の制約、あるいは予備的検討の場合、標準貫入試験などのサウンディング試験結果から既往の経験式により地盤の静的強度を推定することも基礎構造の設計では行われることがある。以下に、粘性土と砂質土に分けてそれぞれの静的強度定数を求める方法とその留意点について述べる。

表 3.6.1 室内土質試験から静的な強度定数を求める方法

| 土質 | 試験法の名称と説明 |
|---|---|
| 粘性土 | 土の一軸圧縮試験 |
| | 地盤から採取した試料を円柱状に整形し、上下方向に一定速度で変形を与え、圧縮強度を測定する。ピーク強度を一軸圧縮強度 $q_u$ と呼び、粘着力は、$c=1/2q_u$ で求める。 |
| | 土の非圧密非排水条件(UU)三軸圧縮試験 |
| | 円柱供試体に対して、非排水状態で上載圧相当の拘束圧で等方圧力を加えた後、非排水状態で上下方向に一定速度で変形を与え、圧縮強度を測定する。ピーク強度 $\sigma_1$ からせん断抵抗角 $\phi \fallingdotseq 0$ として粘着力 $c$ を求める。 |
| | 土の圧密非排水条件(CU)三軸圧縮試験 |
| | 盛土による地盤の強度増加や掘削による応力解放と強度低下を想定して排水条件で等方圧密を行った後、非排水条件で強度定数を求める試験。 |
| 砂質土 | 土の圧密排水条件(CD)三軸圧縮試験 |
| | 砂質土に対して排水条件で強度定数を求める試験。UU 試験と同様に上載圧相当の拘束圧を与えた状態で試験を行う。モール円からせん断抵抗角 $\phi$ が求められる。 |

### 3.6.2 粘性土の強度定数($c$)を求める方法
**（1）室内土質試験から求める方法とその留意点**

原位置から試料を採取して室内試験から強度定数を求める場合、試料採取に伴う応力解放の強度定数への影響に注意する必要がある。表 3.6.1 に示すように、粘性土の非排水せん断強度を求める方法としては三軸圧縮試験の他に一軸圧縮試験がある。試験の容易さから、実務では一軸圧縮試験も広く行われている。しかし、一軸圧縮試験では、試料採取法が適切でないと試料内のサクションが低下し、有効応力が低下するので、原位置の強度よりもかなり強度が低下する場合がある[3.6.2)]。また、図 3.6.1 に示すように、深度 25m 付近より深い地盤および塑性指数が $I_p<25$ の中間領域に該当する土の一軸圧縮試験で得られる非排水せん断強度は三軸圧縮試験により得られる非排水せん断強度よりもかなり小さい[3.6.3)]。このような結果となった理由は、塑性指数が小さい砂分の多い粘性土は試料を採取する過程で応力解放の影響を受けて、サクションを保持しにくいためと考えられる。したがって、粘性土の強度定数を求める際は原位置の拘束圧を考慮できる非圧密非排水条件の三軸圧縮試験によることが望ましい。

**（2）N値から推定する方法とその留意点**

図 3.6.2 は、地盤工学会編「地盤調査の方法と解説」に記載されている N 値と $q_u$ の関係図である[3.6.4)]。この図は、1974 年の竹中・西垣の報告、および 1982 年の奥村の報告に基づいて作成されており、標準貫入試験のハンマー落下方法はコーンプーリー法が用いられていると思われる。図 3.6.2 には、竹中・西垣・奥村、大崎、テルツァーギ・ペック（Terzaghi and Peck）の提案式もそれぞ

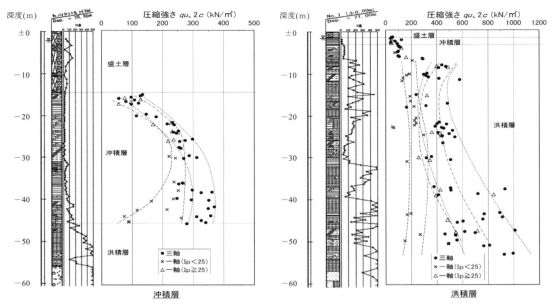

図 3.6.1 沖積地盤および洪積地盤における一軸・三軸圧縮試験の比較 [3.6.2]

れ示されている（$q_u$ の単位：kN/m²）。

竹中・西垣・奥村 ： $q_u=25\sim50N$ （$N>4$）
大崎 ： $q_u=40+5N$ （$N<10$）
Terzaghi and Peck ： $q_u=12.5N$

$N$ 値から一軸圧縮強度 $q_u$ を推定する場合は、実測値との対比でその妥当性が検証されている竹中らの提案式（$q_u=25\sim50N$）を使い安全側に設定することが考えられる。ただし、$N\leqq4$ の領域では相関がないため、この領域については一軸圧縮試験、三軸圧縮試験より直接求める必要がある。

図 3.6.2 の妥当性を検証するために、東京圏、関西圏の最近の 684 データを用いて作成した $N$ 値と $q_u$ の関係が図 3.6.3 である [3.6.5]。標準貫入試験のハンマー落下は JIS 法の半自動落下装置を用いており、図 3.6.2 のコーンプーリーと異なる。$N=0$ のデータは便宜的に $N=0.1$ としてプロットした。図 3.6.2 と図 3.6.3 を比較すると、図 3.6.3 の $q_u$ は $N<2$ の領域で図 3.6.2 よりも大きな値を示している。

また、図 3.6.4 は、図 3.6.3 を算術目盛で書き直し、さらに $N\leqq10$ の範囲を拡大したものである。$N$ 値と $q_u$ の関係は非常にばらついており、両者の回帰式を求めて $N$ 値

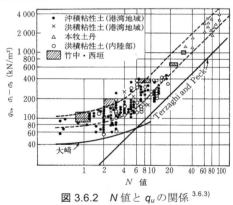

図 3.6.2 $N$ 値と $q_u$ の関係 [3.6.3]

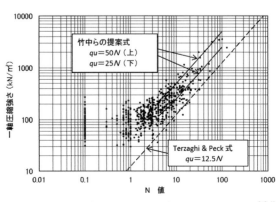

図 3.6.3 $N$ 値と $q_u$ の関係（東京・関西地区）[3.6.4]

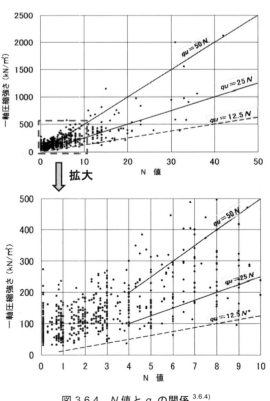

図 3.6.4 $N$ 値と $q_u$ の関係 [3.6.4]
（図 3.6.3 を正数グラフ表示）

から $q_u$ を推定することは信頼性に問題があることがわかる。なお、テルツァーギ・ペック(Terzaghi & Peck)式は、図 3.6.3 の両対数グラフでは、$N≦4$ で実測値を大きく下回るように見えたが、算術目盛においては $N≦4$ の領域でも実測値の下限値を示していることがわかる。

標準貫入試験で得られる $N$ 値はバラツキが大きいことが知られている[3.6.5]。その要因はハンマーの落下法、試験者の人的誤差（慎重度）、地盤本来のバラツキなどである。また、標準貫入試験は、63.5kg のハンマーを高さ 75cm から落とす動的な試験であるため、得られる $N$ 値と一軸圧縮強度などの静的な物性値との関連付けに限界がある。

以上、最近の知見によれば、$N$ 値と $q_u$ の関係から何らかの相関式を作り、設計に利用することは危険側の設計になる可能性もあり、望ましい方法ではないと考える。このため、基礎設計に用いる一軸圧縮強度 $q_u$ および粘着力 $c$ は、一軸・三軸圧縮試験より直接求めることが望ましい。特に $N<4$ の領域では、過小評価を避けるためにもこれら試験から求めることが望まれる。

### 3.6.3 砂質土の強度定数（$\phi_d$）を求める方法

**(1) 室内土質試験から求める方法とその留意点**

砂地盤の強度定数も原位置から試料を採取して室内試験により求めることが望ましい。表 3.6.1 に示すように、砂質土の場合、その大きな透水係数により静的強度は排水条件の三軸圧縮試験で求める。なお、砂質土は粘着力が小さいため拘束応力がないと試料が自立しないので、そもそも粘性土のような一軸圧縮試験はできない。ところで、本書第 1 章の図 1.3.7 に示す様に、砂質土の液状化強度は試料の採取法による影響が非常に大きい[3.6.6]。これに対して、静的強度への試料採取法の影響は小さいので、回転貫入式のチューブサンプリング法あるいはブロックサンプリング法でも、慎重に採取した試料による実験であれば、せん断抵抗角の評価をしてよい[3.6.7]。

**(2) $N$ 値から推定する方法とその留意点**

砂地盤の $\phi_d$ を簡易な方法で推定する考えはテルツァーギ・ペック(Terzaghi & Peck)の名著に起源している[3.6.8]。そこでは、砂地盤の密度とおおよそのせん断強度（$\phi_d$）の関係が示されている[3.6.8]。なお、テルツァーギ（Terzaghi）は砂地盤の力学特性は地盤の密度の絶対値ではなく、対象地盤を用いて人工的に最も密な状態（最大密度）および最も緩い状態（最少密度）を測定し、実地盤の密度が最大密度と最少密度に対して、相対的にどの位置にあるかを相対密度（$D_r$）と定義し、$D_r$ と力学特性とを関連付ける方法を示している。しかし、近年の研究によれば砂地盤に共通な $D_r$－$\phi_d$ 関係式を求めることは困難であり、さらには、地盤の相対密度を精度良く求めること自体も困難であることが指摘されている[3.6.6]。その様な背景および豊富な $N$ 値と $\phi_d$ の関係についてのデータベースがあることもあって、$N$ 値から $\phi_d$ を推定する方法がわが国では今日まで広く活用されている。

実務で 2000 年頃まで広く用いられていた各種の $N$ 値－$\phi_d$ の経験式については、式誘導の経緯や問題点も含めて、地盤工学会の「$N$ 値と $c \cdot \phi$ の活用法」の講習会のテキストにまとめられている[3.6.7]。$N$ 値から $\phi_d$ を推定する方法に関する最近の研究で特に注目すべきことは、$N$ 値は拘束圧の影響を受けるので、$N$ 値から $\phi_d$ を評価するためには拘束圧の影響を考慮する方向になっている[3.6.9],[3.6.10]。ここでは、拘束圧の効果を考慮した「建築基礎構造設計指針（2001）」[3.6.11]に紹介されている砂質土の「$N$ 値－$\phi_d$ 関係」の提案式について簡単に紹介するとともに、背景となったデータの特徴、範囲やこれらの提案式の適用に当たっての留意点について述べる。

建築基礎構造設計指針は 2001 年に改定されて、砂地盤における $N$ 値－$\phi_d$ の関係について(3.6.1)式および(3.6.2)式が示されている[3.6.11],[3.6.12]。

$$\phi_d = (20N_1)^{0.5} + 20 \quad (3.5 \leq N_1 \leq 20) ;$$
$$\phi_d = 40° \quad (N_1 > 20) \tag{3.6.1}$$
$$N_1 = (98/\sigma_v')^{0.5} N \quad \sigma_v' は (kPa) \tag{3.6.2}$$

この式が既往の経験式と大きく異なる点は $N$ 値を直接 $\phi_d$ と関連づけるのでは無く、$N$ 値に与える有効上載圧の影響を評価して $\phi_d$ と関連づけている点である。この考えはギブス・ホルツ(Gibbs&Holtz)の実験結果で知られている「$N$ 値は地盤の密度と拘束圧に大きく依存している。」という事実に基づくものである。せん断抵抗角 $\phi_d$ はせん断強度と拘束応力の比で表されているので、$N$ 値も何らかの形で拘束応力にて正規化すべきとの考えからきたものである。なお、この経験式を求めたデータは凍結サンプリングで採取した試料を基にしていた関係上、細粒分は概ね 20%以下の砂質土である[3.6.12]。また、図 3.6.5 に示すデータは $\sigma_v'$ が 40kN/m² 以上の範囲にある。指針の中では、この点について「根入れの小さい基礎の支持力に対する安全性を考慮して $\sigma_v'=98$kN/m² 以上とするのが良かろう」と述べている[3.6.11]。

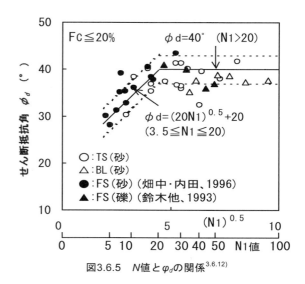

図3.6.5　$N$ 値と $\phi_d$ の関係[3.6.12]

**1) 性能設計への対応[3.6.12]**

(3.6.1)式は図 3.6.5 に見るように、データのバラツキのほぼ中央を貫くように設定されている。データの下限に基づいて式を提案していない。これは、かつての仕様設

計とは違って、建築構造物の基礎設計も性能設計に移行している現在、せん断抵抗角の評価が安全側であればよいだけでは十分とは言えない。そういう意味では、推定式の活用にあたっては、設計者は式の持つ潜在的なバラツキをも理解する必要がある。

砂地盤のせん断強度の評価において、実務では粘着力 $c$ を無視している（$c=0$）場合が多い。結果的には砂地盤のせん断強度の評価≒せん断抵抗角の評価になっている。このことは一見、砂地盤のせん断強度を小さめに評価しているように見えるが、$c=0$ として求めた $\phi_d$ は一般に、$c$ と $\phi_d$ の両方を評価した場合の $\phi_d$ よりも大きいので、注意する必要がある。なお、せん断強度への年代効果の影響が考えられる洪積の砂地盤に対しては、粘着力 $c$ とせん断抵抗角 $\phi_d$ を総合的に考慮して、せん断強度を評価する方法が望ましい[3.6.12]）。

2) $N$ 値の信頼性の影響

$N$ 値より推定される $\phi_d$ の信頼性は当然のことながら $N$ 値の信頼性にも依存している。図 3.6.5 に示す $N$ 値のデータはいずれも「トンビ法」、つまり「自由落下」のもとで求められた $N$ 値である。標準貫入試験は自動化が進み、人為的な誤差も少なくなっていくものと期待されている。そのような試験法によるデータの蓄積が進めば、試験装置や操作技術者の人為的な影響によるバラツキの少ない新たな経験式が求められる可能性がある。

3) $\phi_d$ の信頼性の影響

(3.6.1)式に示す $\phi_d$ の値が試料の乱れによる影響も推定結果の信頼性を認識する上で知っておくことは重要である。図 3.6.5 には乱れの少ない試料（凍結サンプリング試料、FS 試料）とその他のサンプリング試料（TS:トリプルサンプリング試料、BL：ブロックサンプリング試料）を示している。図からわかるように、砂地盤の液状化強度への影響とは違って、試料の乱れの $\phi_d$ への影響は小さいようである[3.6.7]）。従って、基本は $N$ 値から $\phi_d$ を推定するが、チェックの意味で一部原位置より通常のサンプリング法で試料を採取して、室内土質試験で直接対象地盤の $\phi_d$ を求め、これらの式への適用性を確認することにより信頼性を高めるという方法も可能である。

4) $N$ 値の低い地盤への適用性

図 3.6.5 にあるように、$N$ 値が 5 以下の砂質データは極めて少ない。この事を踏まえて、(3.6.1)式の適用範囲はほぼ $N$ 値が 5 以上である。細粒分の少ないきれいな山砂による埋立て地盤では、$N$ 値が 5 程度以下であることは時にはある。その場合は $c=0$ との判断には合理性があり、過大な $\phi_d$ にならないように注意する必要がある[3.6.13]）。細粒分が多いことによる $N$ 値が低い場合については 6)項で説明する。

5) 低い有効上載圧のもとの $N$ 値への適用性

(3.6.1)式の提案のもとになっているデータはほぼ鉛直有効応力が $40\sim50$ kN/m$^2$ 以上である。しかも、$N$ 値を $N_1$ 値に正規化する(2)の特徴から、拘束圧の低い所では過大な $N_1$ 値を与えている可能性がある。その様な背景のもとに、前述のように、$\sigma_v'$ の適用範囲に注意する必要がある。

6) 細粒分の多い砂質土への対応

(3.6.1)式の細粒分の多い（20%程度以上）砂質土への適用性は今後の検証を待たねばならない。ただし、一般に細粒分が多くなれば、$N$ 値は小さくなって、推定される $\phi_d$ が小さく出ること、および、$c$ が発生する可能性があることを鑑みれば、これらの式によるせん断強度の評価は安全側になることは考えられる。

最後に、バックデータの特性と適用条件をよく理解した上で、経験式を活用してみることを推奨する。なお、「盛土地盤での $N$ 値 - $\phi_d$ の関係」については、図 3.6.5 には埋立砂地盤のデータも少しだが含まれており、将来、盛土地盤のデータが蓄積され、新たな提案が示されるまでは、(3.6.1)式を用いて検討してもよいと考えられる[3.6.13]）。

なお、実務では盛土、埋立地盤を含む沖積の砂質地盤については通常、安全側の評価と言うこともあって、粘着力 $c$ を無視している。一方、年代の古い洪積の砂質土については、文献 3.6.14)のデータに見るように、原位置から採取した試料により適切に評価すれば、粘着力をも含めて砂質土の静的強度を評価することも可能だと考える。

### 3.6.4 特殊土の取扱い

関東ローム層、シラス、真砂土、腐植土などの特殊な土の静的な強度定数については、これまでの研究成果や地域の施工実績に基づいて、適切に評価する必要がある。

#### 参 考 文 献

3.6.1) 社団法人地盤工学会編：「ジオテクノート 2 中間土－砂か粘土か－」，p.8, 2013.

3.6.2) 田中洋行：粘土の一軸圧縮試験結果のばらつき評価，実務に役立つ地盤工学 Q&A, 第二巻，社団法人地盤工学会, pp.68-71, 2009.

3.6.3) 田部井哲夫，井上波彦，加倉井正昭，桑原文夫，久世直哉：基礎及び敷地に関する基準の整備における技術的検討（その 1）沖積・洪積粘性土地盤における一軸・三軸圧縮試験の適用性，日本建築学会学術講演梗概集（東海），pp.661-662, 2012.

3.6.4) 公益法人地盤工学会編「地盤調査の方法と解説」，p.309, 2013.

3.6.5) 田部井哲夫：$N$ 値から推定する地盤定数の実態と今後の方向，2013 年度日本建築学会大会（北海道）構造部門（基礎構造）パネルデイスカッション資料，日本建築学会，構造委員会，基礎構造運営委員会, pp.35-45.

3.6.6) Hatanaka M., Uchida, A. and Oh-oka, H.: Correlation between the liquefaction strength of saturated sands obtained by in-situ freezing method and rotary-type triple tube method, Soils and Foundations, Vol.35, No.2, pp.67-75, 1995.

3.6.7) 畑中宗憲：砂質土の $N$ 値と $c \cdot \phi$，$N$ 値と $c \cdot \phi$ の活用法，社団法人地盤工学会, pp.163-182, 1998.

3.6.8) Terzaghi & Peck: Soil Mechanics in Engineering Practice 2$^{nd}$

Editon, p.93, 1967.

3.6.9) Hatanaka,M. and Uchida, A: Empirical correlation between penetration resistance and internal friction angle of sandy soils, Soils & Foundations, Vol.36, No.4, pp.1-9, 1996.

3.6.10) 社団法人日本道路協会：道路橋示方書・同解説，Ⅰ共通編，Ⅳ下部構造編, pp.564-565, 2002.

3.6.11) 社団法人日本建築学会：建築基礎構造設計指針, pp.113-115, 2001.

3.6.12) 畑中宗憲,内田明彦,加倉井正昭,青木雅路：砂質地盤の内部摩擦角 $\phi_d$ と標準貫入試験の $N$ 値についての一考察, 建築学会論文報告集（構造系）, No.506, pp.125-129, 1998.

3.6.13) 畑中宗憲：$N$ 値と砂の内部摩擦角 $\phi$ の関係, 実務に役立つ地盤工学 Q&A, 第二巻, 社団法人地盤工学会, pp.63-67, 2009.

3.6.14) 佐藤英治,青木雅路,丸岡正夫,長谷 理：洪積砂質土地盤における山留め側圧の評価, 山留めとシールド工事における土圧, 水圧と地盤の挙動に関するシンポジューム, pp.141-144,1992.

## 3.7 S波速度（$V_S$）とN値の関係
### 3.7.1 はじめに

耐震設計などに用いられるS波速度（以下、$V_S$）は、ボーリング孔を利用したPS検層によって測定されるが、建物の規模等によっては地盤調査費用の制約もあり、標準貫入試験で求まるN値などを用いて算定されることも多い。

実務では、N値から$V_S$を算定する場合、「2007年版 建築物の構造関係技術基準解説書」に記載されている太田・後藤式を利用していることが多いようであるが、同式以外にも多くの推定式が提案されている。それらの推定式の中には30年から40年ほど前に提案されたものもある。その当時の$V_S$は主にボーリング孔を利用したPS検層のダウンホール法で測定されたものと推察できるが、近年では$V_S$はボーリング孔内起振受振方式（いわゆるサスペンション式）で測定されることが多くなっている。一方、$V_S$を求める推定式においてパラメーターに用いられるN値は標準貫入試験で求められるが、N値の測定においても自動落下モンケン（当時はコンプーリー法やトンビ法）の使用が広まるなどモンケンの落下方法に相違が見られる。以上のようなことから、$V_S$とN値の関係について、最近の測定結果を用いて以下の項目について調べた。

① N値から$V_S$を求める推定式 —文献の収集—
② 主にサスペンション式で得た$V_S$とN値との関係について調べた。
③ 太田・後藤式や今井式によって求めた$V_S$（$V_S'$）と原位置で測定した$V_S$との比較・検討を行った。また、N値と$V_S$の地域性についても考察を加えた。
④ S波測定法（ダウンホールとサスペンション）の違いによる$V_S$値の比較

### 3.7.2 N値から$V_S$を求める推定式 —文献の収集—

標準貫入試験のN値をパラメータにして$V_S$を求める推定式は多く提案されている。前述したように1970年〜1980年代に提案された太田・後藤式や今井式などが実務では良く利用されている。ここでは、これら文献を収集し、$V_S$を求める推定式の変数やデータ数、調査対象地域などを再整理した。

表 3.7.1 は、収集した文献にあるS波速度推定式を一括して示したもので、同表には推定式の変数、データ数、調査対象地域、および推定式の相関係数なども合わせて示している。今井らの式はN値のみを変数としているが、他の研究ではN値に加え、深度、土質分類、地質年代を変数にしている。データ数では太田・後藤式が284データと他に比べ少ない。相関係数は、多くが0.86程度を示している。推定式を求めた際のデータについては、全国で求められたデータを使用しているものと地域が限定されているものがあり、留意が必要である。

表 3.7.1 S波速度推定式の説明変数、データ数、相関係数等

| 研究 | 説明変数 | 対象地域 | データ数 | 地点数 | S波速度推定式 | 相関係数 |
|---|---|---|---|---|---|---|
| 太田・後藤 (1976) | N値、深度、土質分類（6種）、地質年代（2種） | 全国であるが主に首都圏 | 284 | — | $V_S=68.79 \cdot N^{0.171} \cdot H^{0.199}$ <br> 1.000 C <br> 1.086 FS <br> 1.066 MS  1.000 A <br> 1.135 CS  ・ <br> 1.153 S&G  1.303 D <br> 1.448 G | 0.856 |
| 今井他 (1975) | N値 | 全国の都市圏 | 756 | — | $V_S=89.8 \cdot N^{0.341}$ | — |
| 今井・殿内 (1982) | N値 | 全国の都市圏 | 1654 | — | $V_S=97.0 \cdot N^{0.314}$ | 0.868 |
| 福和他 | N値、深度、土質分類（4種）、地質年代（8種） | 名古屋市 | — | 約100本 | $V_S=102.86 \cdot N^{0.129} \cdot H^{0.118}$ <br> 1.000 C  1.000 <br> 0.978 M  1.345 <br> 1.015 S  1.223 <br> 1.113 G  1.219 （注） <br>      1.157 <br>      1.365 <br>      1.505 <br>      1.543 | — |
| 田村他 | N値、土質分類（4種）、地質年代（8種） | 横浜市 | 1836 | 150 | $V_S=94.8 \cdot N^{0.275} \cdot$ <br> 1.15 G <br> 0.96 S  1.00 A <br> 1.01 M  ・ <br> 1.00 C  1.39 D <br> 0.69 O | 0.861 |

$V_S$：S波速度(m/s)、 N：N値、 H：深度(m)、 A：沖積層、 D：洪積層
C：粘土、 FS：細砂、 MS：中砂、 CS：粗砂、 S&G：砂礫、 M：シルト、 G：礫、 O：有機質土
注）：上から、南陽層、鳥居松礫層、大曽根層、熱田層上部、熱田層下部、海部弥富累層、八事層、矢田川累層

### 3.7.3 N値とS波速度について

図 3.7.1 は、首都圏、関西圏、名古屋圏、九州圏において、ボーリング孔を利用した PS 検層で求めた S 波($V_S$)速度と N 値との関係を両対数上に整理したものである。同図は、横軸に N 値、縦軸に S 波速度を示したもので、両対数上では右上がりの直線状にデータがプロットされるが、対数目盛であるため同じ N 値であっても $V_S$ には 3 倍以上の差が見られることがわかる。

なお、N 値の測定は 60 回を上限としており、60 回を超える N 値は 60 回における貫入量から換算している。（例えば、60 回における貫入量が 15cm であれば、N 値 120 となる。）

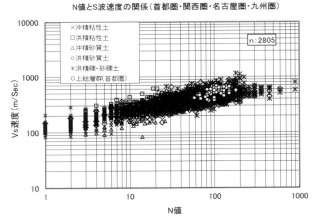

図 3.7.1 N値とS波速度の関係（両対数目盛）

図 3.7.2 は、同図を算術目盛にして示したものである。N 値の上限を 100 としている。同図を見ると、N 値が増加するに従ってバラツキの範囲が大きくなることが読取れる。N 値 50 では S 波速度が 250m/s～600m/s 程度の範囲にあり、最小値と最大値では 2.4 倍の開きがある。また、工学的基盤の目安となる $V_S$=400m/s は、N 値が 100 でも確認されていない例もある。加えて、N 値の測定法や礫の影響などによって、N 値自体にバラツキが生じる事を考慮すると、N 値を用いて S 波速度を推定する場合はばらつきに充分留意する必要がある。このようなことから、地盤の S 波速度や工学的基盤の設定に際しては、N 値から S 波速度を推定するのではなく、ボーリング孔を利用した PS 検層を実施して設定すべきである。

図 3.7.3 に、建築物の支持地盤として利用されることが多い N 値 50 以上のものについて、N 値と S 波速度の関係を整理した。同図を見ると、N 値の増大とともに S 波速度も大きくなるが、前述したように同じ N 値であっても S 波速度にバラツキが見られる。また、地域毎に整理すると、首都圏では S 波速度が他の地域に比べ相対的に大きめの値を示している。特に、礫層の S 波速度で $V_S$=800m/s を超えるものは他の地域で見られない。また、関西圏や名古屋圏では、首都圏に比べ同じ N 値でも S 波速度が小さい傾向があるようである。ただし、50 を超える N 値のなかには、礫や玉石の影響で過大に測定されていることもあるので、S 波速度に換算する場合、N 値が実地盤の締り具合を示しているか評価する必要がある。

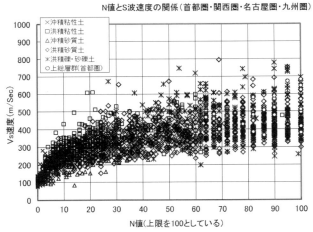

図 3.7.2 N値とS波速度の関係（算術目盛）

### 3.7.4 推定式より求めた $V_S$ と PS 検層による $V_S$ の比較・検討

N値を用いてS波速度を推定するには多くの提案式があるが、"2007 年版 建築物の構造関係技術基準解説書（建築物の構造関係技術基準解説書委員会編）"には、(3.7.1) 式に示す太田・後藤式（1976 年 8 月）が示されている。同式は、N 値と深度、地質年代、構成土質をパラメーターとして、S 波速度を換算する推定式である。その研究論文では、相関係数が 0.86（N 値のみでは 0.72）と報告されているが、資料の多くは都市部で実施された調査結果を学会の論文集や報告書類から読み取ったものであり、資料の質は必ずしも均質ではないとしている。

$$V_S' = 68.79 N^{0.171} H^{0.199} Y_g S_t \qquad (3.7.1)$$

ここに、 $V_S'$：換算 S 波速度、 $N$：N 値
　　　　$H$：地表面からの深さ
　　　　$Y_g$：地質年代係数
　　　　　（沖積層：1.000、洪積層：1.303）
　　　　$S_t$：次の表に示す土質に応じた係数

表 3.7.2　土質に応じた係数

|  | 粘土 | 砂 | | | 砂礫 | 礫 |
| --- | --- | --- | --- | --- | --- | --- |
|  |  | 細砂 | 中砂 | 粗砂 |  |  |
| $S_t$ | 1.000 | 1.086 | 1.066 | 1.135 | 1.153 | 1.448 |

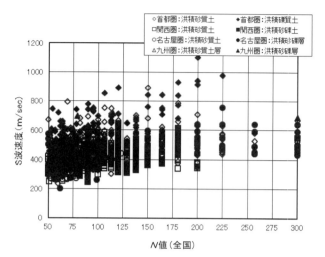

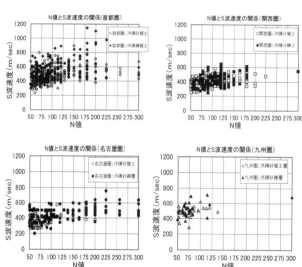

図 3.7.3　N 値と S 波速度の関係（N 値 50 以上）

図3.7.4(1)は、首都圏で実施したPS検層で求めたS波速度（$V_S$）と太田・後藤式による換算S波速度（$V_S'$）との関係を整理したものである。同図をみると、PS検層で求めた$V_S$は、太田・後藤式で求められる$V_S'$の0.5～1.5倍程度の値となっているものが多い。土質別では、洪積礫質土層の$V_S$と$V_S'$の関係には上総層群も含めて余り相関性は見られない。

図3.7.4(2)は、関西圏のもので、全体的な傾向は先の首都圏と同様である。土質別にみると、洪積砂礫質土は$V_S$に比べ$V_S'$が大きい値が求まる傾向にある。

図3.7.4(3)に示した名古屋圏のデータも、他の地域と同様の傾向が認められる。土質別では関西圏と同じく、洪積砂礫質土$V_S'$が$V_S$に比べ大きくなる傾向にある。また、名古屋圏の洪積粘性土は他の地域に比べ、$V_S'$に対して$V_S$が大きくなる傾向がある。

図3.7.4(4)は、九州圏の結果を用いて整理したものであるが、他の地域に比べサンプル数が少ない。九州圏では、$V_S'$に比べ$V_S$の値が大きくなる傾向があり、洪積砂礫質土でその傾向が強い。

太田・後藤式のほか、今井式[3.7.3]も$N$値よりS波速度を推定する場合に利用されることがあるので、同式についても同様の検討を実施した

$$V_S' = 89.8 N^{0.341} \qquad (3.7.2)$$

ここに、$V_S'$：換算 S 波速度
　　　　$N$：$N$ 値

図3.7.5(1)～(4)は、今井式[3.7.3]による$V_S$と$V_S'$の関係を、太田・後藤式と同様に、4地域に分けて整理した。全体的には太田・後藤式に比べ$V_S'$は$V_S$より小さめの値を示す傾向にある。

地域毎にみると、図3.7.5(1)に示した首都圏では太田・後藤式と同じく洪積礫質土と上総層群では$V_S$と$V_S'$に明確な相関関係は見られず、$V_S'$が$V_S$に比べ小さい傾向がある。

図3.7.5(2)に示した関西圏では、粘性土の$V_S'$が$V_S$に比べ小さい傾向があるが、砂質土や砂礫質土では$V_S = V_S'$の関係を中心にばらつく。

図3.7.5(3)の名古屋圏のものを見ると、関西圏と似た傾向が認められるが、洪積砂礫質土の一部の値は$V_S'$が大きくなると、$V_S$に比べ大きめの値を与えている。

図3.7.5(4)の九州圏では、データ数が少し少ないが、$V_S'$に比べ$V_S$が大きく求まる傾向があり、特に洪積砂礫質土でその傾向が強い。

今井他は、(3.7.2)式以外にも土質別に分類した提案式も示している[3.7.4]。

以上の結果から、経験式を用いてS波速度を求める場合、経験式が作られた元データをサンプリングした地域に留意する必要がある。地域によってはデータに大きなバラツキがあるので、同じ地域か、似たような堆積環境の地盤ならば、経験式を使って$V_S$を推定することも許容できるが、計画地の周辺に、既往データ等が無い場合はPS検層を実施して$V_S$を求めるべきである。

図 3.7.6 は各地区で得られた換算 S 波速度 $V_S'$ と PS 検層で求めた S 波速度 $V_S$ の比（$V_S'/V_S$）の頻度分布図である。4地区とも正規分布に近い形状を示している。太田・後藤式では、平均値はそれぞれ首都圏で0.96、関西圏で1.05、名古屋圏で1.06、九州圏で0.98を示し、やや地域によって違いが認められる。標準偏差はいずれの地区も$\sigma = 0.18～0.21$である。

今井式[3.7.3]では、平均値は首都圏が0.83、関西圏が0.94、名古屋圏が0.94、九州圏が0.89である。標準偏差はいずれの地区も$\sigma = 0.21～0.23$を示す。今井式[3.7.3]の値は、太田・後藤式のそれに比べ、平均値は少し小さく、標準偏差は若干大きくなっている。

第3章　設計用地盤定数の評価　— 103 —

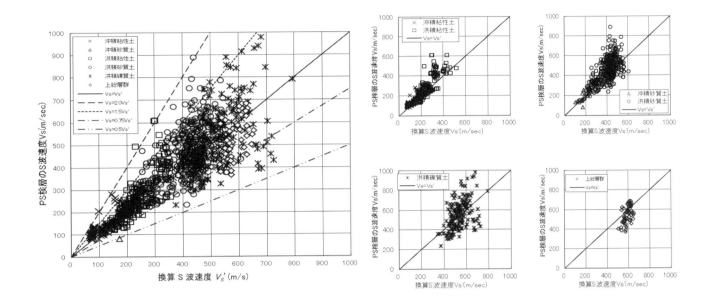

図 3.7.4(1)　PS 検層の $V_S$ と換算 $V_S$(後藤・太田式)の関係（首都圏）

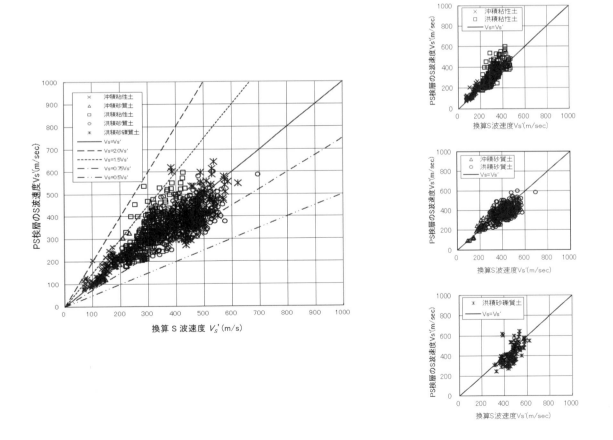

図 3.7.4(2)　PS 検層の $V_S$ と換算 $V_S$(後藤・太田式)の関係（関西圏）

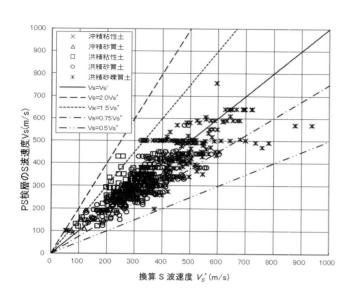
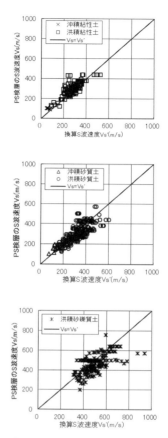

図 3.7.4(3)　PS 検層の $V_S$ と換算 $V_S$ (後藤・太田式)の関係（名古屋圏）

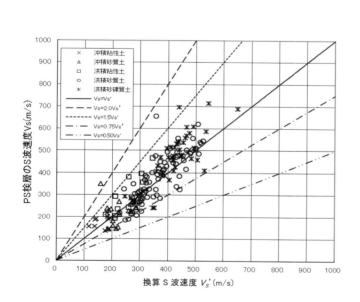
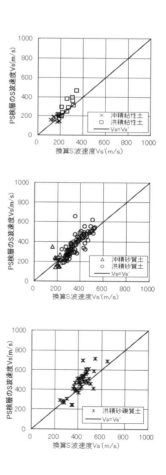

図 3.7.4(4)　PS 検層の $V_S$ と換算 $V_S$ (後藤・太田式)の関係（九州圏）

第3章 設計用地盤定数の評価 － 105 －

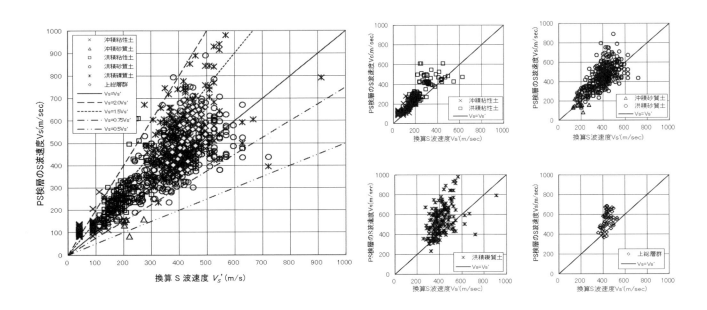

図 3.7.5(1)　PS 検層の $V_s$ と換算 $V_s$ (今井式)の関係（首都圏）

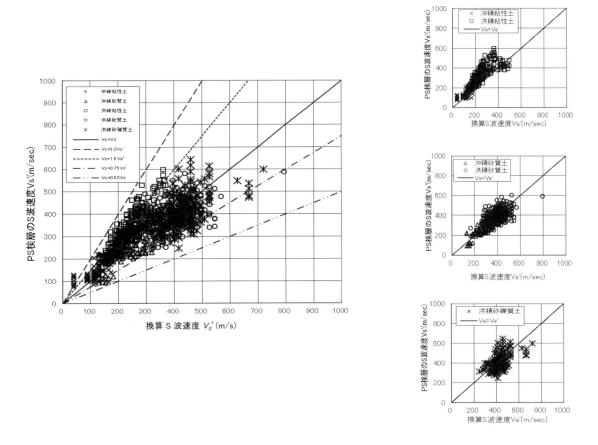

図 3.7.5(2)　PS 検層の $V_s$ と換算 $V_s$ (今井式)の関係（関西圏）

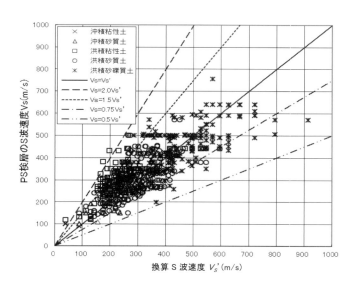
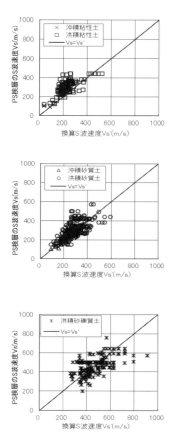

図 3.7.5(3)　PS 検層の $V_S$ と換算 $V_S$ (今井式)の関係（名古屋圏）

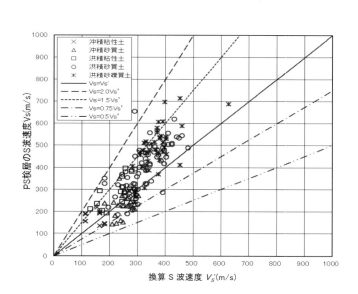
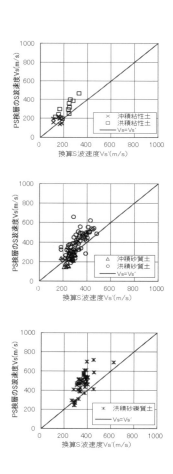

図 3.7.5(4)　PS 検層の $V_S$ と換算 $V_S$ (今井式)の関係（九州圏）

$N$値から$S$波速度を推定する経験式は、どの経験式も回帰分析によって得られたものであるので、平均と分散のセットとして理解する必要がある。式が平均だけしか与えられていない場合は、安全側に配慮して、原著から分散を読み取った上で使うことが望ましい。また、回帰データのある$N$値の範囲にも留意することが重要である。$N$値と$V_S$の間のメカニズム(力学的な因果関係)には未だ不明な部分が多く残されているため、データの無い部分への外挿は避けるべきと考える。前述したような提案式を用いて$S$波速度を求め地盤の卓越周期の算定や応答解析などに利用する場合には、求まった換算$S$波速度自体が持つ誤差や提案式の基になったデータのサンプリング地域に留意して用いることが大切である。

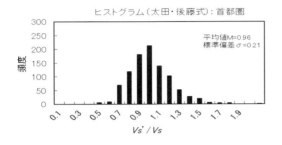
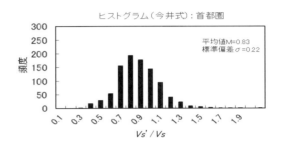
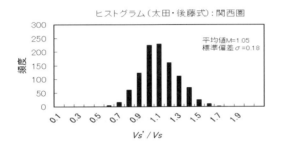
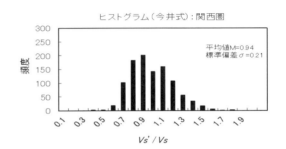
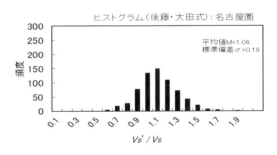
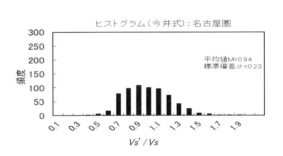
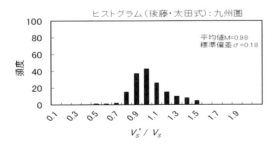
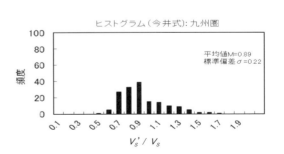

図3.7.6　各地区で得られた$V_S'/V_S$のヒストグラム

表3.7.2　各地区で得られた$V_S'/V_S$の平均値と標準偏差

|  | 首都圏 | | 関西圏 | | 名古屋圏 | | 九州圏 | |
|---|---|---|---|---|---|---|---|---|
|  | 平均値 | 標準偏差 | 平均値 | 標準偏差 | 平均値 | 標準偏差 | 平均値 | 標準偏差 |
| 太田・後藤式 | 0.96 | 0.21 | 1.05 | 0.18 | 1.06 | 0.19 | 0.98 | 0.18 |
| 今井式（1975） | 0.83 | 0.22 | 0.94 | 0.21 | 0.94 | 0.23 | 0.89 | 0.22 |

## 3.7.5 S波測定法（ダウンホール法と孔内起振受振（以下、サスペンション）法）の違いによる $V_S$ 値の比較

地盤調査で行われるPS検層の測定法には、ダウンホール法とサスペンション法がある。ダウンホール法は、ボーリング孔の近傍の地表面で起振した弾性波（P波、S波）を孔内で受振する方法であり、サスペンション法は、同一のボーリング孔内で起振した弾性波を受振する方法である。ここでは、ダウンホール法（DH）とサスペンション法（SPS）の測定結果に違いがあるかを検討した。比較は、それぞれの既往測定結果が近傍にある所を抽出し、同一層と判断される（$N$値や土質より）土層の $V_S$ を比べた。

図3.7.7は、ダウンホール式によって求めた $V_S$（DH）を横軸に、サスペンション式によって求めた $V_S$（SPS）を縦軸にとってプロットしたものである。サスペンション式で得た $V_S$(SPS)の多くは、ダウンホール式の $V_S$(DH)の0.9倍から1.1倍の範囲に入っている。また、土質による違いはなさそうである。

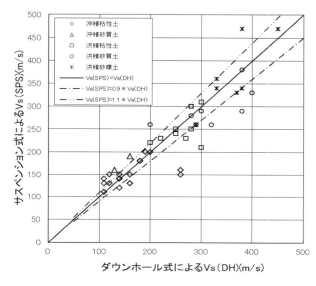

図3.7.7 ダウンホール式による $V_S$ とサスペンション式による $V_S$ の関係

図3.7.8は、同一のボーリング孔を利用して、DH法とSPS法を実施し、測定結果を比較したものである。$V_S$(SPS)/$V_S$(DH)の値は、0.81〜1.32の範囲にあるが、土層の変化が少なく単層の層厚が厚い所では両測定法の値は比較的良く合っている。

このようなことから、原則的には両測定法で測定することに特に支障はないと考えるが、土層の変化が大きい所では両測定法による測定結果に差が生じる可能性がある。DH法の場合、測定間隔を粗くすると薄層の速度を捉らえられないことがあるので注意する必要がある。DH法による測定では、1m間隔で行うことが望ましい。

## 参 考 文 献

3.7.1) 今井常雄，吉村正義：地盤の弾性波速度と力学的性質，物理探鉱，第25巻，第6号，pp.15-24，1972.

3.7.2) 太田裕，後藤典俊：S波速度を他の土質的指標から推定する試み，物理探鉱，第29巻，第4号，pp.31-41，1976.

3.7.3) 今井常雄，麓秀夫，横田耕一郎：日本の地盤における弾性波速度と力学的特性，第4回日本地震工学シンポジウム論文集，pp.89-96，第6号，1975.

3.7.4) 今井常雄，殿内啓司：$N$値とS波速度の関係およびその利用例，基礎工，pp.70-76，1982年6月号

3.7.5) 福和伸夫，荒川政知，小出栄治，石田栄介：GISを用いた既存地盤資料を活用した都市域の動的地盤モデル構築，日本建築学会技術報告集，第9号，pp.249-254，1999.

3.7.6) 田村勇，山崎文雄：K-NETと横浜市強震計ネットワークの地盤調査データに基づくS波速度推定式，土木学会論文集No.696／I-58，pp.237-248，2002.

3.7.7) 多田公平，時松孝次，新井洋：神戸市におけるボーリング資料を利用したS波速度構造推定，日本建築学会大会学術講演梗概集（近畿），pp.317-318，1996.

3.7.8) 永田葉子，中井正一，関口徹：千葉市を中心とした千葉県北西部における土質別S波速度の検討，日本建築学会技術報告集，第14巻，第28号，pp.429-432，2008.

3.7.9) 地盤工学会：第3編物理探査・検層，地盤調査の方法と解説，pp.82-87，2004.

第3章 設計用地盤定数の評価 － 109 －

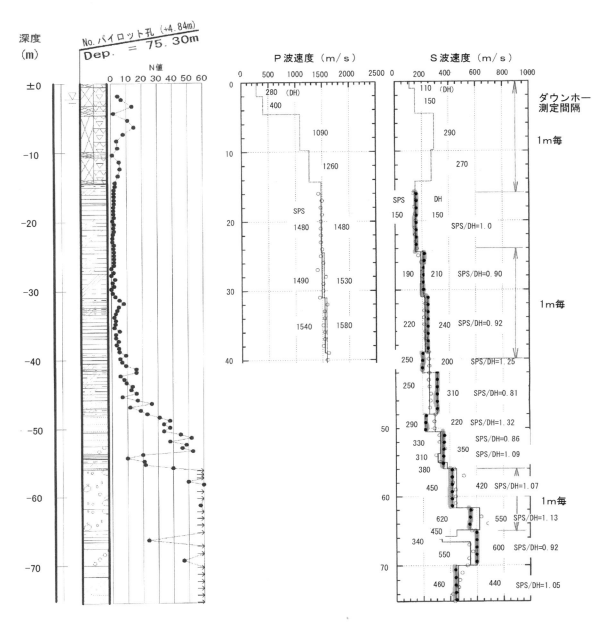

図 3.7.8 同一孔で実施したダウンホール法とサスペンション法の比較

# 第 4 章　基礎の支持性能と地盤評価

# 第4章 基礎の支持性能と地盤評価

## 4.1 基礎設計に用いる地盤反力係数評価の留意点
### 4.1.1 はじめに

基礎構造の設計において、基礎構造と地盤との間の力のやり取りを最も簡単に表したものが地盤反力係数である。地盤反力係数は地盤と接する境界における単位面積あたりの力とその方向に関する両者の相対変位との関係である。したがって、その単位は応力/変位であり、$[F/L^3]$となる。地盤反力係数は地盤ばねと表現されることもあるが、地盤ばねは基礎の面積に作用する力に関して用いることが多いので、地盤反力係数に当該面積を乗じると、単位は$[F/L]$となる。

地盤反力係数は、実物の基礎の載荷試験結果をそのまま採用できることや設計で使いやすい物理量であることから多く用いられるが、地盤そのものの性質のほかに基礎の形状・寸法などの要因を含んだものであることに注意する必要がある。地盤そのものの変形に関する性質は、弾性体のヤング係数やせん断弾性係数に非線形性を考慮した変形係数として表されている。変形係数は地盤固有の性質であるが、変形係数をそのまま用いて基礎の変位を求めることが難しい場合には地盤反力係数の形に変換して利用されている。

地盤反力係数を評価するにあたっては、載荷試験を行い、その結果の荷重と変位の関係から地盤反力係数を経験的に求めることが可能である。一方、周囲の地盤を弾性体あるいは非線形弾塑性体と仮定した検討を行うことにより、理論的に地盤反力係数を求めることも可能である。以下では、直接基礎と杭基礎の設計で用いる地盤反力係数について、後者の検討における留意点を述べたものである。

### 4.1.2 直接基礎の沈下計算に用いる地盤反力係数

直接基礎の沈下を予測するときに用いられるウィンクラーばねモデルは、図 4.1.1 に示すように基礎の底面にばねを配置し、個々のばねは独立した離散型の挙動をするように仮定する。本来、地盤は連続しているので、隣りのばねの影響を受けることは明らかであるが、それを無視することにより、計算が著しく簡単になるので実務でも採用されている。

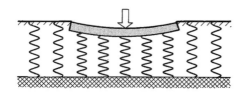

図 4.1.1 地盤モデル(離散化ばね)[4.1.4]

一方、ばねが取り付けられた基礎上の点の変位とばね力をベクトルで表し、これを関係づけるマトリックスを用いることにより、地盤の連続性を考慮することも可能である。この場合には単純な地盤反力係数という形では表現できない。

地盤反力係数は先に述べたように、地盤の変形係数と基礎の形状・剛性から決まる。直接基礎の沈下予測のために用いる地盤の変形係数は平板載荷試験、孔内水平載荷試験、一軸・三軸圧縮試験、標準貫入試験等の試験を行うことにより推定することができる。それらについてのひずみ依存性、拘束圧依存性などの影響の詳細については、前章で詳しく述べられているので、ここでは省略する。

図 4.1.2 は各種の基礎に対して、荷重の増加とともに起こるひずみ増大の影響による剛性低下、地盤内の応力不均一による影響などを非線形有限要素解析により等価変形係数を評価した例である[4.1.1]。等価変形係数は地盤のみの性質ではなく、地盤の特性に基礎の影響を考慮したもので、それぞれの荷重レベルに応じ、地盤内で変形係数を均一と仮定した場合の変形係数である。

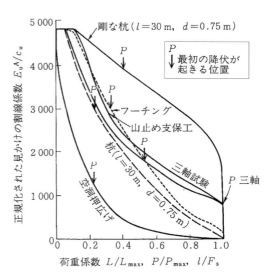

図 4.1.2 荷重レベルに応じた等価変形係数[4.1.4]

直接基礎(フーチング)の場合は、極限荷重(荷重係数=1.0 時)の 1/3 程度の荷重時に最初の降伏が起こり、その時の等価変形係数は初期剛性の 60%の値が妥当であることになる。また、極限値の 2/3 程度の荷重に対しては、初期剛性の 20%の等価剛性を用いればよいことになる。このように得られた等価変形係数を、均一地盤に対して求められている弾性解のヤング係数に代入すれば、想定した荷重における直接基礎の沈下を推定することができる。

以上の関係は地表面載荷の直接基礎における関係であり、基礎の種類が異なると、その関係は異なってくる。剛な杭では、荷重増加に伴い等価剛性は低下するが、その割合は直接基礎より小さく、極限荷重に近づくと急激にその剛性が低下する。極限状態の直前まで等価変形係数は微小ひずみレベルの初期値の 1/2 程度の値を保つ。一方、球空洞押広げの場合は、その初期状態から等価変形係数は急激な低下を起こし、極限状態の 1/2 程度の荷重に対する等価変形係数はその初期値の 1/10 程度の値が妥当という結果となる。

これらの 3 つのモデルの間の等価変形係数の違いの理由は、初期状態から極限状態に至る間の地盤内の要素によって非線形の発展状況が異なること、およびそれによって生じる基礎の変位量の違いに起因する。剛な杭基礎では、杭周面に接する地盤の降伏がほぼ同時に起こり、しかもその状態が基礎の極限状態となる。一方、杭先端の地盤の状態を想定した球空洞押広げの場合には、球面に接する地盤の降伏が比較的早い時期に始り、その周囲の地盤が未降伏であっても、球空洞全体としては急激な剛性低下が見られ、極限状態に近い状態に至っているものと考えられる。

基礎に応じた、また荷重レベルに応じた地盤の等価変形係数が決まれば、弾性解を用いることにより地盤反力係数を求めることができる。

### 4.1.3 杭基礎の変位予測に用いる地盤反力係数
#### （1）鉛直方向の地盤反力係数

杭基礎に鉛直荷重が働く際の杭の沈下を予測する場合に必要な地盤反力係数は、杭先端地盤反力係数と杭周面地盤反力係数である。杭先端ばねと杭周面ばねと言い換えることもできる。

1) 杭周面地盤反力係数

杭頭に働く鉛直荷重のうち、杭軸部から地盤に伝達される荷重は軸部表面と地盤との間のせん断力により伝達される。したがって、長い杭の杭頭と先端部を除いた中間部では、杭から地盤に伝えられたせん断力は図 4.1.3 に示すような同心円筒の側面を通して外側の地盤に伝えられる。この同心円筒の側面に働くせん断応力は杭中心からの距離 $r$ に反比例して減少する。地盤が弾性体であれば、せん断ひずみも同様に $r$ に反比例して減少する。

このように、杭周囲の地盤の変形はせん断変形が主であり、その大きさは杭中心からの距離に反比例する形で減少する。浅い基礎の直下や杭先端直下の地盤が主として体積圧縮することにより基礎が沈下するのに対し、杭周囲の地盤はせん断変形することによって杭軸部が沈下することが特徴的な違いである[4.1.2]。

土の非線形性を考慮すると、ひずみと変形は線形弾性体の場合より杭近くに集中する。どの荷重レベルにおいても最大応力が生じるのは杭表面であるので、最初の降伏は杭表面で起こる。直接基礎や杭基礎底面の地盤の降伏と異なり、杭の表面に接する地盤の条件はどこも同じであるので、杭表面すべてにおいて一斉に地盤が降伏す

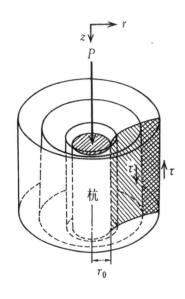

図 4.1.3 杭周面摩擦力の伝達機構 [4.1.3]

れば、そのときが極限状態となる。したがって、杭周面摩擦による荷重～変形関係は土の非線形性の影響をわずかに受けるが、比較的小変形で極限状態に達することになる。しかし、現実には杭軸の鉛直方向で同一条件とは言えず、地盤と杭との相対変形量は通常杭上部ほど大きい。したがって、圧縮性の高い、長い杭では、杭上部で杭表面と地盤との降伏がまず発生し、次第に下方に伝播して行く(図 4.1.4 参照)。このようなことから、局部的な杭と地盤間のせん断応力～変形挙動は比較的小変形で極限に達しても、杭軸部全体の挙動としては、全体の極限に達するには大きな変位が必要となることもある[4.1.3]。

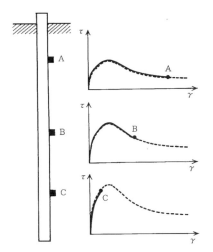

図 4.1.4 長い杭の周面摩擦力の進行性破壊 [4.1.3]

2) 杭先端地盤反力係数

杭先端の状況は地中にある円形の載荷版に荷重が作用した場合と考える(図 4.1.5(a)参照)と、弾性体中にこのような荷重が作用した場合の解が利用できる。この場合は、作用荷重が下方地盤への圧縮と上方の地盤に対する引張とにより分担されるので、杭が長くなると半無限弾性体の表面載荷の場合における応力・変形の 1/2 に近づいて

ゆく。しかし、杭先端荷重は杭先端面直上の地盤に作用するのではなく、むしろ図4.1.5(b)のように、応力開放された杭孔の底面に作用するモデルのほうが現実に近い。この解放された杭孔の側面には前述の杭周面摩擦力が作用して地盤を変形させる。さらに、図4.1.5(c)のように杭先端から上部の地盤をまったく無視すると、杭先端の沈下は3ケースの中で最大となるが、現実は図4.1.5(a)より(c)に近いと考えられる。したがって、ある程度の誤差を覚悟すれば、杭先端の荷重～沈下関係は浅い基礎における地盤反力係数を利用することが可能である。

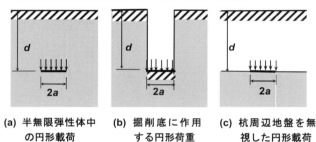

図4.1.5 杭先端載荷モデル[4.1.4]

杭周囲の地盤の挙動が浅い基礎の場合と異なる理由のひとつは、杭施工時の問題がある。通常、浅い基礎では基礎版より下方の地盤は施工により性質が大きく変化しないものと考えられるが、杭は施工によって周囲の地盤の密度や剛性を大きく変える可能性が高い。排土杭のように杭の設置により杭先端はもちろん杭周囲の地盤の密度を増加させる場合には、一般に杭に近い部分の土の剛性が増加する傾向にある。一方、場所打ちコンクリート杭のように非排土杭の場合には、施工時の地盤の緩みや応力開放により、杭周囲の地盤の剛性が低下する可能性がある。いずれも本来均一な地盤であっても不均一な地盤に変化するので、地盤の評価にあたっては注意が必要である。

**（2）水平方向の地盤反力係数**

杭頭部に水平力が作用した場合の杭の応力・変位を算定するにあたっては、周囲の地盤から杭に働く水平地盤反力が必要である。杭の水平変位と地盤反力の関係が地盤反力係数である。地盤の水平変位によって杭が水平力を受ける場合においても、上記と同様に地盤反力係数が必要となる。

いずれの場合でも、杭に水平荷重が働いたとき、深さ $x$ における水平変位 $y$ は以下の式で表わされる。

$$EI\frac{d^4y}{d_x^4} + P = 0 \quad (4.1.1)$$

ここで、$EI$ は杭の曲げ剛性、$P$ は地盤反力であり、杭径を $B$ としたとき

$$P = k_h B_y \quad (4.1.2)$$

で表わされる $k_h$ を水平地盤反力係数と呼んでいる。このモデルは図4.1.1に示すばねモデルを縦に置き換えたもので、それぞれのばねは独立に挙動する離散型のモデルである。ばねの間の相互作用は、直接基礎の場合と同様に、マトリックスで表現することも可能である。

式(4.1.1)の水平変位 $y$ に対して $k_h$ は一定(弾性体)とし、深さ $x$ に対しても一定(均一地盤)とした場合、杭は無限に長いときの解がチャン(Y. L. Chang)によって導かれ、その結果が設計に用いられている。ところで、水平荷重を受ける杭の周囲の地盤は、変位の増大に伴い非線形性を示すので、線形ばねの解を用いる場合には、地盤の非線形性を考慮した等価ばねが採用されている。Chang の方法は簡便な計算により解が得られることから、設計においては広く用いられているが、地盤の非線形性と不均一性のため、一定の地盤反力係数を用いることに対して合理的な解釈が必要である。

杭頭に水平荷重を加える載荷試験を行い、得られた杭頭荷重と杭頭水平変位から、杭全長にわたって一様と仮定した場合の地盤反力係数を求めることができる。しかし、仮に地盤が一様であっても、水平変位は深さによって異なるので、等価な地盤反力係数は深さとともに変化する。したがって、等価地盤ばねを用いる場合でも、それは実際の地盤ばねの実態を表しているものではなく、杭頭変位をChangの解と一致させるための仮想の地盤反力係数を求めているに過ぎないことに注意する必要がある。

杭頭に水平荷重を加えたときの地表面位置における杭の変位が1cmの状態における杭頭荷重から地盤反力係数(深さ方向に一定値と仮定して)を逆算して求め、これを基準水平地盤反力係数 $k_{h0}$ と呼んでいる。したがって、杭の水平載荷試験から求める $k_{h0}$ は、たとえ多層地盤であっても同一の値として評価される。しかし、この $k_{h0}$ を用いて多層地盤における杭の水平問題を解く場合、それぞれの地層に対して水平変位は異なるので、変位量による非線形性を考慮した地盤反力係数 $k_h$ を採用する。

一方、建築基礎構造設計指針では単杭の基準水平地盤反力係数 $k_{h0}$ は次式によっている。

$$k_{h0} = \alpha \cdot E_0 \cdot B^{-3/4} \quad (4.1.3)$$

ここで、$\alpha$: 評価法と地盤種別によって決まる定数, $E_0$: 変形係数, $B$: 杭径(cm)

この式は、杭の水平載荷試験における地表面変位1cmにおける作用荷重から逆算した $k_{h0}$ と最大曲げモーメント発生位置付近の孔内水平載荷試験、一軸・三軸圧縮試験あるいは標準貫入試験N値などを用いて推定した地盤の変形係数との関係から導かれたものである。採用した変形係数は局所的な値や平均的な値であり、理論解を適用した均一地盤の状態と等価である保証はない。既往の研究により、得られた $k_{h0}$ と地盤の変形係数の関係を総合的に判断して式(4.1.3)は導かれたものである。

各種の地盤調査結果から地盤の変形係数 $E_0$ を推定し、式(4.1.3)により得られた基準地盤反力係数を用いて、多層地盤中の杭の水平問題について、層毎の地盤反力係数を設定して解析する方法が採用されている。しかし、以上述べた基準水平地盤反力係数 $k_{h0}$ を導入した意味を考えると、あまり詳細な層区分を行って評価することは意味を持たないことに留意する必要がある。

### 4.1.4 おわりに

直接基礎と杭基礎の変位を求める際に使用する地盤反力係数の評価に関する留意点を述べたが、いずれの基礎に関しても共通して言えることは、地盤のひずみレベルが地盤中の位置で大きく異なることである。しかし、一般的な実務における解析方法では、この非線形性を直接扱うのは困難である場合が多く、等価弾性として扱うことの利便性が高く、実際に多く利用されている。その場合に用いている変形係数や地盤反力係数は、基礎の全体の挙動を説明するためのものであり、実際の土要素で起こっている状況とは合致しない可能性が高いことに留意する必要がある。

基礎の各部において、基礎と地盤との間に生じている応力と変位の関係や地盤内部の正確なひずみの状況を計測することができれば、真の地盤反力係数の評価に極めて有効であるが、現状では大部分のケースにおいてそのレベルに至っていない。したがって、実務の設計において有用とされる等価な変形係数や地盤反力係数は、基礎の変位の状況を説明するために間接的に求められたものであることを認識し、本来の性能以上の精度を用いた応用を避けることが肝要である。

#### 参 考 文 献

4.1.1) Jardine R. J., Potts, D. M., Fourie, A. B. and Burland, J. B.: Studies of the influence of non-linear stress-strain characteristics in soil-structure interaction, Geotechnique, Vol.36, No.3, pp.377-396, 1986.

4.1.2) Randolph M. F. and Wroth C. P.: Analysis of deformation of vertically loaded piles, J. Geotechnical Engineering, ASCE, Vol.104, No.GT12, pp.1465-1488, 1978.

4.1.3) Randolph M. F. and Wroth C. P.: Application of the failure state in undrained simple shear to the shaft capacity of driven piles, Geotechnique, Vol.31, No.1, pp.143-157, 1979.

4.1.4) 桑原文夫:『基礎の沈下予測と実際』第1章概説, 地盤工学会, pp.3-26, 2000.

## 4.2 直接基礎の即時沈下の簡易算定法

基礎指針では、直接基礎の即時沈下を算定する実用的な方法として、地盤を成層の弾性体とみなし、スタインブレナー（Steinbrenner）の近似解などの弾性論を用いる方法を示している。弾性論を用いる際の地盤の変形係数は、地盤のひずみ依存性を適切に評価して設定することが求められる。ここでは、その変形係数を簡易的に求める方法を紹介する。

### 4.2.1 即時沈下計算用の変形係数の評価

基礎指針では、即時沈下計算用のひずみ依存性を考慮した地盤の変形係数の評価法として、地盤のひずみ依存性にせん断剛性低下率とせん断ひずみの関係式（$G/G_0 \sim \gamma$ 曲線）を図示し、この関係式に基づく繰り返し収束計算によって $E$ を評価する方法を推奨している。

この推奨法に従って収束計算を行う際、地表面に矩形の等分布荷重を作用させたときの弾性解の沈下量は載荷面中央部で最大となり、続いて辺部、隅角部の順に小さい値となるが、基礎指針では平面的にどの位置に生じる沈下量に基づき地盤のひずみを評価すべきかには触れていない。これを受けて既往の研究[4.2.2) 4.2.3)]では、中央部と隅角部の平均鉛直ひずみに基づき、繰り返し収束計算を行う方法を提案している。提案法の実建物への適用性は、鈴木・佐原[4.2.2)]が提案法を既往の直接基礎建物の沈下解析に適用し、沈下実測値と計算値との比較により確認している。

しかし、このような収束計算は実務においては煩雑である。そこで、渡辺・真島[4.2.3)]は、いくつかの地盤および荷重条件について平均鉛直ひずみに基づく推奨法による収束計算を行い、砂質土は $N$ 値と $E$ の関係、粘性土は一軸圧縮強さ $q_u$ と $E$ の関係を図 4.2.1 の計算図表として整理している。計算図表は収束計算が不要であり、建物の計画段階など詳細な地盤調査をする余裕が無い場合にも簡便に $E$ を評価できる。図 4.2.1 において係数 $\alpha$ は、

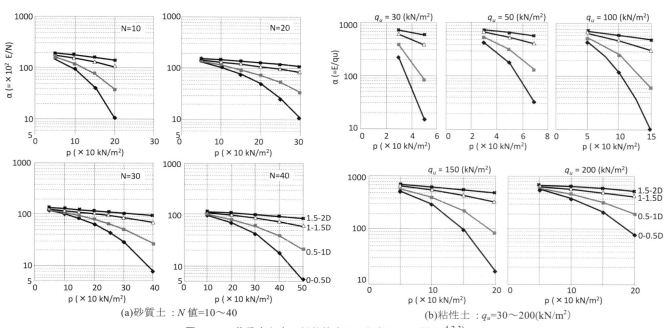

(a)砂質土：$N$ 値=10～40　　　(b)粘性土：$q_u$=30～200(kN/m²)

図 4.2.1　荷重度と変形係数算定用の係数 $\alpha$ との関係[4.2.3)]

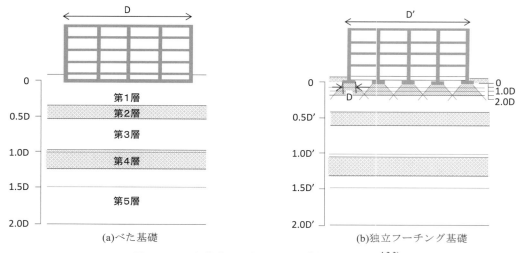

(a)べた基礎　　　(b)独立フーチング基礎

図 4.2.2　べた基礎と独立フーチング基礎への適用[4.2.3)]

砂質土では $N$ 値に対する $E$ の比、粘性土では $q_u$ に対する $E$ の比である。地層毎に基礎幅 $D$ に対する地層の平均深度と荷重度に基づき $\alpha$ を読み取って $E$ を評価する。読み取る際の基礎幅 $D$ と地層深度の考え方を図 4.2.2 に示す。独立フーチング基礎の場合は、荷重の分散角を 1:1 と仮定し、隣接フーチングと影響範囲が重なるよりも浅い地層では、各フーチングの幅を $D$ として $\alpha$ を求める。

変形係数 $E$ を求める計算図表には、図 4.2.3 に示す鈴木・石井[4.2.4]が纏めた地盤の剛性低減率 $E/E_0$ と地盤の鉛直応力 $\sigma$ を地盤の初期変形係数 $E_0$ で除した値との関係（$E/E_0$〜$\sigma/E_0$ 関係）もある。この図表を用いるにはあらかじめ鉛直地中応力 $\sigma$ の算定が必要である。$\sigma$ の算定には、基礎指針に示されているブーシネスク（Boussinesq）の式を積分した地表面上の長方形面に等分布荷重が作用した時の任意深さにおける地中応力の算定式を用いる。$E/E_0$ の評価に用いる各地層の $\sigma$ は、各地層の中心深度における載荷面の水平投影面の中央部と隅角部の平均値としている。

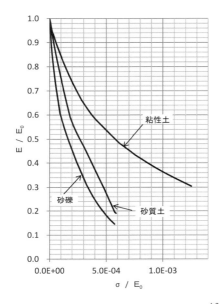

図 4.2.3 地盤の剛性低減率を求める計算図表 [4.2.4]

### 4.2.2 変形係数の低減率の簡易評価図表

既往の研究を踏まえて、建築学会の建築基礎設計のための地盤定数検討小委員会地盤抵抗評価 WG では、地盤の変形係数 $E$ の評価法として、$E_0$ に荷重度や地層の深度に応じた低減率 $E/E_0$ を乗じる方法と渡辺・真島[4.2.3]の計算図表の整理法に着目し、鉛直地中応力を計算せずに $E/E_0$ を評価できる計算図表を作成した[4.2.5]。

計算図表の求め方を示す。地盤モデルを図 4.2.4 に、地盤定数一覧を表 4.2.1 に示す。地盤は均質で、載荷面は一辺の長さ $B$ が 10m の正方形、層厚は $2B$（=20m）である。地盤の初期変形係数（微小ひずみレベルにおける変形係数）$E_0$ は、今井式[4.2.6]を用いて $N$ 値から推定した S 波速度 $V_s$ に基づき設定する。想定した $N$ 値は、砂質土では $N$ 値=10、20、30、50、粘性土では $N$ 値=2、5、10、20 である。ポアソン比 $\nu$ は、砂質土で 0.3、粘性土で 0.45 とした。この想定地盤について、基礎指針に示されているスタインブレナー（Steinbrenner）の近似解を用いて、載荷面からの深度に応じた低減率 $E/E_0$ と荷重度 $P$ の関係を求める。具体的な計算手順は次の通りである。

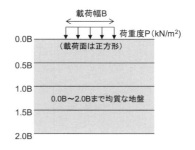

図 4.2.4 計算図表算定用の地盤モデル

表 4.2.1 地盤定数一覧

| $N$ | $V_s$(m/s) | $\nu'$ | $\rho$(kN/m³) | $E_0$(kN/m²) | $\nu$ |
|---|---|---|---|---|---|
| 2 | 115 | 0.49 | 18.0 | 60,000 | |
| 5 | 157 | 0.49 | 18.0 | 150,000 | 砂質土 =0.3 |
| 10 | 198 | 0.49 | 18.0 | 210,000 | |
| 20 | 250 | 0.49 | 18.0 | 330,000 | 粘性土 =0.45 |
| 30 | 286 | 0.49 | 18.0 | 450,000 | |
| 50 | 340 | 0.49 | 18.0 | 630,000 | |

$V_s$：S 波速度（今井式[4.2.6]、$V_s$=91$N^{0.337}$）、
$\nu'$：$N$ 値から $E_0$ を算出する際のポアソン比、
$\rho$：土の単位体積重量、$E_0$：微小ひずみレベルにおける地盤の変形係数、$\nu$：沈下計算に用いるポアソン比

＜計算手順＞
① 地盤を載荷幅 $B$ に対して $0.5B$ の層厚で分割する。
② 各層の変形係数 $E$ として $E_0$ を設定する。
③ 各層において、想定した荷重度 $P$ に対する平均圧縮量（載荷面の中央部と隅角部の圧縮量の平均）をスタインブレナーの近似解を用いて求め、さらに層厚で除して各層の平均鉛直ひずみ $\varepsilon$ を求める。
④ $\varepsilon$ から各層の平均せん断ひずみ $\gamma$ を求める。
（$\gamma = \varepsilon(1+\nu)$、$\nu$：ポアソン比）
⑤ $G/G_0$〜$\gamma$ 関係式（図 4.2.5）から各層の剛性低下率を評価する。
⑥ 各層の $E$ として、$E_0$ に⑤で求めた剛性低下率を乗じた値を再設定する。
⑦ ③〜⑥を繰返して $E$ を収束させる。収束条件は、$E$ の再設定前と後の差が 5%以下とする。
⑧ 各層について、$E$ が収束したときの低減率 $E/E_0$ と荷重度 $P$ の関係を計算図表として整理する。

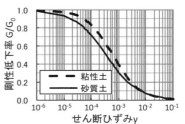

（基礎構造設計指針2001に示された曲線から作成した平均ライン）

図 4.2.5 地盤の非線形性

この方法で得られた荷重度 $P$ と低減率 $E/E_0$ の関係を図4.2.6 に示す。土質や $E_0$ によらず $E/E_0$ は荷重面に近いほど小さく、荷重度が大きいほど小さい傾向にある。また、$E_0$ が等しい $N$ 値＝20 の砂質土と粘性土を比較すると、土質によって $G/G_0 \sim \gamma$ 曲線が異なることから、荷重度が等しい場合でも砂質土の $E/E_0$ は粘性土よりも小さい。

計算図表を用いて地盤の変形係数 $E$ を設定する手順は、次の通りである。

① 基礎底面下の地盤を層分割する。
② 層毎に、PS 検層や $N$ 値から微小ひずみレベルにおける変形係数 $E_0$ を設定する。
③ 図 4.2.6 の中から、層の土質と $N$ 値または $E_0$ に近い図表を層毎に選択し、荷重度と、載荷幅を基準とした載荷面からの深さに基づいて低減率 $E/E_0$ を読み取る。
④ 層毎に③で求めた $E/E_0$ を $E_0$ に乗じ、これを沈下計算に用いる変形係数 $E$ とする。

計算図表を用いて変形係数を評価する方法は簡易的であり、表層改良時のように隣接する地層との剛性差が著しい場合への適用性など、検討の余地はある。しかし、実務で実施することも多い荷重度や地層深度を考慮せずに地盤の低減率を設定する方法よりも、沈下計算の精度向上が期待できると考える。なお、実物件への適用性および計算例については、第 5 章の Q&A4-1 に示しているので参照されたい。

#### 参 考 文 献

4.2.1) 日本建築学会：建築基礎構造設計指針，pp.142-143，2001.
4.2.2) 鈴木直子，佐原守：即時沈下計算に用いる変形係数の一評価法，第41回地盤工学研究発表会，pp.1341-1342，2006.
4.2.3) 渡辺徹，真島正人：直接基礎の即時沈下計算に用いるヤング率の簡便推定法，日本建築学会大会学術講演梗概集，pp.679-680，2002.
4.2.4) 鈴木直子，石井雄輔：即時沈下計算に用いる変形係数の一評価法（その 2），第46回地盤工学研究発表会，pp.1151-1152，2011.
4.2.5) 鈴木直子：直接基礎の即時沈下計算に用いる変形係数の計算図表，日本建築学会大会学術講演梗概集，pp.451-452，2013.
4.2.6) Tsuneo Imai: P and S wave velocities of the ground in Japan, Proc. 9th ICSMFE, Tokyo, Vol.2, pp. 257-260, 1977.

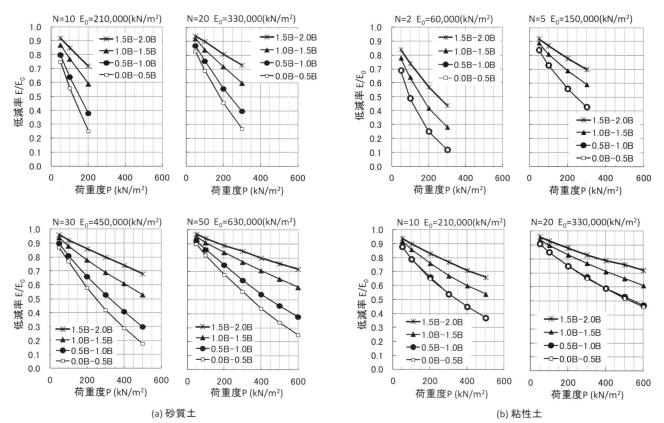

(a) 砂質土　　(b) 粘性土

図4.2.6　荷重度と低減率の関係

## 4.3 杭頭鉛直ばねの評価
### 4.3.1 はじめに

本報告では、杭の鉛直荷重～変位関係の評価法に関して検討した結果を示す。杭頭部における沈下量を作用荷重で除して求めた杭頭の沈下ばね $K_v$ に関して、下記の項目について実施した。

- 各種基準類の杭頭や杭先端の沈下ばね評価方法の調査
- 載荷試験結果との各種評価方法の比較

### 4.3.2 検討方法

以下の方法について杭頭ばねの評価方法を調査した。
- 建築基礎構造設計指針：日本建築学会
- 道路橋示方書：日本道路協会
- 土木研究所資料：独立行政法人土木研究所
- 鉄道構造物等設計標準：鉄道総合研究所

それぞれの評価方法の概要は以下の通りである。

**（1）建築基礎構造基礎指針[4.3.1)]の方法**

基礎指針では単杭の即時沈下量を求める方法として、載荷試験による方法と計算による方法の2つの方法が挙げられている。基本は鉛直載荷試験を実施することであるとしているが、載荷試験を実施した場合でも、より大径の杭の沈下量を評価する方法として荷重伝達法が推奨されていることから、ここでは荷重伝達法を対象とする。

荷重伝達法は計算による方法であり、図 4.3.1 に示すように杭体を弾性体と仮定していくつかの杭要素に分割し、各杭要素に杭と地盤の相対変位から決まる周面摩擦ばねと杭先端ばねを付加したモデルを解くことによって、杭頭の荷重～沈下関係を得るものである。地盤の摩擦ばねと先端ばねには、各杭要素における沈下量と周面摩擦抵抗および杭先端の沈下量と先端抵抗の関係が用いられる。荷重伝達法によって杭頭の荷重～沈下関係が評価できれば、特定の杭頭荷重 $P$ に対する沈下量 $\omega$ が得られるので、$K_v$ は $P/\omega$ で求めることが可能となる。

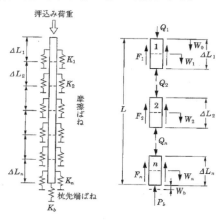

図 4.3.1　荷重伝達法[4.3.1)]

**（2）道路橋示方書[4.3.2)]の方法**

道路橋示方書（以下、道路橋と略す）では、基礎指針同様、$K_v$ は杭の鉛直載荷試験から求めるのが望ましいとしているが、一般的な杭基礎の設計には、下記の推定式を用いて良いとしている。

$$K_v = a \frac{A_p E_p}{L} \quad (4.3.1)$$

ここに、$K_v$：杭の軸方法のばね定数(kN/m)
$A_p$：杭の純断面積(mm²)
$E_p$：杭のヤング係数(kN/mm²)
$L$：杭長(m)

$a$ は杭の施工法によって異なり、例えば場所打ち杭の場合には次式で算定する。

$$a = 0.031(L/D) - 0.15 \quad (4.3.2)$$

$L/D$ は根入れ比である。道路橋の方法では、地盤のパラメータ（強度や変形係数など）とは無関係に杭頭の $K_v$ が算定できる点に特徴がある。これは載荷試験における実測 $K_v$ から施工法別に根入れ比 $L/D$ との関係に着目して $a$ を逆算する方法をとっていることによる。逆算に当たって使用された実測 $K_v$ は、杭頭の荷重～沈下関係から判定された地盤の降伏時おける割線勾配であり、いわゆる長期荷重相当ではない。

**（3）土木研究所資料[4.3.3)]の方法**

土木研究所資料第 4139 号では、道路橋の方法と同様に載荷試験結果を利用して $K_v$ の算定方法を設定しているが、この方法による $K_v$ の算定では、評価方法の誘導の過程で、杭の鉛直支持力（先端・周面摩擦力）、杭先端の沈下剛性と杭先端への荷重の伝達率が考慮されている。$K_v$ は次式で評価される。

$$K_v = \beta \frac{1}{\dfrac{L}{2EA}(1+\gamma_y) + \dfrac{4\gamma_y}{\pi D_p^2 k_v}} \quad (4.3.3)$$

ここに、

$K_v$　：杭軸方向バネ定数(kN/m)の推定値
$L$　：杭長(m)
$E$　：杭体の弾性係数(kN/m²)
$D_p$　：杭先端径(m)
$\gamma_y$　：杭頭降伏時の先端伝達率($0 \leq \gamma_y \leq 1$)
$k_v$　：杭先端の地盤反力係数で次式で算定

$$k_v = \alpha_{kl} \frac{1}{0.3} E_0 \left(\frac{D_p}{0.3}\right)^{-3/4} \quad (4.3.4)$$

$\alpha_{kl}$　：$k_v$ の推定における施工方法の補正係数

である。

$\gamma_y$ の算定には、支持力算定式で求めた先端支持力と杭頭における支持力、ならびに極限時における先端伝達率を推定するための補正係数が用いられ、ともに杭工法に応じた表形式で提示されている。

**（4）鉄道構造物等設計標準[4.3.4)]の方法**

鉄道構造物等設計標準・同解説（以下、鉄道標準と略す）では、杭基礎構造物の構造解析に用いる地盤抵抗モデルとして、杭先端の鉛直地盤抵抗、杭周面の鉛直せん断抵抗と杭周面の水平地盤抵抗の算定方法が示されている。図 4.3.2 は杭基礎の地盤抵抗の特性を示しているが、地盤抵抗のモデルは、降伏点を折れ点とするバイリニア型の地盤ばねとしてモデル化されている。杭頭の沈下ば

ね（$K_v$）を評価するためには、$K_{tv}$（杭先端の鉛直地盤反力係数：kN/m³）と $K_{fv}$（杭周面の鉛直せん断地盤反力係数：kN/m³）にそれぞれ杭先端面積および杭周面積を乗じてばね値とした上で、荷重伝達法などの方法を利用する必要がある。

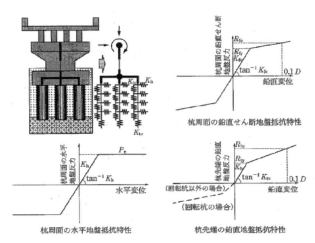

図 4.3.2　杭の地盤抵抗特性のモデル化 [4.3.4]

鉄道標準の方法でも、載荷試験結果を基に $K_{tv}$ および $K_{fv}$ の算定式を杭工法毎に評価している。場所打ちコンクリート杭の場合、

$$K_{tv} = 1.4 \rho_{gk} E_d D^{-\frac{3}{4}} \quad (4.3.5)$$

$$K_{fv} = 0.2 \rho_{gk} E_d \quad (4.3.6)$$

となる。ここで、$E_d$ は地盤の変形係数の設計用値（KN/m²）、$D$ は杭径(m)であり、$\rho_{gk}$ は地盤修正係数（短期 1.0・長期 0.5）である。鉄道標準の方法では地盤パラメータとして地盤の変形係数が評価式に含まれている。$K_{tv}$ および $K_{fv}$ を載荷試験結果から評価するに当たっては、杭施工法によらず基準沈下量10mm（$K_{tv}$ では杭先端沈下、$K_{fv}$ では区間平均沈下）における割線勾配を採用しているが、長期相当の沈下量にはクリープ変形が含まれるとして、試験より得られた値を 1/1.5 倍に低減している [4.3.5]。

### 4.3.3　載荷試験結果との比較

BCS（建築業協会、現在は日本建設業連合会）で収集された杭の鉛直載荷試験の事例集 [4.3.6] を元に、基礎指針・道路橋・土木研究所・鉄道標準の手法により算定した杭頭の沈下ばねと載荷試験より求めたばねを比較する。このうち荷重伝達法では、杭周囲の摩擦抵抗（摩擦〜変位関係）に、下式で示される双曲線モデル [4.3.7] を用いた。

$$F = \frac{S_p}{A + B \cdot S_p} \quad (4.3.7)$$

ここに、$F$：摩擦力，$S_p$：杭の変位，$1/A$：初期剛性，$1/B$：極限摩擦抵抗である。

初期剛性は、地盤の変形係数（PS検層による初期剛性を使用し、PS検層が実施されていない場合には標準貫入試験の $N$ 値から推定）から杭要素の大きさに応じて、ミンドリン（Mindlin）の第1解を用いて算定した。杭先端の抵抗（荷重〜沈下関係）には、地盤種別に応じて、載荷試験結果から得られた評価式を用いた。（4.3.8）〜（4.3.9）式に代表的な提案式を示す。いずれの評価式も杭先端の直径と極限荷重度を与えることで、杭先端の荷重〜沈下関係を決定することができる。(4.3.8)式はBCSが提案する砂礫地盤での提案式、(4.3.9)、(4.3.10)式は、それぞれ BCS と建築学会が提案する砂地盤での提案式であり、3者の関係を図 4.3.3 に示す。

先端地盤が砂礫の場合（BCS砂礫）[8]

$$S_p = \left[ 0.012 \frac{R_p}{(R_p)_u} + 0.088 \left\{ \frac{R_p}{(R_p)_u} \right\}^{3.31} \right] D_p \quad (4.3.8)$$

先端地盤が砂の場合（BCS砂）[8]

$$S_p = \left[ 0.023 \frac{R_p}{(R_p)_u} + 0.077 \left\{ \frac{R_p}{(R_p)_u} \right\}^{2.70} \right] D_p \quad (4.3.9)$$

先端地盤が砂の場合（基礎指針砂）[1]

$$S_p = \left[ 0.03 \frac{R_p}{(R_p)_u} + 0.07 \left\{ \frac{R_p}{(R_p)_u} \right\}^2 \right] D_p \quad (4.3.10)$$

$S_p$：杭先端の沈下量，$D_p$：杭の先端径，$R_p$：先端荷重度，$(R_p)_u$：先端地盤の極限荷重度

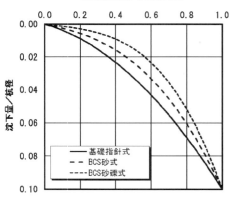

図 4.3.3　杭先端の荷重度〜正規化沈下関係

### 4.3.4　BCS の収集データ

表 4.3.1 および表 4.3.2 に BCS で収集した載荷試験一覧とその出展を示す。各手法による杭頭ばね $K_v$ の比較にはこれらのデータのうち、検討に必要なデータが読み取り可能なものを選択した（同一事例でも検討手法によっては、適用できない事例もあった）。載荷試験のうち多くは設計荷重の確認のために実施されており、極限荷重（杭先端沈下量が先端径の 10％以上）まで載荷されていない事例も含まれている。そのためにおける $K_v$ の算定は、長期相当として載荷試験における最大荷重の 1/3 の荷重時の沈下量に対して行った。鉄道標準の方法では、杭体を剛体として文献より求めた $K_{tv}$、$K_{fv}$ を単純加算して $K_v$ を評価した。

表 4.3.1 載荷試験出典一覧その1

| 番号 | 事例名称 | 出典 |
|---|---|---|
| 1 | 建築学会大会梗概集 1999年9月 20359 | 大口径場所打ちコンクリート杭の鉛直載荷試験(その3),建築学会大会,pp.717-718,1999 |
| 2 | 建築学会大会梗概集 2000年9月 20280 | しらす地盤における同時埋設合成交換杭の鉛直支持力(その1),建築学会大会,pp.559-561,2000 |
| 3 | BCS報告書 事例C-7-2(P2) | 比較的良好な砂礫層を有する場所打ち摩擦杭の鉛直載荷試験,第46回土木学会1991.3 |
| 4 | BCS報告書 事例D-7-1(安治川) | 場所打ち杭の鉛直試験結果と設計支持力,第42回土木学会,pp.710-711,1987.9 |
| 5 | BCS報告書 事例C-7-2(P5) | 比較的良好な砂礫層を有する場所打ち摩擦杭の鉛直載荷試験,第46回土木学会1991.3 |
| 6 | BCS報告書 事例D-7-2(高砂) | 場所打ち杭の鉛直試験結果と設計支持力,第42回土木学会,pp.710-711,1987.9 |
| 7 | BCS報告書 事例C-3 | 超高層RC建物基礎に用いられるベノト杭の鉛直載荷試験(その1),第22回土質工学会,pp.1147-1148,1987 |
| 8 | BCS報告書 事例A-3 | 場所打ちコンクリート杭の鉛直支持力について,昭和59年度建設省技術研究会営繕部布告 |
| 9 | 建築学会大会梗概集 1996年 No.20241 | 市立泉佐野病院のPHC杭の鉛直載荷試験,建築学会大会,pp481-482,1993 |
| 10 | 建築学会大会梗概集 1999年 No.20353 | 東京湾岸埋立地における同時埋設ソイルセメント鋼管杭の鉛直支持力性状,建築学会大会,pp705-706,1999 |
| 11 | BCS報告書事例14-2 | BCSで収集した場所打ち杭の載荷試験データ(未発表) |
| 12 | BCS報告書事例19 | 〃 |
| 13 | BCS報告書事例A-1(試験杭B) | 丹尺場所打ち杭の鉛直載荷試験,第18回土質工学会,pp.989-992,1983 |
| 14 | BCS報告書事例A-5 | 場所打ちコンクリート杭(短杭)の鉛直載荷試験結果とその解析,第44回土木学会,pp.854-855,1989 |
| 15 | BCS報告書事例C-1(CCP-1) | 山形盆地における摩擦杭の現地載荷試験,基礎工,pp.87-95,1984.1 |
| 16 | BCS報告書事例C-1(CCP-2) | 〃 |
| 17 | BCS報告書事例D-5(No.14) | 場所打ちくいの先端支持力と周面摩擦力の推定式,第19回土質工学会,pp.987-988,1984 |
| 18 | BCS報告書事例A-2 | 名古屋市地下鉄6号線国鉄名古屋駅横断部の既設構造物への影響試験,第39回土木学会,pp.347-348,1984 |
| 19 | BCS報告書事例C-6 | 小径長大場所打ち杭の鉛直載荷試験について,第25回土質工学会,pp.1287-1288,1990 |
| 20 | 建築学会大会梗概集 1999年 20357 | 大口径場所打ちコンクリート杭の鉛直載荷試験,建築学会大会,pp.713-714,1999 |

表 4.3.2 載荷試験出典一覧その2

| 番号 | 事例名称 | 出典 |
|---|---|---|
| 21 | BCS報告書 事例B-6-1 | 荷重-沈下量曲線の形状を考慮した場所打ち杭の支持力,土と基礎,1993.4 |
| 22 | BCS報告書 事例B-6-2 | 〃 |
| 23 | BCS報告書 事例B-6-3 | 場所打ちくいの先端支持力と周面摩擦力の推定式,第19回土質工学会,pp.987-988,1984 |
| 24 | BCS報告書 事例C-8 | 八戸地区における摩擦ぐいの鉛直載荷試験について(出典不明) |
| 25 | BCS報告書 事例D-8-T1 | 双曲線型抵抗を用いたLoad-Transfer法による杭の荷重-沈下曲線算定,第28回土質工学会,pp.1341-1346,1988 |
| 26 | BCS報告書 事例D-8-T2 | 〃 |
| 27 | BCS報告書 事例D-8-PIP1 | 〃 |
| 28 | BCS報告書 事例D-8-PIP2 | 〃 |
| 29 | BCS報告書 事例D-8 | 〃 |
| 30 | 建築学会大会梗概集 2002年 20250 | 洪積シルト層に止めた大口径場所打コンクリート杭の鉛直載荷試験,建築学会大会,pp.499-500,2002 |
| 31 | BCS載荷試験 事例24 | BCSで収集した場所打ち杭の載荷試験データ(未発表) |
| 32 | 大宮鐘塚A地区 載荷試験 | 社内資料(未発表) |
| 33 | BCS報告書 事例A-4 | 超高層RC建物基礎に用いられるベノト杭の鉛直載荷試験(その2),第22回土質工学会,pp.1149-1180,1987 |
| 34 | BCS報告書 事例B-2-T1 | 場所ぐいと鉛直支持力の関係,pp.40-46,土木,37巻17号,1982.2 |
| 35 | BCS報告書 事例B-2-T2 | 〃 |
| 36 | BCS報告書 事例B-2-T3 | 〃 |
| 37 | BCS報告書 事例23 | BCSで収集した場所打ち杭の載荷試験データ(未発表) |
| 38 | BCS報告書 事例22 | 〃 |
| 39 | BCS報告書 事例20 | 〃 |
| 40 | BCS報告書 事例21 | 〃 |

### 4.3.5 各種手法と載荷試験結果の対応

図4.3.4は、載荷試験結果と荷重伝達法による荷重〜沈下関係を比較した例である。荷重伝達法では、荷重〜沈下関係が載荷試験と良く対応する場合とそうでない場合とに分かれるが、図は比較的良く一致している場合を示している。荷重伝達法では、杭先端の荷重〜沈下関係として、統計的な手法によって決定された提案式を用いたが、載荷試験によっては杭先端の荷重〜沈下関係が、この提案式と大きく乖離するものがある。そうした場合、杭周面摩擦力が上限に達した以降の試験結果と、荷重伝達法による予測結果は対応が悪くなった。図4.3.5〜図4.3.7は、杭頭の沈下ばねを比較した結果である。それぞれの算定結果は、載荷試験より評価したばね値で正規化して示している。

これらの図より以下の傾向のあることが確認された。

- 荷重伝達法による杭頭沈下ばね（▲）は試験結果よりも大きめに評価される傾向がある（図4.3.5参照）。今回の検討では、地盤剛性にPS検層（もしくは$N$値）より評価した地盤の初期剛性を用いたためと考えられる。
- 道路橋(◇)および土研資料(*)の方法による沈下ばねは、総じて試験結果より小さめとなり両者の対応は良い。道路橋・土研資料の方法では、算定される$K_v$が降伏荷重に相当するばねとなるためと言える（図4.3.6参照）。
- 鉄道標準の方法では、道路橋や土研資料の方法よりも大きめな沈下ばねとなる場合がある。今回の検討では、杭体を剛体として扱い、$K_{fv}$と$K_{fv}$を単純加算して$K_v$を評価したことが一因と考えられる（図4.3.7参照）。

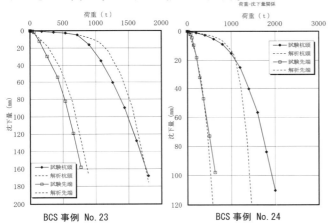

**図4.3.4 荷重伝達法による試験結果と解析結果の比較**

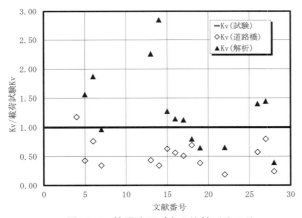

**図4.3.5 杭頭沈下バネの比較（その1）**

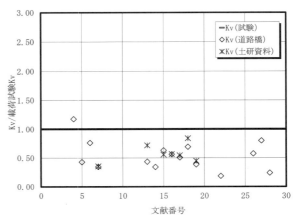

**図4.3.6 杭頭沈下ばねの比較（その2）**

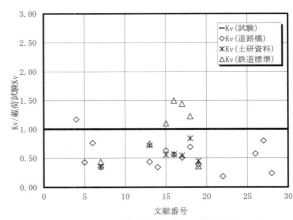

**図4.3.7 杭頭沈下ばねの比較（その3）**

### 参 考 文 献

4.3.1) 日本建築学会：建築基礎構造設計指針，pp224-228，2001．

4.3.2) 日本道路協会：道路橋示方書・同解説（Ⅰ 共通編・Ⅳ 下部構造編），2012．

4.3.3) 独立行政法人土木研究所：土木技術資料 杭の軸方向の変形特性に関する研究，平成21年3月．

4.3.4) 国土交通省鉄道局 監修・鉄道総合研究所編：鉄道構造物等設計標準・同解説（基礎構造物），2012．

4.3.5) 西岡英俊，西村昌弘，神田政幸，館山勝：載荷試験データによる杭工法別の鉛直地盤反力係数判定法，鉄道総研報告，Vol.24，No.7，pp29-34，2010．

4.3.6) 社団法人建築業協会：「BCS基礎杭評価研究会終了報告書」，平成11年8月．

4.3.7) 伊勢本昇昭，桂豊，山田毅：場所打ちコンクリート杭の支持力性能 その2 周面摩擦力〜沈下関係，日本建築学会大会学術講演梗概集，pp727-728，2000.9．

4.3.8) 持田悟，萩原庸嘉，森脇登美夫，長尾俊昌：場所打ちコンクリート杭の支持力性能（その1）先端荷重-先端沈下特性，日本建築学会大会学術講演梗概集，pp725-726，2000.9．

第4章　基礎の支持性能と地盤評価　— 123 —

## 4.4 支持層厚に応じた杭先端支持性能の評価
### 4.4.1 はじめに

建築基礎構造の計画において、建築物に見合った基礎形式と支持層の組み合わせの選定が重要である。我が国の都市部が多く存在する沿岸河口部等においては、$N$値が50以上を示す厚い支持層が、例えば深さ50mまで出現しないのに対し、それに至る中間部にやや薄い支持層を見出すことがある（例えば図2.2.7参照）。基礎指針[4.4.1]ではこの中間的な支持層（中間層）に根入れさせた先端支持主体の杭基礎も選択肢の一つとしている。杭の中間層支持（図4.4.1参照）は、現在では基礎工事の工期短縮・経済性向上等を目的として建築物の規模によらず広く実施されている[例えば4.4.2]。杭の施工能力や地盤調査が現在ほど十分でなかった時代には下部層の存在に気付かずに実施されたことも少なくなかったであろう。土木分野では不完全支持あるいは薄層支持と称され、1964年に開通した東海道新幹線の岐阜羽島付近をはじめ阪神高速道路の高架橋などで本格的に採用されてきた[例えば4.4.3]。関係する技術基準等も整備され、普及が進んでいるようである。

中間層に支持させた杭の先端支持力は、杭下方の中間層厚$H$の先端径$D$に対する比$H/D$（以下、中間層厚比と略す）が小さくなると、杭下方の中間層の土塊が下部層に貫入するような破壊性状を示し、先端支持力が低下することが知られている[例えば4.4.4]。また沈下が増加し、下部層で圧密沈下が発生する可能性もある。基礎構造の設計においてこれらを的確に評価することが大切になる。

本節では関係する既往研究と基礎指針の取り扱いについて触れた後、設計実務によく用いられる評価法を紹介し、参考として既往の実験結果との対応を示す。また高支持力埋込杭や地盤調査を計画する場合の留意点を述べる。ここでは$N$値が大きくてやや薄い砂質土等を中間層と称し、その直下にある$N$値が小さくて粘性土を多く含む地層を下部層と称することとする。

### 4.4.2 既往研究

薄層に支持される杭の支持力・変形問題については過去に多くの室内、原位置での実験的研究および解析的研究がある。加倉井等[4.4.5]は、上載圧を作用させた2層地盤の模型実験において基礎の貫入に伴う地盤の変形パターンを検討し、$H/D$が2以下の薄層地盤ではパンチング破壊が生じるのに対し、3以上になると粘土層の破壊を伴う局部せん断破壊に移行することを明らかにした（図4.4.2参照）。松井等[4.4.6]は、$H/D$が1の場所打ち杭の載荷実験結果の再現性を確認した上で、支持層厚を変化させたFEM解析を行い、先端沈下量が$0.1D$となるときの先端支持力度$q_{pu}$（実務上の極限支持力、第2限界抵抗力）に及ぼす薄層の影響が、$H/D$が概ね3以上の範囲では小さいことを指摘した（図4.4.3参照）。この傾向は$H/D$を変化させた遠心模型実験（写真4.4.1参照）においても確認されている[例えば4.4.7]。先端支持力の評価法としては、先端荷重の拡がりを考慮して杭下方の錐状土塊（支持層）

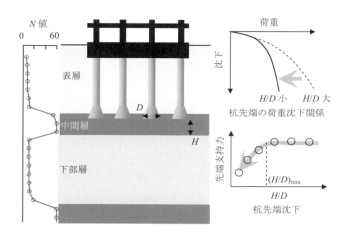

図4.4.1　杭の中間層支持の概念図

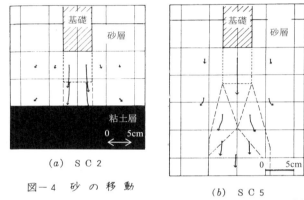

図4.4.2　加圧土槽を用いた模型実験結果の一例（加倉井等）[4.4.5]

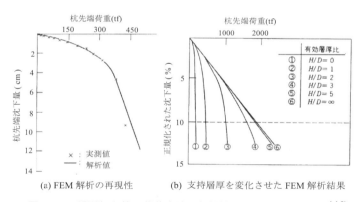

(a) FEM解析の再現性　　(b) 支持層厚を変化させたFEM解析結果

図4.4.3　場所打ち杭の載荷実験・解析結果の一例（松井等）[4.4.6]

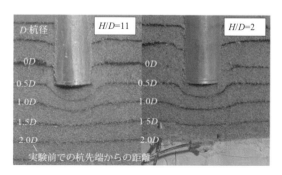

写真4.4.1　遠心模型実験結果の一例[4.4.2]

の底面支持力から求める方法（2層地盤の支持力式）、$q_{pu}$の上限値と下限値を定めて$H/D$の一次関数で与える方法などの提案がある$^{例えば4.4.6)}$。施工法の特性を踏まえて適切に用いれば、個別の載荷試験結果の説明は可能になっているようである。しかしその一般性・ばらつき等は、実験データが限られ地盤条件・施工法等にもかかわることから、明確になってない点がある。複数の評価法を適用した結果を比較して判断する等、慎重に対応することが望ましい。

先端の荷重沈下関係の評価にはFEM等の解析が有効であろう。圧密沈下については、後述する等価荷重面法による簡易計算法が提案され、広域の地盤沈下が生じている地域に建つ低層建築物の沈下計算値が長期計測結果とよく一致したとの報告がある$^{4.4.1)}$。

### 4.4.3 基礎指針の取り扱い

1988年に制定された基礎指針$^{4.4.8)}$では、支持地盤は原則基盤層とする従前の考えを改め、建築物に見合った合理的な基礎形式の選定が推奨された。杭の中間層支持に関しては、図4.4.4に示すように下部層の影響を考慮しながら支持力を確保し、かつ有害な沈下が生じないことを確認する基本的な考え方とともに、下部層の圧密沈下等の検討に用いる等価荷重面法（図4.4.5参照）が示された。先端支持力の算定法は示されなかったが、下部層の圧密降伏応力と強度に相関があることを踏まえると（例えば図2.5.16参照）、圧密沈下が生じないように設計された場合には間接的にある程度の先端支持力が担保されていたと考えられる。2001年の改訂によって性能設計が導入され、先端支持力を検討する方法が追記された。FEM解析と図4.4.6に示す2層地盤の支持力式の準用である$^{4.4.1)}$。本式はもともと直接基礎の極限支持力式$^{4.4.9)}$であるが、杭先端を基礎底にみたてて先端支持力の算定にも用いられる。算定結果は荷重分散角$\theta$と下部層の極限支持力度$q_c$に左右されるが基礎指針では規定していない。検証が十分でなく設計者の合理的な判断を尊重したものと推察される。杭先端の荷重沈下関係についても、厚い砂質地盤に支持される場所打ち杭の設計推奨曲線が示されるのみで、薄層の影響については言及されていない。

### 4.4.4 設計実務における先端支持力の評価法

中間層支持杭の先端支持力の評価法として、設計実務でよく利用されている方法を紹介し、参考として実験結果との対応を示す。

#### (1) 基礎指針の方法

前述した2層地盤の支持力式であり、$\theta$と$q_c$は設計者が適切に設定する必要がある（図4.4.6参照）。後述する鉄道標準の方法はこれに含まれる。例えば、直接基礎と同様の$\theta$（$=\tan^{-1}0.5$、縦：横=1:0.5）と$q_c$を採用することも考えられるが、杭基礎と直接基礎とでは極限状態が異なる（杭基礎の方が小さい変形を想定する）ことから、安全側の評価となるかは明確でない。算定結果を比較し、

図4.4.4 基礎指針の取り扱い

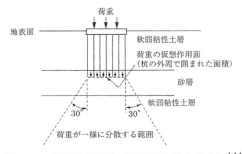

図4.4.5 等価荷重面法（中間層支持の場合）$^{4.4.1)}$

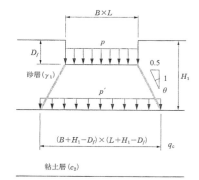

直接基礎の方法の準用とし、$\theta$と$q_c$は規定されない

図4.4.6 基礎指針の先端支持力算定方法$^{4.4.1)に加筆}$

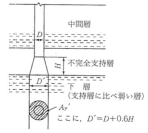

図4.4.7 鉄道標準の先端支持力算定法$^{4.4.10)}$

後述する実験データとの対応を踏まえ、慎重に判断することが望ましい。

#### (2) 鉄道標準の方法

鉄道構造物等設計標準・同解説$^{4.4.10)}$（以下、鉄道標準と略す）の方法を図4.4.7に示す。2層地盤の支持力式において$\theta$を$\tan^{-1}0.3$（縦：横=1:0.3）、$q_c$を下部層に支持される杭の極限先端支持力度（$=5.1c$、$c$：粘着力）として算定する。なお1974年版$^{4.4.11)}$には直接基礎と同様の$\theta$と$q_c$が示されていた。全国の鉄道構造物の設計実務に長い間利用されてきた経験を有する方法である。

#### (3) 道路橋の方法

図4.4.8は道路橋示方書・同解説$^{4.4.12)}$（以下、道路橋

と略す）を補完する杭基礎設計便覧[4.4.13]の方法である。場所打ち杭を対象に薄層の影響を考慮した先端支持力度の低減係数が示されている。極限先端支持力度 $q_{pu}$ は、$H/D$ が 1 以下の範囲は先端荷重の拡がりがないものとして下部層に支持される場合の $q_{pu}$（$=3q_u$）、また $H/D$ が 3 以上の範囲は支持層が十分に厚い場合の $q_{pu}$（$N$ 値≧30 の砂礫層または良質な砂層で 3.0MN/m²、$N$ 値≧50 の良質な砂礫層で 5.0MN/m²）とし、$H/D$ が 1 と 3 の中間の範囲はこれらの線形補間として得られる。前述した松井等の検討結果（図 4.4.3 参照）に基づく阪神高速道路公団の設計要領を踏襲したもので 1992 年版[4.4.14]より示されている。適用地盤は下部層の一軸圧縮強さ $q_u$ が 400kN/m² 以上（支持層の $N$ 値は 30 以上）と大きい場合に限定される。

実験結果は 2 回の平均を示している。$H/D$ は 1.0～4.0、中間層の $N$ 値は 20～60、$q_{pu}$ は 2.1～8.2MN/m² であり、鋼管杭の $q_{pu}$ は中実断面積相当値を示した。なお下部層上面の有効上載圧は 0.17～0.39MN/m² と推定した。

$q_{pu}$ の評価方法は表 4.4.2 に示す 4 通りとし、ケース 1～3 が基礎指針または鉄道標準の方法、ケース 4 が道路橋の方法に対応する。ケース 1～3 は 2 層地盤の支持力式を利用して支持層が厚い場合と薄い場合の小さい方の $q_{pu}$ を採用するものである（図 4.4.9 参照）。ケース 1 は $\theta$ を $\tan^{-1}0.3$（縦：横=1:0.3）、$q_c$ を $3q_u$ とし、鉄道標準の方法と概ね対応する。これを基本にして、ケース 2 では $\theta$ を直接基礎と同じ $\tan^{-1}0.5$（縦：横=1:0.5）と大きくし、ケース 3 では $q_c$ も大きくした（直接基礎の支持力式計算値）。支持層が厚い場合の $q_{pu}$ は各工法の先端支持力式を用いて算出し、実験結果がある場合にはこれを用いた。

表 4.4.2 評価ケース

| 名称 | 算定方法 | 対応する指針等 | 荷重分散角 $\theta$ (rad) | 縦：横 | 下部層の極限支持力 $q_c$ |
|---|---|---|---|---|---|
| ケース1 | 2層地盤の支持力式 | 基礎指針, 鉄道標準 | $\tan^{-1}0.3$ | 1:0.3 | $6c$ |
| ケース2 | | 基礎指針 | $\tan^{-1}0.5$ | 1:0.5 | $5.1\alpha c + \gamma H'$ |
| ケース3 | | | $\tan^{-1}0.5$ | 1:0.5 | $5.1\alpha c + \gamma H'$ |
| ケース4 | $H/D$ の一次関数 | 道路橋 | — | — | $6c$ |

$\alpha$：形状係数（円形は1.2），$\gamma H'$：下部層の有効上載圧

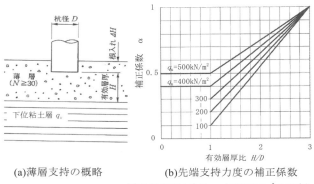

(a)薄層支持の概略　(b)先端支持力度の補正係数
（支持層が厚い時の $q_{pu}$ が 3.0MN/m² の場合）

図 4.4.8 道路橋の先端支持力算定法[4.4.13]

### (4) 実験結果との対応

検討に用いた実験データ[例えば 4.4.15]を表 4.4.1 に示す。1978 年以降に国内で公表された先端沈下量が $0.1D$ となる時の先端荷重度 $q_{pu}$ と下部層の $q_u$ がともにほぼ判別可能な 10 事例である。鋼管杭が 2 事例、場所打ち杭が 3 事例、模型杭が 4 事例、合成杭（鋼管ソイルセメント）が 1 事例である。模型杭の事例は縮尺 1/50 の遠心模型実験であり、表中の先端径・根入れ深さ等は実物換算値で、

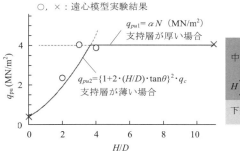
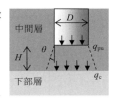

図 4.4.9 2層地盤の支持力式を利用した先端支持力の評価法[4.4.2]

表 4.4.1 中間層に支持された杭の載荷実験データ[4.4.15]

| 事例 | 杭種 | 工法 | 軸径 (m) | 先端径(根固径) $D$ (m) | 根入深さ (m) | 中間層 $N$値 | 杭下方厚さ $H$ (m) | $H/D$ | 下部粘土層 厚さ (m) | $q_u$ (MN/m²) | $N$値 | 上面有効上載圧[5] (MN/m²) | 最大沈下比 $S_p/D$ | 実験結果（杭先端）第2限界抵抗力 $P_p$ (MN) | $q_{pu}$ (MN/m²) |
|---|---|---|---|---|---|---|---|---|---|---|---|---|---|---|---|
| C-1 | 鋼管杭 | 打撃 | 1.0 | 1.0 | 40 | 50 | 2.7 | 2.69 | — | 0.22 | — | 0.36 | — | 2.9 | 3.7 |
| C-2 | 鋼管杭 | 打撃 | 1.0 | 1.0 | 45 | 50 | 1.3 | 1.25 | — | 0.15 | — | 0.39 | — | 1.7 | 2.1 |
| D | 場所打杭 | ベノト | 1.2 | 1.2 | 36 | 60 | 1.2 | 1.00 | 9.7 | 0.50 | 10 | 0.29 | 0.23 | 4.2[1] | 3.7[1] |
| J | 場所打杭 | アースドリル | 1.6 | 1.75 | 35 | 約20 | 3.1 | 1.77 | — | 0.41 | 16 | 0.3 | 0.09 | 6.5[1] | 2.7[1] |
| K | 場所打杭 | リバース | 1.2 | 1.7[4] | 15 | 50(87)[3] | 5.3 | 3.09 | — | 0.32 | 10 | 0.22 | 0.09 | 18.6 | 8.2 |
| M | 合成杭 | 鋼管ソイルセメント | 1.0 | 1.2 | 34 | 約60 | 1.7 | 1.38 | — | 0.43 | 7 | 0.32 | 0.05 | 5.3[1] | 4.3[1] |
| Z-1 | 模型杭（非打込杭)[2] | | 1.0 | 1.0 | 18 | (40)[3] | 2.0 | 2.0 | 5.0 | 0.13 | | 0.17 | 0.5以上 | — | 2.4[6] |
| Z-2 | 模型杭（非打込杭)[2] | | 1.0 | 1.0 | 18 | (40)[3] | 3.0 | 3.0 | 5.0 | 0.13 | | 0.18 | 0.5以上 | — | 4.0[6] |
| Z-3 | 模型杭（非打込杭)[2] | | 1.0 | 1.0 | 18 | (40)[3] | 4.0 | 4.0 | 5.0 | 0.13 | | 0.19 | 0.5以上 | — | 3.9[6] |
| Z-4 | 模型杭（非打込杭)[2] | | 1.0 | 1.0 | 18 | (21)[3] | 3.0 | 3.0 | 5.0 | 0.13 | | 0.18 | 0.5以上 | — | 2.1[6] |

1) 推定値，2) 縮尺1/50の遠心模型実験であり，表中の数値は実物換算値，3) $H/D$ が大きい場合の $q_{pu}$ 実験結果換算値による目安（$N=10q_{pu}$），4) 有効径
5) 砂質土層18kN/m³，粘性土層16kN/m³（不明の場合は17kN/m³），地下水位が不明の場合はGL-2mと仮定して算定．6) 2回の平均

鋼管杭 2 事例については開端効果を考慮して算出した[4.4.12]。

$q_{pu}$ の評価結果と実験結果の対応として各事例の $H/D$ ～$q_{pu}$ 関係上の比較を図 4.4.10 に示す。図より、評価結果はケース 4（事例 D、M のみ）、1、2、3 の順に大きいこと、また $q_{pu}$ が支持層が厚い場合の評価結果 $q_{pu1}$ より小さく薄層の影響を受けたと考えられる事例 C-2、D、Z1、K、M において、ケース 1 と 4 の評価結果は実験結果に比べて小さいのに対し、ケース 2 は同程度か大きく、ケース 3 は大きいことが分かる。評価ケースごとの比較を図 4.4.11 に示す。図中、$q_{pu}$ の評価結果の実験結果に対する比 $X$ の平均 $\overline{X}$ を併記しており、ケース 1 は 0.88、ケース 2 は 1.14、ケース 3 は 1.23 である。本検討の範囲では、鉄道標準の方法（ケース 1）、道路橋の方法（ケース 4）は安全側の評価を与えている。基礎指針の方法（ケース 1～3）は $\theta$ と $q_c$ の設定によっては危険側の評価となる場合があることに注意を要する。

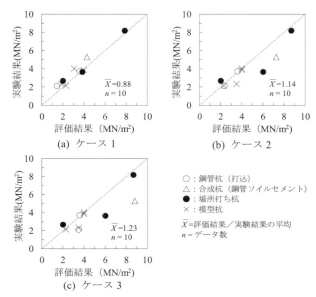

図 4.4.11　$q_{pu}$ の実験結果と評価結果の比較 [4.4.2)に加筆]

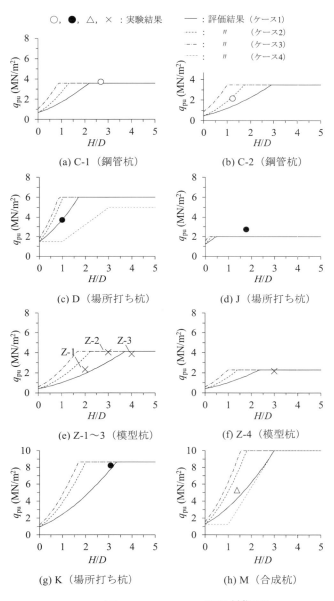

図 4.4.10　$H/D$～$q_{pu}$ 関係 [4.4.2)に加筆]

### 4.4.5　設計上の留意点
#### (1) 地盤調査

杭の中間層支持の検討に関する地盤調査項目と対応する地盤調査方法を表 4.4.3 に示す。合理的な設計を行うためには中間層の層厚と $N$ 値のみならず、下部層の強度と圧密特性を的確に評価することが重要である。中間層の層厚は、敷地内でその深さとともに変化するのが普通である。平面分布の把握に十分な本数のボーリング調査等を実施することが望ましい。本数が不足すると実際と異なる地層断面を推定する可能性がある（例えば図 2.2.42 参照）。ボーリング調査を補完する目的であれば、支持層の不陸確認と同様、ラムサウンディング試験等で代替することも可能と思われる。下部層については、例えば深さ 20m を超えるような洪積粘性土の試料をなるべく乱さずに採取し、なるべく実際の挙動を模擬した室内土質試験を行うことが大切になる。具体的にはサンプリングにはトリプルチューブサンプラーを用いた手法が、強度試験には応力解放の影響を受けにくい三軸圧縮試験（UU）が推奨される [4.4.18]（第 5 章の Q1-3 参照）。

表 4.4.3　杭の中間層支持に関係する地盤調査項目と調査方法

| 調査項目 | 調査方法 |
| --- | --- |
| 中間層の層厚分布 | ボーリング調査，標準貫入試験，ラムサウンディング試験など |
| 中間層の$N$値 | 標準貫入試験 |
| 下部層の$q_u$または$c$ | 三軸圧縮試験（UU），一軸圧縮試験 |
| 下部層の$P_c$ | 圧密試験 |

#### (2) 高支持力埋込杭

先端拡大根固め部を有するプレボーリング工法による既製杭（以下、高支持力埋込杭と略す）は、先端根固め部の拡大掘削とソイルセメント注入・固結により、実質

的に先端径と長さを増大させて大きな鉛直支持力を得る工法である。先端根固め部が十分な強度を有し、杭体とほぼ同一の挙動をすると考えれば、先端根固め部を杭体（先端拡径部）とみたてて支持力を検討することも可能と考えられる。中間層に支持させる場合は、特に杭先端深さの設定に注意が必要である。無計画に支持層への根入れ深さを確保すると、根固め部下方の支持層厚が小さくなり先端支持力が低下する可能性がある。土屋等[4.4.19]は、このような高支持力埋込杭の載荷実験を行い、図4.4.12(c)に示す荷重分散と下部層の支持力を用いることによって、杭頭での極限支持力の実験結果（6.3MN）と概ね対応する算定結果（6.7MN）が得られたとしている。あわせて根固め部下方の $N$ 値（根固め部先端より 1.4～2.1$D'$ の範囲、$D'$：根固め径）を重視した方法によっても支持力を算出し、これらの結果を参考にして慎重に支持力を評価することを提案している。

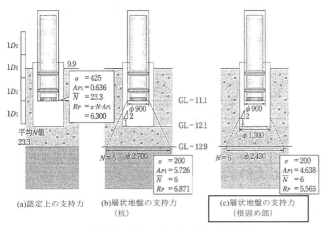

図4.4.12 中間層に支持される高支持力埋込杭の先端支持力の算定例[4.4.19]

### 4.4.6 おわりに

支持層厚に応じた杭先端支持性能の評価に関する既往研究、基礎指針の取り扱い、先端支持力の実用的評価法と実験結果との対応、設計上の留意点などを述べた。先端支持力の評価法は幾つかあるが、その適用性やバラツキは実験データが限られ、かつ地盤条件・施工法等にもかかわることから明確になっているとは言いがたい。複数の評価法を適用した結果を比較して判断する、あるいは地盤条件・杭工法が類似する実験結果との対応が確認された方法を採用する等、慎重に対応するのが望ましい。今後の実験データの蓄積を期待したい。なお下部層の影響を受けなくなる中間層の最小厚さ等の試算を第5章のQ5-7で述べているので参照されたい。

### 参考文献

4.4.1) 日本建築学会：建築基礎構造設計指針，2001.

4.4.2) 堀井良浩：中間層に支持される杭の先端支持性能の評価，日本建築学会大会構造部門（基礎構造）パネルディスカッション資料，pp.70-77，2013.8.

4.4.3) 森重龍馬：支持層に頼らない鉄道橋の基礎，基礎工，pp.12-22，1983.6.

4.4.4) Meyerhof：Bearing Capacity and Settlement of Pile Foundation，ASCE，pp.197-228，1976.3.

4.4.5) 加倉井正昭，伴野松次郎，岡村保信，塊原泰男：2層地盤の支持力に関する実験的研究，土質工学研究発表会，pp.745-748，1978.

4.4.6) 松井保，中林正司，前川義男，松井謙二：薄層における場所打ち杭の鉛直支持力特性とその設計法，橋梁と基礎，pp.33-38，1994.

4.4.7) 堀井良浩，渡邉徹，長尾俊昌：中間層支持杭の鉛直支持力特性に関する研究，大成建設技術センター報，第42号，pp.22-1～22-5，2009.

4.4.8) 日本建築学会：建築基礎構造設計指針，pp.197-243，1998.

4.4.9) H.Yamaguchi：Practical formula of bearing value of two layered ground，Proc. of 2nd Asian Regional Conf. SMFE，Vol.1，pp.176-180，1963.

4.4.10) 鉄道総合技術研究所：鉄道構造物等設計標準・同解説 基礎構造物・杭土圧構造物，pp.301-305，2012.

4.4.11) 日本鉄道施設協会：建造物設計標準解説 基礎構造物及び杭土圧構造物，pp.105-107，1974.

4.4.12) 日本道路協会：道路橋示方書・同解説 I 共通編 IV 下部構造編，pp.383-406，2012.

4.4.13) 日本道路協会：杭基礎設計便覧 平成18年度改訂版，pp.409-413，2007.

4.4.14) 日本道路協会：杭基礎設計便覧，pp.451-455，1992.

4.4.15) 堀井良浩，山崎雅弘，長尾俊昌，小椋仁志：層状地盤に支持される杭先端の鉛直支持性能（その4），日本建築学会大会学術講演梗概集，B-1，pp.455-456，2015.

4.4.16) 平井利一，尾崎修，菱沼登，磯貝光章，渡辺則雄：TKR杭工法―熊谷組 画期的な場所打ち杭，建築の技術 施工，pp.47-57，1978.11.

4.4.17) 河野謙治，西岡勉：薄層に支持された鋼管ソイルセメント杭（HYSC杭）の支持力について，基礎工，pp.78-80，2014.6.

4.4.18) 加倉井正昭：杭の支持層判断の現状とあるべき姿を求めて，基礎工，pp.2-7，2014.6.

4.4.19) 土屋富男：高支持力埋込み杭の支持力不足‐中間層に支持する杭の載荷試験による支持力不足発見‐，基礎工，pp.21-24，2009.9.

## 4.5 杭の水平ばねの評価

### 4.5.1 はじめに

近年の大地震において杭基礎の被害が少なからず発生した。今後高い確率で発生が予想される南海トラフ沖を震源とする巨大地震などの被害を軽減するために杭の二次設計手法の確立が急がれている。

杭の耐震設計において、杭の応力・変形の評価が重要であることは言うまでもなく、これには杭周囲の地盤の水平ばねだけでなく、解析手法・解析モデルの選定、および得られる結果についての総合的な判断が必要になる。ここでは関係する規準・指針等の変遷について触れた後、杭の水平ばねをはじめとする地震時応力・変形評価に関わる影響要因、載荷試験結果との対応、解析手法および実務設計で配慮することが望ましい事項等について述べる。

### 4.5.2 規準・指針等の変遷

地震動に対する杭の水平抵抗の研究は 1964 年の新潟地震による杭基礎の被害を契機として進み、基規準として整備が進んできた。ここでは、若手の研究者、設計者の理解の一助となるべくそれらの変遷について示す。

#### (1) 建築基礎構造設計規準・同解説 (1974)

1950〜1960 年代の杭の設計は主として鉛直荷重に対する検討のみであった。一方、1964 年新潟地震では直接基礎建物における支持地盤の液状化による被害がクローズアップされ、液状化地盤における杭基礎建物における被害などの調査研究が行なわれた。建築基礎構造設計規準・同解説(以下、基礎規準と略す)[4.5.1)]はこれらの成果を反映させたもので、杭の水平抵抗の検討方法としては弾性支承梁による方法、極限水平抵抗力による方法が示され、杭の水平力に対する安全性の確認が必要であることも述べられている。地盤の液状化についても現象の概説とともに検討対象層や対策の考え方が示された。

#### (2) 建築基礎構造設計指針 (1988)

1988 年版の建築基礎構造設計指針[4.5.2)](以下、基礎指針と略す)においては、基礎規準と同様、杭の水平抵抗について弾性支承梁による方法と極限水平抵抗力に関する方法の二つが示された。水平地盤反力係数 $k_h$ の歪依存性については、後述する(4.5.3)式が解説で触れられている。地盤の液状化判定法が新たに示され、水平反力係数の低減については、基礎規準では 0 とする記述であったのに対し、本指針では 0 とするのが安全であるとしながら、液状化の程度に応じ低減するのが合理的であるとし、本指針に記載された低減係数などを参考に設計者に判断を委ねる記述となっている。

#### (3) 建築基礎構造設計指針 (2001)

2001 年版の基礎指針では性能設計が導入され、構成が限界状態設計法となり、使用限界、損傷限界、終局限界の性能レベルに各々対応する検討項目が示されている。

杭が水平荷重を受ける際の解析モデルとしては、上部構造と杭の一体モデル、上部構造–杭–盤一体モデルなどの詳細モデルも紹介されているが、解析目的や解析対象に応じて適切なものを採用すべきとしている。

杭基礎の耐震設計に関しては、上部構造の振動によって杭頭部に作用する軸力、水平力、曲げモーメントを考慮するほか、軟弱層中の杭や中間層を貫通した杭では、杭と地盤の相互作用により地盤から杭が受ける荷重について適切に考慮する必要があるとしている。

杭の水平荷重時応力の算出法としては
① 杭を曲げ剛性を有する線材、地盤をばねとした解析モデルによる算定法
② 極限平衡法によるブロームス (B.B.Broms) の算定法

が示されており、①の方法では弾性支承梁による方法のほか、地盤を杭材軸方向に分割し、杭に地盤ばねを配する解析モデルが示されている。

液状化判定については 1995 年阪神大震災の知見が加えられたほか、液状化時の地盤反力係数 $k_{hl}$ について補正 $N$ 値 ($N_a$) と $k_h$ の低減係数 $\beta$ の関係図表が示された。

#### (4) 地震力に対する建築物の基礎の設計指針 (1984)

1978 年に発生した宮城県沖地震では、上部構造に大きな被害が発生しなかった建築物の杭において破壊やひび割れなどの被害が発生したことに鑑み、旧建設省の建築技術審査会に設置された建築基礎検討小委員会で検討が行われ、まとめられたのが地震力に対する建築物の基礎の設計指針(以下、地震力に対する基礎設計指針と略す)である。当時は通達により望ましい水準の技術として推奨すべきものとして、周知・普及に努めるものとされ、建築基準法としての扱いではなかったが、一部特定行政庁の行政指導により、一定規模以上(軒高 15m 以上または地上階数 5 以上など)の建物については、この指針に従って杭の水平抵抗を検討することが求められた。これ以降、本手法は徐々に広まり、現在では後述する技術基準解説書で引用され、広く使われている。本指針の適用範囲は(二次設計を考慮しつつ)一次設計としている。このため杭の塑性変形能力などは他の文献を参照することとし触れられていないが、上部構造と基礎構造の組合せによっては保有水平耐力の検討が必要となる場合もあることが述べられている。

杭の応力・変形の算出手法としては弾性支承梁による算定手法が示され、改訂版では $\beta L<3.0$ 以下の短い杭に関しても応力算定図表が示されている。$k_h$ の算定に用いる地盤の変形係数 $E_0$ の算定方法が三つ示され、その一つに $E_0=7N$(現在の単位系では $E_0=700N$)が明記されている。実務上はこの記述を根拠として広く使われるようになったと思われる。この手法は杭周囲の地盤がほぼ一様であれば、手計算による算出が可能であり、現在ほどコンピューターを手軽に使えなかった時代において大変有用であった。

#### (5) 平成 13 年国土交通省告示第 1113 号 [例えば 4.5.6)]

建築基準法にはそれまで基礎の耐震計算の規定はなかったが、1998 年に「建築基準法施行令の一部を改正する法律」により性能規定化への方向性が示され、2000 年の「建築基準法施行令を改正する政令」により建築物の安

全性の検証方法が示された。これらの検証方法では基礎の安全性を含めて検証する必要があるが、この時点では基礎の検証方法について明確ではない事項もあり、2001年版技術基準解説書[4.5.5)]では杭体の許容応力度などが「望ましいもの」として示されていた。

その後、基礎の支持力、杭体の許容応力度などを定めた平成13年国土交通省告示第1113号が制定された。これによって構造計算の必要な建物については施行令により定められる方法により算定された荷重により杭に生じる応力度が、杭体の許容応力以内であることを確かめることが法的に要求されることになった。なお本告示では許容応力度のみが定められていることから、許容応力度設計（一次設計）のみが法的に要求される事項となる。

杭の水平荷重時応力の算定については、2007年版技術基準解説書[4.5.6)]において前述した地震力に対する基礎設計指針[4.5.4)]が参考になるとされている。

### (6) 高層建築物の構造設計実務

高層建築物などでは、一般の建築物より高い安全性を求められるため、建築基準法上、性能評価（2000年5月以前は評定）、大臣認定が必要となり、審査では一般の建物より詳細な検討が求められる。

高層建築物の構造設計実務[4.5.7)]は、法令・指針ではないが（財）日本建築センターが過去の高層建築物などの評定・性能評価のなかで検討された内容について、共通性があり一般性が高いと考えられる事項を、基礎構造・上部構造を含めて全般的にまとめたものである。高層建物などの基礎構造では、大地震時の設計クライテリアの設定や地盤の変位、基礎部材の変形・耐力などの高度な安全性の確認が求められる。本書にはこれらの検討方針・手法などの例が示されている。

### 4.5.3 杭の水平荷重時応力・変形算定に影響する要因

杭の水平荷重時応力・変形の算定に影響を与える要因には表4.5.1の1～5に示すようなものがある。

#### (1) 地盤の変形係数 $E_0$

一般的には地盤調査での孔内水平載荷試験結果から地盤の変形係数 $E_0$ を定める場合が多いと思われるが、経済的理由から $N$ 値から推定することも多いと思われる。

PS検層から算定した変形係数は微小歪（$10^{-6}$～$10^{-5}$）であるのに対し、杭の水平荷重時応力を扱うときの地盤の歪は $10^{-3}$～$10^{-2}$ となる。地盤の諸定数は歪依存性があるので、PS検層により得られた変形係数を使う場合には適切に剛性を低下させる必要がある。第5章のQ5-11、Q5-13にも関連する事項がまとめられているので、参照されたい。

#### (2) 水平地盤反力係数 $k_h$

地震力に対する基礎設計指針[4.5.4)]では、長い杭の水平載荷試験を行い、その荷重－変位関係に基づいて $k_h$ を算定するのが望ましいとされている。しかし一般的な建築物では経済的な面からもこのような試験の実施は難しく、同指針に示される(4.5.1)式[4.5.4)]または基礎指針(2001)に示される (4.5.2)式[4.5.3)]による場合がほとんどであると思われる。

$$k_h = 0.8 \cdot E_0 \cdot B^{-3/4} \qquad (4.5.1)$$
$$k_{h0} = \alpha \cdot \zeta \cdot E_0 \cdot B^{-3/4} \qquad (4.5.2)$$

ここで

$k_{h0}$：基準水平地盤反力係数($kN/m^3$)
　　　（水平変位1cmのときの $k_h$）
$\alpha$：評価法により定まる定数（$m^{-1}$）
$\zeta$：群杭の影響を考慮した係数
$E_0$：変形係数($kN/m^2$)
$B$：無次元化杭径

さらに地盤の歪による $k_h$ の影響については(4.5.3)式[例えば 4.5.3)]が示されており、

$$k_h = k_{h0} \cdot y^{-1/2} \qquad (4.5.3)$$

ここで $y$：杭頭水平変位(cm)

杭頭の水平変位 $y$ が1cmを超える場合にはこれに応じて $k_{h0}$ を低減する必要がある。

#### (3) 杭応力・変形の算出手法

水平荷重が作用する杭の応力・変形の算出には主としてチャン（Y.L.Chang）の方法、ウィンクラーばね、有

表4.5.1　杭の水平荷重時応力・変形算定に関する要因

|   | 項目 | 手法 | 備考 |
|---|---|---|---|
| 1 | 地盤の変形係数 $E_0$ | 孔内水平載荷試験 | 地盤調査の現位置試験で行う |
|   |   | 力学試験より算定 | 地盤調査の一軸または三軸圧縮試験による |
|   |   | PS検層より算定 | 微小ひずみレベルでの変形係数 |
|   |   | $N$値より $E_0$=700$N$で算定 | ばらつきが多い |
| 2 | 水平地盤反力係数 $k_h$ | 杭の水平載荷試験 | 実際の杭で水平載荷試験 |
|   |   | 既往式により算定 | (4.5.1)式（$k_h=0.8E_0B^{-3/4}$）で算定することが一般的 |
| 3 | 杭応力・変形の算出手法 | Changの方法 | 弾性支承ばり |
|   |   | ウィンクラーばね | 杭の周囲に地盤ばねを配する |
|   |   | 有限要素法 | 地盤・杭をFEMでモデル化 |
| 4 | 杭と上部架構のモデル化の範囲 | 杭のみをモデル化 | 杭頭固定度は固定とする場合が一般的 |
|   |   | 杭と基礎梁をモデル化 | 杭頭固定度は接続する基礎梁剛性に依存 |
|   |   | 杭と上部架構を一体としてモデル化 | 杭頭固定度は接続する上部架構の剛性に依存 |
| 5 | 地盤の応答変位 | 杭に強制変位を与え応力算定 | 地盤の変位は応答解析などにより算定　高層・免震建物等に適用 |

限要素法の三通りの方法が採用されている。三者の概要・比較は Q5-14 にも述べているが、比較を表 4.5.2 に再掲し、概要を以下に示す。

1) Chang の方法

杭を弾性支承上の長い梁と考え、地盤反力と変位が比例するものとして微分方程式を解く方法で、水平地盤反力係数を深さによらず一定と仮定する。地震力に対する基礎設計指針[4.5.4)]には、杭が長い場合の算出式のほか、短い杭の場合の算出図表等が示されるのは、前述の通りである。

2) ウィンクラーばね

杭は線材、周辺地盤の水平抵抗は杭に取りつく水平ばねで構成されるモデルとなる。水平方向のばね定数はChang の方法と同様な方法で単位長さの $k_h$ を求め、これに杭の巾と分割長さを乗じて算出する。ただし、各ばねは独立であるため、地盤間の相互作用は考慮できない。

地盤の非線形性は図 4.5.1 に示すように(4.5.3)式の関係から得られる曲線をトリリニアなどでモデル化することで扱うことができる。一般的な構造設計の実務では、$k_h$ の非線形性を考慮すること自体が少なく、この方法を適用することはまだそれほど多くはないが、より詳細な検討が必要な場合に行うことがある。

3) 有限要素法

地盤を FEM で細分化してそこに杭を配置する解析モデルである。2)のウィンクラーモデルと異なり、地盤の各要素間で変形を適合させるため、地盤間の相互作用が考慮できる精密なモデルと言える。一方実際に解析を行うと、FEM の要素分割の方法、地盤定数の設定、杭材のモデル化(線材またはソリッド要素)などで結果が大きく異なり、あまり一般の設計者向けとは言えない方法である。実務への適用はウィンクラーモデルよりさらに少ないが、特殊な地盤条件の場合などに採用されている。

**(4) 杭と上部構造のモデル化の範囲**

杭の応力・変形を算出する解析モデルとしては以下の三種が考えられる。

① 杭単体をモデル化
② 杭と基礎梁をモデル化
③ 杭と上部架構をモデル化

どのモデルを選択するかは建物の構造形式、規模、重要度、建設地の地盤状況によって設計者が判断することになる。また、解析モデルが大規模、複雑になれば扱える構造要素も増えていくが、結果の評価も重要となる。

このようなモデル化の概要について、ウィンクラーばねモデルの場合を例として以下に示す。

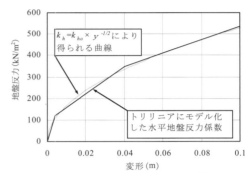

図 4.5.1 地盤ばね特性の設定例

1) 杭単体をモデル化

図 4.5.2 に示すように杭 1 本を取り出して地盤条件を考慮して杭応力を算出する方法で、おそらく最も広く使われている方法である。杭が複数ある場合には各杭の杭頭水平変位が等しくなるように水平力を分配する必要がある[4.5.4)]。具体的には、建物内で杭径が 1 種類しかないときは杭に作用する水平力を杭本数で除したものを 1 本当たりの水平力とするが、異なる杭径が混在する場合は杭の $I\beta^3$ の総和に比例して杭径毎に水平力を配分し、当該本数で除して杭 1 本当たりの水平力とすることなどが必

表 4.5.2 解析手法の比較

| | i).Chang の方法 | ii).ウィンクラーばね | iii).地盤を FEM でモデル化 |
|---|---|---|---|
| モデル化 | 弾性支承上のはりとして解を誘導する。主な境界条件の場合の解は文献に示されている。 | 杭周囲の地盤を考慮したばね | 杭周囲の地盤を FEM でモデル化 |
| 地盤の塑性特性 | 考慮できない。(杭頭変位による補正で近似的に考慮できる。) | 可能 | 可能 |
| 地盤の強制変形の考慮 | 考慮できない | 可能(ただし、強制変形、変形増分が可能な解析ソフトの場合) | 同左 |
| 実務での使用 | 一般的に行われている。 | 軟弱地盤の場合や性能評価などでは使われる。 | 一般の建物では使われない。特殊な地盤では使われる場合もある。 |
| 設計への適用および適用範囲 | 杭頭付近は一様な地盤であること。 | 地盤の特性を層ごとに考慮できるが、地盤間の相互作用は考慮できない。 | 地盤間の相互作用が考慮可能 杭のモデル化(線材、ソリッド要素)で応力が異なる。 |

要となる。図中には記載していないが、杭周鉛直ばね、杭先端鉛直ばねを配置することができる。

2) 杭と基礎梁をモデル化

図4.5.3に示すように、杭と杭頭に接続する基礎梁を含めてモデル化するものである。平面フレームを連結するモデル化あるいは平面的に杭、基礎梁を配置するモデル化により杭全数の評価が可能となる。

3) 杭と上部架構をモデル化

図4.5.4に示すように、杭と上部架構全体をモデル化するものである。平面フレームだけでなく、立体フレームとすることで、建物全体を杭を含めてモデル化して、解析することも可能である。しかしデータ量が膨大となるほか、解析結果も杭単体の解析結果とは様相が異なることもあり、結果の評価に当たっては十分な注意が必要で、あまり一般的な方法とはいえない。

(5) 地盤の応答変位

応答変位法は、地震動による地盤応答（変位）を強制変位として杭基礎に与える（応答変位）ことで杭基礎に対する外力として取り扱う方法である。この場合、地盤変位により杭に生じる応力と上部構造の慣性力による応力を重ね合わせたものを杭の設計応力とする（図4.5.5参照）。基礎指針[4.5.3)]では軟弱地盤や液状化地盤、剛性が急変する地盤の場合は、地盤変位の影響を検討することが望ましいとされている。現在、超高層建築物や免震構造といった時刻歴解析に基づいて設計を行う建物（性能評価・大臣認定案件）については、このような地盤変位を考慮した基礎の設計が一般化しつつある。より上位の耐震性能を評価する場合や重要度の高い施設に限ってではあるが、基礎構造にこのような検討を適用する例が増えている。

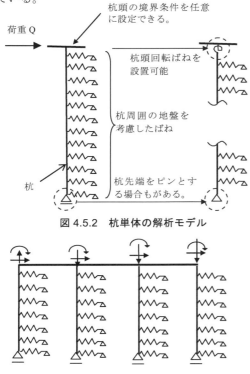

図4.5.2 杭単体の解析モデル

図4.5.3 杭と基礎梁の解析モデル

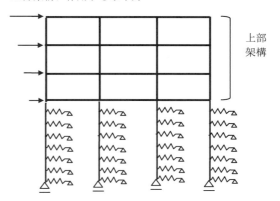

図4.5.4 杭と上部架構の解析モデル

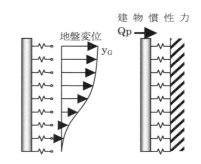

図4.5.5 杭基礎にかかる2つの外力

### 4.5.4 杭頭変位の解析結果と水平載荷試験結果の対応

ここでは実杭の水平載荷試験結果とウィンクラーばねモデルの解析結果の比較を3ケース行い、その対応を示す。

(1) ケース1

図4.5.6に示すように表層が粘性土主体の地盤に施工された実杭の水平載荷試験結果とウィンクラーばねモデルによる解析結果の比較を図4.5.7に示す。

杭の解析モデルにはウィンクラーばねモデル（モデル-a）と弾性支承梁（Changの方法, モデル-b）を使用した。ウィンクラーばねモデルは図4.5.2に示すもので、杭頭回転方向の境界条件は自由としている。弾性支承梁では杭頭の回転変位を自由（ピン）[4.5.4)]としている。

実杭の水平載荷試験を行っているため、当然だが孔内水平載荷試験が行われていないことから、変形係数は$E_0=700N$[4.5.4)]で算出した。その他の解析条件は表4.5.3に示す通りである。

図4.5.7で実杭の試験結果と解析結果を比較してみると、モデル-a、-bともに解析結果は試験結果より剛性が小さい。図中にはモデル-aで$E_0$を便宜的に2倍、3倍した場合も示しているが、この場合は載荷試験結果に近づく結果が得られている。また、モデル-bでも反復計算により非線形性を考慮すれば、モデル-a（$1.0E_0$）を近似する結果となっている。

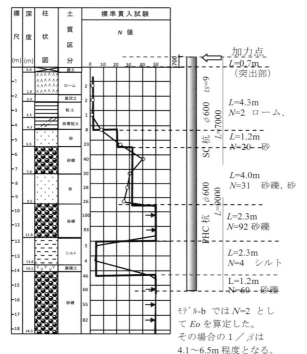

図 4.5.6　地盤条件と杭（ケース1）

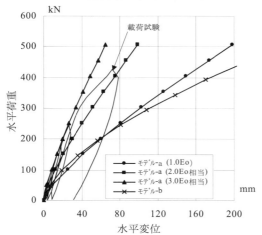

図 4.5.7　杭の水平載荷試験結果と解析結果の比較（ケース1）

表 4.5.3　検討モデル

| | モデル化 | 杭 | 地盤 | $k_h$ | 備考 |
|---|---|---|---|---|---|
| a | ウィンクラーばね | 弾性 | 多層 | 非線形 | ※1 |
| b | 弾性支承ばり | 弾性 | 一様 | 等価線形※3 | ※2 |

※1　地盤，杭のモデル化は図 4.5.6 を参照（杭頭は自由），$E_o$ を変化させた場合の検討も実施
※2　文献 4.5.4) による
※3　(4.5.3)式による非線形性を考慮（反復計算）

(2) ケース2

次に図 4.5.8 に示すように表層が砂質土主体の地盤に施工された $L=59\text{m}$ の実杭の水平載荷試験結果とウィンクラーばねモデルによる解析結果の比較を図 4.5.9 に示す。解析モデルの条件などはケース1の場合と同様である。

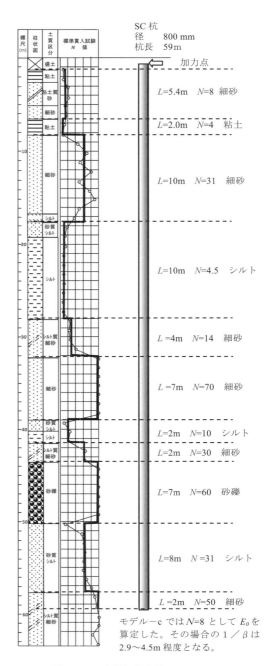

図 4.5.8　地盤条件と杭（ケース2）

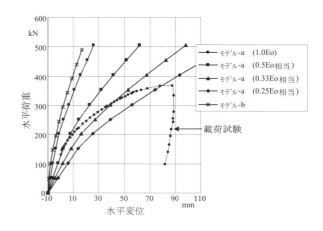

図 4.5.9　杭の水平載荷試験結果と解析結果の比較（ケース2）

実杭の試験結果と解析結果を比較してみると、ケース1とは逆にモデル-a、-bともに解析結果は試験結果の剛性より大きい。図中に示すようにモデル-aで変形係数$E_0$を便宜的に0.5〜0.25倍に小さくすると、載荷試験結果に近づく結果が得られる。

次に表4.5.4に示す地盤の塑性（最大）水平地盤反力$P_y$[4.5.3)]を考慮するモデル-c、-dによる解析結果と載荷試験結果との比較を図4.5.10に示す。図4.5.10によれば$P_y$を考慮したモデル-cの解析結果は、モデル-a、-bに比べて剛性が低下し、水平載荷試験結果に近づくが、それでもまだ実験結果とは差がある。モデル-dは、$P_y$に漸近する双曲線型の水平地盤反力〜$y$関係をトリリニア化して与えたもので、モデル-cに比べて載荷試験結果に近づくが、変形が30mm以上では載荷試験結果との差が大きい。

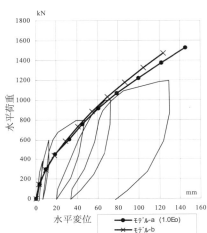

図4.5.11 杭の水平載荷試験結果と解析結果の比較（ケース3）

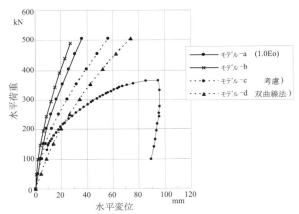

図4.5.10 杭の水平載荷試験結果と解析結果の比較2（ケース2）

表4.5.4 検討モデル

| | モデル化 | 杭 | 地盤 | $k_h$ | 備考 |
|---|---|---|---|---|---|
| c | ウィンクラーばね | 弾性 | 多層 | 非線形 | ※4 |
| d | ウィンクラーばね | 弾性 | 多層 | 非線形 | ※5 |

※4 (4.5.3)式の$k_h$の非線形性と水平地盤反力の最大値$P_y$を考慮
※5 (4.5.4)式[4.5.8)]の$k_h$の非線形性と$P_y$を考慮

$$\frac{1}{k_h} = \frac{1}{k_{h1}} + \frac{y}{p_{max}} \qquad (4.5.4)$$

ここで、$p_{max}$:最大地盤反力、$k_{h1}$:初期剛性

(3) ケース3

図4.5.11に表層が砂質土、シルトで構成された場所打ちコンクリート杭の解析結果と水平載荷試験結果との比較を示す。解析で得られた杭頭の荷重変形関係は変形が40〜80mmの区間では載荷試験結果を近似しているが、変形が40mm以下の場合は載荷試験が計算結果を上回る結果となっている。

(4) 比較結果のまとめ

3ケースの比較において、N値から$E_0$を推定して算出した水平ばね（ウィンクラーばね）による解析結果と載荷試験結果との対応がばらついた原因としては、モデル化の問題もあるが、主として$E_0$の推定誤差と考えられる。孔内水平載荷試験結果の$E_0$を用いれば改善される可能性があるが、杭の水平載荷試験とともに実施されることは稀であり、本ケースではこれらの対応を確認できなかった。この点は今後の課題と考えている。

また、載荷試験結果における杭頭変位は最大で130mm程度であったがより大きくすることが望まれる。二次設計における杭頭変位は、建物条件と地盤条件によっては数十cmにもなり、大変形時の杭の水平挙動の評価が今後重要になる。

### 4.5.5 杭と地盤のモデル化の影響

つぎに杭と地盤をFEMでモデル化した場合と実務で広く使われるウィンクラーばねモデルとした場合の解析結果の比較を述べる。

杭を線材、地盤をばねとしたウィンクラーばねモデルでは、地盤ばねは$k_h$から求められ、この算定式として基礎指針[4.5.3)]では(4.5.2)式が示されていることは前述の通りである。

$$k_{ho} = \alpha \cdot \xi \cdot E_0 B^{-3/4} \qquad (4.5.2\text{再掲})$$

一方フランシス（A.J.Francis）は、弾性支承ばりの応力・変形が杭と等価となる地盤反力係数として(4.5.5)式を提案し、その結果はFEM解析との整合性が比較的良いとされている。

$$k_h B \fallingdotseq 1.30 \left(\frac{E_0 B^4}{EI}\right)^{1/12} \frac{E_0}{1-\nu^2} \quad (\text{kg/cm}^2) \qquad (4.5.5)$$

ここで$EI$：杭の曲げ剛性（kg・cm$^2$）
$\nu$：ポアソン比

ここでは、図4.5.12に示す地盤に支持される杭について、以下の3通りの方法で得られた杭頭水平荷重が作用するときの杭変位分布の弾性解析結果の比較を図4.5.13に示す。

①FEMモデル（杭もソリッド要素）
②ウィンクラーモデルで$k_h$は(4.5.2)式で算出（学会式）
③ウィンクラーモデルで$k_h$は(4.5.5)式で算出（Francis）

解析結果の比較によると各々で差異が見られるが、①と③が、比較的近似した結果が得られ、②は変形が小さ

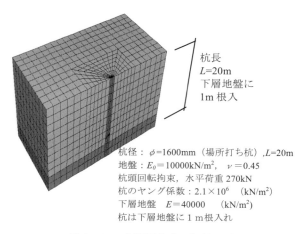

図 4.5.12 有限要素法の解析モデル

杭径：$\phi=1600mm$（場所打ち杭），$L=20m$
地盤：$E_0=10000kN/m^2$，$\nu=0.45$
杭頭回転拘束，水平荷重 270kN
杭のヤング係数：$2.1\times10^6$ （$kN/m^2$）
下層地盤 $E=40000$ （$kN/m^2$）
杭は下層地盤に 1m 根入れ

くなる傾向が得られた。これは図 4.5.14 に示すように、(4.5.2)式（学会式）による $k_h$ は(4.5.5)式（Francis）よりも大きめの値になることの影響と思われる。なお、杭先端変位は、①、②がほとんど 0 であるのに対し、③はわずかではあるが生じている。杭先端の変位は、実現象においては正負繰り返しとなるため、杭先端地盤の緩みにつながり水平力に対する杭の性状に影響を及ぼす可能性があり、今後の検討課題である。

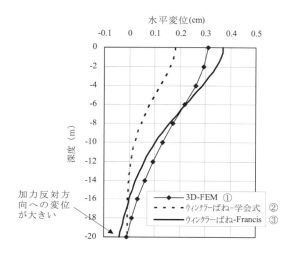

図 4.5.13 杭の水平変位の比較

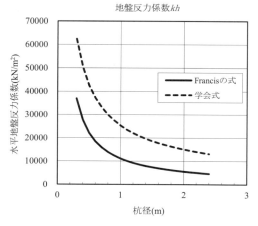

図 4.5.14 水平地盤反力係数 $k_h$ の比較

### 4.5.6 上部構造と杭位置の影響
#### （1）基礎梁の拘束効果

ウィンクラーばねモデルにおいて、図 4.5.15 に示す二つの解析モデルにより杭の変形と応力の比較例を示す。なお、A.杭単体モデルの杭頭は固定としている。図 4.5.16 に杭の変形と応力を示す。杭頭に基礎梁を設けたモデルは固定度が低下するため、杭頭固定の杭単体モデルよりも変形が増大している。杭体の応力では基礎梁を設けたモデルでは、内端の杭は基礎梁が 2 台接続しているのに対し、外端では 1 台しか接続しないため固定度が低下し外端杭の曲げモーメント、せん断力は内端より低下している。また内端の応力は杭頭固定のものより増大している。

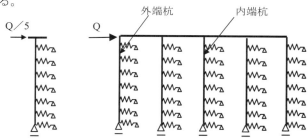

図 4.5.15 杭と基礎梁解析モデル
A．B.共通　杭 $\phi1200mm$ $Fc24$ 杭長＝31m
　　　　　　地盤の $E_0=3500kN/m^2$
B．の基礎梁　$b\times D=500mm\times1500mm$ $Fc24$

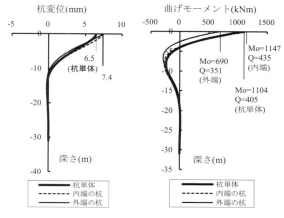

図 4.5.16 杭の変形と応力の比較

#### （2）杭位置の違い

図 4.5.17 は本会 2011 年度大会 PD（基礎構造）で報告されたパイルド・ラフト基礎における杭位置の違いの影響を検討した結果である[4.5.9]。同図は $N$ 値 15 程度の地盤にある 20m×20m のラフトの中央・隅角・変位代表点における地盤変位の深度方向分布とその位置に $\phi500$、長さ 20m の中実コンクリート杭があった場合の曲げモーメント分布である。これによると杭応力は(1)の場合とは逆に外端（隅角）の方が内端より大きい。（C 図参照）

この理由として、ラフト底面摩擦による地中部の地盤変位はラフト中心に近いほど大きく、隅角部では地表付近で急激に大きくなり（B 図参照）、このため隅角部ではラフト－杭の相互作用による杭変位が小さくなり、杭頭

変位を同一にするには周辺部ほど水平荷重を多く負担しなければならず、このような応力分布になるとしている。この相互作用の影響はパイルド・ラフト基礎のみならず群杭基礎にも言えることと考えられる。

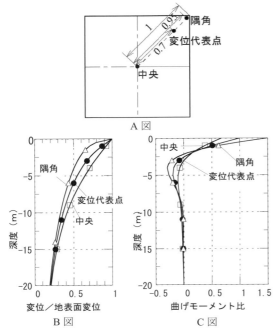

図 4.5.17 ラフト底面摩擦による地盤変位および杭応力の違い[4.5.9]

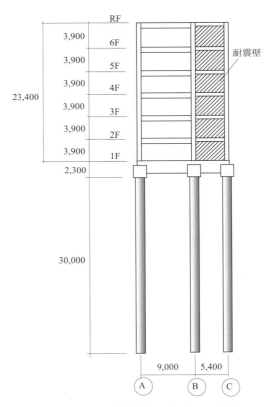

図 4.5.19 連層耐震壁を有する上部架構

### （3）連層耐震壁

図 4.5.18 は、上部架構と杭の一体モデルを用いた解析により得られた連層耐震壁直下にある杭（図 4.5.19）の二次設計時曲げモーメント分布の一例である[4.5.10]。杭頭を固定とした単杭解析結果に比べて、中杭（2-B）でも杭頭の曲げモーメントが減少し、特に隅角部の杭（1-C）ではその符号が逆転している。主として耐震壁脚部のロッキングに伴う基礎梁の変形・変位の影響によって杭頭固定度が低下したと考えられる。上部架構に連層耐震壁を有する場合には、単杭解析結果に比べて、耐震壁直下にある杭の中間部の曲げモーメントが増加したり、ここでは示していないが耐震壁直下にない中杭の負担水平力が増加する傾向があり、留意が必要と思われる。

### （4）異なる基礎底深さの混在

図 4.5.20 のように部分地下などがあり、異なる基礎底深さおよび杭長が混在する場合、支持層への根入れ部の拘束条件の違いが杭の水平変位・応力に影響を与えることがある。

図 4.5.20 中の杭長が異なる部分（※1）の杭の変形・応力の模式図を図 4.5.21～22 に示す。図 4.5.21 は杭先端の支持層の地盤ばねが大きい場合であり、短い杭と長い杭の先端にほとんど変位が生じない（先端ピン支持に相当）。このため短い杭の剛性が相対的に大きくなりその杭頭曲げモーメント $M_2$ が長い杭の $M_1$ より大きくなる。

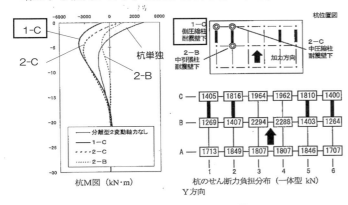

図 4.5.18 杭応力の比較[4.5.10]

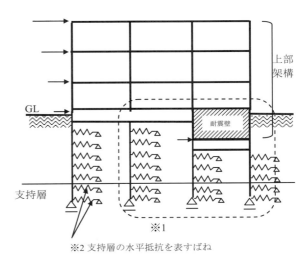

図 4.5.20 部分地下を有する上部架構と杭のモデル

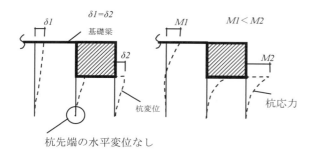

**図 4.5.21 図 4.5.20※1 部分の応力と変形の模式図**
(支持層部分のばね定数※2 が大きい場合)

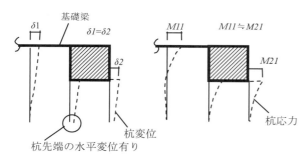

**図 4.5.22 図 4.5.20※1 部分の応力と変形の模式図**
(支持層部分のばね定数※2 が相対的に小さい場合)

一方、支持層の地盤ばねがあまり大きくない場合には、図4.5.22 に示すように、短い杭の方で比較的大きな先端変位が生じることが考えられる。この場合、先端変位の拘束度が低下するため、短い杭の $M_2$ が小さくなり、長い杭の $M_1$ と大差ない状態になることがある。水平荷重と杭長の組み合わせにもよるが、支持層の $N$ 値が 50 程度で変形係数を $E_0=700N$ で推定した場合においても、杭先端の水平変形が生じ、杭応力に影響を及ぼすことがある。

### 4.5.7 おわりに

ここまで杭の水平ばねをはじめとする地震時応力・変形の評価に関わる事項を述べた。今後、杭についても大地震時の安全性の検討が求められる方向にあるが、杭の設計応力算出に当たっての水平方向の地盤物性の評価や解析モデル構築に当たっての課題が解決されているとはいい難いので、今後の研究成果が待たれるところである。

一方、大地震に遭遇した建築物の杭基礎が脆性的な破壊により鉛直支持能力を喪失し継続使用ができなくなる事態を避ける設計を早急に行なっていく必要がある。このため、当面の間は杭の水平荷重時の設計に当たっては十分な水平耐力と靱性の確保を考えることが重要と思われる。一般的に一部の構造部材が終局耐力に達しても、すぐに建築物が崩壊するわけではない。その部材が十分な靱性を有していれば、終局耐力が保持され、応力再配分によって建築物全体としてさらに大きな水平力に耐えることができる。反対にRC造部材のせん断破壊や鉄骨造部材の座屈などで急激な耐力低下が生じると、応力再配分がなされず、建築物の崩壊へとつながっていく。上部構造の設計法ではこのような崩壊を避けるため、部材の耐力だけでなく靱性確保についてもさまざまな工夫・配慮をしている。杭基礎においても上部架構の支持能力を喪失しないように杭の設計を行なうことが当面の重要課題である。基礎指針[4.5.3)]には杭の変形性能の目安として以下の分類が述べられている。

① 変形性能を有する杭
  ・場所打ち鋼管コンクリート杭
  ・外殻鋼管付遠心力コンクリート杭(SC杭)
  ・局部座屈を生じない鋼管杭
  ・軸力比の小さな場所打ちコンクリート杭
② 変形性能に乏しい杭
  ・SC杭を除く既製コンクリート杭
  ・局部座屈を生じる鋼管杭
  ・軸力比の高い場所打ちコンクリート杭

大口径場所打ちコンクリート杭(せん断補強筋比 $p_w$ が鉄筋コンクリート部材の最低値の 0.2% を下回ることが多い)のせん断耐力、また高軸力下でも多く採用されている既製コンクリート杭の変形性能については、明らかでない点があるように思われる。杭の水平荷重時応力・変形の算定についての課題が解決されるまでの間、杭の靱性・変形能力に配慮した設計が必要と考えている。

### 参 考 文 献

4.5.1) 日本建築学会:建築基礎構造設計規準・同解説, 1974.
4.5.2) 日本建築学会:建築基礎構造設計指針, 1988.
4.5.3) 日本建築学会:建築基礎構造設計指針, 2001.
4.5.4) 日本建築センター:地震力に対する建築物の基礎の設計指針, 1984.
4.5.5) 国土交通省他:2001年版建築物の構造関係技術基準解説書, 2001.
4.5.6) 国土交通省他;2007年版建築物の構造関係技術基準解説書, 2007.
4.5.7) 日本建築センター:評定・評価を踏まえた高層建築物の構造設計実務, 2002.
4.5.8) 吉川那穂, 鈴木康嗣, 小林恒一, 金井重夫, 阿部幸夫:既往の水平載荷試験結果に基づく単杭の p-y 関係の再検討, 日本建築学会技術報告集, 第17巻 第35号, pp.95-100, 2011.2.
4.5.9) 眞野英之:パイルド・ラフト基礎の水平抵抗, 2011年度日本建築学会大会構造部門パネルディスカッション資料, pp.27-31, 2011.
4.5.10) 伊藤央:ばらつきを考慮した基礎構造部材の応答評価, 2010年度日本建築学会大会構造部門パネルディスカッション資料, pp.35-46, 2010.

## 4.6 杭の施工品質に及ぼす地盤条件
### 4.6.1 はじめに

地盤調査結果は杭工法の設計には利用されているが、その後の施工管理には、必要な地盤情報が提示されていないことが多い。最近のように高支持力埋め込み杭を多く採用するケースでは、施工上のトラブルがそのまま杭の支持力に大きな影響を与えるため、施工サイドにとっても事前の地盤調査情報が有益であることは疑いもない。

そこで、杭の施工品質を確保するための地盤調査のあり方、考え方や施工計画を立案する際の地盤条件他の考慮すべき諸条件について既製コンクリートを例に、現状を取りまとめて示す。

### 4.6.2 施工に必要な地盤情報について
#### (1) 掘削や杭挿入時に関する情報

ここで挙げている情報は、施工能率と高止まり等のトラブルに係わるものとなる。

1) 掘削および掘削抵抗について

施工能率に大きく係わるものとしては、転石、流木そして瓦礫や使われなくなった地中構造物などの施工障害物で、その大きさ、固さや掘削抵抗でその障害が出現する深さや頻度が必要な地盤情報となる。また中間層や支持層などの掘削抵抗に関しては、礫質と最大礫径、硬質粘性土などの強度（風化の度合い）や粘着力($c$)などが重要となる。

2) 孔壁や支持地盤底の確保（保持）について

孔壁の崩壊や支持地盤層での乱れなどに関する地盤情報には、以下のものがある。

粘性土地盤で生ずる孔壁のはらみ出しは、圧密未了の非常に軟弱な粘性土で見られる現象である。一方、孔壁崩壊は、未固結の砂や礫質地盤で見られる現象であり、土粒子の固まり具合や粒度分布に関係し未固結の比較的粒径が揃った砂や礫質地盤で起こりやすい。これらの情報を得る資料としては、ボーリング柱状図の記事欄の最大礫径（礫径や混入等の記述、実際の礫径はもっと大きく3倍程度は考慮すべき）、粘性土の混じり具合、含水の有無などのような定性的な表現をされる場合や地質概要に記載されている沖積地盤か洪積地盤かなどがある。崩壊などの可能性を判断する際にはこれらの情報が有益となる。

礫地盤等の細粒分の少ない地盤の場合、掘削途中に孔内水が急に低下する逸水による崩壊が生ずる現象がある。また、非常に透水性の良い地下水が流れている地盤では逸泥水により崩壊が生ずる現象もあるので地盤調査の記述に於いて礫と逸水の記述には注意が必要である。

支持層での乱れの多くは、ボイリングと称される事象で生ずる。孔内水圧に対して孔底地盤水圧が高い未固結の砂質土層で発生しやすいので被圧地下水に関する情報が必要となる。

#### (2) 根固め部強度に対する地盤情報

根固め部に係わる地盤情報としては、支持層の透水性、間隙比、地下水圧、流速や細粒分含有率[4.6.1)]などが必要となる。また、最近多く採用される高支持力杭において

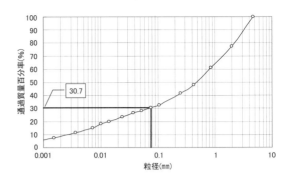

図4.6.1 室内配合試験に用いた土砂の粒度分布[4.6.1)]

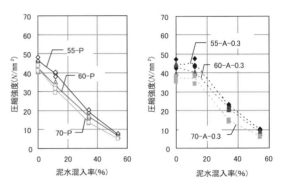

図4.6.2 圧縮強度と泥水混入率の関係[4.6.1)]
（数字：W/C、$P$：プレーン、$A$：混和材）

は、採用する先端支持力が大きいことから支持地盤付近の土質に固化阻害要因があると、必要とされる根固め強度を確保できないケースが生ずることがある。支持層中に0.075mm未満の細粒分が含まれる場合で根固め部に土砂が30～50%混入された場合には、根固め強度が低下する可能性があることが報告されているので注意が必要である。以下にその試験例を示す。

図4.6.1に示す細粒分が30.7%を含む実際の支持層地盤を採取し、実験室において泥水比重1.50、$W/C=55$、60、70%のセメントミルクと泥水の混入率（外割り）0～50%に変化させた改良体の圧縮強度試験が実施された。試験結果は、図4.6.2に示すように一般的な根固め強度20$N/mm^2$を確保できる泥水混入率は30%であった。$W/C$が大きい程20$N/mm^2$を確保できない傾向である。

このように細粒分が30%混入している地盤では、根固め部の根固め液が70%程度含有することが必要強度確保の条件であることが推察できる。

当該実験データは$W/C$と泥水混入率を変えた室内試験であり、実際の根固め部を築造する際の施工パターンは各工法で異なるので、適用可能か否かの判断は、検討する工法の根固め部での未固結試料採取結果を参考とする必要がある。

他の透水性や被圧水の有無などの影響については、注入された根固め液が地盤中に拡散するなど根固めの施工自体に問題があると指摘されている。そのため、これらの情報については、過去の施工実績を参考に推定するか現状の調査以上の精度で調査を行い根固め部への影響の有無を確認することが望ましい。

### (3) 支持層の不陸・傾斜

杭基礎における地盤調査において特に考慮すべき注意点に支持層の不陸・傾斜が挙げられる。支持層の不陸・傾斜の分析や対応については、2.2節支持層の不陸、傾斜を参考にされたい。

参考までに、図4.6.3と図4.6.4にボーリング調査の多い東京礫層と天満層について、ボーリング調査間の距離と支持層の不陸の関係調査例を示す。図4.6.3の東京礫層の例では、一部例外もあるが調査間隔が40mで支持層出現深度差2m、調査間隔が20m以内となるとその差が1m以内となるような傾向にある。一方、図4.6.4の天満礫層の例では、ボーリング間距離が40m以内での調査事例が少ないが、間隔が広い場合でもばらつきは、3m程度となっている。杭支持層の不陸は1m以内で推定されることが望ましいと考えると、ボーリング間隔は成層という条件で両図から20m以内が目安となろう。

### 4.6.3 施工管理指標と地盤情報との比較検討例

現状の施工時に示されるボーリング柱状図から支持層の深度位置（不陸）を正確に推定するのは、データ不足により難しいと考えられる。よって施工時に掘削孔毎に何らかの指標を利用して支持層の深度を把握しなければならない。この指標として掘削オーガ一の掘削時の抵抗電流値を用いている場合が多い。現状では、機械的に掘削深度と電流値を測定し、単位区間（通常は1.0mか0.5m）の掘削に要した電流値を積分し、その区間の積分電流値として指標に利用している。積分電流値と支持層（$N$値）の判定例の調査結果を以下に記述する。なお、積分電流値により支持層を確認できるのは、支持層と支持層以浅の地層で、硬さのコントラストが明瞭な地盤（いわゆるL型地盤）に限られることに留意する必要がある（2.2.3 (3)参照）。

#### (1) 積分電流値による支持層推定
1) 近傍地盤情報と積分電流値で推定される支持層深度の比較

杭施工データで得られる積分電流値を使ってその近傍地盤（大体が5m以内）で地盤調査が行われている場合を選んで、プレボーリング工法でその支持層深さ（$N$値の変化図より推定）と積分電流値の変化により推定される支持層の深さについて比較した。（図4.6.5参照）

プレボーリング工法における両方法により推定される支持地盤深さの比較の結果を図4.6.6に示す。19本の平均値で両者に差はなく（0.0m）、基準偏差で0.6mの値となった。同様に中掘り工法においても図4.6.7に示す通り45本のデータを使って評価を行ったところ、平均値で0.4mの差、基準偏差で0.6mという結果を得た。これらから、積分電流値の結果から支持地盤を判断した時の誤差はそれほど大きくないと判断した。

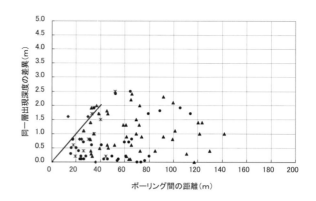

図4.6.3 東京礫層でのボーリング間距離と同一地盤出現深さの違いの関係 [4.6.2)]

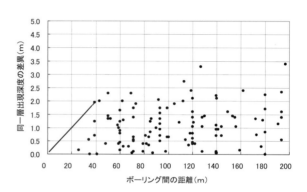

図4.6.4 天満礫層でのボーリング間距離と同一地盤出現深さの違いの関係 [4.6.2)]

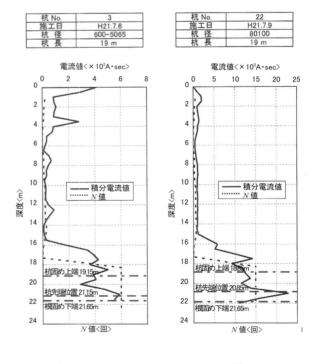

図4.6.5 $N$値と積分電流値の比較例 [4.6.3)]

2) 敷地地盤情報との支持層深度の比較

前述した近傍ボーリング図との対比で積分電流値における支持層判断が十分な精度を持っていると評価された。よってここでは、実際の施工において、地盤調査結果から推測される杭施工位置での支持層の深さと杭の施工に伴う積分電流値の結果から求められる支持層の深さの違いを検討した。検討を実施したのは、その多くが地盤調査結果から比較的支持地盤が、明確に判断できる現場を対象とした。

図 4.6.8 は、プレボーリング工法の結果を示したもので 10 現場 584 本について比較したものである。平均値は地盤調査結果からの推定深さに比べて 0.3 m ほど浅く（図でマイナス方向）標準偏差で 1.2 m の結果となった。

図 4.6.9 は、同じように中掘り工法のデータを示したものである。この場合は 10 現場、431 本について比較している。地盤調査結果から推定される杭施工位置での支持地盤深さは積分電流値から推定できる支持地盤深さに比べて平均で 0.4 m 程度深く測定される結果となりその標準偏差は 1.1 m であった。

今回の地盤条件は、地層の変化が少ないケースであったので両者の差異は小さかった。しかし、標準偏差が 1.0m 程度あるので地盤調査を信頼しすぎると支持層の誤差がある程度（2～3 m）存在する可能性を否定できない。設計や施工計画を行うときには支持層深さによる杭長の設定は慎重に行うべきである。

また、積分電流値を用いた施工管理は、あくまでも施工時に支持層に達したかどうかの目安を得るためのものであるという認識も必要である。施工時に、まずボーリング柱状図の支持層出現深度との対比により適用性を確認してから使う必要がある。

(2) 施工タイムサイクルと品質

地盤条件の判断ミスや想定外の状況は、杭体の損傷、高止まり、孔壁崩壊、支持力不足などの大きなトラブルを引き起こす可能性がある。これらのトラブルを未然に防止するためには、施工中のプロセス管理も重要となる。プロセス管理に係る主なものには、掘削時オーガーの抵抗電流値の把握や支持層と想定される深度の土質確認などが挙げられる。また、施工計画を立てる上で、周辺での施工実績情報や専門業者からヒアリング調査などが大変有効である。さらに現場で実施される試験施工は、本杭施工の品質確保と施工を確実に進めるためのより有効な判断指標となるため、必ず実施することを勧める。

最近の高支持力杭を例に多様な地盤条件を前提にその条件に合った施工タイムサイクルを考慮して安定した性能が確保できる工法の確立とそのための施工管理のポイントを記述する。

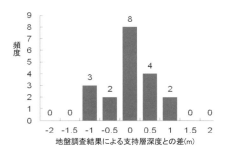

図 4.6.6 支持層深さの比較（プレボーリング工法での極近傍地盤調査結果と積分電流計からの推定深さ）[4.6.3)]

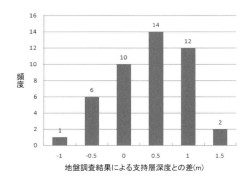

図 4.6.7 支持層深さの比較（中堀り工法での極近傍地盤調査結果と積分電流計からの推定深さ）[4.6.3)]

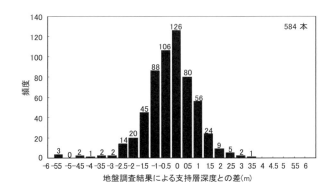

図 4.6.8 地盤調査結果での推定支持層深さと積分電流値での推定支持層深さの比較（プレボーリング工法）[4.6.3)]

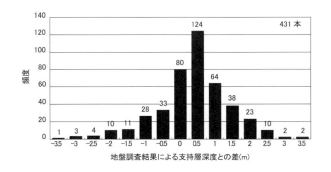

図 4.6.9 地盤調査結果からの推定支持層深さと積分電流値からの推定支持層深さの比較（中堀り工法）[4.6.3)]

高支持力杭の多くは、その性能評価時において限られた地盤で標準の施工法・プロセス管理を杓子定規に適用しその性能が確保されている。この画一的な施工方法やプロセス管理を多種多様な地盤条件で各施工法に適用することで全ての杭で要求される性能が確保できるかは疑問と考えられる。どの施工法でも、どの地盤条件でもほぼ同一の根固め部の性能が確保可能となる施工計画つまりはプロセス管理を実施することでこのリスクは回避可能となる。プロセス管理での掘削から杭挿入までのポイントを図 4.6.10 に示した。

管理項目は、以下に示すとおりであり、各工程において管理ポイントを詳細に決める必要がある。
①掘削液：仕様の有無、種類、量
②掘削：地盤による最速速度、プラントの吐出圧、反復
③支持層の掘削：速度、正転、逆転
④根固め築造：注入方法、注入液の仕様、注入量、羽根切り回数（反復回数と反復速度）、反復深度、グラウトホース内掘削液残量確認
⑤杭周固定：反復回数、反復長さ、注入量と注入範囲　吐出圧と反復速度
⑥杭挿入：挿入速度、水平・鉛直精度

上記を各地盤条件と施工法ごとに施工タイムサイクルを事前に定めて試験施工を実施し、本施工を確実な施工とすることが重要となる。

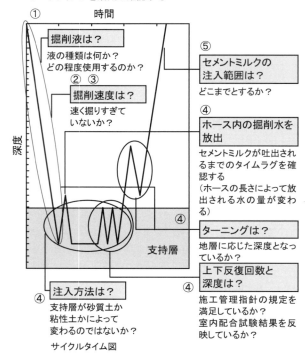

図 4.6.10　施工タイムサイクルのポイント[4.6.4)]

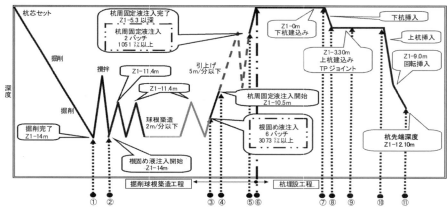

図 4.6.11　施工タイムサイクルと施工時間予定表[4.6.5)]

試験施工などを行う際の目的は、以下の通りとなる。
① 確実な施工手順の確認
② トラブルの確認
③ 管理ポイントや手順の管理者の理解
④ 施工技術者へのポイント毎の適切な指示事項の確認
⑤ 施工技術者の問題把握と対応の確認

施工手順上の管理ポイントが明確に確認出来れば、試験杭の計画タイムサイクルと実施タイムサイクルを比較検討し、これを参考に本施工用のタイムサイクルを作成し、本施工に適用する。

このように事前タイムサイクルを作成することで杭1本の所要時間が明確となり工程管理にも利用可能となる。

仮にトラブルが発生した際にこの施工タイムサイクルを全ての杭で記録していればその原因究明の手掛かりともなる。

図4.6.11に具体的なタイムサイクル例と時間予定表を示す。このように性能評価を受けた工法でもどのような地盤条件（工事）でも品質が保証されているわけではないので地盤条件や施工条件を考慮した工事ごとの対応が必要となる。この際に総合施工者、施工管理者と施工技術者が種々の条件を共有して施工計画を行い、各工法の規定、工事ごとの地盤条件をタイムサイクルに組込み、試験杭から本杭へと実施工へ適用することが重要となる。

### 4.6.4 まとめ

1) 杭施工は、設計で求められる杭基礎の性能を如何に確保するかが重要な課題となる。この際最も必要となるのが施工する地盤の情報である。地盤情報は、ボーリング調査により施工者に提示され、これを基に支持力に影響を与える掘削孔の確保、根固め部の強度確保や支持地盤の不陸などへの対応、施工法の詳細な検討を行うこととなる。

そのためにもボーリング調査図に示されている土質種類、土質に対する記事、孔内水位（地下水位）や地盤の固さ指標を充分に確認・推測したうえで当該地盤に対する杭施工の手順に反映すべきである。

2) 実施工においては、本施工に先立ち試験施工を行うことが通例である。この試験施工では、前項で記述した地盤情報を反映した施工タイムサイクルを作成し、施工管理のポイントを明らかにしたうえで、積分電流値等の施工管理指標を活用して施工時での地盤情報とボーリング調査で得られた地盤情報との比較検討を行うことが重要である。特に高支持力杭では、支持層位置の推定が、重要な課題の1つであることから、施工時に得られる積分電流値の変化とボーリング柱状図の$N$値の変化との相対比較を行った上でこの推定を行うことが多い。本施工では、この試験施工のデータをもとに施工タイムサイクル上での管理ポイントを明確にして施工管理チェック計画を作成し、より確実な施工を行い性能の高い杭基礎の築造を目指すよう努力すべきである。

### 参考文献

4.6.1) 渡辺香菜，加倉井正昭，林隆浩，大島正記：混和剤を添加した根固め液の室内配合試験について，地盤工学会発表会，pp. 1261-1262，2011. 7.

4.6.2) 加倉井正昭，辻本勝彦，桑原文夫，真鍋雅夫：地盤調査と杭施工の関係（その1）日本建築学会学術講演概要集，B-1, pp. 595-596, 2009. 8.

4.6.3) 加倉井正昭，桑原文夫，真鍋雅夫，木谷好伸，林隆浩：地盤調査と杭施工の関係（その3）日本建築学会学術講演概要集，B-1, pp. 479-480, 2010. 9.

4.6.4) 土屋富男：(仮称)高支持力埋込み杭の根固め部施工管理，総合土木研究所技術講習会，2011.11.

4.6.5) 林隆浩：既製コンクリート杭基礎の施工と品質確保について，地盤工学会「施工・維持管理に配慮した基礎構造物計画」講習会資料，2011.3.

4.6.6) 一般社団法人コンクリートパイル建設技術協会：埋込み工法施工便覧，2012.10.一部修正・追記

4.6.7) 日本建築学会：建築技術者のためのJASS4杭工事Q&A, 2005.9.

第 5 章　地盤評価に関する Q&A 集

## 5.1　地 盤 調 査

### Q1-1 土質分類における粒径の閾値（礫～2 mm～砂～75 μm～シルト～5 μm～粘土）の根拠は何か？

(1) 粒径の閾値が設定された経緯

粒径による土の分類は西欧で始まり、1853 年に Thaer が粘土・ローム・砂質ローム・ローム質砂・砂・腐植の 6 種類に分類して、耕地の適用性と生産性との関連について報告したのが最初であるといわれている。一方、米国では土壌から始まった研究が道路用材としての適用に利用されるようになり、1929 年には PR 分類法（米国道路局法）が作成された。PR 分類法は、1949 年には道路用材としての土の分類基準（AASHO 分類法）となり、さらに､1973 年には ASTM 規格に採用されるに至った。日本においても､1973 年に土質工学会が日本独自の土質事情を考慮して日本統一土質分類法を制定している[1]。

欧州と米国の分類基準をみると（図 1 参照)、粒径区分に関して、粘土とシルトの境は、0.002 mmと 0.005 mm、シルトと砂の境界は 0.06 mmと 0.075 mm、砂と礫の境界は 2 mmと 4.76 mmの２つの考え方がある。

粘土とシルトを 0.002 mmとする考え方は、鉱物的見地から一次鉱物と二次鉱物の含有比率の変化、ブラウン運動の有無、表面活性などが 0.002 mmを境に変化が認められるとするものである。一方、粘土粒子とシルト粒子が混在する自然地盤では、0.002 mmか 0.005 mmかは大きな意味を持たない。

シルトと砂の境界（0.06 mm～0.075 mm）は、人間が目で粒子を確認できる粒径と一致している。また、0.0075 mm は、ふるい分析が可能な最小径でもある。さらに、この境界で土を細粒土と粗粒土に分けると、両者でせん断・圧密・透水などの力学特性が異なることが知られている。

砂と礫の境界のうち、２mmは、岩石が風化する時に２mm程度に破壊されることが多いこと、土粒子の移動形態の変化点が 2 mm程度であることが知られている。一方、

アメリカ　ASTM:D 422-63(90)
(統一土質分類)

| | 0.001 | 0.005 | | 0.075 | 0.425 | 2.0 | 4.75 | 75 |
|---|---|---|---|---|---|---|---|---|
| コロイド | 粘土 | | シルト | 細 | 中 | 粗 | 礫 | |
| | | | | 砂 | | | | |

イギリス　BS 5930:1981

| 0.002 | 0.006 | 0.02 | 0.06 | 0.2 | 0.6 | 2.0 | 6.0 | 20 | 60 | 200 |
|---|---|---|---|---|---|---|---|---|---|---|
| 粘土 | 細 | 中 | 粗 | 細 | 中 | 粗 | 細 | 中 | 粗 | コブル |
| | シルト | | | 砂 | | | 礫 | | | |

ドイツ　DIN 4022,1987

| 0.002 | 0.006 | 0.02 | 0.06 | 0.2 | 0.6 | 2.0 | 6.3 | 20 | 63 | 200 | |
|---|---|---|---|---|---|---|---|---|---|---|---|
| 粘土 | 細 | 中 | 粗 | 細 | 中 | 粗 | 細 | 中 | 粗 | コブル | ボルダー |
| | シルト | | | 砂 | | | 礫 | | | | |

ISO/DIS　14688-1996

| 0.002 | 0.006 | 0.02 | 0.06 | 0.2 | 0.6 | 2.0 | 6.0 | 20 | 60 | 200 | |
|---|---|---|---|---|---|---|---|---|---|---|---|
| 粘土 | 細 | 中 | 粗 | 細 | 中 | 粗 | 細 | 中 | 粗 | コブル | ボルダー |
| | シルト | | | 砂 | | | 礫 | | | | |

**図 1　各国の地盤分類とその閾値（単位：mm）[2]**

土質材料という観点では4.76 mmの方がよいとの意見もある。

(2) 日本国内における現行の地盤分類法の概要

日本国内では、地盤工学会が制定した「地盤材料の工学的分類方法（JGS 0051-2000)」による分類法が現在使われている。これは、地盤の判別分類を行う技術者（例えば地盤調査技術者）と結果を利用する技術者（例えば設計技術者・施工技術者）の共通認識が持てる「物差し」が必要との観点から、先の日本統一土質分類を補強したものである。

この分類の基本は、①粒径による分類、②観察による分類、③細粒分についてはコンシステンシー特性による区分の３つである。

①の粒径による分類は、図 2 を基本とする。砂、礫を主体とする地盤については、礫分、砂分、細粒分の混入割合により細分類を行う。

②の観察による分類は、ローム層（火山灰層)、有機質土（泥炭など)、人工材料（廃棄物、改良土など）を起源により目視分類する。

③のコンシステンシー特性とは、液性限界・塑性限界試験によって得られる液性限界（$W_L$)、塑性限界（$W_P$)、塑性指数（$I_p=W_L-W_P$）のことを指す。特に液性限界（$W_L$）は、細粒分を主体とする地盤の塑性変形特性、圧縮特性など関連が深いため、$W_L=50\%$を境界値として、以下を低塑性土、以上を高塑性土として細分類を行う。

粒　　径　(mm)

| 0.005 | 0.075 | 0.25 | 0.85 | 2 | 4.75 | 19 | 75 | 300 | |
|---|---|---|---|---|---|---|---|---|---|
| 粘土 | シルト | 細砂 | 中砂 | 粗砂 | 細礫 | 中礫 | 粗礫 | 粗石(コブル) | 巨石(ボルダー) |
| | | 砂 | | | 礫 | | | 石 | |
| 細粒分 | | 粗粒分 | | | | | | 石分 | |

**図 2　地盤材料の粒径区分とその呼び名**

なお、建築基礎構造設計指針[3]では、液状化の判定が必要な地層として細粒分含有率が 35%以下の砂質土としつつ、埋立地では低塑性シルト層も液状化したことから細粒分が 35%以上でも粘土分が 10%以下あるいは塑性指数（$I_p$）が 15%以下の細粒土も対象としている。このように細粒分を主体とする土の工学的性質は、粒径のみから決めることができないため、コンシステンシー特性を利用している。

（田部井哲夫）

### 参 考 文 献

1) 三木五三郎，斉藤孝夫：土の工学的分類とその利用，鹿島出版会，1979.2.
2) 地盤工学会：土質試験の方法と解説（第一回改訂版)，pp.213-238, 2004.10.
3) 日本建築学会：建築基礎構造設計指針，p.62，2001.

## Q1-2 埋立地における地盤調査の留意点と調査項目は何か？

前半で埋立地の特性、後半で地盤調査の留意点等を述べる。

埋立地とは、湖沼、海面などの水面を埋立て、新たに土地を造成した場所を指す。全国の湾岸地域で、主として農地の確保を目的として古くから埋立てが行われてきた。特に東京湾では、徳川幕府による人口増加対策としての居住地確保と膨大な家庭ごみの処理場としての役割もあった。近年では、工場地、住宅地、空港・港湾施設の建設、遊戯施設の建設などを目的とした大規模な埋立てが行われている。

埋立てに使われた材料は、湾内の浚渫土、中小河川改修の発生土砂、台地を切り崩した土砂、建設残土、家庭ごみ、火災・震災時の廃材、産業廃棄物など様々である。

写真1は、浦安地区の浚渫による埋立て工事の記録写真である。ポンプで圧送された湾内の浚渫土砂が圧送管の先端から吐出している状況が見てとれる。この方法では、吐出口に近いところでは砂などの粗粒な土が堆積し、吐出口から離れるほど細粒なシルト・粘土が分布するため、土質の変化が激しい埋立て地盤が形成される。2011年東北地方太平洋沖地震において、浦安市では造成時期が同じ地区においても液状化被害の程度に大きな相違があったことが知られている。

**写真1　埋立て工事の状況**
(出典：浦安市史、生活編、まちづくり編)

さらに、浚渫による埋立ては、締固め施工ができないため一般に$N$値は非常に小さい。また、若齢な埋立地では、地震時の液状化の発生と側方流動、圧密沈下に伴い杭に作用するネガティブフリクションなどが問題となる。

一方、外部からダンプカーで土砂を運んだ埋立て地盤は、重機による転圧が可能な場合は、浚渫による埋立てと比べて$N$値は一般的に大きい。なお、同じ土質の土砂が均一に埋立てられることは少なく、浚渫地盤と同様に地盤は不均質である。

埋立て厚さは、旧海岸に近いところで2～4mと比較的薄いが、海が深くなる前面では15mを超えることもある。また、地下水位は、埋立て標高と水面との関係で決まり、おおむね2～5m程度のケースが多い。

さて、埋立地に建築物を計画する場合の地盤調査は、ボーリングによる土質判別が基本となり、内陸部の一般的な調査と大きく異なることはない。ただし、埋立て層の特徴を考慮して、次の点に留意する必要がある。

① 埋土層は非常に不均質であるため、ボーリング等の地盤調査は、できるだけ密な間隔で実施することを心掛ける必要がある。調査コストを抑えるために、調査目的に応じて選定した各種サウンディング調査と併用するとよい。また、土質試験を目的とした乱れの少ない試料の採取や、ボーリング孔を利用した各種原位置試験も密な間隔で実施することが望ましい。

② 埋土層の強度特性を調査するために、シンウォールサンプラーなどを用いた乱れの少ない試料の採取が計画されるが、しばしばガラなどの混入により困難になることがある。埋土層の強度については、奥村らが整理した$N$値と一軸圧縮強さ$q_u$の関係（図1）を参考に、安全側に評価する方法もある。

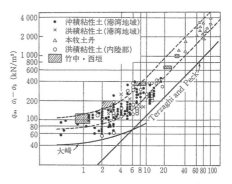

**図1　$N$値と粘性土の$q_u$の関係**[1]

③ 杭の水平地盤反力係数を求めるために、ボーリング孔を利用した孔内水平載荷試験が計画されるが、ガラ等の混入があるとボーリング孔壁の乱れにより、良好な試験結果が得られない可能性がある。この場合は$N$値を指標として地盤の変形係数を求めることが考えられるが、若齢な埋立地では、$E=700N$の関係が保たれないという報告[2]もあるため、状況に応じて安全側の評価を行う。

④ 埋立地における圧密沈下の予測は、乱れの少ない試料を採取し、圧密試験により地盤各層の圧密降伏応力と圧縮指数を確認することで行う。電気式水圧計を用いた過剰間隙水圧の測定結果や、沈下板等による沈下計測結果を利用すると予測精度を上げることができる。

⑤ 地下水位は、周辺水面と連動する可能性があり、観測井戸を設けて一定期間調査することが望ましい。

⑥ 産業廃棄物が埋立てられている箇所では、汚染物質の拡散を防ぐ処置を取りながら、スリーブ内蔵型二重管サンプラーなどを用いて産業廃棄物を採取し、廃棄物の種類を特定することも行われている。　　　　（田部井哲夫）

### 参　考　文　献

1) 地盤工学会：地盤調査の方法と解説, p.267, 2004.
2) 菅谷憲一, 井上波彦, 加倉井正昭, 桑原文夫, 田部井哲夫：基礎及び敷地に関する基準の整備における技術的検討（その3）地盤調査, $N$値と$E$の関係, 日本建築学会大会学術講演梗概集（関東）, pp.401-402, 2011.

## Q1-3 粘性土のサンプリングと非排水せん断強度 $C_u$ を求めるときにはどのような注意が必要か？

### (1) サンプラーの選択について

粘性土地盤のサンプリングは乱れの少ないサンプリング方法としていくつか開発され、実際に適用されている。地盤工学会の「地盤調査の方法と解説」[1] によれば基準化されたサンプラーはいくつもあるが、建築で通常使用されるものに限定すると固定ピストン式シンウォールサンプラー、ロータリー式二重管サンプラー（通称デニソンサンプラー）そしてロータリー式三重管サンプラー（通称トリプルチューブサンプラー）の3つであろう。

これらのサンプラーの粘性土地盤の適用について上記の記述から粘性土の部分だけを抜き書きすると表1のようになる。表から明らかなように $N$ 値が0〜4では固定式ピストンサンプラーだけしか使えないようになっているが、そんなことはなく、軟質の部分でも「適」程度の評価が適正であろう。上記の3つのサンプラーに関しては最適の評価は言い過ぎで、適用可能程度に考えておいたほうがよい。これは実施するオペレーターの技量だけでなくサンプラーのメンテナンス状況（各部の動作状況、構成パーツの管理等）に大きく依存するので、無条件で最適とは言い難いところがあるからである。

固定式ピストンサンプラーは柔らかい粘性土地盤でも適用深さは20m程度と考えておいたほうがよい。その範囲で0〜4の $N$ 値程度なら最適のサンプリング方法であろう。それ以上になるとオペレーターの技量も含めて考えたほうがよく、特に $N$ 値4から8の場合の適用には疑問が残る。さらに緩い砂質地盤で、どのような目的でサンプリングするかにもよるが、力学的な結果を求めるようなサンプリングは避けたほうがよい。

ロータリー式二重管サンプラーもオペレーターの技量によるところが大きく、乱れの少ない粘性土のサンプリング方法として普通は薦められない。

ロータリー式三重管サンプラーは現在、相対的には粘性土のサンプリングで深い地盤で最も信頼できるサンプリング方法と考えられる。ただこの場合でもオペレーターの技量は大事である。

以上のことから20mを超えるような深さの粘性土のサンプリングにはサンプラーとしてはロータリー式三重管サンプラーを使うべきであろう。

表1 粘性土地盤でのサンプラーの適正[1] の抜粋

| サンプラーの種類 | 地盤の種類 | | |
|---|---|---|---|
| | 軟質 | 中くらい | 硬質 |
| | $N$値の目安 | | |
| | 0から4 | 4から8 | 8以上 |
| 固定ピストン式シンウォールサンプラー | 最適 | 最適 | 適*1 |
| ロータリー式二重管サンプラー | ─ | 最適 | 適 |
| ロータリー式三重管サンプラー | ─ | 最適 | 最適 |

*1：水圧式を利用

以上のような視点で考えると表1は表2のように書き換えるのが適切であろう。

表2 粘性土地盤でのサンプラーの適正（修正版）

| サンプラーの種類 | 地盤の種類 | | |
|---|---|---|---|
| | 軟質 | 中くらい | 硬質 |
| | $N$値の目安 | | |
| | 0から4 | 4から8 | 8以上 |
| 固定ピストン式シンウォールサンプラー | 最適 | 適 | 適*1 |
| ロータリー式二重管サンプラー | ─ | 適 | 適 |
| ロータリー式三重管サンプラー | ─ | 最適 | 最適 |

*1：水圧式を利用

### (2) 採取した粘性土の非排水せん断強度 $C_u$ を求めるとき

図1は厚く堆積した沖積地盤における非排水せん断強度を求めたときの一軸圧縮試験と三軸圧縮試験（UU試験）の比較結果である[2]。

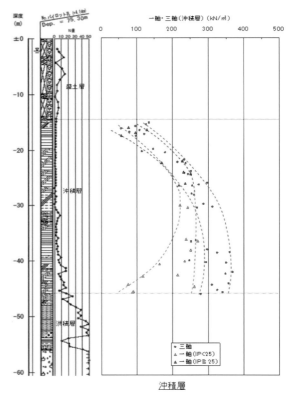

図1 沖積地盤における一軸圧縮試験と
三軸圧縮試験（UU試験）の比較[2]

30m程度の深さまでは試験方法による差は大きくなく、ほぼ一定のばらつきの範囲に収まっている。ただ30mを超えると一軸圧縮試験結果は三軸圧縮試験に比べてその強度が大きく減少する。この理由としては30mを超えるような高い拘束応力下における粘性土が応力解放で、強度に何らかの影響を受けたことが推察される。特に塑性指数 $I_p$ が25以下のような粘性土は特に注意が必要であり、試験方法も三軸圧縮試験（UU試験）を使うことが

必須になろう。ただ、沖積地盤の強度発現を通常的に解釈すると、その強度は深さ方向に増加傾向と考えることもでき、三軸圧縮試験結果も 30m を過ぎるとその強度の増加はほとんどないのは、深くなることによるサンプリング時の乱れの影響が考えられる。少なくとも一軸試験結果で深さ方向にその強度を大きく減少させることは考えにくいので、この場合は一軸圧縮試験の問題と指摘できる。

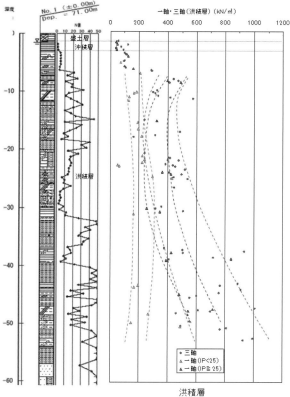

図 2　洪積地盤における一軸圧縮試験と三軸圧縮試験（UU 試験）の比較[2]

図 2 は洪積地盤における同じような比較をした結果である[2]。ここでは $I_p$ が 25 以下の場合の一軸圧縮試験結果と他（三軸圧縮試験（$I_p$ が 25 以上と 25 以下の 2 種類）と $I_p$ 25 以上の一軸圧縮試験）の試験結果との違いが顕著で特に深さ 30m を超えるとその違いが大きく、沖積層と同じ結果となっている。さらに $I_p$ が 25 以上の場合に強度発現と深さの関係はほぼ同じような傾向を示すが、強度の絶対値に関しては三軸圧縮試験結果のほうが大きめの値を示している。

以上の結果とこれまでの研究結果も加味して考えると、現状では目安として深さ 30m を超えるような粘性土地盤においては、少なくともサンプリング方法としてはロータリー式三重管サンプラーを使い、その試料から強度試験を行うときには三軸圧縮試験(UU)を使うことが薦められる。　　　　　　　　　　　　　　（加倉井正昭）

### 参　考　文　献
1) 社団法人地盤工学会：地盤調査の方法と解説, p.174, 2004.
2) 田部井哲夫, 井上波彦, 桑原文夫, 久世直哉, 加倉井正昭：基礎及び敷地に関する基準の整備における技術的検討（その 1）　沖積・洪積粘性土地盤における一軸・三軸圧縮試験の適用性, 日本建築学会学術講演梗概集（東海）, pp.661～662, 2012.

## Q1-4 基礎の設計において砂礫層のN値を用いるときの留意点は何か？

### (1) 砂礫層の特徴と支持力特性

写真1は、河川に堆積する礫の写真である。礫は一般に楕円形に近い形状を示し、短径と長径の比は1：3～5程度である。写真2は川原に堆積する礫層の状況である。一般に平らな面を下にして長径が河川の流れの方向を向いている。写真手前のエリアは大きな径の礫が主体であるが、後方は細かい礫が主体となるなど、河川の横断方向に堆積するレキの粒径分布が異なる。このように、砂礫層は様々な径の礫が非常に不均質な状態で堆積することが特徴である。

写真1 山地から流れ出した付近の礫[1]

写真2 覆瓦状に堆積する河川の礫[1]

砂礫層の力学特性は、礫の含有量が多い場合は礫のかみ合わせによる特性を示すが、礫の含有量が少ない場合は礫の周りを埋めている充填材（細粒土）による力学的性質が支配的になるといわれている[2]。

一方、三木らは、細粒分含有率が砂礫層の締め固め特性や透水特性に及ぼす影響を調べ、細粒分含有率が30%以上の礫層は、細粒分の特性が支配的になり、礫の含有量が多いほど、礫の特性が強くなることを示した[3]。

図1は、砂礫層で実施された杭載荷試験の杭先端部の荷重～沈下比関係である[4]。いずれもN値50以上の砂礫層を支持層としている。沈下比が急増するAグループと、沈下比が小さくより大きな支持力が期待できるBグループに分けることができる。

Aグループは武蔵野礫層など淘汰の悪い段丘礫層、Bグループは東京礫層、天満礫層など河成の堆積物、あるいは淘汰のよい段丘礫層であり、砂礫層の支持力特性は、その堆積環境や淘汰の程度によって影響を受ける。なお、淘汰がよいとは同じような粒径が揃っている状態、淘汰が悪いとは粒径の大きいものから小さいものまで雑然と混ざり合っている状態をさす。

### (2) N値と強度定数（$\phi$）の評価の留意点

先に述べたように砂礫地盤は深度方向にも水平方向にも不均質な状態で堆積しているため、N値のばらつきも大きい。さらに、標準貫入試験では、サンプラーの直径（内径35±1mm、外形51±1mm）よりも大きい径が存在すると、サンプラーの先端が礫に当たることにより打撃回数が多くなる傾向があり、N値そのものの評価に注意が必要である。

このため、柱状図に記載されている地層の記事において35mm以上の礫の存在が明らかな場合は、サンプラーの先端が礫に当った影響を考慮してN値を安全側に評価することも考えられる。礫当たりの可能性がある場合の補正の考え方の一例を図2に示す。図2では、貫入量0～10cmの打撃回数が約7回、10cm以深は打撃回数が急増する。このため、貫入量10cm以深は礫当りの影響があると判断して、貫入量0～10cmの打撃回数を3倍して補正したN値21とする（N値は貫入量30cmの打撃回数と定義されているため）。

なお、砂質土のせん断抵抗角（内部摩擦角）$\phi$は40°で頭打ち[5]となることが知られており、砂礫層の場合も安全側に$\phi=40°$を上限値とすることも考えられる。
（田部井哲夫）

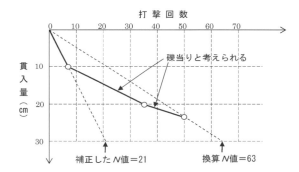

図2 標準貫入試験において礫当たりが考えられる場合の打撃回数～貫入量関係

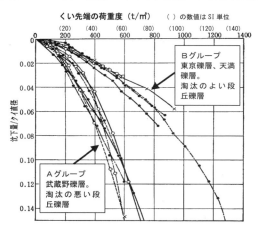

図1 杭載荷試験の荷重～沈下量曲線（場所打ち杭）[4]

### 参考文献

1) 藤本広治：グリーンブックス62，地層の調べ方，ニュー・サイエンス社，1980．
2) 江刺靖行：礫まじり地盤，土と基礎，Vol.31, No.2, pp.3-7, 1983．
3) 三木博史，久楽勝行，笹尾憲一：締固め度がレキ混り土の工学的性質に及ぼす影響-第3報-，第16回土質工学研究発表会，pp.749-752, 1981．
4) 阪口理：5．N値利用上の問題点：N値およびcとφの考え方，土質工学会，pp.31-37, 1976．
5) 畑中宗憲，内田明彦，加倉井正昭，青木雅路：砂質地盤の内部摩擦角$\phi_d$と標準貫入試験のN値の関係についての一考察，日本建築学会構造系論文集，第506号，pp.125-129, 1998．

## Q1-5 粘性土の圧密試験結果を用いて $C_c$ 法で圧密沈下計算を行う時の注意点は何か？

圧密沈下計算を $C_c$ 法で行おうとする場合、$C_c$ 法による計算が対象とする粘性土に適しているかを圧密試験結果を見て確認しておくことが望まれる。

土の圧縮性は、一般に圧密試験結果における間隙比 $e$ と圧密圧力 $p$ の関係として $e$-$\log p$ グラフの曲線（圧縮曲線）で表される。圧密沈下量の計算方法には、この圧縮曲線から圧密圧力 $p$ の変化に応じた間隙比 $e$ の変化を直接読み取って計算する圧縮曲線法、平均圧密圧力に応じた体積圧縮係数 $m_v$（圧密圧力の増分 $\Delta p$ に対する圧縮ひずみ $\Delta \varepsilon$ の割合）を用いる $m_v$ 法、圧縮曲線を単純な直線モデルに置き換えて計算する $C_c$ 法などがある[1]。

建築基礎構造設計指針（2001年）[2]では圧密沈下計算法の1つとして $C_c$ 法を紹介している。$C_c$ 法では、図1のように圧密降伏応力 $p_c$ を境として勾配が大きく変化するバイリニア型もしくはトリリニア型の直線で圧縮曲線をモデル化しており、圧密降伏応力 $p_c$ を超えた正規圧密領域の直線勾配に試験結果から求めた圧縮指数 $C_c$ を用いている。なお、図1中では圧密圧力の記号に $\sigma$（$=p$）が用いられている。

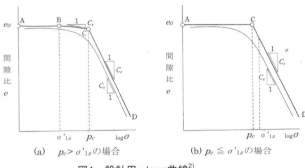

図1　設計用 $e$-$\log \sigma$ 曲線[2]

$C_c$ 法は、土質試験結果一覧表に記載された圧密降伏応力 $p_c$、圧縮指数 $C_c$ および初期間隙比 $e_0$ の値と、検討する地盤の載荷前後の有効応力を仮定すれば数式により沈下量を計算できる簡便な方法である。ただし、$C_c$ 法で圧密沈下の計算を行う場合は、以下に示す理由により地盤調査報告書に記載された数値をそのまま用いる前に、数値の根拠となる圧縮曲線の形状をよく見て $C_c$ 法の適用性を確認しておくことが望ましい。

一般に細粒分のみで構成される粘土の圧縮曲線は、図2の(a)のように過圧密領域と正規圧密領域の境で勾配がはっきり異なるため圧密降伏応力 $p_c$ や圧縮指数 $C_c$ を容易に求めることができる。これに対し、砂分を多く含む粘性土になると、図2の(b)のように圧縮曲線の勾配がなだらかに変化する曲線となる傾向があり、圧密降伏応力 $p_c$ の評価が難しいケースが多くなる。地盤材料の工学的分類方法[3]では、5%～15%を「まじり」、15%～50%を「質」と表すことになっている。したがって、「砂質シルト」、「砂まじりシルト」など砂分を多く含む土質名の試験結果には特に注意が必要である。勾配がなだらかに変化し明瞭な折れ点のない形状の圧縮曲線をもつ粘性土に対しては、本来 $C_c$ 法で想定しているモデルと性状が異なるため、$C_c$ 法ではなく、圧密圧力 $p$ と間隙比 $e$ の変化を圧密試験結果から直接読み取る圧縮曲線法を用いる方が妥当と考えられる。

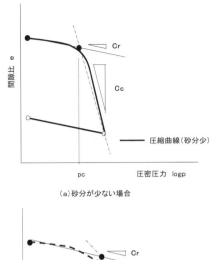

(a) 砂分が少ない場合

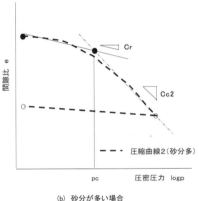

(b) 砂分が多い場合

図2　圧縮曲線の模式図

また、現在、土の圧密試験法としては「段階載荷試験」と「定ひずみ速度載荷試験」の2種類が JIS に定められており、従来の段階載荷試験の他、最近では定ひずみ速度載荷試験も利用され始めてきている。定ひずみ速度載荷試験は、段階載荷試験に比べて超軟弱粘土から硬質粘土までと適用範囲が広く連続的なデータの取得や試験時間の短縮が可能となる長所と、二次圧密のデータがとれない、ひずみ速度の影響を受けるなどの短所がある[1]。室内試験における圧密降伏応力 $p_c$ は、図3のようにひず

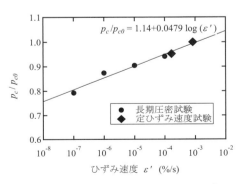

図3　圧密降伏応力のひずみ依存性[4]

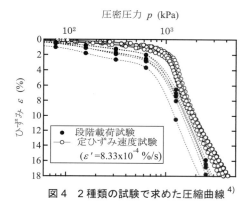

**図4 2種類の試験で求めた圧縮曲線**[4]

**表1 ひずみ速度の参考値**[3]

| 塑性指数 $I_p$ | ひずみ速度 %/min |
|---|---|
| 10未満 | 0.1 |
| 10〜40 | 0.05 |
| 40以上 | 0.01 |

み速度の大きさに依存することが知られており、定ひずみ速度載荷試験は図4のように圧密降伏応力$p_c$を段階載荷試験より大きく評価する可能性があることも指摘されている[4]。定ひずみ速度載荷試験を用いる場合は、ひずみ速度の影響があることをよく認識しておくことが重要となる。地盤工学会では定ひずみ速度載荷試験におけるひずみ速度の参考値として表1を示している[3]。

粘性土の圧密沈下問題を考える場合、構造物や盛土による載荷後の粘性土層内の有効応力と圧密試験結果の圧密降伏応力$p_c$の値を比較するだけでなく、圧密降伏応力$p_c$の値がどのような試験結果から求められたかにも注意する必要がある。例えば、圧縮曲線の形状から圧密降伏応力$p_c$が評価しにくい粘性土に対しては、圧密降伏応力$p_c$にこだわらず圧縮曲線をそのまま用いて沈下の問題を考えた方がよいケースもある。また、圧密試験における供試体の標準寸法が直径6cm、厚さ2cm程度と小さいこと、地盤物性のバラツキや排水面までの距離の差により同一層内でも圧密特性が異なる可能性があることを考えると、圧密対象層厚が厚い場合は複数の深度で圧密試験を行うなどの配慮も必要であろう。　　　　（西山高士）

### 参 考 文 献

1) 地盤工学会：土質試験基本と手引，2001．
2) 日本建築学会：建築基礎構造設計指針，2001．
3) 地盤工学会：地盤材料試験の方法と解説，2009．
4) 武居幸次郎：長期圧密試験による圧密降伏応力のひずみ速度依存性評価，日本建築学会大会学術講演集B-1 構造Ⅰ，pp. 457-458，2007．

## Q1-6　三軸圧縮試験などで粘着力とせん断抵抗角（内部摩擦角）が両方得られた場合、両者の効果をどう考慮したらよいか？

土の三軸圧縮試験には表1に示すように主に4つの方法があり、その適用範囲は対象土質によって異なる。試験は同一試料から作成した3つ以上の供試体を用いて行われるが、圧密圧力の値は原位置で想定される鉛直有効応力を中心として3種類以上に変えて実施する。それぞれの試験の詳細や目的、適用範囲は文献[1]に譲る。ここでは要点のみを紹介する。

UU試験は未圧密の状態で、排水が生じないような急速な載荷速度で荷重が作用する時の地盤の圧縮強さを求める目的で実施される（得られる強度定数を$c_u, \phi_u$とする）。圧密による強度増加がないので、得られる強度は小さく安全側の評価になる。また、一軸圧縮試験は側圧をゼロとしたUU試験と位置づけることができるが、非排水条件が確保できる透水係数が小さい粘性土を対象として行う方がよい。飽和した粘土を対象としてUU試験を実施すると、図1のようにほぼ包絡線は水平となり$\phi_u=0$と評価される。飽和していない粘性土で試験を行うと包絡線が勾配を持ち、$\phi_u>0$となることがある。対象土が飽和していないことが明らかな場合は$c_u, \phi_u$を用いることもあるが、一般にはUU試験での$\phi_u$を利用しない方がよい。

CU試験はある応力下で地盤が完全に圧密され(掘削の場合は吸水膨張し)、その後非排水条件で応力の変化を受ける場合の強度を評価する目的で行われる（得られる強度定数を$c_{cu}, \phi_{cu}$とする）。対象は飽和した粘性土であるが、砂分を多く含む粘性土や砂質土にも適用できる。ただし、この試験で得られる強度定数（$c_{cu}, \phi_{cu}$）は「見かけの」値であり、物理的な意味が不明確であることから、強度定数としての利用は推奨していない。$\phi=0$とした非排水せん断強さを利用することが望ましい。

$\overline{CU}$試験はCU試験において、非排水条件で試験が行われる際に供試体内の水圧を測定し、有効応力状態での強度定数を求める目的で行われる（得られる強度定数を$c', \phi'$とする）。$\phi'$はCD試験での$\phi_d$の代用として用いることがある。

CD試験は載荷重によって圧密されて強度増加をした後に、地盤内に過剰間隙水圧が生じない状態でせん断される場合の地盤の圧縮強さを求める目的で実施される（得られる強度定数を$c_d, \phi_d$とする）。CD試験を実施すると図2（試料A）に示すように$c_d, \phi_d$が両方得られることがある。拘束圧の大きいところでせん断中に供試体に間隙水圧が発生すると、強度が過小評価され、見掛け上$c_d$が大きくなるためである。これは、粘着力があることとは異なるので注意が必要である。

洪積砂層のようにセメンテーションがある土では仮設工事において$c$を採用することもある。ただし、$c, \phi$を両方利用する場合に重要なことは、想定している荷重レベル(図2の横軸)でのせん断強度$\tau$がいくつになるのかという点である。図2のケースでは荷重レベルが小さいところでは試料Bのせん断強度が試料Aより小さく評価される。三軸試験から得られた定数$c, \phi$をそれぞれ別々なパラメータとして利用するのではなく、総合的に考えて利用することが望ましい。

（内田明彦）

**表1　等方三軸試験4基準の目的と適用範囲[1]**

| 基準 | 目的 | 条件 | 適用土質（準用される場合） |
|---|---|---|---|
| UU三軸 | 圧縮強度特性 変形特性 | 透水性の小さな地盤において排水が生じないような急速載荷される場合 | 飽和した粘性土（飽和度の高い土） |
| CU三軸 | 圧縮強度特性 変形特性 | 載荷重によって圧密され強度が増加した後、排水が生じないように急速載荷される場合 | 飽和した粘性土（飽和した粗粒土） |
| $\overline{CU}$三軸 | 圧縮強度特性 変形特性 有効応力解析のための情報 | 載荷重によって圧密され強度が増加した後、排水が生じないように急速載荷される場合 | 飽和した粘性土（飽和した粗粒土） |
| CD三軸 | 圧縮強度特性 変形特性 | 載荷重によって圧密され強度が増加した後、地盤内に過剰間隙水圧が生じないように載荷される場合 | 飽和した土（最大の粒径が20mm程度を超える飽和していない粗粒土） |

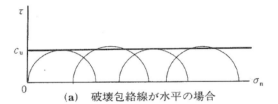

図1　UU三軸圧縮試験の破壊時のモール応力円と破壊包絡線[1]

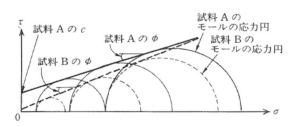

図2　2つの試料のCD試験による$\phi$の比較[1]

### 参 考 文 献

1) 地盤工学会：地盤材料試験の方法と解説, pp.569-604, 2009.

## Q1-7 地下外壁に作用する常時水平土圧の評価で、自立する粘性土地盤の場合はどうすればよいか？

建築基礎構造設計指針（2001年）[1]では、地下外壁に作用する常時水平土圧は静止土圧として考え、特殊な場合を除き地盤の種類や強度によらず静止土圧係数は0.5としている。ここでは、地盤の強度や地下外壁の拘束条件が土圧に及ぼす一般的な考え方と、特殊条件として硬質地盤における片側土圧の考え方を紹介する。

静止土圧は、壁が動かない静止状態において壁に作用する土の圧力を意味し、壁が動くと図1のように土圧は変化する[2]。一般に、壁が土から離れる方向に移動すると土圧は主働土圧に近づくため初期の静止土圧より小さくなり、土を押し込む方向に壁が移動すると土圧は受働土圧に近づくため初期の静止土圧より大きくなる。静止土圧から主働土圧へ移行する際の壁の変形量は僅かであるため、拘束条件がゆるく土から離れる方向に変形しやすい外壁に作用する土圧は主働土圧に近いと考えられる。

主働土圧や受働土圧は地盤が破壊した状態を想定しているため土の強度定数を用いた式で評価される。一方、静止土圧は地盤が破壊する前の平衡状態を想定しているので土の強度定数だけで決まるものではないが、既往の研究では静止土圧係数$K_0$の評価にせん断抵抗角（内部摩擦角）$\phi'$を用いたヤーキーの(1)式[3]が有名である。建築物の地下外壁の設計で用いられる静止土圧係数の0.5は、この式においてはせん断抵抗角$\phi'$が30°の土の値に相当している。

$$K_0 = 1 - \sin\phi' \qquad \cdots (1)$$

ここで、$\phi'$は有効応力で定義した土のせん断抵抗角

(1)式は、図2のように室内試験結果とはよく対応することが知られている[4]。ただし、実地盤は正規圧密状態で行う室内試験の土試料とは条件が異なり、例えば外壁の施工に伴う影響などが大きいことから、地山のせん断抵抗角$\phi'$を(1)式で考慮して土圧を評価しても、外壁に作用する土圧の予測精度が向上するとは限らない。これらの理由で、通常の設計では地盤の種類や強度によらず静止土圧係数を便宜上0.5としていると考えられる。

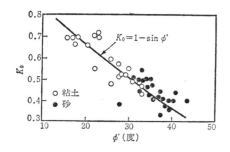

図2 せん断抵抗角と静止土圧係数の関係[4]

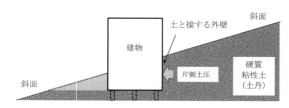

図3 斜面地の建物に作用する片側土圧

通常の平坦な敷地に建設される建物は、対面する地下外壁が同じように土圧を受けるため、建物の地下部を介して水平方向の力のバランスは保たれやすく、常時水平土圧が問題となることは少ない。一方、図3のように片側から土圧を受ける斜面地の建物の場合は、片側土圧に対して基礎底面や杭で抵抗するため、水平力に対する合理的な基礎の設計のためにはより適切な土圧の評価が必要となる。

斜面地の多い都市では、片側土圧を算定するときに、地盤が硬質であれば静止土圧係数を通常より低減できる技術指針類[5][6]もみられる。この場合の硬質地盤とは、文献5)では一軸圧縮強度$q_u$が1,000kN/m$^2$（10kgf/cm$^2$）以上の土丹層を対象とし、文献6)では風化していない状態の泥岩層を対象としている（ローム層は低減の対象としていない）。両指針とも、対象とする硬質地盤の静止土圧係数$K_0$は、条件が許せば通常の0.5に対して0.3まで低減できるとされている。これは、土丹層のような硬質地盤は変形しにくく自立性が高いため、ごく僅かな構造物の変位で主働側の土圧に移行することから、実務上静止土圧係数を低減しても問題ないと判断したものと考えられる。なお、文献5)では片側土圧の低減方法の考え方として上部に静止土圧係数0.5を採用する2層地盤の土圧分布も紹介している。これらの指針は、硬質地盤の片側土圧という特殊な条件に対して実績のある評価法として参考になると思われる。

（青木雅路・西山高士）

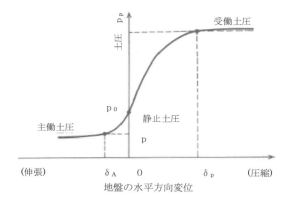

図1 地盤の水平方向変位と土圧の関係[2]

### 参考文献

1) 日本建築学会編：建築基礎構造設計指針，2001.
2) 地盤工学会編：土圧入門，1997.
3) J.Jaky : Pressure in Soils, Proc.2nd ICSMFE, Vol.1, pp.103-107,1948.
4) 今井五郎：わかりやすい土の力学，鹿島出版会，1983.
5) 横浜市建築局建築審査課監修：横浜市斜面地建築物技術指針，1992.
6) 川崎市建築局：川崎市斜面地建築物技術指針，1993.

## Q1-8 液状化判定、地下室の浮力、地下壁への水圧など設計で地下水位を設定するときのポイントと注意点は、何か？

一般に地盤中の地下水位は、既往の観測井での長期水位測定結果[1]から、日変動、豊水・渇水期などの季節変動（図1参照）のほか、都市部においては揚水規制による長期的な水位回復[3]、積雪地帯においては冬季の消雪用揚水による水位低下などの変動（図2参照）がある。また、海岸付近の埋立地においては、潮位の日変動、季節変動により深層部でもその影響を受けることがわかっている（図3参照）。設計地下水位を考えるにあたっては、これらの変動を適切に考慮する必要がある。

図4〜5に都市内陸部および東京臨海埋立地における観測井の地盤標高と水位変動幅を示した。都市内陸部においては2〜3mの水位変動幅の地点が多いが、埋立地においては1m程度の平均的上昇量であり、一般的には内陸部へいくほど、つまり地盤標高が高くなるほど変動幅が大きくなる傾向があると推察される。また、季節変化として、降水量の少ない12月〜2月の渇水期の水位が低い傾向がある。設計用地下水位は、地域によって季節変動が大きい場合もあるため、可能な限り長期の観測結果に基づいて設定すべきと考えられる。　　　（田屋裕司）

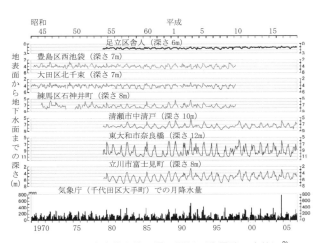

図1　月平均水位と降雨量の関係（浅層地下水位）[2]

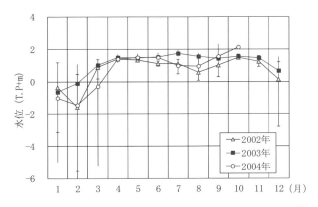

図2　月平均水位の変化と変動幅（兵庫県豊岡市）[1]

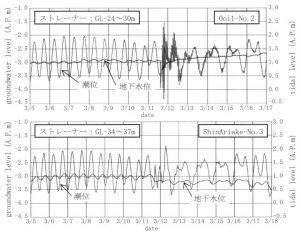

図3　東京臨海埋立地での中層地下水位の日変動
（上：大井、下：新有明）[4]

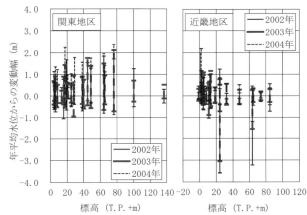

図4　地盤標高と年平均水位からの変動幅
（都市内陸部）[1]

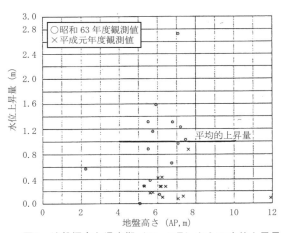

図5　地盤標高と渇水期（12〜2月）からの水位上昇量
（東京臨海埋立地）[5]

## 参　考　文　献

1) 国土交通省：「地下水年表」2002年，2003年，2004年
2) 清水孝昭，佐々木俊平：建築学会PD「近接山留め工事の現状と　課題」主題解説(3)近接施工における地下水処理，2008.10.
3) 東京都港湾局：平成20年東京港地盤沈下及び地下水位観測調査結果，2009.
4) 森洋，大坪友英，木内繁治：「東北地方太平洋沖地震における東京港埋立地盤での沈下と地下水位の挙動について」，第47回地盤工学研究発表会，pp.1471-1472, 2012.
5) 戸川泉，清水恵助，中島三春，片田良之，小管和英，後藤栄逸：東京港埋立地盤における液状化解析に用いる地下水位，第27回地盤工学研究発表会，pp.1075-1078, 1992.

## Q1-9 地盤の変形係数やポアソン比を静的な検討と動的な検討で変える必要はあるか？

地盤の変形挙動に関する検討を行う場合、地盤定数の設定は検討方法（計算モデル）とセットで考える必要がある。地盤の複雑な構成則が組み込まれた解析プログラムを用いる詳細な検討方法（非線形解析、弾塑性解析）では、構成則に必要なパラメータと地盤の初期条件を仮定すれば状態変化に伴う地盤物性の変化はプログラム実行時に自動的に計算される。一方、地盤を弾性連続体と仮定して計算する簡便な検討方法（弾性計算）では、検討条件に適した地盤定数を何らかの方法で別途評価する必要がある。ここでは、後者の弾性計算で用いる地盤の変形係数とポアソン比について考える。

### (1) 地盤の変形係数

静的な検討と動的な検討では対象とする外力が異なり、「静的」は主に建物の自重のように長時間作用し続ける一定の荷重（重力等）を、「動的」は地震荷重のように短時間に急激に変化する荷重（地震動等）を対象としている。地震荷重等で見られる動的効果については、載荷速度（速度効果）や繰返し回数（繰返し効果）が地盤の変形特性に影響を及ぼすことが知られており、これらの影響はせん断ひずみが $10^{-3}$（$10^{-1}$%）を超えるような大ひずみレベルで大きく、微小ひずみレベル、中ひずみレベル程度では小さい[1]。また、動的効果は、土のダイレイタンシーや排水条件にも関係していると考えられる。動的効果に関しては、広範囲な載荷速度を対象とした粘性土の室内試験結果の報告[2]など最近でも様々な研究が行われているが、動的効果が変形係数に及ぼす影響を検討条件に応じて定量的に評価する方法は現状では確立されておらず、今後の課題と考えられる。

一方、検討する内容と地盤のひずみレベルとの対応を考えると、例えば、軟弱地盤上の構造物の沈下を考える静的な検討は地盤が塑性変形する大きなひずみレベルの問題であり、中地震時程度の地盤挙動を考える動的な検討は地盤が弾性範囲内の微小ひずみレベルの問題と考えられる。地盤の変形係数を考える場合は、静的でも、動的でも、検討内容から想定される地盤のひずみレベルを考慮することが最も重要となるため、静的な検討と動的な検討とでひずみレベルが異なる場合は、想定されるひずみレベルに応じて変形係数を変える必要がある。

地盤を弾性連続体と仮定して変形を計算する場合、ヤング率に相当する地盤の変形係数と、ポアソン比（もしくは体積弾性係数）を設定する。地盤の変形係数は、対象とする土の応力－ひずみ関係を示す係数であり、土質、間隙比、有効拘束圧、応力履歴などの諸条件で異なるとともに、外力により生じるひずみの大きさに伴って変化する[1]。図1は、横軸にせん断ひずみ $\gamma$、縦軸にせん断剛性低下率（$G/G_0$）をとり、土質ごとに変形係数のひずみ依存性をまとめた図である[3]。せん断ひずみが大きくなるとせん断剛性が急激に低下しており、ひずみ依存性を考慮することの重要性がわかる。同様に地盤調査や土質試験の結果から変形係数を決める場合、測定時のひずみレベルと、検討内容から想定される地盤のひずみレベルとの差異に注意が必要である。表1は、ひずみレベルと測定方法の関係を模式的にまとめたものである[1]。調査・試験方法の違いによる変形係数の差異については、ひずみレベルに着目して整理している最近の研究[4]や土木構造物の規基準類[5][6]の考え方も参考になるであろう。

土木構造物の規基準類[5][6]では、設計用地盤反力係数の算定に用いる変形係数の評価として、短期（地震時や列車走行時等）の係数を長期（常時）の係数より2倍程度大きくするものもある。これらの評価は、各種載荷試験結果等を基に適用条件を想定して設定されており、道路や鉄道に関わる土木構造物の基礎の設計等に用いられている。ただし、検討内容が規基準類で想定している条件と異なる場合や、高い予測精度が要求される場合には、地盤剛性の非線形性を考慮した変形係数の評価が必要となろう。

静的、動的に関わらず、ひずみ依存性を考慮して変形係数を設定する方法の1つとして、初期剛性を原位置の弾性波探査試験結果（PS検層）から、また、ひずみ依存性を室内試験結果（動的変形試験）に基づくせん断剛性低下率の評価式から求める方法などが考えられる。

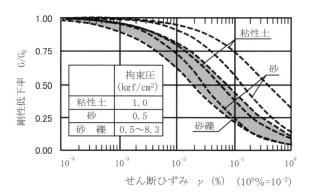

図1 せん断剛性比のひずみ依存性[3]

表1 ひずみの大きさによる土の性質の変化[1]

($10^{-2}$=1%)

| ひずみの大きさ | $10^{-6}$ | $10^{-5}$ | $10^{-4}$ | $10^{-3}$ | $10^{-2}$ | $10^{-1}$ |
|---|---|---|---|---|---|---|
| 現象 | 波動, 振動 | | | き裂, 不等沈下 | | スベリ, 締固め, 液状化 |
| 力学的特性 | 弾性 | | | 弾塑性 | | 破壊 |
| | | | | | 繰返し効果, 速度効果 | |
| 定数 | セン断定数, ポアソン比, 減衰定数 | | | | 内部摩擦角 粘着力 | |
| 原位置測定: 弾性波探査 | ├─────┤ | | | | | |
| 原位置測定: 起振機試験 | | ├─────────┤ | | | | |
| 原位置測定: 繰返し載荷試験 | | | ├─────────────┤ | | | |
| 室内測定: 波動法 | ├─────┤ | | | | | |
| 室内測定: 共振法 | | ├─────────┤ | | | | |
| 室内測定: 繰返し載荷試験 | | | ├─────────────────────┤ | | | |

## (2)地盤のポアソン比

地盤を土骨格と間隙流体とに区別せず複合的な連続体として扱うときのポアソン比には、土質や載荷速度に応じた土の排水条件が関係する。土の排水条件は、一般に細粒分が多く透水係数が小さいほど、また載荷速度が速いほど非排水条件に近づくと考えられる。図2は、飽和した粘土のポアソン比とせん断ひずみの関係について、非排水条件下の三軸試験結果をまとめたものである。縦軸はポアソン比、横軸はせん断ひずみである。非排水条件下に近い飽和土は体積変化がほとんどないため、せん断ひずみによらずポアソン比は0.5に近い値となっている。

図3は、飽和した排水条件下における砂の試験結果を図2と同様にまとめたもので、ポアソン比は0.2〜0.5の範囲に分布している。図4はポアソン比とせん断ひずみの関係について、飽和度（0〜80％）や有効拘束圧（50〜200kN/m$^2$）の異なる豊浦砂の試験結果を相対密度毎にまとめた図である。同図では、せん断ひずみが$10^{-5}$（$10^{-3}$％）から$10^{-3}$（$10^{-1}$％）の範囲では相対密度、拘束圧、飽和度に関わらずポアソン比はほぼ0.3であり、せん断ひずみが$10^{-3}$（$10^{-1}$％）以上になるとポアソン比の値が大きくなる結果となっている[8]。一方、微小ひずみレベルにおける非排水条件下の地盤のポアソン比は、飽和度が小さくなるに伴い大きく低下するとの報告[9]もある。

検討条件に応じた地盤のポアソン比を正確に予測するためには、これらの影響要因を反映させた室内土質試験を行う必要があるが、実務設計においてポアソン比を求める目的で室内土質試験を実施することは現状ほとんどないと思われる。これは、ポアソン比の精度が変形解析結果に及ぼす影響は変形係数ほど大きくないと考えられることにも関係しよう。現状では、室内土質試験を行わずにポアソン比を検討内容（土質、飽和度、荷重条件等）に応じて仮定する場合、動的な検討における地下水位以深の地盤には0.45〜0.5程度、それ以外の不飽和土もしくは排水条件下とみなせる地盤には0.3〜0.4程度の値を用いることが多いと思われる。

（西山髙士）

### 参考文献

1) 石原研而：土質動力学の基礎，鹿島出版会，1976.
2) 渡邉康司，石井雄輔，日下部治：粘性土の変形強度特性に与える載荷速度の影響，日本建築学会大会学術講演集，pp.419-420，2011.
3) 今津雅紀，福武毅芳：砂礫材料の動的変形特性，第21回土質工学研究発表会，pp.509-510，1986.
4) 田部井哲夫，内田明彦，小林治男，畑中宗憲：地盤調査から求めた粘性土地盤の変形係数とひずみレベル，日本建築学会大会学術講演集，pp.413-414，2011.
5) 日本道路協会：道路橋示方書・同解説 Ⅳ 下部構造編，2012.
6) 鉄道総合技術研究所：鉄道構造物等設計標準・同解説－基礎構造物，2012.
7) 横田耕一郎，今野政志，栗田好文：土のポアソン比について，第15回土質工学研究発表会，pp.529-532，1980.
8) 西田直人，畑中宗憲：不飽和地盤のポアソン比の研究，日本建築学会大会学術講演集，pp667-668，2012.
9) 田部井哲夫，牛山祐紀，畑中宗憲，大西智晴，田地陽一：弾性波速度から求めた地盤のポアソン比の検討，日本建築学会大会学術講演集，pp.477-478，2010.

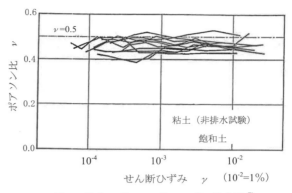

図2　粘土のポアソン比のひずみ依存性[7]

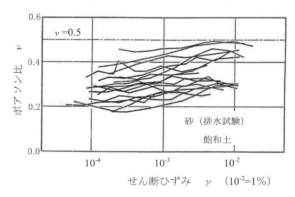

図3　砂のポアソン比のひずみ依存性[7]

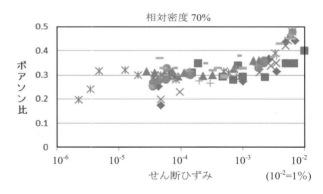

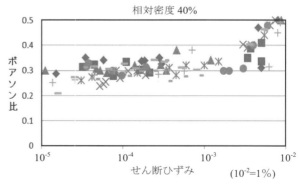

図4　せん断ひずみとポアソン比の関係（豊浦砂）[8]

## Q1-10 N値からS波速度（Vs）を推定する経験式が各種提案されているが、どう用いればよいか？

N値からVsを推定する経験式は、太田・後藤式や今井式など各種提案されているが、建築の分野では"2007年版建築物の構造関係技術基準解説書[2]"に太田・後藤式（(1)式）が示されていることから、同式を利用することが多いようである。太田・後藤式は、その原著によれば標準貫入試験のN値以外に、深さ・時代（地質年代）・岩質（土質分類）を付加することによって、実測S波速度との相関係数が0.86（N値のみでは0.72）と高まり、S波速度（Vs）を推定する実験式として有効であることが確認されたとしている[1]。しかし、同式も含めどの経験式も回帰分析によって得られたものであるので、平均と分散のセットとして理解する必要がある。式が平均だけしか与えられていない場合は、安全側に配慮して、原著から分散を読み取った上で使う必要がある。また、回帰データのあるN値の範囲にも留意することが重要である。N値とVsの間のメカニズム（力学的な因果）には未だ不明な部分が多く残されているため、N値が測定できていない部分への外挿は避けるべきである。多くの経験式のN値の上限は300程度であることから、N値300程度が一つの目安となるが、N値が50〜60以上の値は貫入量から換算したN値であることに注意が必要である。

一例として、図1は首都圏で得たデータを太田・後藤式を用いて、N値などから推定したS波速度$Vs'$を横軸に、PS検層から求めたS波速度$Vs$を縦軸にプロットしたものである。同図から、$Vs'$と$Vs$の比（$Vs'/Vs$）は、0.75〜1.5倍の範囲にばらついており、その平均値は0.96、標準偏差$\sigma$は0.21を示している。この結果は、関西圏や名古屋圏などでも同様となっている。[3]

$$Vs' = 68.79 N^{0.171} H^{0.199} Y_g S_t \quad (1)$$

ここに、　$Vs'$：換算せん断波速度、　　$N$：N値
　　　　$H$：地表面からの深さ
　　　　$Y_g$：地質年代係数
　　　　　　（沖積層：1.000、洪積層：1.303）
　　　　$S_t$：次の表に示す土質に応じた係数

**表1　土質に応じた係数**

| | 粘土 | 砂 | | | 砂礫 | 礫 |
|---|---|---|---|---|---|---|
| | | 細砂 | 中砂 | 粗砂 | | |
| $S_t$ | 1.000 | 1.086 | 1.066 | 1.135 | 1.153 | 1.448 |

また、経験式を用いてS波速度を求める場合、経験式が作られた元データをサンプリングした地域に留意する必要がある。地域によってはデータに大きなばらつきがあるので、同じ地域か、似たような堆積環境の地盤ならば、経験式を使ってVsを推定することも許容できそうであるが、計画地の周辺に既往データ等が無い場合は、PS検層を実施してVsを求めるべきである。特に、N値とS波速度の関係が既往の経験式と異なる可能性のある特殊土が分布するような所では、経験式を用いることは避けるべきである。

S波速度は、建物の設計の実務では地盤応答計算や限界耐力計算の耐震計算を行う際などに利用される。一例をあげれば、限界耐力計算で表層地盤による加速度の増幅率$G_s$求める場合、工学的基盤のS波速度や表層地盤の各層の微小歪み時のせん断剛性$G_0$や密度$\rho$などが必要となるが、せん断剛性$G_0$はS波速度と密度$\rho$を用いて(2)式より求めるため、先のN値からS波速度を推定した場合に生じる誤差（ばらつき）が、さらに大きくなることにも十分注意する必要がある。　　　（辻本勝彦）

$$G_0 = \rho \cdot Vs^2 \quad (2)$$

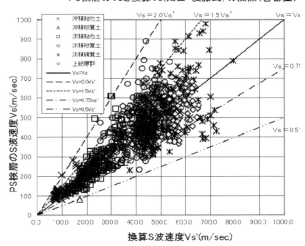

図1　PS検層の$Vs$と換算$Vs'$の関係（首都圏）

### 参　考　文　献

1) 太田裕，後藤典俊：S波速度を他の土質的指標から推定する試み，物理探鉱，第29巻，第4号，pp.31-41，1976．
2) 建築物の構造関係技術基準解説書編集委員会：2007年版建築物の構造関係技術基準解説書，第2版，pp.444-445，平成20年5月．
3) 辻本勝彦，新井洋，加倉井正昭：基礎及び敷地に関する基準の整備における技術的検討（その2）地盤調査：N値とS波速度の関係，日本建築学会大会学術講演梗概集，pp399-400，2011.8．

## Q1-11 N値からS波速度($V_s$)やせん断剛性を推定する経験式はしらす地盤のような特殊土地盤でも適用できるか?

建築設計の分野において N 値から $V_s$ を推定する場合には、太田・後藤式[1]等の各種提案式がよく用いられる。これらの提案式が特殊地盤にそのまま適用できるかということには疑問がある。

図 1 は二次しらす地盤(浸食・運搬・堆積作用を受けたもの)を対象に実施された PS 検層結果の一例である。高田[2]らは鹿児島市内において実施された PS 検層とボーリングの資料を収集し沖積(二次)しらすと洪積しらすについて N 値と $V_s$ の関係をそれぞれ(1)式と(2)式に示している。

沖積しらす層: $V_s = 100 N^{1/3}$   (1)

洪積しらす層: $V_s = 120 N^{1/3}$   (2)

(1)式は道路橋示方書[3]で示される砂質土の式において N 値を測定値の 2 倍としたものと整合している。

$V_s = 80 (2N)^{1/3} ≒ 100 N^{1/3}$

この結果はしらす地盤の N 値の評価が一般の地盤に比べ、半分程度の評価であり、N 値を 2 倍とすることで整合が取れることを示している。

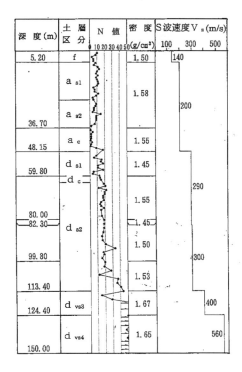

図1 鹿児島市のしらす地盤のN値とVs

一方せん断剛性については、八木ら[4]が北海道火山灰地盤の N 値とせん断剛性の関係について検討している。その結果を図 2 に示す。二次しらす地盤のサイスミックコーンによるせん断剛性と N 値の関係が示されており、以下の式が併記されている。

沖積砂  $G = 9.2 N^{0.715}$ (MPa)   (3)

洪積砂  $G = 16.7 N^{0.658}$ (MPa)   (4)

二次しらす地盤のせん断剛性は(3)式から推定すると

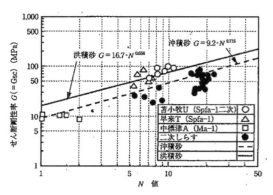

図2 北海道の火山灰地盤のN値とせん断剛性の相関

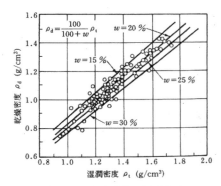

図3 しらす地盤の湿潤密度

若干高めの評価となっている。

図 3 はしらす地盤の湿潤密度と乾燥密度の関係[5]を示したものである。しらす地盤の湿潤密度は 9.8～16.7kN/m³(1.0～1.7g/cm³)程度とかなり幅がある。$V_s$ からせん断剛性を求める場合、単位体積重量の影響が大きい。参考として単位体積重量を 9.8 kN/m³, 16.7 kN/m³ とした場合のせん断剛性を(1)式の $V_s$ を用いて算定する。

$G = \gamma \times (V_s)^2 / g = 9.8 \times (100 N^{1/3})^2 / 9.8$
$= 10000 N^{2/3} (kN/m^2) = 10 N^{2/3} (MPa)$   (5)

$G = \gamma \times (V_s)^2 / g = 16.7 \times (100 N^{1/3})^2 / 9.8$
$= 17000 N^{2/3} (kN/m^2) = 17 N^{2/3} (MPa)$   (6)

この結果を図 4 に示す。また、前述の鹿児島市内のしらす地盤、図 2 に示されている二次しらすの一部のデータのせん断剛性も併記する。

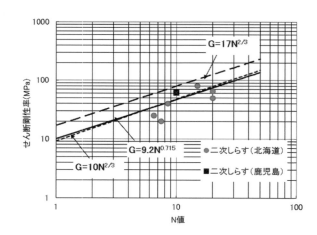

図4 しらす地盤の N 値とせん断剛性の相関

単位体積重量を低めに評価した(5)式は鹿児島市のしらすに対しては低めの評価となっているが北海道の二次しらすに対しては高めの評価となる。

一方単位体積重量を低めに評価した(6)式ではどちらのしらす地盤に対しても高めの評価となる。

しらす地盤のような特殊土地盤において従来の経験式でS波速度を推定することは適切でないと考えられる。それに加え、せん断剛性の推定では、単位体積重量の値によっても大きく左右されるので注意が必要である。

(西尾博人)

### 参 考 文 献

1) 太田裕，後藤典俊：S波速度を他の土質指標から推定する試み,物理探鉱,第29巻,第4号,pp.31-41, 1976.
2) 高田誠，北村良介，北田貴光：二次しらす地盤の力学特性の評価，土木学会論文集，No.561/Ⅲ-38, p. 241, 1997.
3) （社）日本道路協会：道路橋示方書・同解説Ⅴ耐震設計編，pp. 25-26, 2002.
4) 八木一善，三浦清一，阿曽沼剛，市川和宏：北海道火山灰地盤における原位置および室内試験結果の工学的相関,地盤工学会，地盤工学会北海道支部技術報告集，第42号，2002.
5) （社）地盤工学会：地盤材料試験の方法と解説－二分冊の2－, p. 988, 2009.

## Q1-12 PS検層を100mの深さまで実施したところ、$N$値が50以上であるにもかかわらず、$V_S$ が400m/s以上にならない。工学的基盤はどう設定すればよいか?

S波速度が小さな未固結堆積物が分布する所では、硬い岩盤が地表付近から出現する所に比べ、地震動が著しく増幅されることは広く知られている。この表層地盤による増幅の影響を受けない部分を基盤と考えるのが地震基盤である。上部地殻のS波速度が3.0～4.0 km/s程度であることから、一般にS波速度3.0 km/s程度以上の地層を地震基盤としている。

耐震設計などで設計用入力地震動を入力する基盤は、入射波に及ぼす地表の局所的な地盤特性の影響がほとんど無視できる地震基盤に設定することが理想的であるが、実務的には地震基盤より浅い深度(数十～百数十m程度)に基盤を設定している。この基盤ことを工学的基盤と呼んでいる(図1参照)。地震基盤は我が国の主な都市部では地下深部に存在することから、その深さで記録された地震観測例は少ないが、工学的基盤では多くの地震観測例が得られている。後述するように地盤データも多く取得されていることから、工学的基盤において地震動を設定することが現実的であると考えられている[2]。

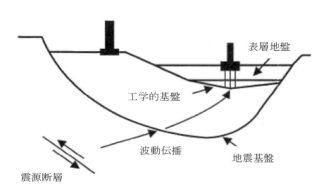

**図1 地震波の伝播と基盤の概念[2]**

工学的基盤を選定する基準としては、浅部の地層より大きいS波速度をもつ地層が一定以上の厚さで存在することとされている。実際には、工学的基盤のS波速度($V_S$)としては、原子力発電所では$V_S$=700m/s以上とされおり、一般の建築・土木構造物では、$V_S$=300m/s～400m/s以上の層に設定される。通常、建設行為に関わるボーリング調査では、支持層確認の目的で$N$値が50以上の地層が出現する深さまで地盤調査が行われることが多い。この結果、$N$値が50程度(せん断波速度でおおむね400m/s程度前後に対応)以下の地盤では、S波速度も含め地盤資料が比較的多く揃っているため、その程度の深さ、あるいはそれより少し深い地盤までの地盤資料に基づいて、その増幅を考えるようにした方が現実的であると考えられている[3]。以上を勘案して、建築ではS波速度400m/s程度の地層を一つの目安に、工学的基盤として扱うことが適当と考えられている。

PS検層を100mまで実施しても$V_S$が400m/s以上を確認できない場合、ボーリング機械の掘削能力等も考慮する必要があるが、原則として掘り増しを行って$V_S$=400m/s程度の地層を確認すべきである。特にそれより下部に軟弱層の存在が予想される場合には確認すべきである。しかしその一方で、既往の地盤調査資料(地盤に関する文献、既往の地盤調査結果等)に基づいて評価することもできる。その場合、既往の地盤資料が、計画地の地盤を想定するのに妥当なものであるかどうかを充分検討する必要がある。

なお、2007年版「建築物の構造関係技術基準解説書[1]」では、工学的基盤の条件として以下を示している。
- 地盤のせん断波速度が約400m/s以上であること。
- 地盤の厚さが5m以上あること。
- 建築物の直下を中心とし、表層地盤の厚さの5倍程度の範囲において地盤の深さが一様なものとして傾斜5度以下であること。

また、余り望ましいことではないが、同解説書では、表層地盤による増幅率 $G_s$ を算定する際、地盤条件によっては所要のせん断波速度を有する地層まで調査できない場合もあり、その場合には調査した最深層を工学的基盤として 400m/s のせん断波速度を有する地盤と仮定して、$G_s$ を算定することもできるとしている。これらを斟酌すれば工学的基盤のS波速度は必ずしも400m/sを上回ることは要求されておらず、400m/s程度が確認できていれば許容されるものと考えられる。 (辻本勝彦)

### 参 考 文 献

1) 建築物の構造関係技術基準解説書編集委員会:2007年版建築物の構造関係技術基準解説書,第2版,pp.435-445, 平成20年5月.
2) 天池文男:日本地震学会,学会ホームページ「強震動地震学基礎講座:基盤と地盤特性の考え方」, http://www.zisin.jp/modules/pico/index.php?content_id=1915, (2015. 10 確認)
3) 大川出:工学的基盤の判定におけるせん断波速度,限界耐力計算の工学的基盤スペクトルの減衰定数と基盤加速度,建築技術2011年4月号, p.106.

## Q1-13 微動アレイ探査や表面波(レイリー波)探査から得られる地盤のS波速度構造の精度はどの程度か？

図1に、微動アレイ探査法のイメージを示す。この方法では、同時多点観測された微動記録から分散特性を求め、これをレイリー波のものと考えて逆解析を行い、地盤のS波速度構造を推定する。なお、図では、中心1点と円周上5点の多角形アレイを用いた場合を示しているが、一般的に、微動のパワーが不足する短周期領域（概ね 0.1～0.2 秒以下）では、位相速度（分散特性）の推定精度を高めるため、地表鉛直点加振源および波の伝播方向に複数のセンサを一列に並べた直線アレイ（いわゆるレイリー波探査）を併用する場合が多い。

これらの探査法でわかるのは、地盤のS波速度構造（S波速度の深さ方向分布）である。ただし、PS検層のように詳細な地盤構造ではなく、多くても4～5層程度の層序に単純化した概略の構造である（例えば図2）[1]。その信頼性は、微小せん断ひずみレベルの地震応答解析を行った場合に大間違いをしない程度であり[例えば2),3)]、地盤調査法としては、あくまでも概要調査法と考えられる。

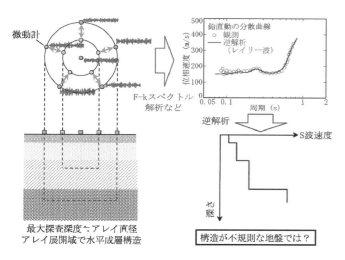

図1　微動アレイ探査法のイメージ

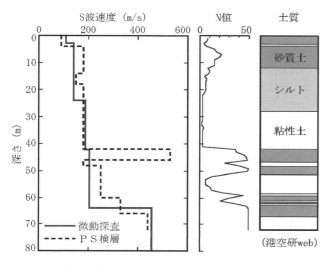

図2　境港湾・空港整備事務所における微動探査および PS 検層から得られた S 波速度構造の比較[1]

これらの探査法におけるS波速度構造の推定誤差は、種々の条件等にもよるが、平均的に 10～20%程度あると考えられる[例えば4)～6)]。また、探査法自体の制約として、アレイの形状によらず、その展開範囲内で、地盤構造の水平成層性を仮定する必要がある。例えば、表層地質が変化している境界の付近や、堆積盆地の端部あるいは断層線の周辺など、地層が水平方向に不連続・不均質な場合や、基盤が傾斜あるいは鉛直方向にギャップを有する場合などは、この仮定が困難と考えられる。さらに、地盤各層のP波速度と密度も、適当な値を仮定する必要がある。ただし、何らかの方法によって地盤構造の水平成層性がある程度担保され、また、探査の事前に調査地あるいはその近傍でボーリング等によって深さ方向の地層構成の情報が得られている場合には、分散曲線の逆解析において、各地層の厚さに関する拘束条件を導入できるため、推定される各地層のS波速度の誤差は、上記の値より小さくなることが期待される。なお、微動アレイ探査や表面波（レイリー波）探査の基本原理を比較的平易に解説した文献として、例えば、文献 7、8 などが挙げられる。参考になれば幸いである。

ただし、これらの探査法は、観測波形データの処理解析をはじめ、表面波や逆解析の理論・計算について、正しい知識と相当の経験が必要とされ、推定結果がその利用目的に対して適切かは、探査を行う技術者の腕次第である。また、探査結果の妥当性や信頼性について、他の地盤情報等との比較などから、吟味することが重要である。その方法として、例えば、当該あるいは近傍地点の表層地質や地形情報等との対比、地震観測等に基づく 2 地点間の水平動（鉛直下方入射S波）スペクトル比の検証（例えば図3）[9]、感度分析等に基づく逆解析パラメタの推定誤差の評価[例えば4),5)]、などが考えられる。図3では、2004 年新潟県中越地震時に住宅全壊率が大きく異なった小千谷市内の 8 地点（C1、C2、C3、JMA、K-NET、W1、W2、W3）において、微動アレイ探査が行われ、深さ 25m までの地盤のS波速度構造が推定されている。また、地震観測が行われ、中小地震記録が得られている。各地点の推定地盤構造から重複反射理論（減衰定数 2%）により求めたS波増幅特性のC1地点に対する振幅比スペクトルは、観測地震記録より求めた水平動のそれらの傾向を概ね説明しており、推定されたS波速度構造の妥当性が示唆される。

なお、近年では、この探査法の簡便性・機動性を活かして、微動観測を面的に実施することで、S波速度構造を多次元的に推定し、埋没谷など不規則な基盤形状を把握する試みも行われている。図4[10]では、B～B'測線に沿う微動 $H/V$ スペクトルの位置による変化は、縦軸を周期、横軸をB点からの水平距離として、スペクトル値の大小を濃淡により、観測点間を線形補間して表示している。また、微動探査から得られた 2 次元S波速度構造とボーリング調査結果（S1～S4）との比較から、埋没谷の存在を含め、推定された不規則S波速度構造の妥当性が確認される。しかし、いわゆる不規則地盤の微動特性は、

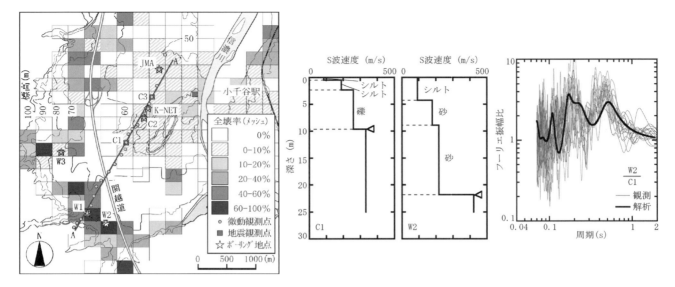

図3 小千谷市における微動・地震観測地点とC1およびW2地点の微動探査から得られたS波速度構造の地震記録を用いた検証[9]

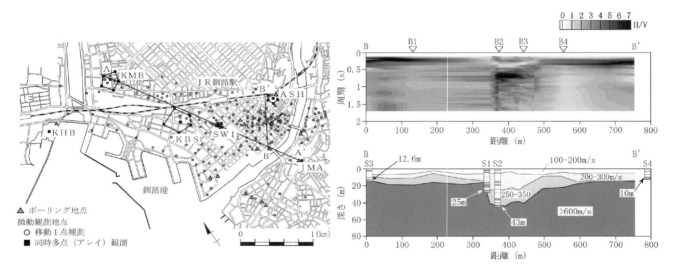

図4 釧路市における微動観測地点とB～B'測線に沿う微動H/Vスペクトルの変化および微動探査から得られた2次元S波速度構造[10]

直下地盤の一次元的構造の影響だけでなく、伝播経路の影響を強く受ける場合があり[例えば11),12)]、扱いは容易でない。今後の研究の進展が期待される。

最後に、微動から得られる地盤情報を建築物の耐震設計に利活用する上で、重要な留意点を1つ、改めて指摘しておく。どのような方法を用いるにせよ、微動の（せん断相当）ひずみレベルは$10^{-9}$～$10^{-7}$程度[例えば13)]であるので、微動から得られる地盤情報は、微小ひずみレベルにおける弾性的な特性（初期剛性）に限られる。一方で、建物の耐震設計において問題となるのは、ひずみレベル$10^{-3}$～$10^{-2}$程度を超える強震時の地盤挙動（液状化や側方流動まで含む）なので、設計では、当然、地盤の非線形性や強度の影響を適切に考慮する必要がある。微動のみから強震時の地盤振動特性評価に必要な情報を全て得るのは、困難と考えられる。 （新井洋）

### 参考文献

1) 新井洋, 森伸一郎, 和仁晋哉：微動観測から推定した境港地域の表層地盤のS波速度構造, 第42回地盤工学研究発表会講演集, pp. 1797-1798, 2007.
2) Tokimatsu, K.: Geotechnical Site Characterization Using Surface Waves, Proc., 1st Intl. Conf. Earthquake Geotechnical Engineering, Tokyo, Japan, Vol. 3, pp. 1333-1368, 1997.
3) Arai, H. and Tokimatsu, K.: Evaluation of Local Site Effects Based on Microtremor $H/V$ Spectra, Proc., The 2nd International Symposium on the Effects of Surface Geology on Seismic Motion, Yokohama, Japan, Vol. 2, pp. 673-680, 1998.
4) Arai, H. and Tokimatsu, K.: S-Wave Velocity Profiling by Inversion of Microtremor $H/V$ Spectrum, Bulletin of the Seismological Society of America, Vol. 94, No. 1, pp. 53-63, 2004.
5) Arai, H. and Tokimatsu, K.: S-Wave Velocity Profiling by Joint Inversion of Microtremor Dispersion Curve and Horizontal-to-Vertical ($H/V$) Spectrum, Bulletin of the Seismological Society of America, Vol. 95, No. 5, pp. 1766-1778, 2005.

6) 新井洋, 上林宏敏：大阪堆積盆地における水平成層構造を仮定した $H/V$ スペクトルの逆解析, 日本地震工学会大会－2012 梗概集, pp. 300-301, 2012.
7) 日本建築学会：入門・建物と地盤との動的相互作用, pp. 261-268, 1996.
8) 日本地震工学会 微動利用技術研究委員会：微動の利用技術（講習会テキスト）, p. 250, 2011.
9) 時松孝次, 新井洋, 関口徹：2004 年新潟県中越地震時に表層地盤の非線形震動増幅特性が小千谷の木造住宅被害に与えた影響, 日本建築学会構造系論文集, No. 620, pp. 35-42, 2007.
10) Arai, H. and Tokimatsu, K.: Three-Dimensional $V_S$ Profiling Using Microtremors in Kushiro, Japan, Earthquake Engineering and Structural Dynamics, Vol. 37, Issue 6, pp. 845-859, 2008.
11) Uebayashi, H.: Extrapolation of Irregular Subsurface Structures Using the Horizontal-to-Vertical Spectral Ratio of Long-Period Microtremors, Bulletin of the Seismological Society of America, Vol. 93, No. 2, pp. 570-582, 2003.
12) 上林宏敏, 川辺秀憲, 釜江克宏, 宮腰研, 堀家正則：傾斜基盤構造推定における微動 $H/V$ スペクトルの頑健性とそれを用いた大阪平野南部域の盆地構造モデルの改良, 日本建築学会構造系論文集, Vol. 74, No. 642, pp. 1453-1460, 2009.
13) 新井洋, 若井修一, 時松孝次：距離減衰から推定した交通振動源のスペクトル特性と地盤の減衰定数, 第 10 回日本地震工学シンポジウム論文集, 1, pp. 1059-1064, 1998.

## Q1-14 微動 H/V スペクトルのピーク周期から地盤の固有周期を評価できるか？

どのような場合でも評価できるわけではないが、下記の様な条件を満足する場合は、評価できる。

- 地盤が概ね水平成層構造であること。
- 近傍に S 波速度構造が既知の地点があり、そこでの観測微動の H/V スペクトルと地盤構造から算定した理論（レイリー波または表面波）H/V スペクトルとの比較から、微動 H/V スペクトルのピークを反映する基盤層がどの地層であるか特定できること。
- 基盤層と堆積層の S 波速度コントラストが明瞭（概ね 3 程度以上）で、また、微動 H/V スペクトルのピークも単一かつ明瞭であること。

この様な条件の地盤では、レイリー波の周期特性を示す微動 H/V スペクトルのピーク周期が、基盤層と堆積層の S 波速度コントラストを反映した地盤せん断振動の 1 次固有周期と概ね対応する可能性が、以前より指摘されている[1]。このため、微動 H/V スペクトルのピーク周期から地盤の固有周期を評価できる場合があると考えられている。例えば、図 1[2]は、(a) 高知市のある地点の PS 検層に基づく工学的基盤およびチャート（堆積岩）基盤の上面深度、(b) この地点で観測された微動の H/V スペクトルと PS 検層結果から算定した各基盤に対応するレイリー波基本モードの H/V スペクトルの比較、(c) 地盤せん断振動（鉛直下方入射 S 波）の各基盤に対応する増幅率を示している。観測 H/V の周期特性と各基盤に対応する理論 H/V および増幅率のそれとの比較から、この地点の微動 H/V ピーク（周期）は、チャート基盤とそれ以浅の地盤との S 波速度コントラストを反映したものであることがわかる。

ただし、上記の指摘は、数多くの観測事実に基づく経験的なもので、その理論的なメカニズムについては、現時点では、不明な部分が多く残されている。このため、この方法は、地盤の固有周期を客観的に求める方法としては未確立であり、今後の大きな課題の 1 つと言える。

（新井洋）

### 参 考 文 献

1) 時松孝次, 宮寺泰生：短周期微動に含まれるレイリー波の特性と地盤構造の関係, 日本建築学会構造系論文報告集, No. 439, pp. 81-87, 1992.
2) Arai, H., Nakata, S., and Kai, Y.: Bedrock Structure Estimation Using Microtremors in Kochi Plain, Japan, Proc. USB, 15th World Conference on Earthquake Engineering, Lisbon, Portugal, ref. 4624, 2012.

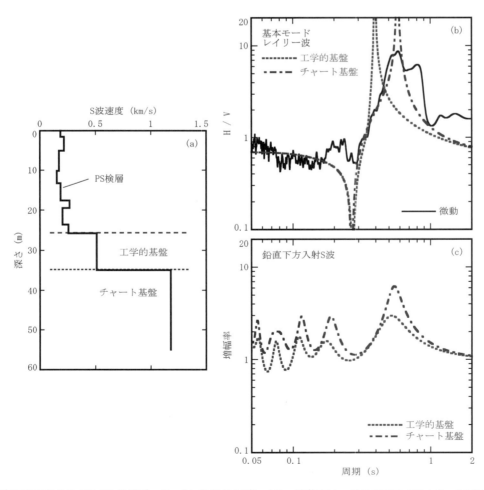

図 1　(a) 高知市のある地点の PS 検層データ、(b) 微動およびレイリー波基本モードの H/V スペクトル、(c) S 波の増幅率[2]

## Q1-15 微動 H/V スペクトルから工学的基盤の傾斜がわかるか？

基盤が傾斜している場合、いわゆる不規則地盤の微動特性は、直下地盤の一次元的構造の影響だけでなく、伝播経路の影響を強く受ける場合があり、扱いは容易ではない[1),2)]。このため、現時点では、微動 H/V スペクトルから基盤の傾斜を客観的に求める方法は、未確立と言わざるを得ない。例えば、図1[1)]は、大阪平野泉南地域の不規則地盤の微動特性を示している。地震基盤（S 波速度 2.7km/s 以上の和泉層群）の傾斜が緩い大阪湾沿岸部の TJR 地点では、微動の H/V スペクトルと分散特性の両方を同時に説明できる直下地盤の水平成層構造モデルが存在する。一方、地震基盤の傾斜が急な KRI 地点では、そのような水平成層構造モデルが存在せず、直下の地盤特性のみによって微動特性を説明できない。また、図2[2)]は、傾斜基盤を有する地盤のレイリー波入射による H/V スペクトルの数値解析の例（(a) 解析地盤モデル：基盤の傾斜角 $\theta$ がパラメタ、(b) 基盤傾斜領域からの水平距離と解析で得られた H/V スペクトルのピーク値との関係、

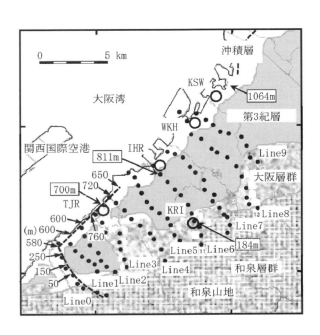

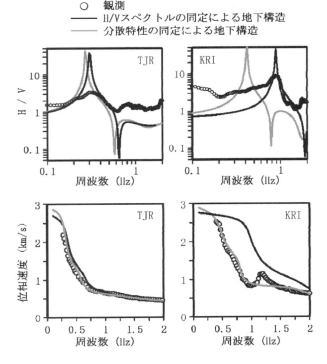

図1 大阪平野泉南地域の不規則地盤の微動特性[1)]

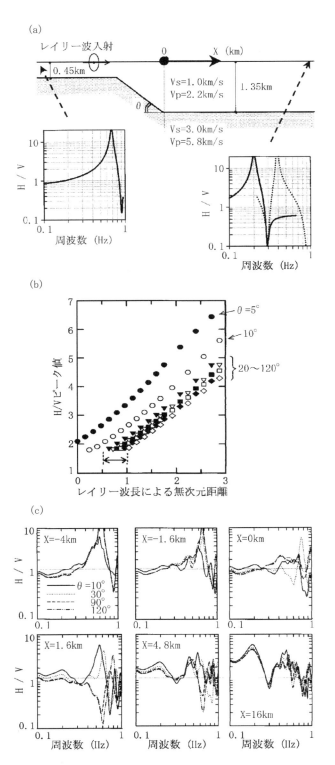

図2 傾斜基盤を有する地盤のレイリー波入射による H/V スペクトルの数値解析の例[2)]

(c) $H/V$ スペクトルの位置による変化)を示している。基盤傾斜角 $\theta$ が10度程度より大きくなると、$H/V$ スペクトルのピークが不明瞭となる可能性が示唆される。

ただし、既往の研究から、不確定な部分も多く残されているものの、次の条件が成り立つ場合には、微動 $H/V$ スペクトルから工学的基盤の傾斜の概略を把握できる場合もあると考えられる(現実には、これらの条件が揃う地域は、数が非常に限られる)。

・対象地域の地盤の堆積環境が概ね一様で、当該の工学的基盤の傾斜が大きくないこと。その目安の値としては、今後の精査が必要と考えられるが、概ね10度程度以下(例えば図2、3)[2),3)]。
・対象地域内にS波速度構造が既知の地点があって、そこでの観測微動の $H/V$ スペクトルと地盤構造から算定した理論(レイリー波または表面波)$H/V$ スペクトルとの比較から、微動 $H/V$ スペクトルのピークを反映する基盤層が当該の工学的基盤層であることを確認できること。
・対象地域内に(ボーリング調査等から)工学的基盤深度が既知の地点が複数あって、そこでの観測微動の $H/V$ スペクトルのピーク周期 $T$ と工学的基盤深度 $D$ との間に概ね線形関係($D ≒ C \cdot T$:$C$ は定数)があることを確認できること(例えば図3)[3)]。
・当該の工学的基盤層と堆積層のS波速度コントラストが明瞭(概ね3程度以上)で、また、微動 $H/V$ スペクトルのピークも単一かつ明瞭であること。

例えば、図3[3)]は、高知平野において微動 $H/V$ スペクトルから工学的基盤の傾斜を推定した例((a) 微動観測およびボーリング(B01、B02)地点、(b) B01、B02 地点の土質柱状図、(c) この地域の工学的基盤深度と微動 $H/V$ のピーク周期との関係、(d) A01-B02 測線に沿う工学的基盤の傾斜)を示している。平野の北端(A01地点)から南側に200〜450mの範囲で、ボーリングと整合する1/10程度の基盤傾斜が推定されている。

なお、不規則地盤では、理論上、表面波と実体波を区別することができない。このため、不規則地盤において

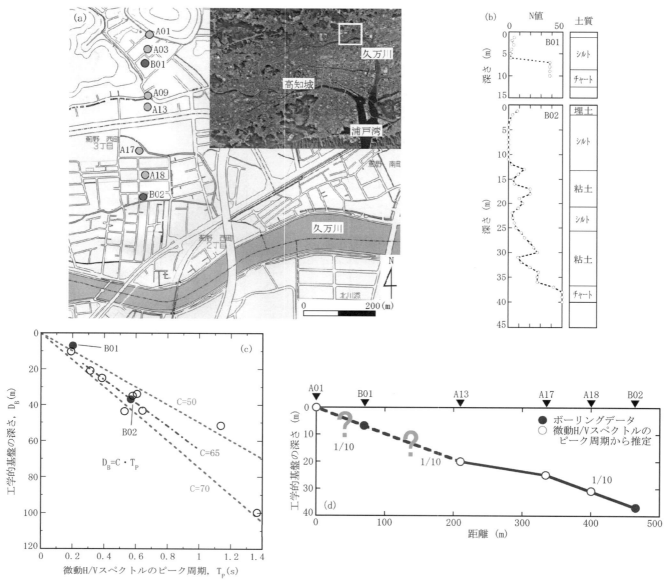

図3 高知平野において微動 $H/V$ スペクトルから工学的基盤の傾斜を推定した例 [3)]

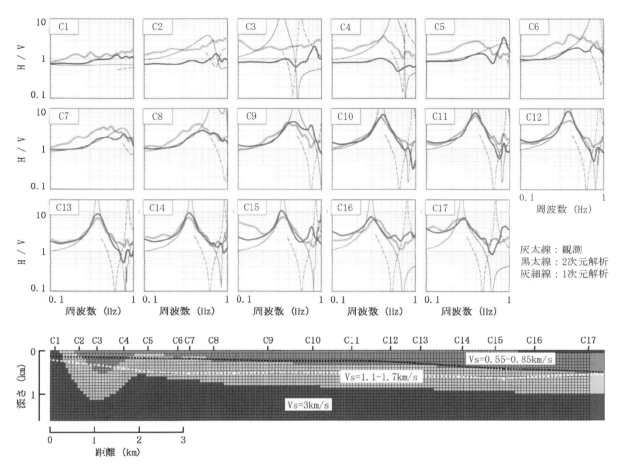

図4 大阪平野の北摂地域における微動 H/V スペクトルの 2 次元 FEM による同時多点逆解析から推定された S 波速度構造[2]

微動を工学的に有効利用するためには、今までの視点（表面波的性質の利用）と異なる新たな検討が必要と思われる。最新の研究では、基盤の傾斜が概ね 10 度程度以上ある場合には、直上地点の微動 H/V スペクトルのピークが不明瞭となる傾向があり（例えば図2）[2]、このことから地盤構造が強い不規則性を有することを推測できる可能性が指摘されている。また、不規則地盤の微動 H/V スペクトルに地盤構造の多次元性の情報が含まれていることを利用して、複数地点の微動 H/V スペクトルを FEM 等の波動数値解析により同時に再現することで不規則地盤の S 波速度構造を多次元的に同定する試みも行われている。例えば図 4[2]は、大阪平野の北摂地域における微動 H/V スペクトルの 2 次元 FEM による同時多点逆解析から推定された S 波速度構造を示している。地盤構造の不規則性が強い C1～C6 地点では、観測微動の H/V スペクトル（灰太線）の周期特性を、直下を水平成層構造と仮定した 1 次元解析（灰細線）では説明できないが、推定 S 波速度構造に基づく 2 次元解析（黒太線）では、これを良く説明できている。今後の研究の進展が期待される。

（新井洋）

## 参 考 文 献

1) 上林宏敏, 川辺秀憲, 釜江克宏, 宮腰研, 堀家正則：傾斜基盤構造推定における微動 H/V スペクトルの頑健性とそれを用いた大阪平野南部域の盆地構造モデルの改良, 日本建築学会構造系論文集, Vol. 74, No. 642, pp. 1453-1460, 2009.

2) Uebayashi, H.: Extrapolation of Irregular Subsurface Structures Using the Horizontal-to-Vertical Spectral Ratio of Long-Period Microtremors, Bulletin of the Seismological Society of America, Vol. 93, No. 2, pp. 570-582, 2003.

3) 廣井謙雄, 中田慎介, 新井洋：微動 H/V スペクトルと基盤傾斜の関係についての試行的考察, 日本建築学会大会学術講梗概集, 構造 II, pp. 791-792, 2010.

## 5.2 液状化

**Q2-1** 液状化判定を行う場合の判定対象地盤条件（地表面から20m程度以内の深さの沖積層で細粒土含有率35％以下など）の根拠は何か？

液状化の検討深さを20m程度としているのは、これまでに生じた液状化被害の事例を鑑みて定めたものと思われる。液状化に関する記述が初めて採用された1974年の建築基礎構造設計規準[1]では、検討深さを15mないし20mとしているが、この理由として、「有効上載圧がおよそ20t/m²以上であると液状化を起こしにくく、また、たとえ液状化することがあっても、地表面が急傾斜していて地盤全体が滑るような場合を除けば、地表近くにある構造物に直接被害を与えることは少ないと言われている」とあるように、決して20m以深が液状化しないとは言及していない。

液状化深さについての調査結果は少ないが、図1のような例がある[2]。1964年の新潟地震において、橋脚の杭の被害状況から液状化層を推定しているが、この調査結果から15m以深で液状化した例はない。ただし、対象構造物の重要性が高く、20mを挟んで地層が連続している場合などは、20mにこだわらずに液状化の検討を行うべきと思われる。なお、20m以深の地盤を対象として液状化判定を行う場合は、建築基礎構造設計指針[3]（以下、基礎指針と略す）に示されている簡易判定法ではなく、地震応答解析を行って地盤に作用する外力を求める方がよい。

液状化検討の対象土を細粒土含有率35％以下の沖積土としているが、この根拠は過去のデータに基づくものである[4]。しかし、1987年千葉県東方沖地震や2000年鳥取県西部地震において細粒分が40％以上含まれた土が液状化したとの報告や非塑性シルトの液状化抵抗は小さいことが指摘されている。基礎指針では、「粘土分含有率が10％以下、または塑性指数が15％以下の埋立・盛土地盤については液状化の検討を行う」と記述があるように、人工造成された地盤の液状化については注意するように指摘している。埋土や盛土地盤は自然に堆積した地盤とは異なり、地盤が均質でないことが多い。そのような地盤で粒度分布を調べても、その結果が代表値としてよいか不明である。したがって、埋土・盛土地盤の場合、地盤のばらつきが自然堆積地盤より大きくなることを考慮して、調査箇所を増やし地盤定数を安全側に設定して液状化判定を行う方がよい。

（内田明彦）

### 参 考 文 献

1) 日本建築学会：建築基礎構造設計規準・同解説，p.130，1974.
2) 岩崎敏男，龍岡文夫，常田賢一，安田進：砂質地盤の地震時流動化の簡易判定法と適用例，第5回日本地震工学シンポジウム講演集，pp.641-648, 1978.
3) 日本建築学会：建築基礎構造設計指針，pp.61-72, 2001.
4) 末政直晃：規基準の数値は「何でなの」を探る，建築技術，p.123, 2010.2.

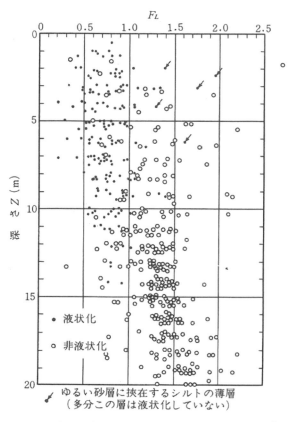

図1　新潟地震における液状化地点と非液状化地点[2]

## Q2-2 礫質地盤の液状化強度の評価についてどのように考えればよいか？

### 1. はじめに

「建築基礎構造設計指針（2001）」[1]（以下、基礎指針と略す。）の中では礫質土の 50%粒径 $D_{50}$ により $N$ 値を補正する方法が示され、その上で、「その信頼性に鑑み、大型貫入試験による推定法、S 波速度による推定法などにより総合的に検討することが望まれる。」と述べている。ここでは、大型貫入試験や S 波速度による推定法について紹介する。

砂地盤に比べて、礫質土は平均的な粒径の大きさから推定されるその高い透水性で過剰間隙水圧が蓄積しにくいため、液状化はかなりし難いものと考えられていた。実際、その高い透水特性を生かした地盤改良工法に「グラベルドレーン工法（設計ではドレーン材の透水係数は 5～15cm/s としている。）」があるぐらいである。しかし、ハーダーとシード(Harder and Seed)[2]により礫質土の液状化事例が報告され、陶野他[3]による地質考古学的調査から約 400 年前の礫質土の液状化の跡の発見が報告されたことから、礫質土の液状化にも関心がもたれてきた。そして、1993 年の北海道南西沖地震での火山性砕屑岩の液状化、1995 年の兵庫県南部地震で風化花崗岩であるマサ土による埋め立て地盤の激しい液状化現象が様々な構造物に甚大な被害をもたらしたことから、礫質土も液状化の検討対象とすべき地盤であることが認識させられた。

### 2. 建築基礎構造設計指針における対応について

図 1 は基礎指針の 50%粒径 $D_{50}$ による補正方法を示している。図 1 の方法は、標準貫入試験の $N$ 値と地盤の粒度特性だけで礫質土の液状化強度を評価できるので、便利ではあるが、補正係数 $Csb$ が 1 以下であること、大型貫入試験による推定法、S 波速度による具体的な推定法が示されていないので、実務ではほとんど使われていないのではないかと推察する。

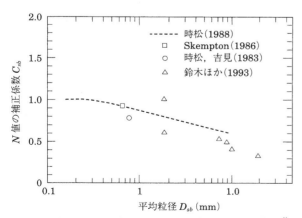

図 1 基礎指針における礫質土の $N$ 値についての補正 [1]

図 1 によれば、$D_{50}$ が 0.3mm 以上になると、$N$ 値は測定値より小さく補正される。ただし、基礎指針の中では $D_{50}$ がどのような値の場合、図 1 を適用すべきかについては示されていない。なお、道路橋示方書の液状化判定法[4]においては礫分が 50%以上の地盤を礫質土として、暫定的に (1) 式を用いて、$D_{50}$ により $N_1$ 値を補正する方法を示している。$D_{50} \geq 2.0$mm で $N_a$ が小さく補正される。

$$N_a = \{1-0.36\log_{10}(D_{50}/2)\} N_1$$
$$N_1 = 170N/(\sigma_v' + 70) \quad (1)$$

ここで、$\sigma_v'$ は $N$ 値を測定した深さでの有効上載圧

### 3. 礫質土の液状化強度の評価について

既往の研究では、礫質土の液状化強度の評価については、下記のような検討が行われてきた。

(1) 不撹乱試料を用いた非排水繰返し三軸試験による評価
(2) 大型貫入試験の貫入抵抗と不撹乱試料で得られた液状化強度との関係による評価
(3) 原位置でのせん断波速度と不撹乱試料で得られた液状化強度との関係による評価

以下に、それぞれについて、既往の研究で得られた結果と課題について簡単に述べる。

(1) 不撹乱試料を用いた非排水繰返し三軸試験による評価

図 2 に例示するように、礫質土の場合も、不撹乱試料と再調整試料では液状化強度に大きな差があることが知られている [5]。したがって、礫質土の液状化強度の直接的な評価には不撹乱試料が不可欠である。礫質土の不撹乱試料による液状化強度の研究の共通点は、①不撹乱試料は原位置地盤凍結サンプリング法を用いている、②供試体の大きさは直径 30cm、高さ 60cm、③試験法は繰返し非排水三軸試験、そして、④液状化強度（$R_{n=15}$）の定義は砂質土とは異なって、軸ひずみ両振幅($DA$)=5.0%ではなく、$DA$=2 ないし 2.5%となる非排水せん断応力比が多い。なぜ、そのような定義になっているのかについては既往の研究に明瞭な記述は見当たらない。試験装置および測定装置の性能の制約および重要構造物の支持地盤である礫地盤の液状化強度の過大評価を防ぐためという理由が大きな背景にあるものと推定される。

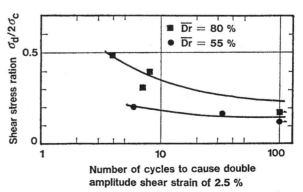

図 2 東京礫層の液状化強度に及ぼす試料状態の影響 [5]

参考までに、図3に示すように、砂質土の場合、緩い地盤の場合は$DA=5\%$の繰り返しせん断応力比と$DA=2\%$の繰り返しせん断応力比の差は殆どなく、相対密度が70％を超えると、両者に差が見られる[6]。いずれにしても、$DA=2\sim2.5\%$で液状化強度を定義したことは、礫質土の液状化強度を砂質土に比べて控えめに評価したことになる。図1中に引用しているSuzukiら[7]の礫質土のデータも、この定義で液状化強度を評価しているので、過大な補正になっている。つまり、補正係数$C_{sb}$を過小評価している可能性がある。

表1 標準貫入試験と大型貫入試験の仕様[8]

|  |  | 大型貫入試験 | 標準貫入試験 |
|---|---|---|---|
| ロッド | 外径 | 60mm | 40.5mm |
|  | 内径 | 48mm | 23mm |
|  | 肉厚 | 12mm | 8.75mm |
| サンプラー | 全長 | 700mm | 810mm |
|  | 最大外径 | 73mm | 51mm |
|  | 内径 | 54mm | 35mm |
|  | 最大肉厚 | 9.5mm | 8mm |
| モンケン | 重量 | 100 kg | 63.5 kg |
|  | 落下高 | 1.50m | 0.75 m |

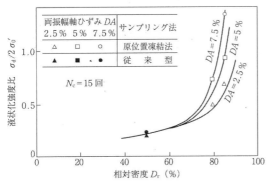

図3 砂の液状化強度と相対密度の関係に及ぼすDAの影響[6]

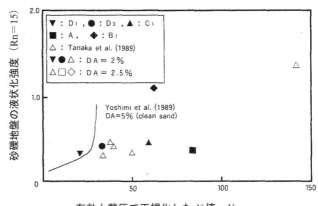

図4 礫質土の液状化強度と$N_1$の関係[7]

(2) 大型貫入試験の貫入抵抗と不撹乱試料の液状化強度との関係による評価

液状化強度の評価以前に、砂礫地盤の静的力学特性の評価のため、砂地盤に適用してきた標準貫入試験を大型化（スプーンサンプラーの内径が50mm）した大型貫入試験の開発が40年以上も前に行われていた（貝戸他、1971）[8]。表1に貝戸らが用いた標準貫入試験と大型貫入試験の主な仕様の比較を示した。砂礫地盤の液状化強度の評価も不撹乱試料による液状化強度と関連づけて、この大型貫入試験の活用が検討された（田中他[9]、鈴木他[7]など）。これらの検討では、大型貫入試験による貫入抵抗（$N_d$）を(2)式により98kPaの有効上載圧で換算した貫入抵抗（$N_{d1}$）と液状化強度（$R_{n=15}$）との関係を求めて評価法を提案している。

$$N_{d1}=N_d/(\sigma_v'/98)^{0.5} \quad (2)$$

ここで、$N_d$値は大型貫入試験による貫入抵抗値、$\sigma_v'$は$N_d$値を測定した深さでの有効上載圧(kN/m²)

図4から、標準貫入試験のN値（$N_1$）は礫質土の液状化強度との相関は認められず、$N_1$値による礫質地盤の液状化強度の評価は不可能である。一方、図5より、$N_{d1}$の大きいデータは非常に少ないが、大型貫入試験のN値（$N_{d1}$）と礫地盤の液状化強度の間にはある程度の相関関係がみられる。図6は同様な考えによる国生らの結果である[9]。なお、国生らは$N_c=20$回、鈴木らは$N_c=15$回での$DA=2.5\%$に達する繰返しせん断応力比を非排水繰返しせん断強度としている。しかし、その差は大きくない。

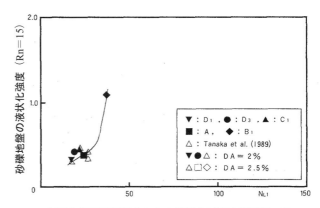

図5 礫質土の液状化強度と$N_{d1}$の関係[7]

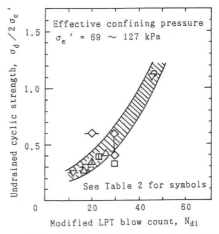

図6 礫質土の液状化強度と$N_{d1}$の関係[9]

(3) 原位置でのせん断波速度による評価

砂地盤の液状化強度をせん断波速度 ($V_s$) から推定することを試みた時松・内田の研究[10]がある。礫地盤の不撹乱試料の採取が砂地盤よりもさらに困難であることを踏まえて、砂礫地盤について同様な検討が田中ら[9]および畑中ら[11]によって行われた。得られた結果は下記のとおりである。

①田中ら[9]は、初期せん断剛性は有用な非排水繰返しせん断強度を推定する指標であるが、大型貫入試験に比べると評価の精度が低いと述べている。

②畑中ら[11]は、砂礫地盤について、原位置でのせん断波速度 $V_s$ および $V_s$ を有効上載圧が $98kN/m^2$ で換算した $V_{s1}$ と非排水繰返しせん断強度 ($R_{n=20}$) の関係をまとめた。これは、礫質土の間隙比の評価がかなり困難であることから、直接 $V_s$ との関係で検討した。データは少ないが、図7に示す様に、沖積の礫質土の $V_s$ と非排水繰返しせん断強度 ($R_{n=20}$) の間には良い相関関係が見られる。一方、洪積礫質土については、同じ $V_s$ に対して、非排水繰返しせん断強度がかなり大きい場合がある。これは、洪積世の期間が約200万年にも及ぶがため、同じ洪積層でも、堆積年代の古さによってエージング効果等の違いによりその強度が大幅に異なっていると考えられる。(3)式は図7に示す礫質土の $V_s$ から推定される非排水繰返しせん断強度 ($R_{n=20}$) の下限値を示している。洪積礫質土についてはかなり控えめな評価と言うことになる。図8は $V_s$ を有効上載圧が $98kN/m^2$ で換算した $V_{s1}$ と礫質土の非排水繰返しせん断強度 ($R_{n=20}$) の関係を示している。なお、$V_{s1}$ を求めるにあたっては、3.1節で述べたように、礫質地盤のせん断剛性の拘束圧依存性が砂地盤より大きいことを踏まえて有効上載圧の3/8乗(図8中横軸の表示参照)に比例するとしている。両者の相関関係はほぼ図7と同様である。(4)式は $V_{s1}$ から推定される $R_{n=15}$ の下限値を示している。実務で $V_s$ が求められている場合は、図1の他、この様な関係を用いて総合的に礫質地盤の非排水せん断強度を評価することもできる。

$$R_{n=15}=0.1+5.6\times10^{-4}V_s+4.8\times10^{-7}V_s^2$$
$$(100m/s \leq V_s \leq 600m/s) \quad (3)$$

$$R_{n=15}=0.082+9.5\times10^{-4}V_{s1}$$
$$(100 \leq V_{s1} \leq 600) \quad (4)$$

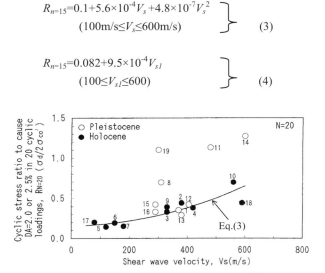

図7 礫質土の液状化強度と $V_s$ の関係[11]

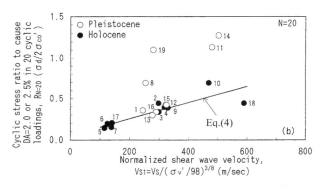

図8 礫質土の液状化強度と正規化 $V_s$、$V_{s1}$ の関係[11]

4. 礫質地盤の透水係数について

1.節において述べたように、礫質地盤は透水係数が砂地盤に比べてかなり大きいと信じられてきたため、液状化しにくいと考えられてきたようである。その背景には、礫地盤の粒径が砂地盤のそれよりもかなり大きいという事実が影響している。図9には原位置地盤凍結サンプリング法で採取したポートアイランドの液状化した埋め立てマサ土地盤を含む各種礫質土の粒径加積曲線を示している。最大粒径は30mmから100mmの範囲にある。平均粒径は一種類を除くいずれも2.0mm以上であり、地盤工学会の土質分類に従えばいずれも礫質土である。一方、平均粒径が大きくても、$D_{10}$ が0.1から1.0mmの範囲にあり、細粒分も約1から8%あり、均等係数は約60もある。実務で砂地盤あるいは礫地盤の透水係数の推定に広く使われているヘーゼン (Hazen) の式やクレガー (Creager) の曲線は砂あるいは礫質地盤の粒径の小さい部分 (有効径 $D_{10}$ あるいは $D_{30}$) の特性から求めている。

図10は図9に示す不撹乱礫質試料を用いて室内大型透水試験で求めた透水係数を示している。図10に示すように、これらの礫質地盤の透水係数は $10^{-2}$ から $10^{-3}$ cm/s の範囲にあり、砂地盤とほとんど同じオーダーの透水係数となっている。これらの結果から、私達は礫地盤の最大粒径や平均粒径の大きさに影響されて、礫地盤は大きな透水係数を持つと誤解している可能性がある。砂地盤と同等な透水係数をもつ礫地盤は砂地盤と同様に過剰間隙水圧が発生・蓄積し、液状化する可能性がある。

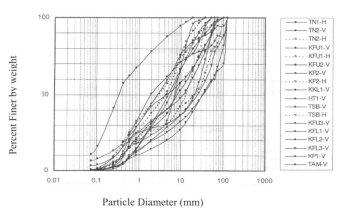

図9 礫質地盤の粒径加積曲線の例[12]

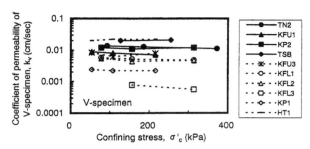

図10 不攪乱試料を用いて測定した礫質地盤の透水係数例[12]

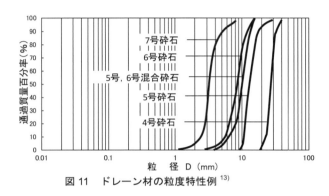

図11 ドレーン材の粒度特性例[13]

　液状化対策工法の一つとしてグラベルドレーン工法あるいはサンドドレーン工法がある。これらの工法で用いているドレーン材（砂あるいは礫）はどのような粒度特性を持っているのか。図11はドレーン材の粒径加積曲線の例である。図11に示すように、ドレーン材に用いる砕石は、最大粒径は確かに7～30mmと大きいが、均等係数はほぼ2以下であり、$D_{10}$は2.5mmから25mmの範囲にあり、細粒分はゼロである。つまり、ドレーン材の特徴は平均粒径の大きさではなく、粒子の小さい部分の粒度特性にある。一方、細粒分のほとんどない砂礫層であっても、砂礫層が粘性土に挟まれていると境界での排水ができず、過剰間隙水圧の上昇をもたらすことも考えられる。したがって、砂礫層というだけで、液状化検討対象から除くことは一般的には適切ではないことは、基礎指針に述べられているとおりである。　　　　（畑中宗憲）

## 参 考 文 献

1) 日本建築学会：建築基礎構造設計指針，日本建築学会，pp.62-63, 2001.

2) Harder, Jr., L.F. and Seed, H.B.:"Determination of penetration resistance for coarse-grained soils using the becker hammer drill," Report, Earthquake Engineering Research Center, Report No. EERC-86/06, 1986.

3) 陶野郁夫，遠藤邦男，寒川旭："洪積礫層における液状化現象"，平成2年度土質工学会研究発表会, pp.877-878, 1990.

4) 日本道路協会：道路橋示方書・同解説，V 耐震設計編，pp.120-123, 2002.

5) Hatanaka, M. Suziki, Y. Kawasaki, T. and Endo, M.: Cyclic undrained shear properties of high quality undisturbed Tokyo Gravel," Soils and Foundations, Vol.28, No.4, pp57-68, 1988.

6) 吉見吉昭：砂地盤の液状化，技報堂出版，p.40, 1991.

7) Suzuki Y., Goto S., Hatanaka M. and Tokimatsu K.:" Correlation between strengths and penetration resistances for gravelly," Soils and Foundations, Vol.33, No.1, pp92-101, 1993.

8) 貝戸俊一，阪口理，西垣好彦，三木幸蔵，湯上英雄：大型貫入試験，土と基礎，Vol.19, No.7, pp15-21, 1971.

9) Tanaka, Y. Kudo, K. Yoshida, Y. and Kokusho, K.: Undrained cyclic strength of gravelly soil and its evaluation by penetration resistance and shear modulus. ", Soils and Foundations, Vol.32, No.4, pp 128-142, 1992.

10) Tokimatsu, K. and Uchida A.: Correlation between liquefaction resistance and shear wave velocity, Soils and Foundations, Vol.30, No.2, pp.33-42, 1990.

11) Hatanaka, M. Uchida, A. and Suzuki, Y.: Correlation between undrained cyclic shear strength and shear wave velocity for gravelly soils," Soils and Foundations, Vol.37, No.4, pp.85-92, 1997.

12) Hatanaka, M. Uchida, A. Taya, Y. Takehara, N. Hagisawa, T. Sakou, N. and Ogawa S.: Permeability characteristics of high-quality undisturbed gravelly soils measured in laboratory tests, Soils and Foundations, Vol.41, No.3, pp.45-55, 2001.

13) 大西智晴：グラベルドレーン材の粒径過積曲線（私信), 2012.

## Q2-3 液状化判定において洪積層の取扱いはどのようにすればよいか。

2011年東北地方太平洋沖地震では、東京湾岸の埋立地、利根川流域の沖積低地で大規模な液状化被害が発生した。この地震を含め、過去の地震において洪積層が液状化したとの報告はない。これは、埋立地、沖積低地においては、洪積層が深い位置に堆積するため、液状化が発生したとしてもそれが確認されなかったためであろうか。

図1は、旧建設省土木研究所が実施した各種砂地盤の液状化強度試験結果[1]である。繰返し三軸強度試験は、自然地盤から凍結サンプリングによって採取された乱れの極めて少ない高品質な砂試料を用いている。図1に示すように、同じ換算$N$値であっても洪積土は、沖積土に比べて、明らかに液状化強度が大きいようである。

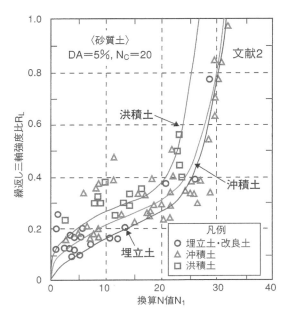

図1 各種堆積年代の砂地盤の液状化強度の比較

それではなぜ洪積層は沖積層と比べて液状化強度が大きいのであろうか。それは、年代効果が影響していると考えられている。年代効果とは、①上載圧を受けた砂層の粒子間隙の減少（圧密作用）、②繰返しせん断応力が作用することによるインターロッキング（噛み合わせ）効果、③粒子間隙への鉱物の沈殿・成長（セメンテーション作用）である。しかしながら、これまでの研究では定量的評価に至っていない。

一方、建築・土木における基準での取扱いはどうであろうか。建築分野の液状化に関する指針の取扱いをみると、1988年の建築基礎構造設計規準[2]では液状化検討の対象層は「砂質土、中間土」と記載され洪積層より古い地層の取扱いは曖昧であったが、2001年改訂の建築基礎構造設計指針[3]では「沖積層、埋土層」が対象と明記された。

また、土木関係の液状化判定法の代表格である道路橋示方書でも、旧版[4]では沖積層に限定していないが、過去の地震で洪積層の液状化が確認されなかったことを背景に、2012年の改定[5]では、沖積層のみが対象とされた。

なお、洪積層の定義は、建築基礎構造設計指針と道路橋示方書で若干異なり、前者は、約2万年前の最終氷期より古い地層、後者は、約1.2万年前の海面上昇停滞期より古い地層としている。

以上のように、洪積層はこれまで液状化の発生が確認されていないこと、室内土質試験の結果から沖積砂と比べて明らかに液状化強度が大きいこと、建築・土木の基準・指針でも沖積層だけを液状化対象としていることなどから、洪積層であることが明らかな場合は、液状化対象層から除外してよさそうである。

しかし、日本国内のすべての洪積層が大きな地震を経験した訳ではない。また、洪積層であっても$N$値が低くセメンテーションが喪失している地層については液状化の危険性があるという意見もある。このような地区の例として、名古屋地区の低地がある。この地区では、地下水位が浅い上に、深度10m付近から$N$値10程度の比較的ゆるく締まった洪積層以前の地層が出現することが知られている。

このようなことから、大きな地震を経験していない地域で重要構造物の設計を行う際には、より慎重な検討が望まれる。

（田部井哲夫）

#### 参考文献

1) 松尾修，東拓生：液状化の判定法，土木技術資料，vol.39, No.2, pp. 20-25, 1997.
2) 日本建築学会：建築基礎構造設計規準・同解説，pp. 163-164, 1988.
3) 日本建築学会：建築基礎構造設計指針，p. 63, 2001.
4) 日本道路協会：道路橋仕方書（V耐震設計編）・同解説，pp. 121-125, 2002.
5) 日本道路協会：道路橋仕方書（V耐震設計編）・同解説，pp. 134-139, 2012.

## Q2-4 液状化簡易判定において、細粒分含有率（Fc）の測定値がない場合、N値や土質に基づき、どのように考えればよいか？

建築基礎構造設計指針（2001）[1]の液状化簡易判定法では、地盤の液状化強度（$\tau_l/\sigma_z'$）は(1)式に示すように標準貫入試験の$N$値と有効拘束圧（$\sigma_z'$）で求められる$N_1$値と地盤の細粒分含有率($F_c$)から求められる補正$N$値増分$\Delta N_f$の和としての$N_a$の値から図1のグラフより読みとる。

$$N_a = N_1 + \Delta N_f \tag{1}$$

$\Delta N_f$は図2より細粒分含有率（$F_c$）から求められる。図2より、通常液状化検討対象地盤の最大の細粒分含有率$F_c = 35\%$における$\Delta N_f$の値は9.5である。一方、図1より、$N_a$の最大値は26であり、補正$N$値増分の影響はかなり大きいことが理解できる。図3は図1のせん断ひずみ＝5%の曲線に基づき、$N_1$と$\Delta N_f$を分けて表示し、細粒分含有率の液状化強度に及ぼす影響を示している。浚渫等による埋め立て地では細粒分が非常に多いので、$N_a$に占める$\Delta N_f$の割合はかなり大きい場合がある。従って、地盤の細粒分含有率を精度良く評価することは極めて重要であり、推定は慎重に行う必要がある。

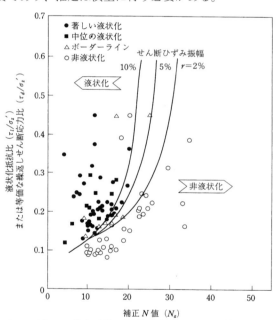

図1 補正$N$値と液状化抵抗、動的せん断ひずみとの関係[1]

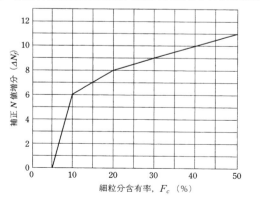

図2 細粒分含有率と$N$値の補正係数[1]

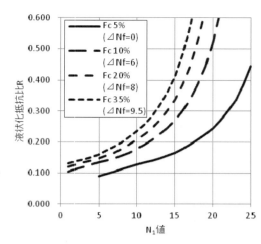

図3 補正$N$値$\Delta N_f$の推定される液状化強度への影響[5]

ところで、実務における液状化に関する予備的検討では、しばしば既往の地盤調査データを活用して液状化の可能性の評価が行われる。その場合、$N$値の深度分布はあるが粒度分析結果がない、つまり、細粒分含有率の情報が無い場合がかなり多い。

その様な場合、実務ではやむを得ず、$N$値や土質名などの情報で推定することが行われる。本質問は、この様な方法で果たして適切な精度で細粒分含有率を推定できるかとの問と理解した。

この様な要請に答える試みとして亀井らが東京低地の沖積砂質土のデータを用いて検討した研究[2]がある。そして、千葉県の地震被災想定[3]の中で、千葉県のデータ（浦安市、千葉市美浜区、習志野市）を用いて、亀井らの提案式(2) 式への考察を示したのが図4および図5である。図4および図5に示すように、$N_1$値が20以上のデータが少ないため、僅かに$F_c$が小さくなると$N_1$値が大きくなる印象を与えるが、沖積層でも埋め立て層でも、$N_1$値と$F_c$の間には有意の相関は認められない。特に、液状化検討対象と考えられる$N_1$値が20以下の範囲でその様な結果になっている。

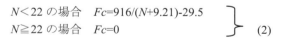

$$\left.\begin{array}{l} N<22 \text{ の場合 } Fc=916/(N+9.21)-29.5 \\ N\geqq 22 \text{ の場合 } Fc=0 \end{array}\right\} \tag{2}$$

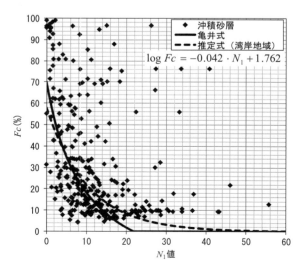

図4 湾岸地域の沖積砂層[2]

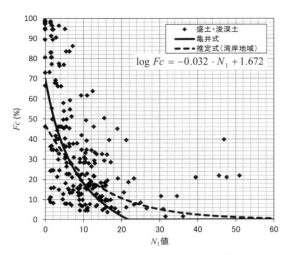

図5　湾岸地域の盛土・浚渫土[2]

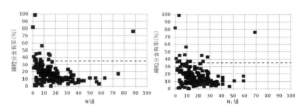

図6　砂質土全データの$N \cdot N_1$値-$F_c$関係[5]

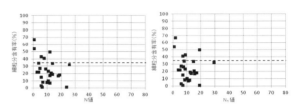

図7　細砂の$N \cdot N_1$値-$F_c$関係[5]

図8　シルト混じり細砂の$N \cdot N_1$値-$F_c$関係[5]

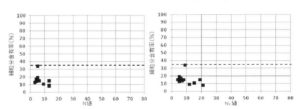

図9　貝殻混じり細砂の$N \cdot N_1$値-$F_c$関係[5]

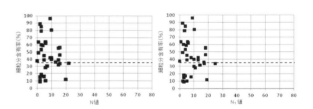

図10　シルト質細砂の$N \cdot N_1$値-$F_c$関係[5]

谷・畑中ら[5]は、土層について、$N_1$値だけではなく、ボーリング調査時の現場のオペレーターの記載した土質名も加えて、$N_1$値と$F_c$の関係について、1事例として、千葉県習志野市から提供されたボーリングデータから、粒度試験を行った深度のデータのみを抽出し、検討した（データ数が少ないので、沖積および埋立地盤一緒にして検討した）[4]。図6はすべてのデータについて、$N$値-$F_c$、および、$N_1$値-$F_c$の関係についてプロットしたものである。全体としては、細粒分が少なくなると$N$値、あるいは$N_1$値が大きくなる傾向は見られる。しかし、主に液状化判定対象になるであろう$N$値、あるいは$N_1$値が20以下の範囲では、細粒分が0%から100%の広い範囲に分布し、$N$値あるいは$N_1$値のみで細粒分含有率を推定することは困難である。この結果を踏まえて、次に$N$値だけではなく、主な土質区分ごとにデータを分けて再検討した。図7～10は図6のデータについて土質名別に分けたものである。図から以下のことがいえる。

① 土質名別で見ても、細粒分含有率のばらつきは大きく、$N$値あるいは$N_1$値から$F_c$を推定することは大きな誤差を含む（図7～10）。
② 細砂、シルト混じり細砂、貝殻混じり細砂では、ほぼ$F_c \leqq 35\%$となり、この範囲であれば安全側の判断として、液状化の可能性がないとは言えないため、液状化判定が必要であると推定した方がよい。

既往の検討結果、および谷・畑中らの検討結果を踏まえると、細粒分含有率を$N$値、$N_1$値、さらには柱状図の土質名で精度よく定量的に評価するのは極めて困難である。従って、簡易判定法で地盤の液状化強度を評価するためには粒度試験を行って細粒分含有率を求めて行うことを基本と考えるべきである。どうしても困難な場合は、安全側の評価として、$F_c \leqq 5\%$として検討すべきである。

（畑中宗憲）

#### 参　考　文　献

1) 日本建築学会：建築基礎構造設計指針, pp.62-63, 2001.
2) 亀井祐聡, 森本厳, 安田進, 清水喜久, 小金丸健一, 石田栄介：東京低地における沖積砂質土の粒度特性と細粒分が液状化強度に及ぼす影響, 地盤工学会論文報告集, Vol.42, No.4, pp. 101-110, 2002.
3) 平成23年度東日本大震災千葉県調査検討専門委員会：第4回委員会資料（FL分布及びPL値）, pp. 48-49, 2012.
4) 習志野市被災住宅地公民協働型復興検討会議：習志野市被災住宅地公民協働型復興検討会議報告書, pp.23-24, 2012.
5) 谷政隆, 畑中宗憲：$N$値や土質名から細粒分の推定, 第9回地盤工学会関東支部発表会, 「防災」6, 2012.

## Q2-5 液状化危険度予測で用いる地表面水平加速度について、損傷限界検討用として 150～200cm/s² 、終局限界検討用として 350cm/s² を推奨している根拠は何か？

2001年版の建築基礎構造設計指針では、基礎構造物に求められる要求性能として3つの限界状態（終局限界状態、損傷限界状態、使用限界状態）を規定している[1]。さらに、それぞれの限界状態の検証において対応する荷重の大きさとして表1に示す荷重を設定している。液状化危険度予測は地震時の荷重を想定したものであるため、表中の2つの限界状態（終局限界、損傷限界）に対して検討を行うことになる。

終局限界状態に対応する「最大級の荷重」とは再現期間が500年程度に相当する荷重であり、損傷限界に対応する「1回～数回遭遇する荷重」とは再現期間が50年程度に相当する荷重としている。

350cm/s² は1995年兵庫県南部地震の際に液状化した地盤で観測された最大値を参照して設定している[2]。現段階では、日本における液状化発生地点での「最大級の荷重」と考えられる。また、200cm/s² については、液状化発生地点またはその近傍での強震記録として、新潟地震(1964)の際の新潟市川岸町で観測された値、日本海中部地震(1983)の際に八郎潟中央干拓堤防で観測された値、カリフォルニア州インペリアルバレーで観測された値などを参照し、総合的に設定した値であることが文献3に示されている。したがって、200cm/s² は構造物の供用期間（およそ50年程度）に「1回～数回遭遇する荷重」に相当すると考えられる。

損傷限界検討用の荷重が 150～200cm/s² と範囲で規定されているのは、地域による地震の発生ポテンシャルの違いなどを考慮していると考えてよい。1988年版の建築基礎構造設計指針[4]では液状化検討に用いる地表最大加速度 $\alpha_{max}$ として、

$$\alpha_{max} = Z \cdot I \cdot G \cdot \alpha_0 \quad (1)$$

$Z$：地域係数
$I$：重要度係数
$G$：地盤種別係数
$\alpha_0$：標準水平加速度（200cm/s²）

を用いることを推奨していた。この中で地域係数 $Z$ は 0.7～1.0 とされている。このことを考慮すれば、ほぼ 150～200cm/s² となる。なお、終局限界検討用の荷重は「最大級の荷重」を対象とするので、地域に関係なく設定されていると考えれば理解できる。

最後に、液状化判定の結果求められる安全率 $F_l$ 値の持つ意味について触れたい。$F_l$ 値の値が同じでも補正 $N$ 値 $N_a$（$N$ 値を補正した値）の大きさによってその意味が異なるという点である[3]。$N_a$ 値が小さい層(15～20以下)で $F_l$ が1以下の場合は、狭義の液状化となり地盤のひずみが急増するのに対し、$N_a$ 値がそれ以上で $F_l$ が1以下の場合は、サイクリックモビリティ現象という密な地盤に特有の現象が生じることが多い。サイクリックモビリティが生じると、有効応力がゼロになってからも繰返し載荷中に地盤の剛性回復があり、発生ひずみがある範囲に収まる。文献3では狭義の液状化に対しては、液状化発生を防止することを基本とし、サイクリックモビリティ現象が予想される場合は、杭基礎も対策の一つであるとしている。したがって、損傷限界検討用の地震動に対して求められる $F_l$ 値と終局限界検討用の地震動に対して求められる $F_l$ 値が同じ値であっても、その結果生じる現象は異なる可能性が高いと判断し、対策などを検討すべきと考える。

（内田明彦）

表1　限界状態と想定する荷重[1]

| 限界状態 | 想定する荷重(最低レベル) |
|---|---|
| 終局限界状態 | 最大級の荷重 |
| 損傷限界状態 | 1回～数回遭遇する荷重 |
| 使用限界状態 | 日常的に作用する荷重 |

### 参考文献

1) 日本建築学会：建築基礎構造設計指針，pp.16-17，2001.
2) 日本建築学会：建築基礎構造設計指針，p.64，2001.
3) 日本建築学会：建築耐震設計における保有耐力と変形性能，pp.132-133，1990.
4) 日本建築学会：建築基礎構造設計指針，pp.95-96，1988.
5) 内田明彦：規基準の数値は「何でなの」を探る Part2，建築技術，p.124，2011.4.

## Q2-6 液状化判定に用いる最大加速度 150cm/s², 350cm/s² と建物の設計に用いる際に想定している加速度 80cm/s²、400cm/s² は整合しているか？

液状化判定では、地震時に発生する地盤内の各深さにおける繰返しせん断応力比と地盤の液状化強度比を比較することによって安全率 $F_l$ 値を算定し、液状化発生の有無を評価するのが一般的である。建築基礎構造設計指針[1](以下、基礎指針と略す)における地震時の繰返しせん断応力は次式によって求める。

$$\frac{\tau_d}{\sigma_{z'}} = r_n \cdot \frac{\alpha_{max}}{g} \cdot \frac{\sigma_z}{\sigma_{z'}} r_d \quad (1)$$

ここに、$\tau_d$：水平面に生じる等価な一定繰返しせん断応力、$\sigma_{z'}$：検討深さにおける鉛直有効応力、$r_n$：等価な繰返し回数に関する補正係数で 0.1(M-1)、$M$ はマグニチュード、$\alpha_{max}$：地表面における設計用水平加速度、$g$：重力加速度、$\sigma_z$：検討深さにおける鉛直全応力、$r_d$：地盤が剛体でないことによる低減係数 $r_d = 1-0.015z$、$z$ は地表面からの深さ(m)、である。

このうち、$\alpha_{max}$ は損傷限界検討用として 150〜200cm/s²、終局限界検討用として 350cm/s² 程度を推奨している。(1)式からもわかるように、最大加速度は地表面で規定されている。これは、簡便に地震時の繰返しせん断応力比を算定するために便宜上定めたものであり、地表面加速度は、本来、地盤応答の結果求められるものであるため地盤特性の影響を受ける。そのため基礎指針では、より適切に繰返しせん断応力を求めたい場合は工学的基盤に対する入力地震動を設定し応答解析を行ってもよいとしている。

基礎指針における液状化検討で推奨している地表面加速度 $\alpha_{max}$ は、過去の地震で液状化した地盤もしくはその近傍での観測値を参照して設定したもの(Q2-5 参照)であり、構造物の設計用加速度とはその意味がやや異なる。しかし、工学的基盤に対する入力地震動の最大加速度が 80cm/s² および 400cm/s² と考えれば、以下のような理由により整合がとれる。

すなわち、地盤は非線形性が強い材料であるため、図1 に示すように発生するひずみの大きさによって剛性が大きく変化する。したがって、80cm/s² の最大加速度を持つ地震動を工学的基盤に入力した場合は、地盤に発生するひずみが小さく、地盤剛性があまり低下しない結果、地震動は地中で増幅され、地表面での地震応答は入力加速度より大きくなる。一方、400cm/s² の最大加速度を持つ地震動を工学的基盤に入力した場合は、地盤に発生するひずみが大きく、地盤剛性が大きく低下するため地震動はほとんど増幅されず、地表面での地震応答が入力とあまり変わらない。

このように、地盤応答は地盤特性の影響を大きく受けるため、正確な液状化判定を行いたい場合は、工学的基盤で地震動を設定し対象地盤を適切にモデル化して応答解析を行った結果を用いることが望ましい。しかし、そのためには多くの地盤情報を必要とするため、一般の建築基礎設計では、便宜的に定めた地表面加速度に対して液状化検討を行っているのが実情である。　　(内田明彦)

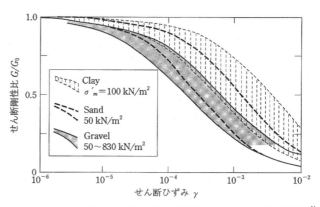

図1　各種の土におけるせん断剛性比とせんひずみの関係[1]

### 参 考 文 献

1) 日本建築学会：建築基礎構造設計指針, p.64, p.142, 2001.
2) 内田明彦：規基準の数値は「何でなの」を探る Part2, 建築技術, p.123, 2011.4.

## Q2-7 有効応力解析によらない液状化を考慮した動的解析は可能か？

液状化が生じる可能性のある地盤では、地震時の繰返し載荷によって過剰間隙水圧が上昇して有効応力が低下するため、地盤の軟化が生じて変形が大きくなる。有効応力比で概ね 0.5 以上の過剰間隙水圧が生じる場合には全応力解析との相違が大きくなると言われている。

したがって、液状化が生じる可能性のある地盤の応答解析を実施する場合には、基本的には有効応力法による非線形逐次解析を用いるのがよい。しかしながら、有効応力解析は、モデル化した地盤のパラメータのわずかな違いによって結果が大きく変化する場合がある。また、数多く提案されている有効応力モデルは、独自のパラメータを有しているため高度なノウハウと工学的な判断が要求される。

このような問題に対処するため、液状化による過剰間隙水圧の影響（有効応力の変化）を等価線形解析に組み込んだ解析が以前から行われている[例えば1)～3)]。ここでは、各層の繰返しせん断応力振幅を等価線形解析で求め、液状化層の剛性低下を評価し、液状化地盤の応答を計算する手法[4),5)]について紹介する。

図1に計算フローを示す。液状化による剛性低下と地盤応答解析の方法は、以下のとおりである。
① 等価線形解析を行い、各層の等価な繰返しせん断応力比（$\tau_d/\sigma_z'$）を求める。
② 補正 N 値 $N_a$ から液状化抵抗比（$\tau_l/\sigma_z'$）を求め、$F_l$ 値による液状化判定を行う。
③ 非液状化層（$F_l>1$）の等価地盤物性は等価せん断剛性 $G_e$ と等価減衰定数 $h_e$（最大せん断ひずみの 0.65 倍での値）を用いる。
④ 液状化層（$F_l$ が 1 以下）については、補正 N 値 $N_a$ から図2を用いて水平地盤反力係数の低減率 $\beta$ を求め、(1)式により液状化層での等価せん断剛性 $G_e'$ を評価する。減衰定数は③で求めた $h_e$ をそのまま用いる。

$$G_e' = G_e \times \beta \quad (1)$$

⑤ 地盤応答は、③、④で求めた等価地盤物性を用いて、等価線形解析を行い評価する。

なお、地盤剛性の評価にあたっては、図3の剛性低下率とひずみの関係から各層でのひずみに適合した等価剛性を推定する方法[6),7)]も提案されている。

こうした等価線形解析によって液状化地盤の応答を求める方法は、液状化の定性的傾向や応答値の最大値を把握するには簡便な方法であり、設計にも利用しやすい。しかし、過剰間隙水圧の影響を考慮しているとはいえ、平均的な剛性や減衰を用いていることには変わりない。吉田[8)]は、等価線形解析と非線形解析を比較し、最大加速度の過大評価、高振動数領域での増幅を過小評価することを指摘している。また、吉見ら[9)]は、等価線形解析を地盤～杭基礎構造物系に適用した場合には、液状化時の杭応力の最大値やその発生時刻の信頼性は高いとはいえないと指摘している。実設計ではこのような計算法の特徴を理解して液状化地盤に適用することが必要である。

（田地陽一）

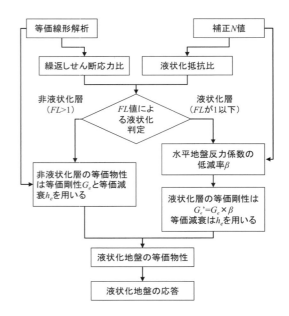

図1 液状化地盤の応答計算フロー[5)]

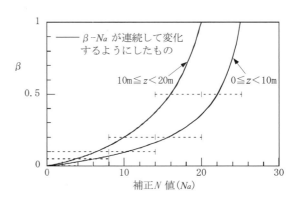

図2 補正 N 値と水平地盤反力係数の低減率 $\beta$ の関係[6)]

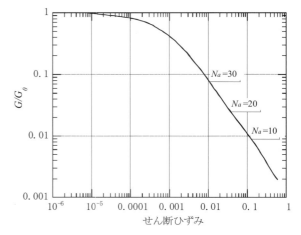

図3 補正 N 値と剛性低減率の関係[6)]

**参 考 文 献**

1) 石井雄輔, 時松孝次：連続地中壁に囲まれた地盤の液状化抵抗(その2), 第23回土質工学研究発表会講演集, pp. 941-942, 1988.

2) 塩見忠彦, 成川匡文, 土方勝一郎, 大島豊, 岸野泰章, 柳下文雄, 富井隆：SRモデルによる杭基礎建築物の地震応答解析における液状化の考慮方法（その2）, 日本建築学会大会, pp. 325-326, 1997.

3) 三輪滋, 池田隆明, 鬼丸貞友：兵庫県南部地震における埋立地盤の地震時挙動の検討（その2）, 第33回地盤工学研究発表会講演集, pp.877-878, 1998.

4) 古山田耕司, 宮本裕司, 時松孝次：液状化地盤での杭応力の実用的な解析法, 第2回日本地震工学研究発表会, pp. 348-349, 2003.

5) 日本建築学会：建物と地盤の動的相互作用を考慮した応答解析と耐震設計, pp. 75-78, 2006.

6) 日本建築学会：建築基礎構造設計指針, p. 68, 2001.

7) 時松孝次：耐震設計と$N$値（建築）, 基礎工, Vol. 25, No. 12, pp. 61-66, 1997.

8) 吉田望：等価線形化法の既往の研究, 大ひずみ領域を考慮した土の繰返しせん断特性に関するシンポジウム, pp. 44-52, 地盤工学会, 2013.

9) 吉見吉昭, 福武毅芳：地盤液状化の物理と評価・対策技術, 技報堂出版, pp. 118-119, 2005.

## Q2-8 動的解析の時の地震波の最大加速度が地表面で500cm/s²以上となるような地盤で液状化を検討する場合、どう行えばよいか？

動的解析（ここでは、全応力解析を対象とする）から得られた応答結果を用いて液状化判定をする場合は、質問のようなケースで2つの方法が考えられる。①地表の応答最大加速度を用いる場合、②地中の最大せん断応力分布を用いる場合である。

①簡易法

建築基礎構造設計指針[1]（以下、基礎指針と略す）では、地表応答加速度を設定して液状化判定をする場合、地震時せん断応力を(1)式で算定し(2)式で $F_l$ 値を算出する方法を採用している。

$$\frac{\tau_d}{\sigma_{z'}} = \gamma_n \frac{\alpha_{max}}{g} \frac{\sigma_z}{\sigma_{z'}} \gamma_d \quad (1)$$

$$F_l = \frac{\tau_l/\sigma_{z'}}{\tau_d/\sigma_{z'}} \quad (2)$$

ここに、$\gamma_n=0.1(M-1)$、$M$:マグニチュード、$\gamma_d=1-0.015z$、$z$:深さ(m)

$\gamma_d$ は土が剛体でないため、深さ方向に応答が低減することを想定して導入された低減係数である。(1)式における $\alpha_{max}$ に応答加速度により得られた値を用いれば計算は可能である。基礎指針では終局限界検討用でも 350 cm/s² を推奨している(**Q2-5、Q2-6** 参照)ので、500cm/s² 以上の値で液状化検討を行うことは指針で対象としている地震動以上を想定することを理解しておく必要がある。

②詳細法

動的解析の結果から得られる地盤のせん断応力比を用いて液状化判定する方法もある。この場合、(1)式の右辺 $(\alpha_{max}/g)(\sigma_z/\sigma_{z'})r_d$ を含めた最大せん断応力比を解析結果から求めて、$r_n$ の係数をかけて(1)式の左辺を算定する。また、$r_d$ はいくつかの地震応答解析を行って平均的な値として求めたものである。図1、2に示すように、地震動や地盤条件によって応答解析結果から逆算された $r_d$ にはかなり幅がある。したがって、このケースでは最大加速度が500cm/s²以上となっても地盤条件や地震動によって①の方法とは異なる結果が得られる可能性がある。

基礎指針では動的解析として等価線形解析でもよいとしている。ただし、入力地震動が大きくなると解析で得られる地盤のひずみが 1%以上となることもあり、解析手法の適用範囲を超える可能性がある。その場合は、逐次非線形解析など詳細な解析手法を用いることが望ましい。なお、地盤のひずみが 1%程度を超えると精度の高い非線形物性の設定が困難となることが多いので注意する。

（内田明彦）

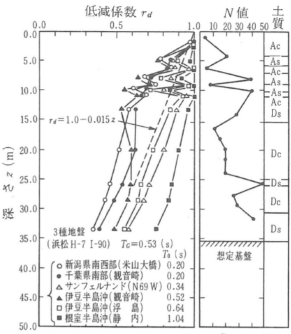

図1 深さ方向の低減係数$r_d$の計算例[2] (3種地盤)

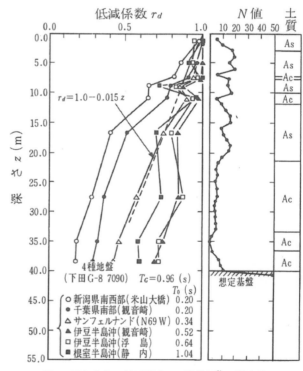

図2 深さ方向の低減係数$r_d$の計算例[2] (4種地盤)

### 参 考 文 献

1) 日本建築学会：建築基礎構造設計指針，p.64, 2001.
2) 岩崎, 龍岡, 常田, 安田：砂質地盤の地震時流動化の簡易判定法と適用例, 第5回日本地震工学シンポジウム講演集, pp.641-648, 1978.

## Q2-9 液状化層の上に非液状化層が存在する地盤において杭基礎を設計する場合、非液状化層はどう取り扱えばよいか？

地震時に液状化の可能性のある地盤で杭基礎の設計を行う場合、液状化による地盤変形に対する杭の水平抵抗を検討するため、地盤変形と地盤反力が必要になる。

まず、地盤変形であるが、建築基礎構造設計指針[1]（以下、基礎指針と略す）では、4.5節、6.1節、6.6節に記載されているように、地盤変位の深度分布を算定して杭の応力解析を行うことが推奨されている。

液状化層で生じる地盤変位を求める方法として、基礎指針では、①適当な応力解析によるか、②液状化判定の後、補正 $N$ 値 $N_a$ から地盤内に生じるせん断ひずみを算定して（図1参照）、これを鉛直方向に積分する手法などを用いて設定する方法を紹介している。①の適当な応力解析による方法として、文献2では一次元等価線形解析を用いた方法を提案しており、有効応力解析との比較に基づき適用性があることを示している。

また、液状化の影響により地盤反力が低下するが、基礎指針では水平地盤反力係数の低減率 $\beta$ として図2を推奨している。

さて、液状化層の上に存在する非液状化層であるが、非液状化層を構成する地盤の種類によって扱いが異なると考えられる。すなわち、図3(a)のように非液状化層が硬質地盤や粘性土地盤などで、下部にある液状化層の影響を受けにくい地層であれば、非液状化層として扱ってよいと考えられる。この場合、地盤変形は液状化層のみで増幅するような地盤変位分布となる。また、地盤反力係数についても、非液状化層では図2に示す液状化の影響を考慮する必要はないであろう。

一方、図3(b)のように地下水位以浅にある砂質土層で地下水位が深いために非液状化層になっている場合は、液状化層の過剰間隙水圧の影響により地下水位が上昇し、非液状化層の剛性低下が生じる可能性がある。このような非液状化層は液状化層と同等に扱い、地盤変形の算定や地盤反力係数の低減を行う方がよいと考えられる。

（内田明彦、田地陽一）

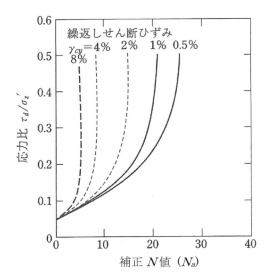

図1 補正 $N$ 値と繰返しせん断ひずみの関係[1]

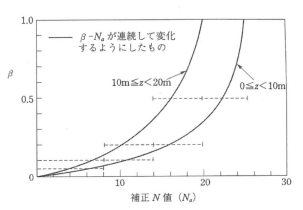

図2 水平地盤反力係数の低減率[1]

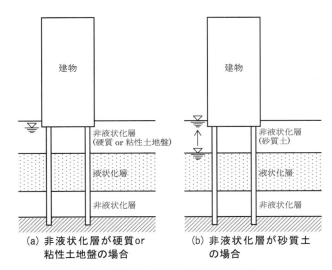

(a) 非液状化層が硬質or粘性土地盤の場合　　(b) 非液状化層が砂質土の場合

図3 地震時における表層地盤の性状

### 参考文献

1) 日本建築学会：建築基礎構造設計指針, pp.61-72, pp.173-192, pp.262-296, 2001.
2) 日本建築学会：建物と地盤の動的相互作用を考慮した応答解析と耐震設計, pp.74-78, 2006.

## 5.3 基礎の耐震設計

### Q3-1 基礎の水平震度や地下の水平震度はどのように設定するのがよいか？

建築基準法施行令第88条によれば、建築物の地下に作用する地震力を算定する際の地下震度は以下のように規定されている。

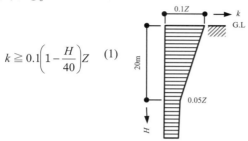

$$k \geq 0.1\left(1-\frac{H}{40}\right)Z \quad (1)$$

$k$：水平震度
$H$：建築物の地下部分の各部分の地盤面からの深さで20を超えるときは20とする(m)
$Z$：0.7〜1.0の範囲で大臣が定める地震地域係数

なお、参考文献1の解説によると、過去の国内の地震では、地下部分の崩壊により建築物が崩壊に至った例は報告されていないこと等の理由から地下部分の地震力に対しては許容応力計算のみを課すこととされている。

地下震度の算定式の根拠は文献2に示されており、この文献によると、新耐震設計法以前では慣例的に水平震度0.1が用いられており、それを踏襲して水平震度の最大値を0.1とし、当時知られていた地盤中の震度が小さくなる効果を考慮して深さ方向に低減された式とした。しかし、下限を設けるべきとの意見により深さ20mで0.05Zとする規定となった。

基礎の一次設計においては上記に示した建築基準法に定められた方法に則って地下震度の設定を行えばよいが、基礎の二次設計を行う場合や大臣認定を受ける建物においては別の算定方法が必要となる。

基本的には建物と地盤を一体としたモデルを用いて振動解析を行い地下の地震力を評価するのがよい。しかし、様々な事情により振動解析が行えない場合がある。そのような場合に、ばらつきが大きいので参考程度であるが以下の資料がある。この資料[3)]では解析的なアプローチにより地下階や杭基礎の作用せん断力係数を提案している。BCJ-L2波を用いた地盤-杭基礎-建物連成系振動モデルによる非線形振動解析のパラメータスタディにより、以下の式を提案している。

$$C_j = (1-0.1j)\,C_0 \quad (2)$$
$$C_p = (0.9-0.1m)\,C_0 \quad (3)$$

ここで、
$C_j$：地下$j$階の層せん断力係数
$C_p$：杭頭における層せん断力係数
$j$：当該地下階数（$1 \leq j \leq 3$）
$m$：地下の総階数（$0 \leq m \leq 3$）
$C_0$：1階の層せん断力係数

その他の参考資料として、参考文献4において、中高層建物をモデル化した1質点系の埋込み効果を考慮したSRモデルの応答結果から、稀に発生する地震（建物の耐用年数中に数回発生する中地震）と極めて稀に発生する地震（建物の耐用年数中に1度発生するかもしれない大地震）に対して以下の関係が示されている。

$$K = 0.13 - 0.14\frac{D_e}{2B_x} \quad \text{（稀に発生する地震）} \quad (4)$$

$$K = 0.35 - 0.25\frac{D_e}{2B_x} \quad \text{（極めて稀に発生する地震）} \quad (5)$$

ここに、
$K$：地下震度
$D_e$：埋込み深さ
$B_x$：加振方向の基礎幅

また、告示の極めて稀に発生する地震に対する超高層建物の応答結果から、以下の関係を示している。

$$k = 0.13 - 0.14\frac{D_e}{2B_x} \quad \text{（極めて稀に発生する地震）} \quad (6)$$

図1〜図3に上記の(4)〜(6)式の元となるパラメータスタディの結果を示す。

建物の地下震度は表層地盤の振動性状や基礎－上部構造の振動モードの影響を受け、個々の建物間でばらつきが大きく、これらの式はあくまでも近似式である。これらの式を用いる場合は適用範囲、ばらつきの大きさに留意する必要がある。
（西尾博人）

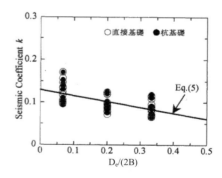

図1　地下震度と埋め込み深さの関係：損傷限界時[5)]

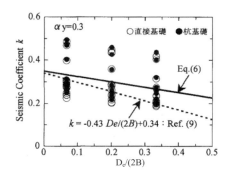

図2　地下震度と埋め込み深さの関係：安全限界時[5]

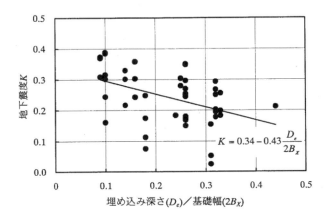

図3　地下震度と埋め込み深さの関係[5]

### 参　考　文　献

1) 監修）国土交通省住宅局建築指導課，国土交通省国土技術政策総合研究所，独立行政法人建築研究所，日本建築行政会議：建築物の構造関係技術基準解説書，pp261-262，2007.8.
2) 石山祐二：基準の数値は「何でなの」を探る，建築技術,No.721,p. 110，2010.2.
3) 建設省総プロ「新建築構造体系の開発」性能評価分科会基礎WG：大地震動に対する建築物の基礎の設計ガイドライン（案），建設省建築研究所，2000.3.
4) 日本建築学会：建物と地盤の動的相互作用を考慮した応答解析と耐震設計，pp176-177，2006.2.
5) 泉洋輔・三浦賢治：基礎の耐震設計用地下震度に関する研究，日本建築学会構造系論文集，No.597，pp47-53，2005.

## Q3-2 基礎の耐震設計において、基礎底面摩擦抵抗、地下壁側面摩擦抵抗、地下壁前面受働抵抗などはどこまで考慮できるか？

建物直下に下記のように抵抗要素として十分な地盤がある場合、建物の根入れ部の水平抵抗要素は以下のように考えられる。
・液状化を生じない。
・検討対象とされる建物の地下部分の周辺で掘削が行われない。

(1) 杭基礎の場合

建物の根入れ部の水平抵抗要素は地下壁側面摩擦抵抗と地下壁前面受働抵抗が考えられる。杭基礎の場合、根入れ効果による水平力の低減として、地下壁側面摩擦抵抗と地下壁前面受働抵抗を含めた実務的な(1)式が文献1に示されている。

$$\alpha = 1 - 0.2 \frac{\sqrt{H}}{\sqrt[4]{D_f}} \quad (1)$$

ここに $\alpha$：基礎スラブ根入れ部分の水平力分担率
（$\alpha \leq 0.7$）
$H$：地上部分の高さ(m)
$D_f$：基礎の根入れ深さ(m)
(1)式は $D_f \geq 2$ の場合に適用できる

(1)式の根拠は、基礎スラブ根入れ部分の受働抵抗を弾性バネとして仮定し、また側面における摩擦抵抗力を考慮した試算に基づいたものである。建築物の高さ、基礎スラブの根入れ深さおよび地盤の種類を変化させた数十の組み合わせに対する試算結果の一例を図1に示す。

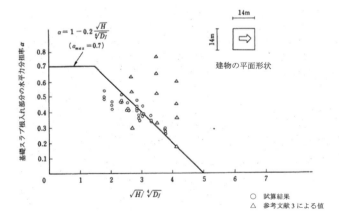

**図1 杭と基礎根入れ部（地下壁側面摩擦抵抗と地下壁前面受働抵抗）の水平力分担の試算例と(1)式の関係[2]**

これらの結果から試行錯誤的に、高さ $H$ および根入れ深さ $D_f$ のそれぞれに対する関数形を近似的に求めることによって、余り危険側にならないような関係として(1)式が定められている。また(1)式の関係では、建築物の高さと基礎スラブの深さの組み合わせによっては $\alpha$ が1に近くなり、杭への水平抵抗が零に近くなることもあるため、現実的な対処として $\alpha$ の最大値を0.7と設定している。さらに地表付近は地盤の抵抗要素としての不安定要因が大きく影響すると考えられるので(1)式の適用範囲を $D_f \geq 2$(m) としている。但し $D_f < 2$(m) の場合でも、埋戻し土を原地盤の強度・変形特性より良好になるように施工した場合には(1)式が適用できるとされている。

前述の方法以外では、(1)式の検討の根拠となった地下壁側面摩擦抵抗 $p_f$ と地下壁前面受働抵抗 $p_w$ を評価する方法が文献2の付録に示されている（図2、図3参照）。地下壁の摩擦抵抗を考慮する場合、地震動の2方向の入力を考慮すると、片側のみを考慮しておいた方が良いと思われる。また、最大受働土圧抵抗はかなり地盤変形が進んだ状態で発揮される。地下壁側面摩擦抵抗と地下壁前面受動抵抗を同時に考慮する場合、地下外壁の変形に応じて荷重分担を決める必要がある。文献2には、地盤変形に対して上記に示した特性を考慮した検討例が示されている。

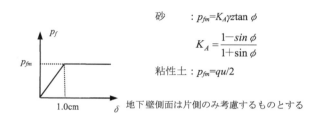

砂　　：$p_{fm} = K_A \gamma z \tan \phi$

$$K_A = \frac{1 - \sin\phi}{1 + \sin\phi}$$

粘性土：$p_{fm} = q_u/2$

地下壁側面は片側のみ考慮するものとする

$p_{fm}$：最大側面摩擦抵抗、$\delta$：地下外壁の水平変位、
$\phi$：せん断抵抗角（内部摩擦角）、$q_u$：一軸圧縮強度、
$\gamma$：地盤の単位体積重量、$z$：基礎深さ、$K_A$：主働土圧係数

**図2 地下壁側面摩擦抵抗の評価例[2]**

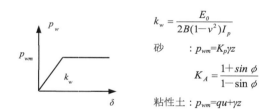

$$k_w = \frac{E_0}{2B(1-\nu^2)I_p}$$

砂　　：$p_{wm} = K_p \gamma z$

$$K_A = \frac{1 + \sin\phi}{1 - \sin\phi}$$

粘性土：$p_{wm} = q_u + \gamma z$

$p_{wm}$：最大受働抵抗、$E_0$：地盤の変形係数、$\nu$：地盤のポアソン比、
$\phi$：地盤のせん断抵抗角（内部摩擦角）、$B$：地下壁前面の短辺、
$I_p$：地下壁前面の長辺と短辺の比によって決まる形状係数、
$K_p$：受働土圧係数

**図3 地下壁前面受動抵抗の評価例[2]**

(2) 直接基礎の場合

建物の根入れ部の水平抵抗要素は杭基礎で考えられた水平抵抗に加え、基礎底面の摩擦抵抗が考えられる。直接基礎の場合、地下壁側面摩擦抵抗と地下壁前面受働抵抗は杭基礎と同様に考えることができる。基礎底面の摩擦抵抗 $R_f$ は、建築基礎構造設計指針[4]によれば(2)式のように示されている。

$$R_f = W \cdot \mu \quad (2)$$

ここに $W$：建物重量，$\mu$：基礎底面と地盤の摩擦係数

摩擦係数 $\mu$ は土質試験などを実施しない場合は概ね 0.4〜0.6 の範囲の値を採用すればよいとされている。ただし、基礎底面の摩擦抵抗は地盤のせん断強度より大きな値が取れないため、基礎底面の接地圧に摩擦係数を乗じた値が地盤のせん断強度よりも小さいことを確認しておく必要がある。また基礎底面が地下水位より深く、基礎底面が水圧を受ける場合は、建物重量から浮力を差し引いた値を採用する。地下水位以下の地盤での摩擦係数については低減の必要がないことが文献5に記載されており、そちらも併せて参考にされたい。

杭基礎の場合と同様に、基礎底面摩擦抵抗、地下壁側面摩擦抵抗、地下壁前面受働抵抗を同時に考慮する場合、地下外壁の変形に応じて荷重分担を決める必要がある。

（西尾博人）

### 参 考 文 献

1) 国土交通省住宅局建築指導課他監修：2007年版建築物の構造関係技術基準解説書，pp.396-399，2007.8.
2) 日本建築センター（建設省住宅局建築指導課監修）：地震力に対する建築物の基礎の設計指針，pp.13-15，pp.63-66，1984.9.
3) 岸田英明：基礎の根入れを考慮した杭の水平抵抗，建築技術，No. 329, pp. 1-17, 1979.1.
4) 日本建築学会：建築基礎構造設計指針，pp.156-157，2001.1.
5) 青木雅路：規基準の数値は「何でなの」を探る Part5，建築技術，p.91，2014.4.

## Q3-3 大地震時の慣性力による杭応力と地盤変位による杭応力の重ね合わせの方法はどうすればよいか？

応答変位法による杭の設計では、図1のように杭頭部への慣性力と地盤変位による強制変位を同時に与えて応力解析を実施し、杭の設計を行う場合と、図2のような杭頭部への慣性力による応力解析と、図3のような地盤変位の強制変位による応力解析を別に行い、それぞれの応力を組み合わせて、設計を行う場合がある。

後者の場合、杭の断面検定に用いる慣性力による応力と地盤変位による応力の組み合わせ方法として、主に以下のケースがある。

① 慣性力による応力と地盤変位による応力を別々に求め、単純和とする。
② 慣性力による応力と地盤変位による応力を別々に求め、二乗和平方根とする。

応力の組み合わせについては、多くの既往の研究も行われており、足し合わせの方法について、様々な提案がなされている。これらは、地盤の固有周期と上部建物の固有周期の関係により組み合わせ方法を変えたり、応力の足し合わせの際に重ね合せ係数を用いてどちらかの応力を低減させる方法などの提案となっている。

最近の研究では、大型模型の振動実験や遠心模型実験から、地盤の一次固有周期が上部建物の一次固有周期よりも長い場合は地盤変位と慣性力を同時に作用させることで、短い場合には別々に求めた応力を二乗和平方根で重ね合わせることで、実験結果の杭応力を再現できると報告されている[1),2)]。

一方、確認申請や性能評価などにおいては、せん断破壊を防ぐ意味から、せん断力に対する杭材の断面照査については単純和とするよう指導される場合がある。

また、免震建物のように上部構造と基礎が明確に分かれており、両者の固有周期（基礎においては、地盤の固有周期）に大きく差がある場合は、上部のせん断力と基礎の慣性力自体も同時刻に最大値となる可能性が低いので、両者の二乗和平方根を用いて、杭の設計用せん断力を設定する場合もある。ただし、この場合も設計用入力地震動を用いて、時刻歴による足し合わせなどにより、妥当性を検証する必要がある。

なお、図1のように慣性力と地盤変位とを同時に与える応力解析による設計を行う場合、慣性力と地盤変位が逆向きで載荷される場合の方が、同じ向きよりも大きな応力が生じる場合があるので、その検討も行うことが望ましい。また、弾塑性応力解析を行う場合には、慣性力および地盤変位の増分刻みを、十分に細かい刻みとするような配慮も重要である。　　　　　　　　　　（小林治男）

### 参考文献

1) 時松孝次，鈴木比呂子，佐藤正義：地盤－杭－構造物系動的相互作用が杭応力に与える影響，日本建築学会構造系論文集，No.587，pp.125-132，2005.1.

2) 周友昊，鈴木比呂子，時松孝次：遠心振動実験における建物慣性力と地盤変位が杭応力に及ぼす影響の評価，日本建築学会大会，pp.643-644，2009.

※下図の応力解析モデルの例では、基礎梁もモデル化しているが、杭頭部を固定ローラー（回転を固定、水平方向を自由）とした杭のみの応力解析モデルも可能である。

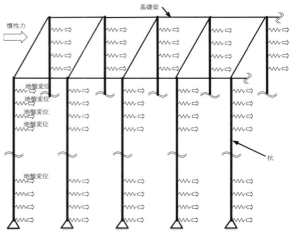

図1　応答変位法による応力解析モデルの例
（慣性力と地盤変位を同時に与える場合）

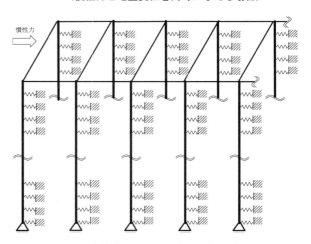

図2　応答変位法による応力解析モデルの例
（慣性力のみを与える場合）

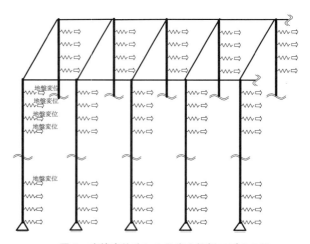

図3　応答変位法による応力解析モデルの例
（地盤変位のみを与える場合）

## Q3-4 地盤の非線形特性（復元力）モデルにおいて、H-DモデルとR-Oモデルでは、どちらが適切か？

H-Dモデルは、ハーディンとドルネヴィッチ（Hardin & Drnevich）により提案されたもので、以下の式で表される。

$$\frac{G}{G_{max}} = \frac{1}{1+\dfrac{\gamma}{\gamma r}} \quad (1)$$

$$h = h_{max}\left(1-\frac{G}{G_{max}}\right) \quad (2)$$

ここで、$\gamma_r$ は基準ひずみと呼ばれている。本モデルでは、履歴曲線が定義されていないため減衰特性はひずみが無限大になった時の減衰定数 $h_{max}$ により規定されている。すなわち、$G_{max}$ と $h_{max}$ および $\gamma_r$ の3つのパラメータにより非線形特性が表現できる（$G/G_{max}$ として正規化して表す場合は2つのパラメータとなる）。なお、メイシング（Masing）則を利用して履歴ループを定義する方法も提案されており、この場合は減衰特性の評価方法が異なる。

一方、R-Oモデルはランバーグ・オスグッド（Ramberg-Osgood）モデルといい、鋼材の応力－ひずみ関係を表すために開発されたものを地盤材料に適用したものであり、$\gamma_r = \tau_f/G_{max}$ とすれば、下記の式で表される。

$$\gamma = \frac{G}{G_{max}}\left(1+\alpha\left(\frac{G}{G_{max}}\cdot\frac{\gamma}{\gamma_r}\right)^{\beta-1}\right) \quad (3)$$

$$h = \frac{2}{\pi}\cdot\frac{\beta-1}{\beta+1}\left(1-\frac{G}{G_{max}}\right) \quad (4)$$

$\gamma_r$ は上記と同じ基準ひずみである。R-Oモデルでは $\alpha$、$\beta$、$G_{max}$、$\gamma_r$ の4つのパラメータにより非線形特性が表現できる（$G/G_{max}$ として正規化して表す場合は3つのパラメータとなる）。H-Dモデルよりパラメータが1つ多いため、実験結果をあてはめやすい。

図1に上記モデルによる非線形特性を示す。$G\sim\gamma$ 関係を実験値に一致するようにパラメータを決めると一般に $h\sim\gamma$ 関係の理論値は実験値と一致しない。H-Dモデルではひずみの増加に伴って飛躍的に減衰定数が大きくなるという欠点がある。しかし、着目するひずみ領域で実験結果に合うようにパラメータを決める方法を採用すれば、H-Dモデルは利用できる。

つまり、解析対象とするひずみレベルの範囲で実験結果を忠実にフィッティングできるかがモデルの良し悪しを決めることになる。

図2は167地点の繰返し変形試験結果に基づき、H-Dモデルのパラメータを粘性土および砂質土に分けて評価した結果が示されている[2]。図中の評価結果は、試験結果に対する回帰曲線である。また、告示モデルは建設省告示第1457号の別表1、2の値である。繰返し変形試験結果がない時などは、第1次近似として利用できる。

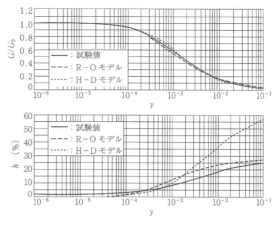

図1　非線形モデルによって近似された $G, h\sim\gamma$ 関係と試験値との比較[1]

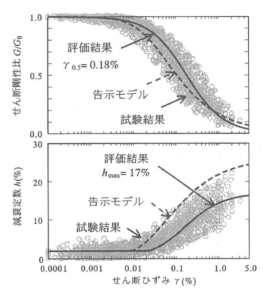

(a) 粘性土：Clay（粘土およびシルト）

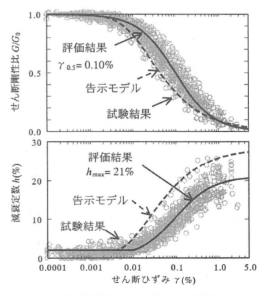

(b) 砂質土：Sand（砂および礫）

図2　H-Dモデルによる評価結果と繰返し変形試験結果との比較[2]

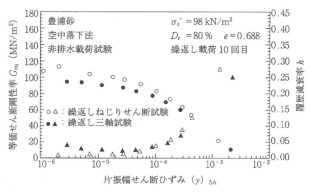

**図3　繰返し変形試験結果の例[1]**

次に、繰返し変形試験で求められる $G\sim\gamma$、$h\sim\gamma$ 関係について触れたい。地盤工学会基準では、通常1つの供試体に対してひずみレベルを少しずつ増加させながら繰返し載荷を行う(ステージテスト)を推奨しており、この試験によって図3のような $G\sim\gamma$、$h\sim\gamma$ 関係が求められる。基準ではステージ数について言及していないが、データシートには14段階まで記入できるようになっている。従って、試験を三軸試験装置で行う場合、軸ひずみは $10^{-6}$ から $10^{-2}$ 程度までの範囲を対数グラフ上で等間隔になるように繰返し応力振幅を変化させながら試験を行うことが望ましい。なお、詳しい試験方法等については地盤工学会の試験方法[1]を参考にされたい。　（内田明彦）

**参 考 文 献**

1)　地盤工学会：地盤材料試験の方法と解説, pp.767-783, 2009.
2)　日本建築学会：建物と地盤の動的相互作用を考慮した応答解析と耐震設計, pp.52-57, 2006.

## Q3-5　告示免震などで使われる限界耐力計算における表層地盤増幅の注意点は何か？

限界耐力計算[1]では、建物の設計用入力地震動を、表層地盤を除去して工学的基盤（S波速度400m/s以上の地層）を露頭させた解放工学的基盤上の標準加速度応答スペクトル（減衰定数5%）で設定し、これに表層地盤による地震動増幅率 $G_S$ を乗じることで、地表面における建物の設計用地震荷重を評価する（図1参照）[2]。この際、$G_S$ の算定は、図1に示されるよう、表層地盤を等価な1層地盤に置換し、これと工学的基盤とから成る2層構造を仮定して行われる。このため、工学的基盤の設定方法や多層地盤への適用性に課題が残されている。また、この方法は、原則として、表層地盤の厚さの5倍程度の水平方向範囲において工学的基盤の傾斜が5度以上ある場合あるいは液状化地盤には適用できないとされている。

その一方で、これらの問題の解決に向けた検討も行われている。

工学的基盤の位置を適切に設定する方法としては、例えば、S波速度が400m/sを超える最も浅い深度を選ぶのではなく、表層地盤と工学的基盤のインピーダンス比（表層／基盤）が極小となるよう基盤深度を設定する方法、あるいは、工学的基盤を深めに設定した場合、最大せん断ひずみの収束計算を行った後、その値が急増する位置を基盤深度として再設定する方法、などが提案されている[3]。また、工学的基盤位置として複数の候補が考えられる場合、上部構造の固有周期との関係から、建物の地震荷重が最も安全側の評価となるよう工学的基盤深度を設定すべきとの指摘もある[3]。

多層地盤への適用性に関して、井上ら[4]は、告示の方法による $G_S$ の算定法の注意点として、地盤の固有周期の算定精度が十分でない場合があること、地盤のせん断ひずみが約3倍程度大きめに評価される場合があることを指摘している。文献4では、これらの問題点の影響を軽減し、多層地盤への適用性を高める方法として、地盤の固有周期を告示の略算法によらず固有値解析から求めた上で、地表変位を表層地盤に対応する等価1質点系の応答から近似的に求める方法、などが提案されている。ただし、地盤構造が複雑な場合には、$G_S$ の最大値を過小評価する傾向があり、今後、さらに検討が必要とされている（図2参照）[4]。

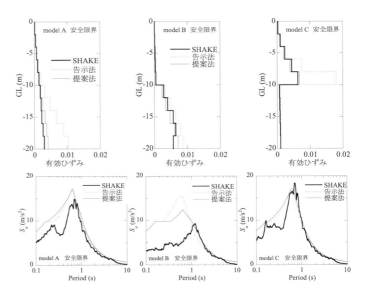

図2　安全限界時の地盤の有効せん断ひずみと地表の加速度応答スペクトル（SHAKE、告示の方法、提案法の比較）[4]

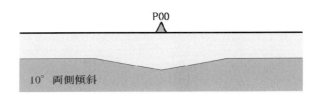

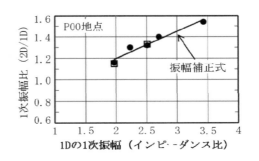

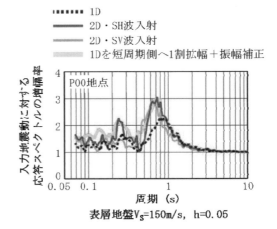

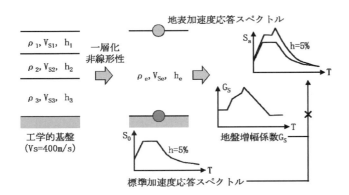

図1　限界耐力計算における表層地盤の地震動増幅率 $G_S$（精算法）の算定プロセス[2]

図3　工学的基盤傾斜が10度の場合の $G_S$ の補正方法[5]

工学的基盤が傾斜している場合については、現時点では不確定な部分が多いものの、例えば、モデル地盤を用いた波動数値解析のパラメトリックスタディから、基盤の傾斜が地表応答に与える影響は、傾斜が5度程度の場合は小さいが、10度程度を超える場合には無視できない場合の多いことが指摘されている[5]。傾斜が10度程度の場合の$G_S$の補正方法として、直下を一次元地盤と仮定した場合の増幅特性について、堆積層と基盤層のインピーダンスに基づいて振幅補正し、周期特性を短周期側へ1割拡幅させる方法が提案されている（図3参照）[5]。

（新井洋）

## 参　考　文　献

1) 国土交通省住宅局建築指導課，国土交通省建築研究所，日本建築センター，建築研究振興協会（編集）：2001年版 限界耐力計算法の計算例とその解説, 2001.
2) 林康裕：設計用入力地震動はどうあるべきか，シンポジウム「建築基準法改正後の実務設計がどう変わったか　その実例と解説」, 日本建築学会近畿支部・建築業協会関西支部, pp. 87-94, 2002.
3) 林康裕, 森井雄史, 鬼丸貞友, 吉川正隆：限界耐力計算法における地盤増幅係数評価に関する研究, 日本建築学会構造系論文集, No. 567, pp. 41-46, 2003.
4) 井上和歌子, 林康裕, 新井洋, 中井正一, 飯場正紀：表層地盤による地震動増幅率評価法に関する研究, 日本建築学会技術報告集, No. 32, pp. 107-112, 2010.
5) 国土交通省：平成21年度建築基準整備促進補助金事業 10 地震力の入力と応答に関する基準の合理化に関する検討（ハ）表層地盤の加速度増幅率 $G_S$ に与える工学基盤の傾斜の影響の整理, http://www.mlit.go.jp/common/000995384.pdf, 2015. 7.

## 5.4 直接基礎

### Q4-1 直接基礎の弾性沈下算定時における地盤の変形係数を、簡易に評価する方法はあるか？

弾性論を用いて直接基礎の即時沈下計算を行う場合、計算に用いる地盤の変形係数$E$は、地盤のひずみ依存性を適切に考慮して設定される必要がある。

日本建築学会の建築基礎設計のための地盤定数検討委員会地盤抵抗評価WGでは、既往の研究[1)2)]を踏まえた$E$の評価法として、計算図表というデータの整理方法と、微小ひずみレベルの地盤の変形係数$E_0$に剛性低減率$E/E_0$を乗じて$E$を評価する方法に着目し、荷重度や地層深度に応じて$E/E_0$を簡易的に求めるための計算図表(図1参照)を作成した[3)]。ここでは、この計算図表を用いた$E$の求め方と、計算図表を用いた実建築物における即時沈下の計算例を紹介する。なお、計算図表の作成方法は本書4.2章あるいは参考文献1)を参照されたい。

図1を使って地盤の変形係数$E$を決定する手順は、次の通りである。

①基礎底面下の地層を層分割する。
②層毎に、PS検層や$N$値から微小ひずみレベルにおける変形係数$E_0$を設定する。
③図1の中から層毎に層の土質、$N$値または$E_0$に近い図表を選択し、荷重度$P$と、載荷幅$B$を基準とした載荷面からの深さに基づき低減率$E/E_0$を読み取る。
④層毎に③で求めた$E/E_0$を$E_0$に乗じた値を求め、これを沈下計算に用いる$E$とする($E = E/E_0 \times E_0$)。

既往の直接基礎建物の沈下実測結果[4)]について、計算図表を用いて評価した地盤の変形係数$E$による沈下解析例を示す。計算手法は、建築基礎構造設計指針[5)]に示されているスタインブレナー(Steinbrenner)の近似解を用いた多層系地盤における即時沈下の計算手法を用いた。

建物建設地の地層構成と地盤定数を図2に、平面図を図3に示す。支持層は砂質土と粘性土の互層で、全て洪

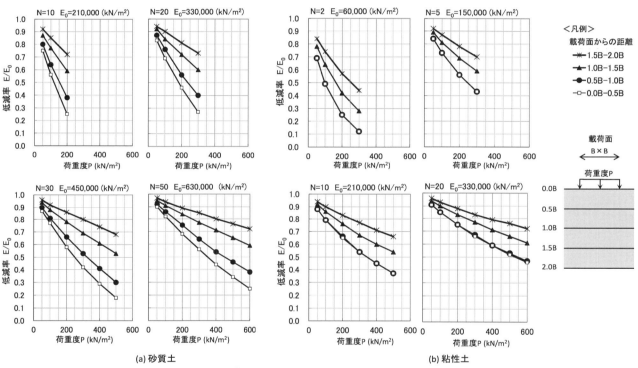

(a) 砂質土　　　　　　　　　　　　　　(b) 粘性土

**図1 荷重度と低減率の関係**

| $N$値 | $V_s$ (m/s) | $\rho$ (kN/m³) | $\nu_d$ | $E_0$ (MN/m²) | $\nu$ | 提案法 計算図表/土質 | 提案法 $E/E_0$ | 提案法 $E$ (MN/m²) | 一律低減 $E/E_0$ | 一律低減 $E$ (MN/m²) | FEM G-γ曲線 |
|---|---|---|---|---|---|---|---|---|---|---|---|
| 10 | 198 | 18 | 0.49 | 214 | 0.30 | 砂($N$=10) | 0.50 | 107 | 0.30 | 64 | 砂 |
| 5 | 157 | 18 | 0.49 | 134 | 0.45 | 粘土($N$=5) | 0.70 | 94 | 0.50 | 67 | 粘土 |
| 30 | 286 | 18 | 0.49 | 449 | 0.30 | 砂($N$=30) | 0.75 | 337 | 0.30 | 135 | 砂 |
| 45 | 328 | 18 | 0.49 | 590 | 0.30 | 砂($N$=50) | 0.80 | 472 | 0.30 | 177 | 砂 |
| 45 | 328 | 18 | 0.49 | 590 | 0.30 | 砂($N$=50) | 0.80 | 472 | 0.30 | 177 | 砂 |
| 45 | 328 | 18 | 0.49 | 590 | 0.30 | 砂($N$=50) | 0.80 | 472 | 0.30 | 177 | 砂 |
| 25 | 269 | 18 | 0.49 | 397 | 0.45 | 粘土($N$=20) | 0.85 | 337 | 0.50 | 198 | 粘土 |

$V_s$:S波速度、$\rho$:単位体積重量、$\nu_d$:$E_0$算定用の動的ポアソン比、
$E_0$:微小ひずみレベルの変形係数、$\nu$:沈下計算用のポアソン比、
$E/E_0$:低減率、$E$:沈下計算用の変形係数で、$E_0$に$E/E_0$を乗じた値

**図2 建物の地層構成と地盤定数**

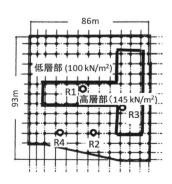

**図3 建物の平面図**

積層である。$E_0$は次式に従い、$N$値から今井式[6]を用いて算定した$V_S$に基づき評価した。

地盤のS波速度　　$V_S = 91 \times N^{0.337}$ (m/s)
地盤のせん断剛性　$G = \rho \cdot V_S^2 / g$ (kN/m²)
地盤の変形係数　　$E_0 = 2(1+\nu)G$ (kN/m²)
　　　（$N$：$N$値、$\rho$：地盤の単位体積重量(kN/m³)、$g$：重力加速度=9.8(m/s²)、$\nu$：ポアソン比）

ポアソン比$\nu$については、$E_0$の算定には動的な$\nu$として0.49を用いた。この値は、日本の代表的な地盤においてPS検層により測定された$\nu$の統計データ[6]を参考としている。沈下計算で用いる$\nu$は、基礎構造設計指針（2001）および既往文献[2]に基づき、砂質土は排水条件として0.3、粘性土は0.45とした（図2参照）。

計算図表を用いて$E/E_0$を求める際、荷重分布が一様ではなく、建物形状も単純な矩形ではないため、矩形に単純化した荷重度および載荷面形状を想定した。具体的には、載荷面は 86(m)×93(m) の矩形を想定し、載荷幅$B$は載荷面積$A$の平方根である 90(m)、荷重度$P$は高層部と低層部の荷重度を面積比で平均した 110(kN/m²) とした。したがって、全ての地層が載荷面である基礎底面から$0.0B$～$0.5B$の範囲にあり、図1の各地層の土質と$N$値に対応する図表の$0.0B$～$0.5B$の曲線を用いて$E/E_0$を評価した。

実測値と計算結果を比較した沈下量分布図を図4に示す。建物の沈下計算に用いた荷重分布は図3で、高層部の平面形状はT型、荷重度は低層部が100(kN/m²)、高層部が145(kN/m²)である。計算図表を用いた計算結果は、概ね実測値と対応している。図4には比較のために、スタインブレナーの近似解を用いて、$E/E_0$を荷重度と地層深度によらず土質毎に一律とした計算結果も示している。一律の$E/E_0$の値には、基礎指針等で建物荷重によって地盤に生じるせん断ひずみが$10^{-3}$程度と言われていることから一般によく用いられる値として砂質土で0.3、粘性土で0.5を採用した。$E/E_0$を一律とするよりも、計算図表から評価する方が実測に近い。

計算図表を用いた変形係数の設定方法は簡便な方法であり、表層改良時など隣接する層の剛性差が著しい場合などへの適用性には検討の余地があると思われる。また、$E_0$を$N$値から推定する場合には、その推定精度にも注意が必要ではある。しかし、本計算例のように、多層地盤上の複雑な平面形状を持つ実建物の沈下挙動のシミュレーションへの適用も可能であり、荷重度や地層深度を考慮せずに$E/E_0$を設定するよりも計算精度の向上が期待できると考えられる。　　　　　　　　（鈴木直子）

### 参 考 文 献

1) 渡辺徹，真島正人：直接基礎の即時沈下計算に用いるヤング率の簡便推定法，日本建築学会大会学術講演梗概集，pp.679-680, 2001.
2) 鈴木直子，佐原守：即時沈下計算に用いる変形係数の一評価法，第41回地盤工学研究発表会，pp.1341-1342, 2006.
3) 鈴木直子：直接基礎の即時沈下計算に用いる変形係数の計算図表，日本建築学会大会学術講演梗概集，pp.451-452, 2013.
4) 秋野矩之：地盤の剛性評価と建物の沈下予測－建築物の即時沈下予測方法(その1)，日本建築学会構造系論文報告集，第412号，pp.109-119, 1990.6.
5) 日本建築学会：建築基礎構造設計指針，pp.126-127, 2001.
6) Tsuneo Imai: P and S wave velocities of the ground in Japan Proc. 9th, ICSMFE, Tokyo, Vol.2, pp. 257-260, 1977.

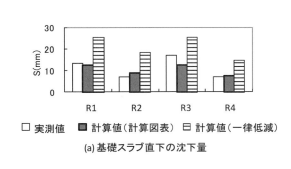

(a) 基礎スラブ直下の沈下量

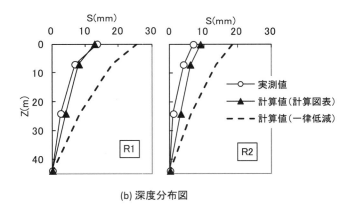

(b) 深度分布図

図4　沈下量分布図

## Q4-2 直接基礎の弾性沈下算定時に、地盤の深さをどの範囲まで考慮すればよいか？

実務設計における即時沈下量の算定は、建築学会の基礎構造設計指針（2001）（以下、基礎指針）で示されている手法に従い、地盤を弾性体とみなして弾性論に基づき計算するのが一般的である。このとき、計算対象として考慮すべき地盤の範囲は、載荷幅と地中応力の分布状況を考慮して設定することが望ましい。ここでは、弾性解から求まる地盤内に発生する応力分布から沈下に影響を与える地盤の範囲を推定し、即時沈下計算における計算範囲を評価する考え方の一例を紹介する。

図1は等方均質な半無限弾性地盤の表面に正方形の等分布荷重が作用した時の鉛直応力の分布状態を示している[1]。半無限弾性地盤とは、地表面以深において水平方向および深度方向に地盤が無限に続くと仮定した地盤である。

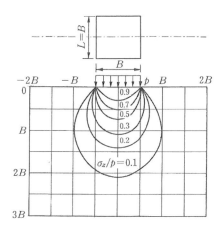

（$\sigma_z$：鉛直応力）

**図1　正方形等分布荷重$p$による応力球根（中心線下）[1]**

図1において、鉛直応力の等応力線は球根状になることから"応力球根"と呼ばれている。応力球根は応力の影響範囲を示す。図2のように載荷幅が大きくなるほど広がり、均質な地盤ではそれだけ地盤変位が生じる範囲が広がるため、沈下量も大きくなることが分かる。そして、即時沈下計算の計算対象とする深さは、このような応力の影響範囲を考慮して設定すればよい。

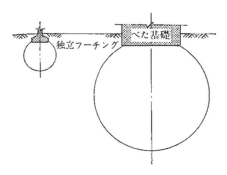

**図2　載荷幅と応力球根の関係[2]**

載荷面が正方形の応力球根（図1参照）を見ると、鉛直応力が荷重の10%程度まで低下するのは載荷幅$B$の2倍の深さであり、その程度の深さまでを計算深度の目安としてよいであろう。また、図3に示した等分布荷重が正方形以外の矩形で作用する場合を見ると、載荷面積$A$の平方根である$\sqrt{A}$を考えるならば、いずれの形状においても、鉛直応力が10%程度まで低下する深さは$\sqrt{A}$の2倍となっている。建物の平面形状は正方形以外の矩形に近似されることが多く、その場合は$\sqrt{A}$に基づいて計算範囲を設定すればよいであろう。ただし、これらはあくまでも均質地盤においての目安である。地盤の変形係数が深さに比例して増大するような地盤では、深い地層の沈下量が総沈下量に占める割合は均質地盤よりも小さく、沈下に大きく影響する地盤の深さは$\sqrt{A}$の2倍よりも小さくなる傾向にある。

なお、応力球根は土質に寄らず計算深度の設定に用いることができる。弾性解を用いた沈下計算では地盤定数は変形係数$E$とポアソン比$\nu$の2つであり、土質の違いは$\nu$として設定することとなるが、弾性解では鉛直応力は$E$と$\nu$に依存しない。したがって、等方均質な半無限弾性地盤における応力球根の形状も$E$と$\nu$に依存しない。

（鈴木直子）

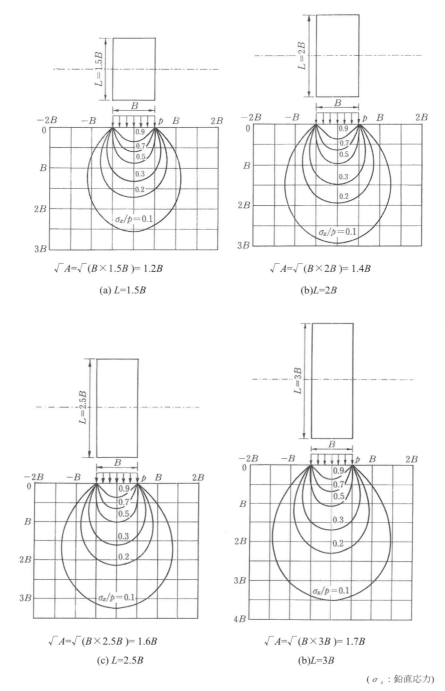

図3 矩形等分布荷重 $p$ による応力球根（中心線下）[1]

### 参 考 文 献

1) 松岡元：土質力学，森北出版，pp.83-85, 1999.
2) 地盤工学会：土質工学ハンドブック，p.527, 1982.

## 5.5 杭基礎

**Q5-1 杭基礎の支持層深さを決めるときに、ボーリングの本数はどの程度必要か？**

地盤調査の間隔は、支持層の特性と必要な調査精度の関係を踏まえて決めることが基本である。

(1) 考慮すべき支持層の特性とその事前予測

調査間隔を決める上で特に考慮すべき支持層の特性は、不陸・傾斜、層厚変化、不連続性の度合いであり、その事前予測が調査間隔を決める上でポイントとなる。事前予測に際しては、資料調査や現地踏査により計画地の地質・地形的特徴を把握するとともに、敷地周辺の既存地盤調査データを確認しておくことが有効である。一般に、以下のような地盤条件では、支持層の不陸・傾斜、層厚変化・不連続性が顕著である。

①丘陵地・山地の切盛造成地盤
②埋没谷や埋没丘陵が存在する地盤（図1参照）
③地殻変動や断層活動などの影響を受けている地盤
④長期にわたる不規則な風化・侵食の影響を受けた風化岩・土が不規則に堆積する地盤（図2参照）
⑤土石流堆積物、扇状地の粗粒堆積物、火砕流堆積物が不規則に堆積する地盤

特に丘陵地・山地の切盛造成地盤では、自然の地盤の変化に造成工事の影響が加わり、支持層の不陸・傾斜が極めて大きくなるケースあるので注意が必要である。このような地盤条件で支持層調査を効率よく進めるためには、造成工事前の地表面形状（等高線）を確認し、切土エリアと盛土エリアを識別しておくことがポイントとなる。

(2) 一般的な調査本数とその課題

地盤調査計画指針（第3版）[3]では、調査数量は個々の設計・施工条件に応じて適切に確保することとし、必要な調査本数に関しては明確な数字を示していないが、目安として図3を同指針第2版[4]から引用して示している。ボーリング本数の実態調査結果[5]（図4参照）は、地層特性の相違に応じた明瞭な相違は見られないものの、概ね図3と対応している。

ここで、図3に示されているボーリング本数は必ずしも十分条件ではない点に注意が必要である。支持層の変

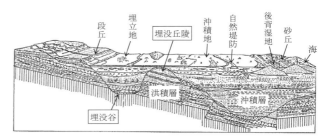

図1 沖積平野地下の構造と地層の多様性[1]に加筆

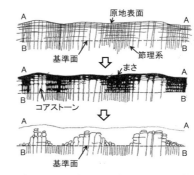

図2 花崗岩の風化進行と侵食による地形変化[2]に加筆

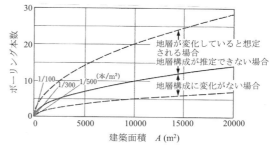

図3 ボーリング本数の目安[3],[4]

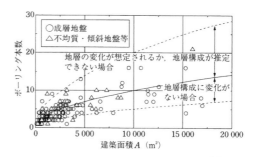

図4 ボーリング本数の実態調査結果[3],[5]

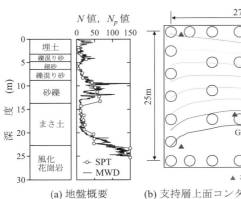
(a) 地盤概要

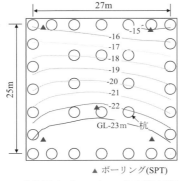
(b) 支持層上面コンター（1次調査後）

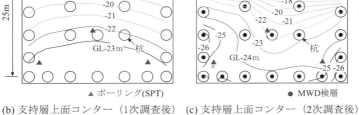
(c) 支持層上面コンター（2次調査後）

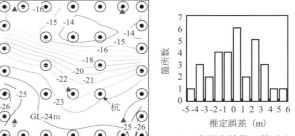
(d) 1次調査結果に基づく杭位置の支持層深度推定誤差

図5 不陸・傾斜の大きな風化花崗岩の調査例[6]

化が激しい地盤に対しては、図3では調査本数が大きく不足することがある。一例として、図5に超高層建物の杭基礎の支持層となる不陸・傾斜の大きな風化花崗岩の調査例[6]を示す。支持層はN値≧50の風化花崗岩で、その上部には風化が更に進行したまさ土が堆積している。後述の通り、場所打ち杭施工時に支持層確認が困難な地盤条件である。1次調査として、図3の目安に対応する5本のボーリング調査が行われ、風化花崗岩に大きな傾斜があることが確認されている。この結果を踏まえ、超高層建物を支える杭の設計施工を適切に行うため、2次調査として全杭位置32箇所でMWD検層[7]が行われている。2次調査の結果、風化花崗岩上面の高低差が13m、最大傾斜角が60度にも及ぶことなど、支持層の分布状況が正確に把握されている。1次調査結果に基づく各杭位置における支持層深度の推定誤差（絶対値）は、杭位置の半数にあたる16箇所で2mを超え、最大誤差は5mにも及んでいる。本事例から、図3の目安では調査本数が大きく不足する地盤があることが分かる。

(3) 必要な調査精度

必要な調査精度は、基礎の設計方針や採用する杭工法により異なる。

1) 基礎の設計方針

一般に、基礎の設計方針により基礎構造計画の自由度や基礎形式の選択の幅が異なり、選定可能な支持層及び必要な調査精度が異なってくる。例えば、中間層を支持層に選定できるケースでは、中間層の厚さや連続性などの正確な把握のために密な間隔で調査を行う必要がある。一つの建物で異なる地層を支持層に選定できるケースでは、複数の支持層候補層の特性や分布状況の正確な把握のために密な間隔で調査を行う必要がある。

2) 採用する杭工法

a. 既製杭

一般に既製杭は製作に一定の期間を要するため、杭の施工時点で支持層深度が事前の想定より深いことが判明すると、追加杭の調達や設計変更への対応などにより、建設工程全体に多大な影響を及ぼす恐れがある。このため既製杭を採用する場合には、杭の製作発注時期に先立ち支持層深さを正確に調査しておくことが不可欠である。一般に既製杭の施工時には、掘削状況や施工機の負荷電流値、積分電流値、トルク値などを管理指標として支持層への根入れ確認が行われるが、これはあくまで杭の施工管理の一環として行われるものであり、事前の地盤調査と同列に扱うことは出来ない。また、これらの管理指標の適用性は地盤条件に大きく依存し、支持層以浅が軟弱な地盤（いわゆるL型地盤）以外では適用性が低下する点にも注意が必要である[8],[9]。

b. 場所打ちコンクリート杭

場所打ちコンクリート杭の特長として、施工時に杭先端の土を直接採取して支持層への根入れ確認を行えることや、既製杭に比べて施工時の杭長変更が容易なことが挙げられる。ただし、採取土は大きく乱された状態となるため、支持層とその上部の地層の土質変化が小さい地

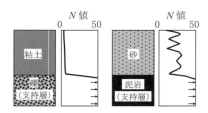

(a) 支持層確認が容易な地盤例（土質変化：明瞭）

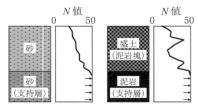

(b) 支持層確認が困難な地盤例（土質変化：不明瞭）

図6　施工時に支持層確認が容易な地盤と困難な地盤の例

盤では支持層確認は難しい。図6に支持層確認が容易な地盤と難しい地盤の例を示す。従って、場所打ち杭を採用する場合でも、施工時の支持層確認が困難な地盤条件では、事前の地盤調査で支持層深さを正確に調査しておくことが不可欠である。

(4) 支持層調査計画のポイント

調査間隔を決める上で、支持層の不陸・傾斜、層厚変化・不連続性の度合いの事前予測が重要であるが、残念ながらその予測精度には限界がある。従って、必要な精度の調査を過不足なく実施するためには、支持層の特性を順次確認しながら、段階的に調査を進められるように予め地盤調査計画を立案しておくことがポイントとなる。

Q5-2の回答には、このような段階的調査事例を含め、不陸・傾斜の大きな複雑な支持層の調査計画のポイントを示しているので併せて参照されたい。（武居幸次郎）

### 参考文献

1) 地盤工学会編：地盤調査の方法と解説，p.28, 2004.
2) 地盤工学会編：風化花崗岩とまさ土の工学的性質と応用，pp. 6-15, 1979.
3) 日本建築学会編：建築基礎設計のための地盤調査計画指針（第3版），2009.
4) 日本建築学会編：建築基礎設計のための地盤調査計画指針（第2版），1995.
5) 金子治，金井重雄：地盤調査の現状と最新の動向，2006年度日本建築学会大会PD資料，pp. 7-14, 2006.
6) 武居幸次郎，實松俊明，下村修一，玉川悠貴：回転打撃ドリルを用いた削孔検層（MWD検層）による支持層調査例，第44回地盤工学研究発表会，pp. 73-74, 2009.
7) 地盤工学会編，地盤調査の方法と解説，pp. 329-337, 2004.
8) 加倉井正昭，桑原文夫，真鍋雅夫，木屋好伸，林隆浩：地盤調査と杭施工の関係（その3）－積分電流計による支持層判断－，日本建築学会大会学術講演梗概集，pp. 479-480, 2010.9.
9) 下村修一，武居幸次郎，玉川悠貴：埋込み杭の施工時に得られる積分電流値と標準貫入試験のN値の関係，日本建築学会大会学術講演梗概集，pp. 395-396, 2012.9.

## Q5-2 傾斜・不陸の大きな支持層、不連続な支持層など複雑な支持層の調査のポイント・計画上の留意点は何か？

支持層の調査計画における基本的な留意点は Q5-1 の回答に示している。ここでは、特に複雑な支持層の調査計画における留意点を示すので、適宜、Q5-1 の回答と併せて参照されたい。

(1) 調査数量・調査間隔に関わる課題と留意点

1) 一般的な調査点数とその課題

実務における一般的な地盤調査点数は、地盤調査計画指針[1]に示されている目安（図1参照）に概ね対応していると考えられるが、支持層の変化が激しい地盤に対しては、図1の目安では調査点数が大きく不足することがある。

2) 多点調査の必要性

図2は、支持層に大きな不陸・傾斜のある調査地を含む21調査地の多点調査データ（調査数量：指針の目安の1.7～7.0倍）を用いて、図1の目安本数で調査したケースを想定して求めた支持層深さの推定誤差と支持層の最大傾斜角及びうねり指標の関係である[2]。うねり指標は、平面からの乖離度を表す指標であり、支持層の不陸が大きくなると値が大きくなる。推定誤差の最大値は、最大傾斜角やうねり指標が大きくなると大きくなる傾向を示し、最大で10mにも及んでいる。このことから、傾斜・不陸が大きな支持層の深さを正確に調べるためには、図1の目安本数にとらわれず間隔を密にした多点調査が必要なことが分かる。

3) 不連続な支持層の調査に関わる留意点

支持層の調査間隔を決める際には、対象とする支持層の連続性にも留意する必要がある。特に、中間層（薄層）を支持層とする条件では、その連続性や層厚変化の確認のために密な間隔で調査を行う必要がある。図3に示すように、対象とする支持層の連続性に対して調査間隔が粗いと、異なる地層を誤って繋ぐなど実際とは異なる地層断面を推定し、杭の高止まり、支持層未到達、支持層の突き抜けなど思わぬトラブルを招く恐れがある。

(2) 調査の進め方に関わる課題と留意点

1) 課題と対応ポイント

支持層確認のための調査点数は、必要な調査精度と支持層の特性（不陸・傾斜、層厚変化・不連続性）との関係を踏まえて決めるべきものであるが、支持層の特性の事前推定精度には限界がある。一般に地盤調査は建設プロジェクトの初期フェーズで設計に先立ち一度にまとめて実施されることが多いが、一度の地盤調査で過不足無く必要な精度の支持層確認が可能な地盤条件は限られている。特に支持層の不陸・傾斜が大きな地盤や支持層が不連続な地盤では、一度の地盤調査で過不足無く必要な精度の支持層確認を行うことは困難である。このような課題に対応するためには、支持層の変化に応じて柔軟な対応がとれるよう、地盤調査を数次に分けて段階的に実施できる計画にしておくことがポイントとなる。

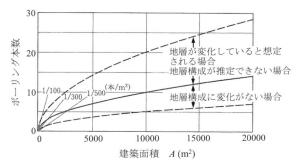

図1 ボーリング本数の目安[1]

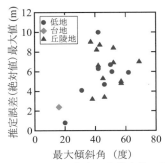

(a) 最大傾斜角と推定誤差最大値の関係

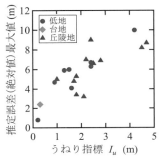

(b) うねり指標と推定誤差最大値の関係

図2 指針の目安本数で調査した場合の推定誤差[2]

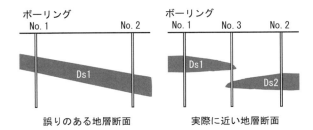

図3 不連続な支持層

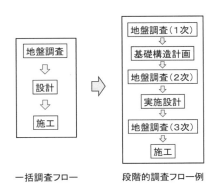

図4 事前一括調査と段階的調査の実施フロー

図4に、事前に一括して実施する一般的な調査（事前一括調査）と数回に分けて段階的に実施する調査（段階的調査）の実施フローを比較して示す。ここでは、段階的調査のフローとして、3段階に分けて調査を進める例を示している。一次調査の主目的は、基礎形式の選定など基礎構造計画に必要な地盤の基本特性の確認、二次調査の主目的は、基礎の実施設計に必要な地盤の詳細特性の確認、三次調査の主目的は、一次・二次調査で十分確認できなかった施工計画・管理に関わる細部の地盤特性の確認である。

2) 段階的調査事例

段階的調査の実施例として、図5～図9に、切盛造成地における異種基礎の設計に関わる支持層調査例[3]を示す。本事例では、造成前の旧地形から支持層深度が大きく変化すると予測されたため、当初から2段階に分けて地盤調査を計画している。

図5は旧地形と一次調査のボーリング位置である。一次調査では5箇所で標準貫入試験を併用した一般的なボーリング調査を行っている。図6は一次調査で求めた推定地層断面である。一次調査結果に基づき、切土部は直接基礎、盛土部は杭基礎を基本とする異種基礎を基礎形式案として選定し、二次調査でそれぞれ基礎の支持層となる地層の分布状況を詳細に確認している。二次調査では、多点調査を効率よく行うためMWD検層[4),5)]を採用し、順次、結果を確認しながら調査位置を追加する方式で、最終的に62箇所で調査を行っている。

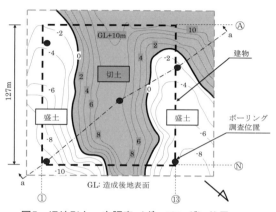

図5　旧地形と一次調査（ボーリング）位置

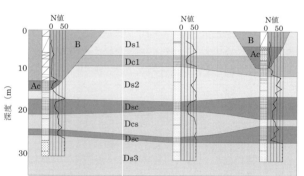

図6　一次調査で求めた推定地層断面（a-a'）

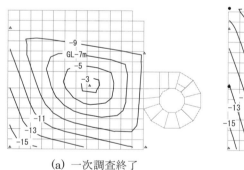

(a) 一次調査終了
（ボーリング5箇所）

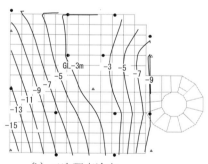

(b) 二次調査途中
（ボーリング5箇所＋MWD検層12箇所）

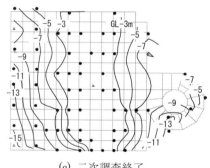

(c) 二次調査終了
（ボーリング5箇所＋MWD検層62箇所）

図7　直接基礎の支持層（$N$値$\geqq$15）コンター

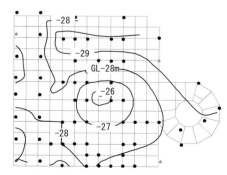

図8　杭の支持層（$N$値$\geqq$50）コンター

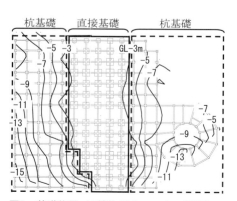

図9　基礎伏図（$N$値$\geqq$15のコンター併記）

図7は、直接基礎の支持層となる地層（$N$値$\geq 15$）の上面のコンターである。同図には、一次調査終了時、二次調査途中、二次調査終了時の3時点で求めたコンターを比較して示している。コンターは調査点数に大きく依存しており、複雑な支持層の分布状況を精度よく把握するためには多点調査が不可欠なことが分かる。図8は杭の支持層となる地層（$N$値$\geq 50$）の上面のコンターである。図9は、2段階の調査で確認した正確な支持層分布に基づいて定めた異種基礎の伏図である。深度3m以浅で$N$値$\geq 15$の地層が出現するエリアは直接基礎、その他のエリアは杭基礎としている。

3) 多点調査に有効な調査手法

不陸・傾斜が大きな支持層の分布状況を正確に把握するためには、間隔を密にした多点調査が不可欠である。多点調査を効率よく進めるためには、標準貫入試験を併用した一般的なボーリング調査のほかに、調査速度と経済性の面で優れたサウンディング調査法を活用することが有効である。支持層調査に適したサウンディング調査法としては、オートマチックラムサウンディング[4]、MWD検層[4),5)]などが挙げられる。一般に、これらのサウンディング調査で得られる指標（$N_d$値, $N_p$値など）と標準貫入試験の$N$値の関係は、対象とする土に依存するので、サウンディング調査を活用する場合は、調査地毎に標準貫入試験結果との関係を確認し適用性を検証しておくことが重要である。サウンディング調査法を活用した支持層調査例については文献3)、文献6)～10)を参照されたい。

(3) 複雑な支持層の調査計画のポイント

複雑な支持層の調査計画のポイントをまとめると次の通りである。

- 複雑な支持層に対しては、図1の地盤調査計画指針の目安本数にとらわれず、間隔を密にした多点調査が不可欠である。
- 必要な精度の調査を過不足なく実施するためには、支持層の特性を順次確認しながら柔軟な対応がとれるよう、地盤調査を数次に分けて段階的に実施する必要がある。
- 段階的に多点の調査を効率よく進めるためには、一般的なボーリング調査のほかに、調査速度と経済性の面で優れたサウンディング調査法を活用することが有効である。

（武居幸次郎）

**参 考 文 献**

1) 日本建築学会編：建築基礎設計のための地盤調査計画指針（第3版），2009.
2) 武居幸次郎：杭の支持層評価に関わる課題と対応，2013年度日本建築学会大会（北海道）構造部門（基礎構造）パネルディスカッション資料，pp. 56-69, 2013.
3) 瀧正哉，友住博明，武居幸次郎，下村修一：複雑な切盛り造成地盤における異種基礎―MWD検層による多地点の地盤調査結果を反映―，基礎工，pp. 38-41, 2009.10.
4) 地盤工学会編，地盤調査の方法と解説，pp. 329-337, 2004.
5) 西謙二，笹尾光，鈴木康嗣，武居幸次郎，實松俊明：回転打撃式ドリルを用いた新しい地盤調査法，日本建築学会技術報告集，第5号，pp. 69-73, 1997.
6) 古垣内靖：支持層深度分布をオートマチックラムサウンディング試験で評価した杭の設計，建築技術，pp. 184-185, 2010.7.
7) 武居幸次郎，實松俊明，下村修一，玉川悠貴：回転打撃ドリルを用いた削孔検層（MWD検層）による支持層調査例，第44回地盤工学研究発表会，pp. 73-74, 2009.
8) 武居幸次郎，下村修一，玉川悠貴：互層地盤における高支持力杭の支持層調査例―MWD検層で全杭位置を確認―，建築技術，pp. 182-183, 2010.7.
9) 武居幸次郎，下村修一，玉川悠貴：複雑な地盤に対する適用性を高めた新地盤調査車，地盤工学会誌，pp. 44-45, 2011.10.
10) 山崎貴之，増田康男，宮嶋澄夫：MWD検層による広範囲にわたる基礎杭の支持層調査―北海道新幹線函館総合車両基地仕業交番検査坑―，基礎工，pp. 57-59, 2014.6.

## Q5-3 地盤調査が想定した杭先端付近までしか実施されておらず、支持層として不安な場合、どのような根拠で支持層を決めればよいか？

地盤調査が杭先端付近までしか実施されていないとの事であるが、この場合は杭を設計するための地盤調査はまだ実施されていないという視点での対応が必要である。建物の支持層を対象にした地盤調査は先端支持層の$N$値と一定層厚（5～10m程度、多くは5m）を確認することが最低条件である[1]。支持層とされる土層の目安としては、砂質土、礫質土では$N$値50以上、粘性土では20～30以上とすることが多い。杭の先端支持層としてはこれに加えて、少なくとも敷地内での当該支持層が連続的に一定以上の厚さで存在することを確認することも必要である。そのためには既往の地盤情報を集めることも有用である。たとえば計画地近辺で実施した地盤調査結果や地盤図、地盤情報データベースが整備され公開されている所では、これらの公開資料（各種地域での地盤図等）から計画地の支持層の層厚や連続性を想定できることもある。このような場合には、根拠とした地盤情報の資料を設計図書に明示しておく必要がある。ただ原則としては敷地内において複数のボーリング調査で連続性と層厚を確認しておくべきであろう。

杭基礎の支持層では、杭先端から下方にある程度の層厚をもって存在することが必要である。支持杭の場合は、杭先端深さより杭先端径の一般に2～3倍の深さまでとすることが多いようであるが、採用予定の杭工法の先端支持力の評価方法や形状に留意して設定する必要がある。また、杭先端から杭径の2～3倍程度で支持層より弱い地層が出現する場合は先端支持力に影響する可能性があり、中間層に杭を支持させたものとしての検討が必要となる（Q5-5、Q5-6参照）。最低でもこの範囲の地層を確認することが望ましい。

最近の埋込み杭工法では杭先端部に大きな根固め部を持つ杭や場所打ちコンクリート杭でも杭径が大きい拡底径の杭も見られることから、当然支持力や沈下に影響を与える範囲を考慮して地盤調査の深度を決めることが大切である。ここで、杭先端（底面）は、「地盤に力を及ぼす面」であり、一般の杭は杭底面、回転杭は羽根面を、根固め杭は根固め先端面を杭先端（底面）と考え、杭先端径も、それぞれ杭径、羽根径、根固め径と考えることに留意する必要がある。

中間層に杭を支持させる場合には、中間支持層の下位に分布する弱い地盤まで杭応力が影響することもあるので、中間層下位の地盤の支持力や変形特性を確認することが必要になる。

このように杭の種類、径、先端支持力等と共に杭の施工法も考慮した上での追加の地盤調査により支持層深さ、連続性、層厚等を確認することが最低条件である。

特に支持層は地域によって多くの特徴があるので、その地域特性も十分に理解した対応が必要になる。たとえば関東地方の横浜方面では急激に変化する支持層に出会うことがある。また関西ではそれほど厚くない層状地盤に出会う機会が多い等である。これらは当初にも言及したが、各地で出版されている地盤図等を参考にすればある程度予想することが可能であり、参考にすることが重要である。逆にそのような情報がない地域では、より慎重な地盤調査計画が必要であり、支持層付近までの地盤調査結果だけを使った杭設計を行うような対応は厳に慎むべきであろう。

（辻本勝彦）

### 参 考 文 献

1) 日本建築学会：建築基礎設計のための地盤調査計画指針 2009改訂版、2009.11.

## Q5-4 杭の先端支持力を算定する時の平均 N 値の杭先端から下方及び上方の距離の設定根拠は何か？

### 1.「下 1D 上 4D」の根拠

打込み杭と場所打ち杭の支持力算定式が初めて示された 1974 年改定の本会建築基礎構造設計規準[1]（以下、基礎規準（1974）と略す）では、杭先端平均 N 値 $\bar{N}$ の算定範囲は杭先端から下方に 1D、上方に 4D 間（以下、「下 1D 上 4D」と略す）となっている。この算定範囲は、文献 2)～4)に基づいて決められたものである。文献 2)は 1951 年にマイヤーホフ（Meyerhof, G. G）が発表した支持力理論で、地盤を剛塑性体と仮定し、杭先端付近に生じる対数らせん状のすべり領域が、図1のように杭側面まで達するとしたものである。Meyerhof はこの理論に基づいて先端支持力に影響する範囲を、杭先端から「下 1D 上 10D」とした。

文献 3)は 1958 年にファンデルビーン（Van deer Veen, C.）が発表したもので、コーン貫入試験の抵抗値と地盤との関係を調べた結果、先端抵抗値にはコーン先端から「下 1D 上 3.75D」の範囲の影響が大きいということを示した。これを受けて、Meyerhof も 1963 年に文献 4)で、「下 1D 上 4D」に改めた。

これらの論文をもとに採用された $\bar{N}$ の算定範囲「下 1D 上 4D」は、1988 年改定の建築基礎構造設計指針[6]（以下、基礎指針(1988)と略す）でも踏襲されるなど、わが国では広く用いられるようになった。

しかし、現在では、少なくとも場所打ち杭や埋込み杭などの非排土杭（Non-displacement Pile）に関しては、この支持力理論は否定されている。地盤を体積変化が生じない剛塑性体と仮定しているのに対し、実際の地盤は体積変化が生じるため、想定されたすべり線が確認されないことによる。

### 2.「下 1D 上 1D」の根拠

Meyerhof の理論に対して、ベイシック（Vesic, A. S.）は 1977 年に、地盤を弾塑性体と仮定した支持力理論を発表した[7]。これは、図2のように、はっきりしたすべり線を生じることなく、杭先端のくさびが周囲の地盤を圧縮しながら貫入するとしたものである。Vesic の支持力理論は、BCP 委員会による埋込み杭の現場実験[8]、高野・岸田の Non-displacement Pile に対する模型実験[9] などによって、その妥当性が確認された。図3は、高野・岸田の実験で得られた杭先端地盤の動きであるが、杭先端の地盤は上方には移動していないことが分かる。これらの検証により、杭先端の支持力機構は Vesic の支持力理論で説明できることは、現在では定説化している。

この支持力理論では、杭先端から上方の部分は、杭先端支持力には影響しない。このことは、佐藤・小泉による2層系地盤による模型実験[10] でも確かめられている。したがって、「下 1D 上 4D」のうち、少なくとも上 4D を考慮するのは不合理ではないかとの意見が多くなった。

山肩らは、場所打ち杭と埋込み杭の載荷試験結果を整理して、沈下量が杭径の 10%時の先端支持力 $R_p$ と $\bar{N}$ の関係を検討した。$\bar{N}$ の算定範囲として、「下 1D 上 4D」、「下 1D」及び「下 1D 上 1D」の 3 種類を考え、変動係

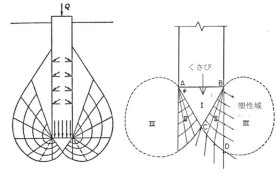

図1 Meyerhof の理論[5]　　図2 Vesic の理論[5]

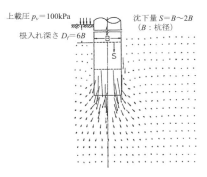

図3 杭先端の地盤の動き[9]

数 COV と先端支持力係数 $\alpha$（単位は tf/m$^2$）を比較している[11), 12)]。その結果をまとめたものが表1であるが、この表から最も相関性が良い（COV が小さい）のは「下 1D 上 1D」であることが分かる。

表1 算定範囲による COV と $\alpha$ の違い

| 算定範囲 | 場所打ち杭 | | 埋込み杭 | |
|---|---|---|---|---|
| | COV | $\alpha$ | COV | $\alpha$ |
| 下 1D 上 4D | 0.377 | 16.4 | 0.315 | 29.6 |
| 下 1D | 0.294 | 11.9 | 0.314 | 23.1 |
| 下 1D 上 1D | 0.251 | 11.7 | 0.281 | 23.5 |

この結果を踏まえて 2001 年改定の建築基礎構造設計指針[13]（以下、基礎指針(2001)と略す）では、場所打ち杭と埋込み杭については $\bar{N}$ の算定範囲として「下 1D 上 1D」が採用された。なお、Vesic の支持力理論では杭先端より上方の地盤は影響しないとされているが、表1では上 1D の地盤を考慮した方が相関性は良くなっている。これは、載荷試験で $R_p$ を測定するひずみ計は一般に杭先端から 1D 程度上方に設置されており、$R_p$ にはこの間の周面摩擦力を含むことから、この間の地盤条件が反映されたためと解釈される。

以上を根拠に、$\bar{N}$ の算定範囲には「下 1D 上 1D」が採用されることが多くなった。なお、打込み杭は基礎指針(2001)でも「下 1D 上 4D」となっているが、これは基礎指針(1988)作成後に新たな知見が見られないことから踏襲されたためであって、Meyerhof の支持力理論を肯定したものではない。

## 3. $\overline{N}$ の算定範囲に関する注意点

### 3.1 算定範囲と支持力係数 $\alpha$

支持力係数 $\alpha$ は $\overline{N}$ の算定範囲により変わる。表1で場所打ち杭の場合、「下 $1D$ 上 $4D$」での $\alpha$ は $16.4 \text{tf/m}^2$ であるが、「下 $1D$ 上 $1D$」では $11.7 \text{tf/m}^2$ となっている。この値をもとに、基礎規準(1974)や基礎指針(1988)で採用されていた場所打ち杭の $\alpha = 15 \text{ tf/m}^2$ が、基礎指針(2001)では $\alpha = 100 \text{kN/m}^2$ に変更されている。ただし、「下 $1D$ 上 $1D$」では支持層より上方地盤が含まれないため $\overline{N}$ は一般に「下 $1D$ 上 $4D$」よりも大きくなる。このため、基礎指針(2001)で得られる先端支持力 $R_p$ は $\alpha$ が小さい値であっても、基礎規準(1974) や基礎指針(1988)とあまり変わらない値が得られる。

このように、$\alpha$ と $\overline{N}$ はセットで考えるべきで、$\alpha = 150 \text{ kN/m}^2$ を採用するのであれば算定範囲は「下 $1D$ 上 $4D$」とするのが合理的である。「下 $1D$ 上 $1D$」と $\alpha = 150 \text{ kN/m}^2$ の組み合わせ[13]は、過大な先端支持力 $R_p$ を与える可能性があり、安全側の設計を行うという観点からすれば避けるべきである。

### 3.2 実際に影響する範囲

基礎指針(2001)で「下 $1D$ 上 $1D$」が採用されたのは文献 11),12)に表1の3種類が示されていたためで、これが最も適切な算定範囲というわけではない。図4は、高野・岸田の密で一様な杭先端地盤による実験で得られた杭直下地盤の沈下量の深さ分布である[5]。この図によると、杭先端下方の地盤の沈下量と杭底面の沈下量の比 $S_L/S$ が20%になるのはほぼ $Z/B = 2$($Z$:杭底面からの深さ、$B$:杭径)、10%になるのはほぼ $Z/B = 3$ の深さとなっている。したがって、先端抵抗に影響するのは杭先端から下方に $2D \sim 3D$ までの地盤であると判断される。

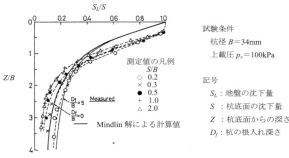

**図4 杭先端地盤の影響範囲[5]**

小椋は現場の載荷試験データをもとに $\overline{N}$ の算定範囲を検討した結果、場所打ち杭では「下 $2D$ 上 $1D$」が[15]、杭先端下方に根固め部のない埋込み杭では「下 $3D$ 上 $1D$」が[16]最も適切な範囲であるとしている。また、佐伯らはFEM 解析結果から、杭先端から下方 $4D$ 間の $N$ 値を深さに応じた重みを付けて平均する方法を提案している[17]。さらに、山崎は FEM 解析結果や載荷試験結果から、杭先端地盤の $N$ 値が深さ方向に変化する場合の影響範囲を検討し、$N$ 値が漸減する場合は杭先端から下 $4D$ 間の、漸増する場合は杭先端から下 $1D$ 間の $N$ 値を平均するのがよいとしている[18]。

以上の検討のように、先端支持力に影響する範囲は、杭先端地盤の $N$ 値が深さ方向に漸減する場合などを除いて、杭先端から下方におおむね $2D \sim 3D$ の深さまで及んでいる。したがって、杭先端を中間層に支持させる場合などで、下方の地盤を $1D$ しか考慮しないのは、危険な設計になるので注意が必要である。

### 3.3 根固め部を有する杭の算定範囲

プレボーリング工法や中掘り工法の大半は、杭先端より下方 $1D \sim 3D$ に達する根固め部を築造している。根固め部の強度や剛性は地盤よりはるかに大きいため、実質上の杭先端は根固め部下端と考えられる。したがって、$\overline{N}$ の算定範囲を杭先端から「下 $1D$ 上 $4D$」や「下 $1D$ 上 $1D$」としたのでは、先端支持力に最も影響する根固め部より下方の地盤を全く評価しないことになる。杭先端を中間層に支持させる場合などでは、非常に危険な設計になる。杭先端から下方にも根固め部を有する施工法では、根固め部下端から $2D_e \sim 3D_e$($D_e$:根固め径)の地盤も考慮する必要があるものと考えられる。

また、いわゆる高支持力工法では、$R_p$ を根固め部の上端位置で評価するものが多い。この場合、$R_p$ は根固め部周面の摩擦抵抗が加わった値となる。したがって、$\overline{N}$ の算定では根固め部の側方地盤も評価する必要がある。ただし、摩擦抵抗であるので根固め部より下方地盤よりも影響は小さいと考えられる。杭の先端支持力機構を踏まえた合理的な $\overline{N}$ を求めるには、根固め部下端より下方地盤の平均 $N$ 値と、根固め部側方の平均 $N$ 値とを重みをつけて平均する方法[19]などが参考になろう。

## 4. おわりに

以上、杭先端平均 $N$ 値 $\overline{N}$ を求めるときの算定範囲の根拠について紹介した。合わせて、$\alpha$ の値と算定範囲はセットで考えるべきこと、先端支持力に影響する範囲は杭先端から $2 \sim 3D$ に及ぶこと、根固め部を有する工法ではその側方や下方の地盤も考慮すべきことを示した。

(小椋仁志)

### 参 考 文 献

1) 日本建築学会:建築基礎構造設計規準・同解説, pp.220-221, 1974.11.
2) Meyerhof,G.G.:The Ultimate Bearing Capacity of Foundations, Geotechnique, 2, pp.301-332, 1951.
3) Van der Veen,C.・Boerama,L.:The Bearing Capacity of a Pile Predeterrmined by a Cone Penetration Test, Proc. 4th ICSMFE, pp.72-75, Vol.2, 1957.
4) Meyerhof,G.G.:Some Recent Research on the Bearing Capacity of Foundations, Canadian Geotech,Journal 1, pp. 16-26, 1963.9.
5) 高野昭信:砂地盤に設置された NONDISPLACEMENT PILE の先端支持力, 東京工業大学学位論文, 1981.3.
6) 日本建築学会:建築基礎構造設計指針, pp.225-232, 1988.1.
7) Vesic,A.S.:Design of Pile Foundations, Synthesis of Highway

Practice, 42, Transportation Research Board, 1977.

8) BCPCommittee:Field Tests on Piles in Sand, Soils and Foundation, Vol.11, No.2, pp.29-50, 1971.

9) 高野昭信，岸田英明：砂地盤中の Non-displacement pile 先端部地盤の破壊機構，日本建築学会論文報告集，No.285，pp.51-62，1979.11.

10) 佐藤英二，小泉安則：二層系地盤における杭の鉛直支持力，第17回土質工学研究発表会，pp.2097-2100，1982.6.

11) 山肩邦男，伊藤淳志，山田毅，田中健：場所打ちコンクリート杭の極限先端荷重および先端荷重～先端沈下量特性に関する統計的研究，日本建築学会構造系論文報告集，No.423，pp.137-146，1991.5.

12) 山肩邦男，伊藤淳志，田中健，倉本良之：埋込み杭の極限先端荷重および先端荷重～先端沈下量特性に関する統計的研究，日本建築学会構造系論文報告集，No.436，pp.81-89，1992.6.

13) 日本建築学会：建築基礎構造設計指針，pp.206-211，2001.10.

14) 東京都建築士事務所協会：建築構造設計指針，p.556，2010.6.

15) 小椋仁志：場所打ち杭の先端平均 $N$ 値の平均範囲に関する検討，日本建築学会大会(関東)学術講演梗概集構造 B-1，pp.629-630，2001.9.

16) 小椋仁志：埋込み杭の先端平均 $N$ 値の平均範囲に関する検討，日本建築学会大会(東北)学術講演梗概集構造 B-1，pp.737-738，2000.9.

17) 佐伯英一郎，岩松浩一，木下雅敬：Non-Displacement Pile の先端支持力推定のための地盤の「平均 $N$ 値」に関する解析的一考察，日本建築学会構造系論文集，No.535，pp.87-94，2000.9.

18) 山崎雅弘：埋込み杭の極限先端支持力の評価のための等価N値，日本建築学会大会(北陸)学術講演梗概集構造 B-1，pp.485-486，2002.8.

19) 小椋仁志，小林恒一：プレボーリング拡大根固め工法杭に用いた先端平均N値の算定方法，日本建築学会大会(近畿)学術講演梗概集構造 B-1，pp.567-568，2005.9.

## Q5-5 中間層に支持される杭の先端支持力における中間層厚の影響はどう評価すればよいか？

杭の支持層が薄い場合、いわゆる中間層支持となる場合の先端支持力は、中間層の杭下方の厚さ $H$ の先端径 $D$ に対する比 $H/D$ に応じて図1に示すように変化する[例えば 1)](4.4節参照)。建築基礎構造設計指針[2)]では、先端支持力の検討において直接基礎の方法（図2参照）の準用が可能で、FEM解析も有効としているが、具体的な方法をきめ細かく規定している訳ではない。ここでは2層地盤の支持力式を利用した先端支持力の評価法の一例等を紹介する[3)]。なお $N$ 値が大きくてやや薄い砂質土等を中間層と称し、その直下にある $N$ 値が小さくて粘性土を多く含む地層を下部層と称することとする。

2層地盤の支持力式は、直接基礎の極限支持力の実験式であり、基礎荷重が支持層内で分散し下部層上面に影響する範囲をある種の基礎範囲とみたてて支持力を算定するものである[2)]。杭の先端支持力評価に準用する場合には、想定する極限状態が異なる（杭の極限支持力は沈下量で規定される）ことに留意して荷重分散角 $\theta$ と下部層の極限支持力度 $q_c$ を適切に設定することが大切である。

2層地盤の支持力式を利用した先端支持力の評価法の一例[3)]を図3に示す。沈下量が先端径の0.1倍となる時の極限先端支持力度 $q_{pu}$ は支持層が厚い場合の $q_{pu1}$ と薄い場合の $q_{pu2}$ の小さい方として(1)式により表現される。

$$q_{pu} = \min[q_{pu1}, q_{pu2}] \tag{1}$$

ここに $q_{pu1}$：支持層が厚い場合の $q_{pu}$
$$q_{pu1} = \alpha \cdot N$$
$\alpha$：杭工法毎の先端支持力係数
$N$：中間層の $N$ 値
$q_{pu2}$：支持層が薄い場合の $q_{pu}$
$$q_{pu2} = \left(1 + 2 \cdot \frac{H}{D} \cdot \tan\theta\right)^2 \cdot q_c$$

(1)式において $q_c$ を $3q_u$（粘性土層に支持される非打込杭の $q_{pu}$ に相当、$q_u$ は一軸圧縮強さ）、$\theta$ を $\tan^{-1}0.3$（縦1：横0.3）として得られる $q_{pu}$ が実杭と模型杭の実験結果10例と概ね対応することが確認されている（図4.4.11のケース1参照）。根固め部を有する既製杭の場合には、根固め部の強度が十分にあれば根固め部径を $D$ に、根固め部下方の中間層厚を $H$ に読み替えることが可能と思われるが、実験データに基づく検証が課題である。

2層地盤の支持力式以外の方法としては、$H/D$ が3以上の範囲は支持層が厚い場合と同様とし、1未満の範囲は中間層での荷重分散を期待せず $3q_u$ として、1〜3の範囲は線形補完で求める評価法が土木分野（道路橋）の場所打ち杭の設計に利用されている[4)]。適用地盤は中間層の $N$ 値が30以上で、かつ下部層の $q_u$ が400kN/m²以上である（図4.4.8参照）。FEM解析による評価手法は文献[例えば 5)]を参照されたい。　　　　　　　　　（堀井良浩）

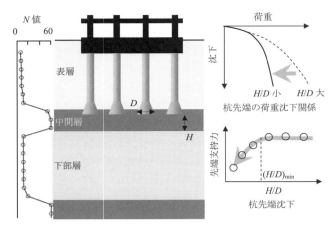

図1　杭の中間層支持の概念図

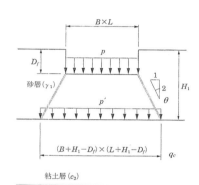

図2　2層地盤の支持力計算法（直接基礎の方法）[2)に加筆]

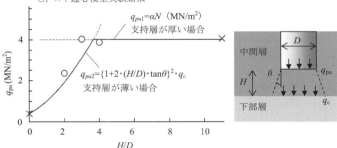

図3　中間層に支持される杭の先端支持力の評価法[3)]

### 参　考　文　献

1) 堀井良浩, 渡邉徹, 長尾俊昌：中間層支持杭の鉛直支持力特性に関する研究, 大成建設技術センター報, 第42号, pp.22-1-22-5, 2009.

2) 日本建築学会：建築基礎構造設計指針, 2001.

3) 堀井良浩：中間層に支持される杭の先端支持性能の評価, 日本建築学会大会構造部門（基礎構造）パネルディスカッション資料, pp.70-77, 2013.8.

4) 日本道路協会：杭基礎設計便覧 平成18年度改訂版, pp.409-413, 2007.

5) 山崎雅弘・堀井良浩：層状地盤に支持される杭先端の鉛直支持性能（その2）, 日本建築学会大会学術講演梗概集, B-1, pp.417-418, 2012.9.

## Q5-6　中間層に支持される杭の先端支持力は、2層地盤の支持力式で評価できるか？

薄い支持層、いわゆる中間層に支持される杭の先端支持力の検討について、建築基礎構造設計指針（以下、基礎指針と略す）では2層地盤の支持力式の準用を可能としている[1]。本式は、本来、直接基礎の支持力式であるが、図1[2]に示すように先端荷重が中間層内で分散し下部層上面に影響する範囲をある種の基礎範囲とみたてて、先端支持力の算定にも用いられている。しかし基礎指針では算定に用いる荷重分散角 $\theta$ と下部層の極限支持力度 $q_c$ は規定されておらず、設計者が適切に設定する必要がある。検証が十分ではなく設計者の合理的な判断を尊重したものと推察される。施工法や地盤条件が類似する実験結果との対応を参考に慎重に設定することが望ましい。鉄道構造物等設計標準・同解説[3]（以下、鉄道標準と略す）では $\theta$ に $\tan^{-1}0.3$（縦1：横0.3）、$q_c$ に粘性土に支持される杭の極限先端支持力度相当が採用されるが根拠は明示されていない。ここでは参考として図1に示す方法において $\theta$ を $\tan^{-1}0.3$、または $\tan^{-1}0.5$（直接基礎と同じ）、$q_c$ を $3q_u$（粘性土に支持される場所打ち杭の極限先端支持力度、$q_u$：下部層の一軸圧縮強さ）として得られる先端支持力の評価結果と実験結果（10例）の比較[2]に加筆を紹介する。なお $N$ 値が大きくてやや薄い砂質土等を中間層と称し、その直下にある $N$ 値が小さくて粘性土を多く含む地層を下部層と称することとする。

検討に用いた実験データ[4]を表1と図2に示す。1985年以降に国内で公表された、先端沈下量が先端径 $D$ の0.1倍となる時の先端荷重度 $q_{pu}$ と下部層の $q_u$ がともに判別可能な10事例である。鋼管杭が2事例（C-1、C-2）[5]、場所打ち杭が3事例（D[6]、J[7]、K[8]）、合成杭（鋼管ソイルセメント）が1事例[9]、模型杭（Z-1〜4）[10]が4事例である。$q_{pu}$ は 2.1〜8.2MN/m² であり、中間層の $N$ 値は20〜60、下部層の $q_u$ は 0.13〜0.50MN/m²、杭下方の中間層厚の先端径に対する比 $H/D$ は 1.0〜4.0 である。事例 C-1 と C-2 の $q_{pu}$ は中実断面積相当値で、事例 Z-1〜4 は縮尺1/50の遠心模型実験であり、表中の先端径・根入れ深さ等は実物換算値を、また実験結果は2回の平均を示している。

$q_{pu}$ の評価方法は表2に示す2通りとし、いずれも2層地盤の支持力式を利用して支持層が厚い場合と薄い場合の小さい方の $q_{pu}$ を採用するものである（図1参照）。ケース1は下部層の極限支持力度 $q_c$ を $3q_u$ とし、荷重分散角 $\theta$ を $\tan^{-1}0.3$ とする場合[3]で、ケース2は $\theta$ を直接基礎と同じ $\tan^{-1}0.5$ とする場合[1]である。支持層が厚い場合の $q_{pu}$ は各工法の先端支持力式を用いて算出し、実験結果がある場合にはこれを用いた。鋼管杭2事例については開端効果を考慮して算出した[11]。

表2　評価ケース[2]

| | 荷重分散角 $\theta$ | 下部層の極限支持力度 $q_c$ |
|---|---|---|
| ケース1 | $\tan^{-1}0.3$（縦：横=1:0.3） | $3q_u$ (=6c) |
| ケース2 | $\tan^{-1}0.5$（縦：横=1:0.5） | |

$q_u$：一軸圧縮強さ，$c$：粘着力

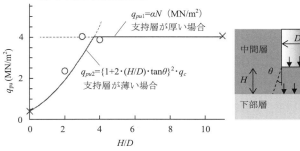

図1　中間層に支持される杭の先端支持力の評価法[2]

表1　中間層に支持された杭の載荷実験データ[4]

| | 杭 | | | | | 中間層 | | | 下部粘土層 | | | | 実験結果（杭先端） | |
|---|---|---|---|---|---|---|---|---|---|---|---|---|---|---|
| 事例 | 杭種 | 工法 | 軸径 (m) | 先端径（根固径）$D$ (m) | 根入れ深さ (m) | $N$値 | 杭下方厚さ $H$ (m) | $H/D$ | 厚さ (m) | $q_u$ (MN/m²) | $N$値 | 上面有効上載圧[5] (MN/m²) | 最大沈下比 $S_p/D$ | 第2限界抵抗力 | |
| | | | | | | | | | | | | | | $P_p$ (MN) | $q_{pu}$ (MN/m²) |
| C-1 | 鋼管杭 | 打撃 | 1.0 | 1.0 | 40 | 50 | 2.7 | 2.69 | — | 0.22 | — | 0.36 | — | 2.9 | 3.7 |
| C-2 | | 打撃 | 1.0 | 1.0 | 45 | 50 | 1.3 | 1.25 | — | 0.15 | — | 0.39 | — | 1.7 | 2.1 |
| D | 場所打杭 | ベノト | 1.2 | 1.2 | 36 | 60 | 1.2 | 1.00 | 9.7 | 0.50 | 10 | 0.29 | 0.23 | 4.2[1)] | 3.7[1)] |
| J | | アースドリル | 1.6 | 1.75 | 35 | 約20 | 3.1 | 1.77 | | 0.41 | 16 | 0.3 | 0.09 | 6.5[1)] | 2.7[1)] |
| K | | リバース | 1.2 | 1.7[4)] | 15 | 50(87)[3)] | 5.3 | 3.09 | — | 0.32 | 10 | 0.22 | 0.09 | 18.6 | 8.2 |
| M | 合成杭 | 鋼管ソイルセメント | 1.0 | 1.2 | 34 | 約60 | 1.7 | 1.38 | | 0.43 | 7 | 0.32 | 0.05 | 5.3[1)] | 4.3[1)] |
| Z-1 | 模型杭（非打込杭）[2)] | | 1.0 | 1.0 | 18 | (40)[3)] | 2.0 | 2.0 | 5.0 | 0.13 | | 0.17 | 0.5以上 | — | 2.4[6)] |
| Z-2 | | | | | | | 3.0 | 3.0 | | | | 0.18 | | | 4.0[6)] |
| Z-3 | | | | | | | 4.0 | 4.0 | | | | 0.19 | | | 3.9[6)] |
| Z-4 | | | | | | (21)[3)] | 3.0 | 3.0 | | | | 0.18 | | | 2.1[6)] |

1) 推定値，2) 縮尺1/50の遠心模型実験であり，表中の数値は実物換算値，3) $H/D$ が大きい場合の $q_{pu}$ 実験結果換算値による目安（$N=10q_{pu}$），4) 有効径
5) 砂質土層18kN/m³，粘性土層16kN/m³（不明の場合は17kN/m³），地下水位が不明の場合はGL-2mと仮定して算定．6) 2回の平均

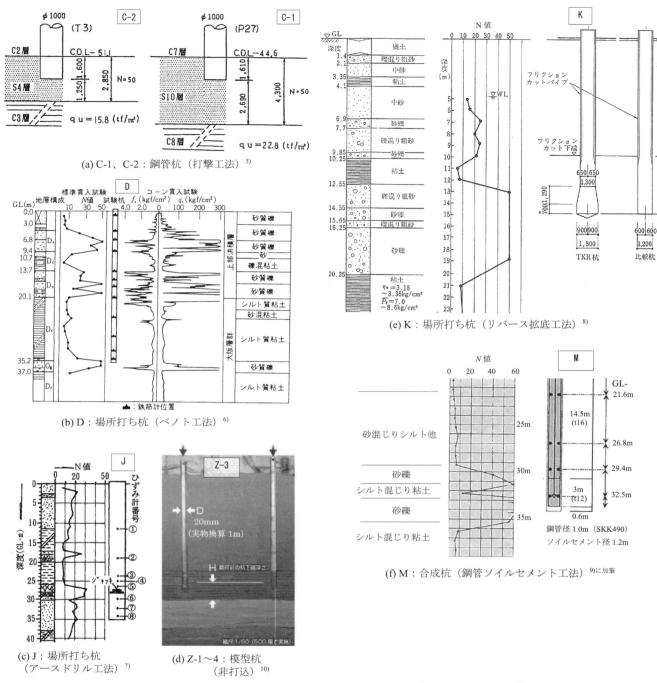

図2 中間層に支持される杭の鉛直載荷実験事例[2]に加筆

$q_{pu}$の実験結果と評価結果の比較として図3に各事例の$H/D \sim q_{pu}$関係を示す。図中、○、●、△、×印が実験結果で、実線がケース1、破線がケース2の評価結果である。図より、$q_{pu}$の実験結果が支持層が厚い場合の評価結果より小さく、薄層の影響を受けたと考えられる事例C-2、D、K、M、Z-1において、ケース1の評価結果（$\theta = \tan^{-1}0.3$）は実験結果に比べていずれも同程度以下（安全側）であるのに対し、ケース2の評価結果（$\theta = \tan^{-1}0.5$）は同程度か大きいことが分かる。図4に各ケースの評価結果と実験結果の比較を示す。図中、$q_{pu}$の評価結果の実験結果に対する比$X$の平均$\overline{X}$を併記しているが、ケース1は0.88、ケース2は1.14であり、本検討の範囲ではケース1の方法は安全側の評価を与えることが分かる。

中間層支持杭の先端支持力を2層地盤の支持力式を利用して評価することは可能であるが、$\theta$と$q_c$を適切に設定する必要がある。施工法や地盤条件が類似する実験結果との対応を参考に、慎重に設定することが望ましい。なお4.4節には$q_c$の設定を変えた評価結果の比較や、2層地盤の支持力式以外の方法を用いた評価結果との比較も示したので参照されたい。

（堀井良浩）

# 第5章 地盤評価に関するQ&A集

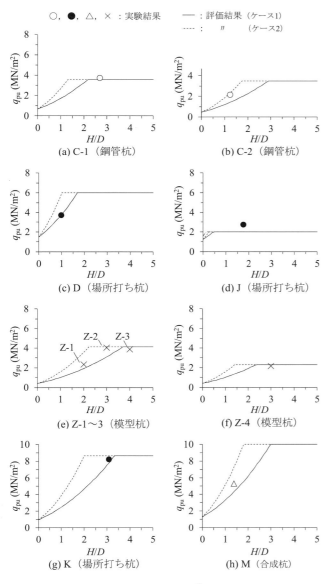

図3 $H/D \sim q_{pu}$ 関係 [2]に加筆

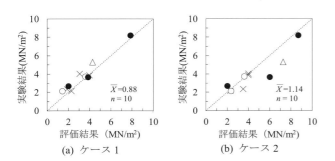

図4 $q_{pu}$ の実験結果と評価結果の比較 [2]に加筆

## 参 考 文 献

1) 日本建築学会：建築基礎構造設計指針，2001.10.
2) 堀井良浩：中間層に支持される杭の先端支持性能の評価，日本建築学会大会構造部門（基礎構造）パネルディスカッション資料，pp.70-77，2013.8.
3) 鉄道総合技術研究所：SI 単位版鉄道構造物等設計標準・同解説 基礎構造物・杭土圧構造物，pp.234-235，2001.2.
4) 堀井良浩，長尾俊昌，山崎雅弘，小椋仁志：層状地盤に支持される杭先端の鉛直支持性能（その4），日本建築学会大会学術講演梗概集，B-1，pp.455-456，2015.9.
5) 本山翁，川口廣，網谷嘉明：薄層支持鋼管杭の載荷試験，土質工学会研究発表会，pp.1283-1284，1989.
6) 松井保，中林正司，前川義男，松井謙二：薄層における場所打ち杭の鉛直支持力特性とその設計法，橋梁と基礎，pp.33-38，1994.
7) 萩原伸治，梅野岳，小椋仁志：基盤層に根入れしない場所打ち杭の杭先端載荷試験，日本建築学会大会学術講演梗概集，B-1，pp.673-674，1998.
8) 平井利一，尾崎修，菱沼登，磯貝光章，渡辺則雄：TKR 杭工法—熊谷組 画期的な場所打ち杭，建築の技術 施工，pp.47-57，1978.11.
9) 河野謙治，西岡勉：薄層に支持された鋼管ソイルセメント杭（HYSC 杭）の支持力について，基礎工，pp.78-80，2014.6.
10) 堀井良浩，渡邊徹，長尾俊昌：中間層支持杭の鉛直支持力特性に関する研究，大成建設技術センター報，第42号，pp.22-1〜4，2009.
11) 日本道路協会：道路橋示方書・同解説 I 共通編 IV下部構造編，pp.383-406，2012.
12) 山崎雅弘，堀井良浩，長尾俊昌：層状地盤に支持される杭先端の鉛直支持性能（その2），日本建築学会大会学術講演梗概集，B-1，pp.417-418，2012.9.

## Q5-7 中間層に支持される杭の先端支持力は、中間層の厚さがどのくらいあれば下部層の影響を受けなくなるか？

中間層に支持される杭の先端支持力は、中間層の杭下方の厚さの先端径に対する比$H/D$がある限界値より小さくなると下部層の影響を受けて低下する（4.4 節参照）。既往の解析・実験では、この限界値$(H/D)_{min}$を概ね 3〜4 以上とするものが多い[例えば1)〜3)]が、中間層の$N$値や下部層の一軸圧縮強さ$q_u$にも影響されるとの指摘がある[4]。ここでは下部層の影響を判断する安全側の目安として 2 層地盤の支持力式を利用した中間層の$N$値と下部層の$q_u$に対応する$(H/D)_{min}$の試算[4]を紹介する。なお$N$値が大きくてやや薄い砂質土層等を中間層と称し、その直下にある$N$値が小さくて粘性土を多く含む層を下部層と称することとする。

$(H/D)_{min}$の試算方法を図1に示す[4]。先端沈下量が$0.1D$となる時の極限先端支持力度$q_{pu}$は、中間層が厚い場合の$q_{pu1}$と薄い場合の$q_{pu2}$（2 層地盤の支持力式）の小さい方とする。$q_{pu1}$は場所打ち杭を想定した $0.1N(MN/m^2)$、$q_{pu2}$における荷重分散角$\theta$と下部層の極限支持力度$q_c$は実験結果と概ね対応し、かつ FEM 解析結果と同程度以下の評価結果が得られる数値（$\theta=\tan^{-1}0.3$, $q_c=3q_u$）を採用する。$(H/D)_{min}$は$q_{pu1}$と$q_{pu2}$が等しい時の$H/D$として(1)式により得られる。

$$\left(\frac{H}{D}\right)_{min} = \frac{\sqrt{N/30q_u}-1}{2\cdot\tan\theta} \quad (1)$$

図2と表1は中間層の$N$値を 25〜75、下部層の$q_u$を 0.1〜0.5MN/m$^2$ とする場合に対応する$(H/D)_{min}$の(1)式による試算結果である。表より、$(H/D)_{min}$は 0.5〜6.7 と、既往の報告より広く分布することが分かる。図3は、横軸に下部層の$q_u$、縦軸に中間層の$N$値をとり、$(H/D)_{min}$が一定（1.0〜4.0、0.1 刻み）の関係を示したもので、対応する$(H/D)_{min}$を読み取ることが可能である。

本試算で得られた$(H/D)_{min}$は、場所打ち杭を中間層に支持させる場合の安全側の目安を与えると考えられるが、以下の点に留意を要する。FEM 解析結果において下部層の強度と剛性が相対的に小さい場合に $\tan^{-1}0.3$ より大きい$\theta$が得られており[5]、中間層の$N$値が大きい、または下部層の$q_u$が小さい場合に$(H/D)_{min}$を大きめに評価する可能性がある。また(1)式の適用性を確認した中間層の$N$値は 20〜60、下部層の$q_u$は 0.13〜0.50MN/m$^2$ であり、この範囲外となる場合には FEM 解析等の検討も行うことが望ましい。

（堀井良浩）

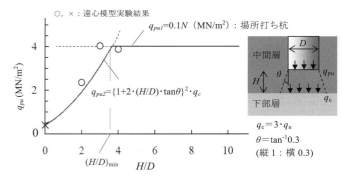

図1　$(H/D)_{min}$の試算方法（文献4に加筆）

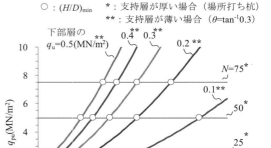

図2　$q_{pu1}$と$q_{pu2}$と$(H/D)_{min}$の試算結果[4]

表1　$(H/D)_{min}$の試算結果[4]

| 中間層の$N$値 | 下部層の$q_u$(MN/m$^2$) | | | | |
|---|---|---|---|---|---|
| | 0.1 | 0.2 | 0.3 | 0.4 | 0.5 |
| 75 | 6.7 | 4.2 | 3.1 | 2.5 | 2.1 |
| 50 | 5.1 | 3.1 | 2.3 | 1.7 | 1.4 |
| 25 | 3.1 | 1.7 | 1.1 | 0.7 | 0.5 |

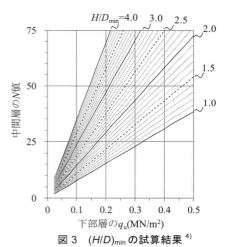

図3　$(H/D)_{min}$の試算結果[4]

### 参考文献

1) 松井保，中林正司，前川義男，松井謙二：薄層における場所打ち杭の鉛直支持力特性とその設計法，橋梁と基礎，pp.33-38，1994.
2) 日本建築学会：建築基礎構造設計指針，2001.
3) 山崎雅弘：杭先端の荷重沈下量関係に影響をおよぼす地盤領域の検討，日本建築学会構造系論文集，第 652 号，pp.1113-1120，2010.6.
4) 堀井良浩，山崎雅弘，長尾俊昌，小椋仁志，桑原文夫：層状地盤に支持される杭先端の鉛直支持性能（その 3），日本建築学会大会学術講演梗概集，B-1，pp.493-494，2013.
5) 山崎雅弘，堀井良浩：層状地盤に支持される杭先端の鉛直支持性能（その 2），日本建築学会大会学術講演梗概集，B-1，pp.417-418，2012.9.

## Q5-8　杭頭の鉛直ばねの評価方法にはどのようなものがあるか？

基礎構造設計指針をはじめとする各指針類に評価方法が示されている。以下に建築基礎構造設計指針、道路橋示方書および鉄道設計標準の方法について概説する。

**建築基礎構造設計指針[1]**

建築基礎構造設計指針（以下、基礎指針と略す）では単杭の即時沈下量を求める方法として、載荷試験による方法と計算による方法の2つの方法が挙げられている。基本は鉛直載荷試験を実施することであるとしているが、載荷試験を実施した場合でも、より大径の杭の沈下量を評価する方法として荷重伝達法が推奨されていることから、ここでは荷重伝達法について示す。

荷重伝達法は、計算による方法であり、図1に示すように杭体を弾性体と仮定していくつかの杭要素に分割し、各杭要素に杭と地盤の相対変位から決まる周面摩擦ばねと杭先端ばねを付加したモデルを解く（解き方については基礎指針の〔計算例6〕に詳しいが、杭体を梁要素、摩擦ばねと先端ばねをともに軸ばね要素とし、汎用のFEM解析コードを用いるのが簡単である）ことによって、例えば杭頭の荷重～沈下関係を得るものである。地盤の摩擦ばねと先端ばねには、各杭要素における沈下量と周面摩擦抵抗および杭先端の沈下量と先端抵抗の関係が用いられる。荷重伝達法に用いる摩擦ばねと先端ばねは、載荷試験などに基づき設定される（具体の設定方法については、Q5-9を参照願いたい）。

荷重伝達法によって杭頭の荷重～沈下関係が評価できれば、特定の杭頭荷重 $P$ に対する沈下量 $\omega$ が評価できるので、杭頭の沈下ばね $K_v$ は $P/\omega$ で求めることが可能となる。

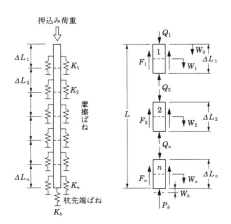

図1　荷重伝達法[1]

**道路橋示方書[2]**

基礎指針同様、$K_v$ は杭の鉛直載荷試験から求めるのが望ましいとしているが、一般的な杭基礎の設計には、下記の推定式を用いて良いとしている。

$$K_v = a \frac{A_p E_p}{L} \qquad (1)$$

ここに、$K_v$：杭の軸方法のばね定数(kN/m)
　　$A_p$：杭の純断面積(mm²)
　　$E_p$：杭のヤング係数(kN/mm²)
　　$L$　：杭長(m)

$a$ は杭の施工法によって異なり、例えば場所打ち杭の場合には次式で算定する。

$$a = 0.031(L/D) - 0.15 \qquad (2)$$

$L/D$ は根入れ比である。道路橋の方法では、地盤のパラメータ（強度や変形係数など）とは無関係に杭頭の $K_v$ が算定できる点に特徴がある（文献3）によると $a$ には実は杭先端変位の影響が含まれているという）。これは載荷試験における実測 $K_v$ から施工法別に根入れ比 $L/D$ との関係に着目して $a$ を逆算する方法をとっていることによる。逆算に当たって使用された実測 $K_v$ は、杭頭の荷重～沈下関係から判定された降伏時における割線勾配であり、いわゆる長期荷重相当ではない点には注意が必要である。また、載荷試験結果として採用されたデータの大部分は $L/D \geqq 10$ であるから、$L/D < 10$ となる条件では、類似の条件の載荷試験結果などを参考に $K_v$ を総合的に評価すべきと言える。

**鉄道設計標準[4]**

鉄道設計標準では、杭基礎構造物の構造解析に用いる地盤抵抗モデルとして、杭先端の鉛直地盤抵抗、杭周面の鉛直せん断抵抗と杭周面の水平地盤抵抗の算定方法が示されている。図2は杭基礎の地盤抵抗の特性を示している。地盤抵抗のモデルは、降伏点を折れ点とするバイリニア型の地盤ばねとしてモデル化されている。杭頭の沈下ばね（$K_v$）を評価するためには、$K_{tv}$（杭先端の鉛直地盤反力係数：kN/m³）と $K_{fv}$（杭周面の鉛直せん断地盤反力係数：kN/m³）にそれぞれ杭先端面積および杭周面積を乗じてばね値とした上で、荷重伝達法などの方法を利用する必要がある。

鉄道標準の方法でも、載荷試験結果を基に $K_{tv}$ および $K_{fv}$ の算定式を杭工法毎に評価している。場所打ち杭の場合、

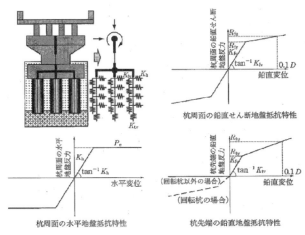

図2　杭の地盤抵抗特性のモデル化[4]

$$K_{tv} = 1.4\rho_{gk}E_d D^{-\frac{3}{4}} \quad (3)$$

$$K_{fv} = 0.2\rho_{gk}E_d \quad (4)$$

となる。ここで、$E_d$は地盤の変形係数の設計用値（KN/m²）、$D$は杭径(m)であり、$\rho_{gk}$は地盤修正係数（短期1.0，長期0.5）である。鉄道標準の方法では地盤パラメータとして地盤の変形係数が評価式に含まれている。$K_{tv}$および$K_{fv}$を載荷試験結果から評価するに当たっては、杭施工法によらず基準沈下量10mm（$K_{tv}$では杭先端沈下，$K_{fv}$では区間平均沈下）における割線勾配を採用しているが、長期相当の沈下量にはクリープ変形が含まれるとして、試験より得られた値を1/1.5倍（低減）している[5]。

なお、杭周面の鉛直せん断抵抗の算定に関しては、いくつかの注意事項（長期の支持特性の検討では、一軸圧縮強さが50kN/m²未満の軟弱な粘性土層がある場合、その層を含んでその層以浅のせん断抵抗は無視する、支持層への根入れ部分のせん断抵抗は無視する、など）があるので、使用に際しては注意が必要である。

杭頭の沈下ばねの評価方法として、基礎指針，道路橋，鉄道標準の方法について概説した。いずれの評価方法も検討対象とする構造物の特性や設計条件などを考慮して提案されている方法と考えられ、利用する場合には各々の評価方法について、その意味するところを十分理解した上で用いることが望まれる。　　　　（長尾俊昌）

## 参 考 文 献

1) 日本建築学会：建築基礎構造設計指針，2001.
2) 日本道路協会：道路橋示方書・同解説（Ⅰ　共通編・Ⅳ　下部構造編），2012.
3) 独立行政法人土木研究所：土木技術資料　杭の軸方向の変形特性に関する研究，2009. 3.
4) 国土交通省鉄道局 監修・鉄道相合研究所編：鉄道構造物等設計標準・同解説（基礎構造物），2012.
5) 西岡英俊，西村昌弘，神田政幸，館山勝：載荷試験データによる杭工法別の鉛直地盤反力係数算定法，鉄道総研報告，Vol.24，No.7，pp29-34，2010.

## Q5-9 荷重伝達法で用いる杭先端ばねと杭周面の摩擦ばねはどう評価すればよいか？

図1に示す荷重伝達法では、単杭の荷重～沈下量関係を解析的に求めることができる[1]。計算には杭周面の摩擦ばねと杭先端のばねが必要となる。

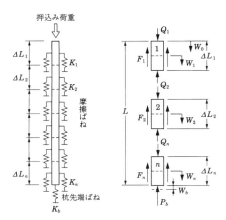

図1 荷重伝達法[1]

杭先端の地盤ばねについては、砂質土に支持された場所打ちコンクリート杭の荷重度～沈下比の関係として、建築基礎構造設計指針（以下、基礎指針と称す）では次式が推奨されている。

$$\frac{S_p/d_p}{0.1} = 0.3\frac{R_p/A_p}{(R_p/A_p)_u} + 0.7\left\{\frac{R_p/A_p}{(R_p/A_p)_u}\right\}^2 \quad (1)$$

ここに $S_p$：杭先端沈下量、$d_p$：杭先端径、$R_p$：杭先端荷重、$A_p$：杭先端断面積、$(R_p/A_p)_u$：極限先端支持力度である。(1)式は、杭先端の極限支持力を杭先端沈下量が先端径の10%とした場合の関係式を示しており、模型実験よる提案曲線と実杭の載荷試験結果に基づく提案曲線の平均に相当するとされている[1]。

旧BCS（建築業協会）では、杭先端に油圧ジャッキを設置して実施した実杭の先端載荷試験から、同様な整理を行い以下の2式を提案している[2]。

砂地盤：
$$\frac{S_p/d_p}{0.1} = 0.23\frac{R_p/A_p}{(R_p/A_p)_u} + 0.77\left\{\frac{R_p/A_p}{(R_p/A_p)_u}\right\}^{2.70} \quad (2)$$

砂礫地盤：
$$\frac{S_p/d_p}{0.1} = 0.12\frac{R_p/A_p}{(R_p/A_p)_u} + 0.88\left\{\frac{R_p/A_p}{(R_p/A_p)_u}\right\}^{3.31} \quad (3)$$

ちなみに基礎指針の提案式の根拠となった、実杭の載荷試験結果による提案曲線[3]は次の通りである。

$$\frac{S_p/d_p}{0.1} = 0.27\frac{R_p/A_p}{(R_p/A_p)_u} + 0.73\left\{\frac{R_p/A_p}{(R_p/A_p)_u}\right\}^{2.27} \quad (4)$$

図2にはこれらのうち、(1)～(3)式の関係を示す。BCSの礫が最も沈下剛性が大きく（同一荷重度比に対する沈下量比が小さい）、基礎指針の推奨式が最も安全側の式となっていることが分かる。

図3には(4)式とともに、(4)式を求めた際の利用データの範囲を示す[4]。図中には埋込み杭（既製杭）での整理結果も示されているが、提案曲線は統計処理によって得られた平均曲線であることには留意が必要（BCSの提案式も同様）である。参考のため、埋込み杭の平均曲線を(5)式に示しておく。なお、(2)(4)式を誘導するために用いられた杭先端N値（杭先端より先端径までの範囲の平均N値）は50以上、(3)式では80以上、(5)式では30以上となっている（いずれも100が上限）。

$$\frac{S_p/d_p}{0.1} = 0.20\frac{R_p/A_p}{(R_p/A_p)_u} + 0.80\left\{\frac{R_p/A_p}{(R_p/A_p)_u}\right\}^{3.98} \quad (5)$$

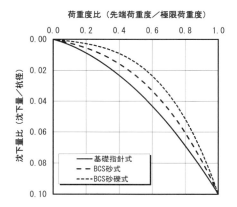

図2 杭先端の荷重度比～沈下量比の比較

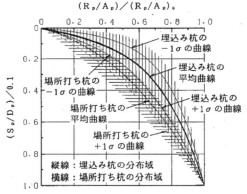

図3 埋込み杭と場所打ち杭の平均曲線群

杭周面の摩擦ばね（周面摩擦抵抗と沈下量の関係）に関しては、基礎指針では既往の載荷試験結果に基づいて設定することを推奨しているが、適当な載荷試験結果がない場合には、バイリニア型の関係を設定して良いとし、次式を提案している。

$$S_i \leq S_{fi}\text{の時} \quad \tau_i = k_{fi} \cdot S_i \quad (6)$$
$$S_i > S_{fi}\text{の時} \quad \tau_i = \tau_{fi} \quad (7)$$

ここに、$\tau_i$：$i$層の周面摩擦力度、$S_i$：$i$層深度における杭の沈下量、$S_{fi}$：$i$層の周面摩擦力度が最大となるときの沈下量、$k_{fi}$：$i$層の周面摩擦に関する地盤反力係数（$k_{fi} = \tau_{fi}/S_{fi}$)、$\tau_{fi}$：$i$層の極限周面摩擦力度である。$S_{fi}$については下式が推奨されている。

$$S_{fi} = (2\sim20)\text{mm} \quad (8)$$

一方、旧BCSでは実杭の載荷試験結果を基に独自の整

理を行い、周面摩擦力～変位関係を土質毎に双曲線モデルおよびトリリニアモデル(表1参照)として提案している[5]。

・双曲線モデル
①砂地盤
$$\tau/\tau_{20} = \delta/(0.28+0.86\delta) \quad (\delta \leq 2cm) \quad (9)$$
$$\tau = \tau_{20} \quad (\delta > 2cm) \quad (10)$$

②砂礫地盤
$$\tau/\tau_{30} = \delta/(0.93+0.69\delta) \quad (\delta \leq 3cm) \quad (11)$$
$$\tau = \tau_{30} \quad (\delta > 3cm) \quad (12)$$

②粘性土地盤
$$\tau/\tau_{10} = \delta/(0.19+0.81\delta) \quad (\delta \leq 1cm) \quad (13)$$
$$\tau = \tau_{10} \quad (\delta > 1cm) \quad (14)$$

ここに、$\delta$：ある深度における杭の沈下量、$\tau_{10}$、$\tau_{20}$、$\tau_{30}$：沈下量$\delta$が10mm、20mm、30mmの場合の周面摩擦力度である。
（長尾俊昌）

表1 トリリニアモデルにおける折れ点位置

| 地盤種別 | 第1折れ点 | | 第2折れ点 | |
|---|---|---|---|---|
| | $\tau_1$ | $\delta_1$(mm) | $\tau_2$ | $\delta_2$(mm) |
| 砂地盤 | $0.8\tau_{20}$ | 5 | $N/3(\tau_{20})$ | 20 |
| 砂礫地盤 | $0.7\tau_{30}$ | 10 | $N/2(\tau_{30})$ | 30 |
| 粘性土地盤 | $0.8\tau_{10}$ | 3 | $c(\tau_{10})$ | 10 |

参 考 文 献

1) 日本建築学会：建築基礎構造設計指針，2001．
2) 持田悟，萩原庸嘉，森脇登美夫，長尾俊昌：場所打ちコンクリート杭の支持性能（その1）先端荷重－先端沈下特性,日本建築学会大会学術講演梗概集，pp.725-726，2000．
3) 山肩邦男，伊藤淳志，山田毅，田中健：場所打ちコンクリート杭の極限先端荷重および先端荷重～先端沈下量特性に関する統計的研究，日本建築学会構造系論文報告集，第423号，pp.137-146，1991．
4) 山肩邦男，伊藤淳志，田中健，倉本良之：埋込み杭の極限先端荷重および先端荷重～先端沈下量特性に関する統計的研究，日本建築学会構造系論文報告集，第436号，pp.81-89，1992．
5) 伊勢本昇昭，桂豊，山田毅：場所打ちコンクリート杭の支持性能（その2）周面摩擦力～変位特性，日本建築学会大会学術講演梗概集，pp.727-728，2000．

## Q5-10 杭の鉛直ばねを用いて杭基礎の沈下量を求める場合の注意点は何か？

Q5-8で示した杭頭の鉛直ばねは、あくまで単杭の沈下量を求めるためのものである。実際の建物は多くの杭によって支持されるのが普通で、特に摩擦杭や中間砂層に支持される杭では、その沈下は群杭としての挙動となることが知られている[1]。

杭頭に作用した鉛直荷重は杭周面および杭先端から地盤に伝達されるが、地盤は連続体であるため、ある杭から地盤に伝達された鉛直荷重は、隣接する杭に伝達される（図1[1]参照）。即ち群杭においては、杭と杭とが地盤を介して相互に影響し合うことになる（杭と地盤の相互作用）。影響の度合いは地盤条件に加え、杭の支持形式（先端支持杭or摩擦杭）や杭径・杭間隔・杭の施工方法などによって異なると考えられ、杭間隔が狭い場合には相互作用の影響が強く表れる。

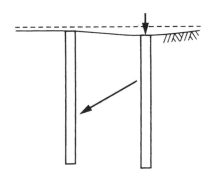

図1　杭と杭の地盤を介した相互作用[1]

図2は、実測された単杭と群杭の軸力分布の違いを比較したもの[2]である。測定は図3に示すマットスラブ（直径60cmの既製コンクリート杭が1.7～2.0m間隔で配置）で行われ、P3杭はマットスラブ施工前に単杭としての鉛直載荷試験が実施されている。図2では単杭状態の軸力分布が載荷試験の結果を、群杭状態の軸力分布がマットスラブ施工後の測定結果を示している。

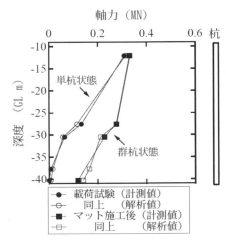

図2　P3杭の載荷試験時（単杭状態）とマット施工後（群杭状態）の軸力分布[2]

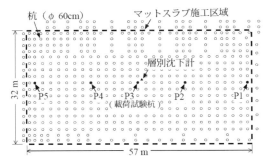

図3　マットスラブ施工区域の杭伏図[2]

同じ杭頭荷重に対して、単杭状態では杭頭荷重が殆ど杭先端には伝達されていないが、群杭状態になると杭頭荷重の約1/3が杭先端まで伝達されていることが分かる。P3杭の近傍には地盤沈下を測定するために層別沈下計が設置されており、その計測結果が示されている（表1参照）。

表1　P3杭の杭頭及び周辺地盤の沈下量[2]

|  | 載荷試験(0.34MN)（単杭状態） | | マット施工後（群杭状態） | |
|---|---|---|---|---|
|  | 計測値 | 解析値 | 計測値 | 解析値 |
| 杭頭 | 0.5 | 0.5 |  | 2.7 |
| 地盤 S1 | 0.0 | 0.3 | 2.6 | 2.6 |
| 地盤 S2 | 0.0 | 0.1 | 1.8 | 1.9 |
| 地盤 S3 | 0.0 | 0.0 | 1.5 | 1.4 |

単位：mm

S1は杭頭深度の、S3は杭先端深度の近傍地盤の沈下量を表しているが、群杭状態では同じ杭頭荷重に対して、単杭状態よりも杭頭及び周辺地盤の沈下量が大きくなっていることが確認できる。

このように群杭では、杭1本当たりの鉛直荷重が同じでも、相互作用の影響によって単杭に比較して杭頭に生じる沈下量は大きくなることが分かる。

従って群杭としての沈下量を求めるためには、杭と地盤の相互作用を適切に評価できる計算手法が必要となる。これらの方法には三次元FEM解析やハイブリッド法などがある（表1, 図2の解析値は三次元FEM解析による結果）が、実務で用いるには、多くの手間を要したり、専用の解析コードを用いなければならないなど、簡単に利用できるとは言えない。

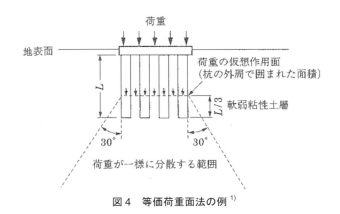

図4　等価荷重面法の例[1]

群杭の平均的な沈下を求めることが目的であれば、等価荷重面法（図4[1] 参照）や等価ピア法（図5[1] 参照）などの簡易な計算法を用いることができる。等価ピア法を用いた群杭の沈下剛性（ばね）が、ハイブリッド法と良い整合があるとの報告[3]もあり、参考になると考えられる。

（長尾俊昌）

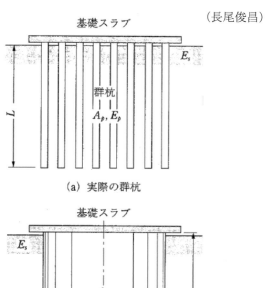

図5　等価ピア法

### 参 考 文 献

1) 日本建築学会：建築基礎構造設計指針，2001.
2) 武居幸次郎，柴垣勝彦，坂本栄二，宮田章，大坪淳：同一杭の単杭状態と群杭状態の鉛直挙動，日本建築学会大会学術講演梗概集，pp.503-504，2002.
3) 長尾俊昌，土屋勉：パイルド・ラフト基礎の簡易算定法について　（その3）等価ピア法，日本建築学会大会学術講演梗概集，pp.447-448，2012.

## Q5-11 杭の水平地盤反力係数（水平ばね）は、どの情報（N 値、PS 検層など）から求めるのが適切か？

建築基礎構造設計指針[1]（以下、基礎指針と略す）では、基準水平地盤反力係数 $k_{h0}$（水平変位量が 1cm の時の水平地盤反力係数）を、次式により評価することを推奨している。

$$k_{h0} = \alpha \cdot \xi \cdot \overline{E_0} \cdot \overline{B}^{-3/4} \quad (kN/m^3) \quad (1)$$

ここに、$k_{h0}$：基準水平地盤反力係数（$kN/m^3$）、$\alpha$：変形係数の評価法によって決まる定数（$m^{-1}$）、$\xi$：群杭の影響による係数、$E_0$：変形係数（$kN/m^2$）、$\overline{B}$：無次元化杭径（杭径を cm で表した無次元数値）である。

$\alpha$ 値については、Q5-12 で述べるため、ここでは割愛し、変形係数 $E_0$ について述べる。

杭の設計において、水平地盤反力係数を求めるために、どの地盤情報（N 値、孔内水平載荷試験結果、一軸・三軸圧縮試験結果や PS 検層結果など）から変形係数 $E_0$ を算定（推定）することが適切かは、杭の設計（解析）にどのような方法を用いるかで異なる。

建物規模が小さく（例えば、三号建築物や二号建築物でも高さ 31m 以下の建物など）、杭の耐震設計における検討に、弾性支承上の梁理論による弾性方程式（いわゆるチャン（Y. L. Chang）式）を用いる場合では、計算に用いられる $E_0$ の値は一つであるので、杭の水平抵抗に支配的な影響を与えるとされている深さ（$1/\beta$：$\beta=[k_{h0} \cdot B/(4EI)]^{0.25}$、$B$：杭径、$EI$：杭の曲げ剛性）までの平均的な $E_0$ を求めればよいが、地盤の各深度の単位深さ範囲に水平ばねを求め、それを深度毎に設けて応力解析を行う場合（いわゆるウィンクラーばねモデル）では、深度毎に $E_0$ を求める必要がある。前者では、孔内水平載荷試験でピンポイントの深度の $E_0$ を求めれば良いが、後者では深さ方向に連続した $E_0$ の評価が必要となる。

(1)式の成り立ちに目を向けると、(1)の出典元は、「日本道路協会：道路橋示方書・同解説、昭和 55 年」[2]の杭の水平載荷試験結果による実験式であり、文献 3)に示される当時の建設省土木研究所における実験研究での提案を元に考案されたとある[5]。この実験式は、杭の水平載荷試験結果から逆算された横方向地盤反力係数 $k$ 値（(1)式での $k_{h0}$）と、孔内水平載荷試験または一軸・三軸圧縮試験により求めた $E_0$ の関係から求められている。ただし、図 1 に示すように、この時の実験値（逆算 $k$ 値）と計算値（当該実験式による計算値）では、0.1～10 倍程度のばらつきがあり、実験式は平均的な値をとったものであることがわかる。このように、孔内水平載荷試験や一軸・三軸圧縮試験より求められる $E_0$ を用いた場合、(1)式で求められる水平地盤反力係数は、杭の水平載荷試験結果に対してばらつきが大きいものの、他の提案式と比べ平均的な値となることから、基礎指針等で推奨さ

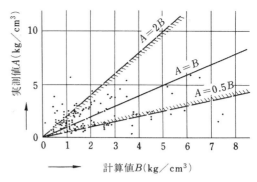

図 1　逆算 $kh$ 値と計算値の比較[6]

れている。

(1)式の中で、孔内水平載荷試験による $E_0$ と一軸・三軸圧縮試験から求めた $E_0$ を同程度の値として扱うことについては、文献 3),4)に示される土木研究所の研究結果によるところが大きい。文献 3),4)では一軸・三軸圧縮試験から求めた変形係数 $E_c$ と同一地点で測定した孔内水平載荷試験による変形係数 $E_p$ の関係を調べ、粘土から第三紀層の土まで、$E_c=E_p$ の関係があるとしている（図 2）。ただし、一軸・三軸圧縮試験結果から求めた変形係数は、応力〜ひずみ曲線の直線部分の傾きを取っており、現在の $E_{50}$ と同一かは定かでない。

従来、図 2 の関係から、一軸・三軸圧縮試験から求めた変形係数と孔内水平載荷試験の変形係数はほぼ等しいとされてきたが、最近の知見[7,8]では、土質によっては、一軸・三軸圧縮試験から求めた変形係数と孔内水平載荷試験変形係数では、ひずみレベルが 10 倍程度異なる場合もあり、その場合求められる変形係数も数倍の違いが生じるため、一軸・三軸圧縮試験から求めた変形係数と孔内水平載荷試験変形係数を同等と扱うべきではないとの指摘もある。

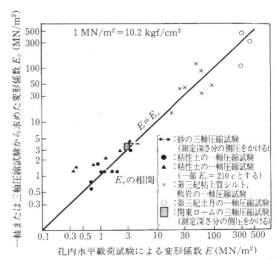

図 2　室内試験の $E_0$ と孔内水平載荷試験の $E_0$ の関係[3]

$E_0$ を $N$ 値より推定する場合については、孔内水平載荷試験による $E_0$ と $N$ 値との関係を整理した $E_0=700N$ が

良く用いられ、基礎指針でも示されている。

図3に吉中[3]提案の$E_0=700N$の関係に、豊岡ら[8]が実測値を追加してまとめた、$N$値と孔内水平載荷試験による$E$との相関図を示す。この図から、$N$値と孔内水平載荷試験結果による$E$とは、平均的にほぼ$E_0=700N$の相関がみられるが、1/4〜4倍という大きなばらつきがあり、適用には十分な注意が必要とされている。

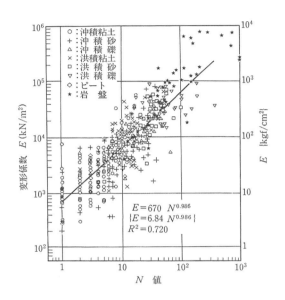

**図3　$N$値と孔内水平載荷試験による変形係数の関係**[9]

表1は、日本建築学会：建築基礎設計のための地盤定数小委員会地盤剛性評価WGにおいて、首都圏の約700試料について、孔内水平載荷試験による変形係数（$E_b$）と$E_0=700N$との比率の平均値をまとめたものである。表1から、$E_0=700N$と孔内水平載荷試験による変形係数の関係は、堆積年代や土質によって補正する必要があることがわかっている。また、本検討において$N$値が4を下回るものにおいては、ばらつきが非常に大きく、ほぼ相関がないことがわかっており、$N$値が4を下回る場合は、$N$値より$E_0$を推定すべきでないと考えられる。

**表1　$700N$と孔内水平載荷試験による変形係数の関係**

|  | $E_b/700N$の比率とばらつきの平均値（$N \geq 4$） | | |
|---|---|---|---|
|  | 埋土層 | 沖積層 | 洪積層 |
| 砂質土 | 1.1 | 1.1 | 2.2 |
| 粘性土 | — | 1.7 | 3.0 |

また、当該WGにおいて、既存の杭の水平載荷試験結果を収集し、実測値から逆算した地盤の変形係数と$N$値から$E_0=700N$により求めた変形係数の比較検討を行っている。図4は、杭の水平載荷試験から逆算した変形係数$E_{LT}$と$N$値より$E_0=700N$から推定した変形係数$E_{SPT}$との関係を整理したものである。ここで、$E_{LT}$と$E_{SPT}$は次のように定義し、$N$値は杭の水平抵抗に支配的な影響を与えるとされている深さ（$1/\beta$）までの平均値を用いている。

$E_{LT}$：杭の水平載荷試験から求めた地表面変位量1cmの時の地盤の逆算変形係数

$E_{SPT}$：$1/\beta$区間の平均$N$値から$E_0=700N$で推定した地盤の変形係数

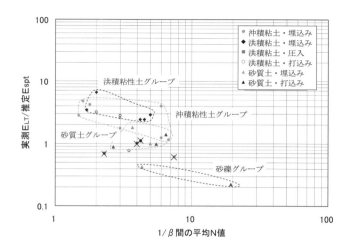

**図4　$N$値〜実測変形係数と推定変形係数の比の関係**

図4より地盤が砂礫のグループでは、$N$値から推定した変形係数$E_{SPT}$が、逆算した変形係数$E_{LT}$と比較して2.5〜5倍大きな値を示しており、砂礫層の$N$値が礫の存在により過大に評価された影響がみられる。

砂質土のグループは、$E_{LT}/E_{SPT}=1$付近のものが多く、$N$値から推定した変形係数は、逆算した変形係数にほぼ等しい。したがって、砂質土の杭の水平抵抗検討用の変形係数は、孔内水平載荷試験または$E_0=700N$で推定して良さそうである。

粘性土のグループは、$E_{LT}/E_{SPT}=2\sim 4$に分布するものが多く、$N$値から推定した変形係数は、逆算した変形係数の1/2〜1/4の値を示していることがわかる。先の表1によると、沖積・洪積の粘性土層では、孔内水平載荷試験で求めた値が、$N$値より推定した値よりも平均的には2〜3倍程度大きな変形係数と考えられ、粘性土では、孔内水平載荷試験から求めた変形係数と杭の水平載荷試験から実測した水平変位1cmの時の変形係数はほぼ一致するとみられる。

以上の日本建築学会：建築基礎設計のための地盤定数小委員会地盤剛性評価WGの詳細な検討結果は、本書第3章3.2節を参照されたい。

一方、基礎指針では$E_0$を弾性波試験（PS検層）結果から評価することは示されていないが、鴨居ら[10]が鉄道の基準[11]を参考に、(1)式の$\alpha=2.5$として、5つのサイト地盤で、PS検層結果による$k_h$と他の方法（$E_0=700N$、孔内水平載荷試験および一軸圧縮試験結果）による$k_h$を比較検討している。この結果、(1)式の$\alpha$を2.5とすることでPS検層による$k_h$は、砂質土ではほぼ$E_0=700N$と

同様な値を示し、粘性土では、正規圧密状態で他の方法による $k_h$ とほぼ同様、$N$ 値の小さい過圧密状態で $E_0=700N$ よりも大きく、それ以外の方法による $k_h$ とほぼ同様な値を示した。

このことから、粘性土においては、深度方向に連続して $E_0$ が必要な場合は、弾性波試験結果から評価する方法が有効な手法と成り得ると考えられる。

以上のことから、(1)式を用いる場合の $E_0$（$k_h$）算定方法として、一軸・三軸圧縮試験結果による $E_0$ の算定（ただしひずみレベルによる変形係数の違いに留意する必要がある）、孔内水平載荷試験による $E_0$ の算定が望ましいと思われる。また、深度方向に連続して $E_0$ が必要な場合は、$N$ 値によらず、弾性波試験（PS検層）による $E_0$ の算定（$α=2.5$））するという方法もある。

なお、前述のように孔内水平載荷試験での $E_0$ や一軸・三軸圧縮試験結果による $E_0$ を用いて(1)式で水平地盤反力係数を求めた場合でも、図1のような実測値とのばらつきは大きい。杭の設計を行う際には、このばらつきについても留意する必要があるであろう。

また、Chang 式により簡易的に杭の応力を算定する場合で、砂質土や $N$ 値4以上の粘性土に限り、表1の補正値を考慮した上で、$E_0=700N$ により $E_0$ を推定することも可能と考えられる。 　　　　　　（小林治男）

### 参 考 文 献

1) 日本建築学会：建築基礎構造設計指針, pp.277-278, 2001.
2) 日本道路協会：道路橋示方書・同解説, Ⅰ．共通編, Ⅳ．下部構造編, 1980.
3) 吉中竜之進：横方向地盤反力係数, 土木技術資料 10-1, pp.32-37, 1968.
4) 吉中竜之進：地盤反力係数とその載荷幅による補正, 土木技術資料第299号, 1967.
5) 駒田敬一：土木構造物のクイの水平抵抗, 土と基礎, Vol.25, No.8, pp.1-6, 1977.
6) 日本建築センター：地震力に対する建築物の基礎の設計指針, p.55, 1984.
7) 増田達, 島峰徹夫, 小西康人：限界状態設計法における地盤の変形係数算定のための土質試験・調査方法の相違等を補正する係数に関する一考察, 基礎構造物の限界状態設計法に関するシンポジウム, pp.185-192, 1995.
8) 田部井哲夫, 内田明彦, 小林治男, 畑中宗憲：地盤調査から求めた粘性土地盤の変形係数とひずみレベル, 日本建築学会大会学術講演梗概集（関東）, pp.413-414, 2011.8.
9) 土谷尚, 豊岡義則：SPT の $N$ 値とプレシオメーターの測定値（$Pf, Ep$）の関係について, サウンディングシンポジウム, 土質工学会, pp.101-108, 1980.
10) 鴨居正雄, 内田明彦：地盤の水平地盤反力係数評価に関する一考察, 日本建築学会大会学術講演梗概集（近畿）, pp.601-602, 2005.9.
11) 鉄道総合技術研究所：鉄道構造物等設計基準・同解説　耐震設計, 1999.

## Q5-12 杭の水平地盤反力係数（水平ばね）算定式中の係数αの根拠は何か？

建築基礎構造設計指針[1]（以下、基礎指針と略す）では、基準水平地盤反力係数 $k_{ho}$（水平変位量が1cmの時の水平地盤反力係数）を、次式により評価することを推奨している。

$$k_{h0} = \alpha \cdot \xi \cdot E_0 \cdot \bar{B}^{-3/4} \quad (\mathrm{kN/m^3}) \quad (1)$$

ここに、$k_{h0}$：基準水平地盤反力係数（kN/m³）、$\xi$：群杭の影響による係数、$E_0$：変形係数（kN/m²）、$\bar{B}$：無次元化杭径（杭径をcmで表した無次元数値）であり、$\alpha$ は $E_0$ の評価法によって決まる定数（m⁻¹）で、以下の表1の値を与えると、基礎指針では示されている。

**表1 $E_0$ の評価方法とαの値[1]を整理**

| $E_0$ の評価方法 | αの値 | |
|---|---|---|
| | 粘性土 | 砂質土 |
| ボーリング孔内で測定<br>（孔内水平載荷試験） | 80 | 80 |
| 一軸または三軸圧縮試験<br>から算定 | 80 | 80 |
| 平均 $N$ 値より $E_0=700N$<br>と推定 | 60 | 80 |

表1のαの値を見ると、平均 $N$ 値より推定する粘性土の場合のみ60であり、それ以外は全て80となっている。(1)式は、以前の基礎指針(1988)[2]での評価法を引き継いだものであるが、元々基礎指針(1988)では粘性土における平均 $N$ 値からの推定は好ましくないという表現の上、前述の α を全て 0.8（基礎指針(1988)では工学単位 kg/cm³ であったので、現在の基礎指針の SI 単位 kN/m³ と比べ、α が 1/100 となっている）として、α を内包した次式を提案していた。

$$k_h = 0.8 \cdot E_0 \cdot B^{-3/4} \quad (\mathrm{kg/cm^3}) \quad (2)$$

すなわち、粘性土における $E_0=700N$ で変形係数を推定する場合のα値以外は、基礎指針(1988)の 0.8 が単位変換で 80 となったものであることがわかる。

一方、粘性土における $E_0=700N$ で変形係数を推定する場合の α 値は、$N$ 値と水平地盤反力係数 $k_h$ の相関について粘性土が砂質土よりもばらつきが大きい[3]ことを考慮して、砂質土の場合の 80 を低減させた 60 を採用している。[4] しかしながら、文献3)のデータは、$N$ 値が4を下回るものが多く含まれていたため、ばらつきが大きかったとの指摘もあり、一般に粘性土の方が砂質土よりも $N$ 値が小さくても変形係数が大きくなるという実態と反している。

基礎指針(1988)における α 値に相当する 0.8 の設定根拠であるが、基本的には、実大杭の水平載荷試験結果による実験式に因るものと位置づけられる。(2)式の出典元である当時の「日本道路協会：道路橋示方書・同解説、昭和55年」[5]の式の提案に携わった駒田の解説[6]によると、過去に実施された135例の実大杭水平載荷実験結果（300mm<B<1500mm）から $k_h$ 値を逆算し、地表面位置における杭体の水平変位量が 1.0cm 時の $k_h$ 値と、その近傍で調査した地盤定数との関係を整理したとされる。ここで逆算 $k_h$ 値は、弾性支承上の梁理論による弾性方程式（いわゆるチャン（Y. L. Chang）式）により求めており、文献7)の水平方向平板載荷試験結果による図1の水平地盤反力係数と載荷幅の関係から導かれた杭径による補正係数 $B^{-3/4}$ を使って α の値を定めている。文献8)には実験式提案時の杭の水平載荷実験結果による逆算 $k_h$ 値と、(2)式の計算値の比較が示されている（図2：図中縦軸の実測値が逆算 $k_h$ 値）が、両者には 0.1~10 倍程度のばらつきがあり、設定された α の値は平均的な値であることがわかる。

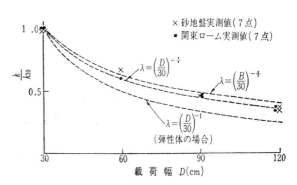

**図1 水平地盤反力係数と載荷幅の関係[6]**

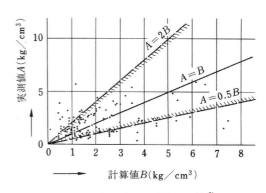

**図2 逆算 $k_h$ 値と計算値の比較[8]**

また、表1に示したように、孔内水平載荷試験による変形係数、一軸・三軸圧縮試験による変形係数および砂質土の $E_0=700N$ による変形係数において、α 値が同一となっているが、これらは吉中[7],[9]による、図3および図4での検討結果（①孔内水平載荷試験による変形係数と $N$ 値はほぼ $E_0=700N(\mathrm{kN/m^2})$（図3では $E_0=0.7N(\mathrm{MN/m^2})$ の関係にある）、②一軸および三軸圧縮試験による変形係数と孔内水平載荷試験による変形係数はほぼ等しい）に基づき、3者による変形係数を同等と扱った結果による。しかしながら Q5-11 でも述べたが、最近の知見[10],[11]

では、一軸および三軸圧縮試験による変形係数と孔内水平載荷試験による変形係数については、土質によっては、変形係数を求めた際のひずみレベルが 10 倍程度異なる場合もあり、同じひずみレベルに換算した場合の変形係数も数倍の違いが生じるため、同等と扱うべきでないとの指摘もある。

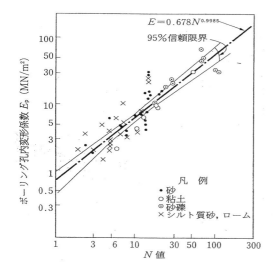

図3　$E_p$（$E_0$）と $N$ 値の関係[9]

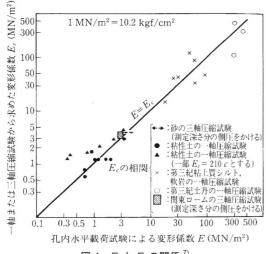

図4　$E_p$ と $E_c$ の関係[7]

以上のように(1)式は、杭の水平載荷試験結果に基づいた実験式であり、ばらつきも大きいが、他に提案されている多くの杭の水平載荷試験結果による実験式の平均的な値を示すと言われており、実用的には問題がないものと思われる。しかしながら、参考文献に示した既往の文献のいずれにおいても、粘性土における $E_0=700N$ については、ばらつきが非常に大きいため採用すべきでないとされており、特に $N$ 値が 4 を下回る場合は、$E_0$ と $N$ 値との相関は殆どないと言われている。これらのことに留意して、杭の設計を行う必要があると考えられる。

なお、杭の耐震設計に用いる変形係数 $E_0$ については、本書第3章 3.2 節に、日本建築学会：建築基礎設計のための地盤定数小委員会地盤剛性評価 WG における最近の検討結果を示しているので参照されたい。

（小林治男）

### 参　考　文　献

1) 日本建築学会：建築基礎構造設計指針，pp.277-278，2001.
2) 日本建築学会：建築基礎構造設計指針，pp.253-254，1988.
3) 山肩邦男，永井興史郎，冨永晃司：鋼管杭の鉛直載荷試験結果および水平載荷試験結果に関する統計的検討，pp.2・30-2・35，1982.
4) 難波伸介，冨永晃司：杭－地盤系の非線形性を考慮した杭の水平抵抗に関する設計法の提案，日本建築学会技術報告集 第 11 号，pp.61-64，2000.12.
5) 日本道路協会：道路橋示方書・同解説，Ⅰ．共通編，Ⅳ．下部構造編，1980.
6) 駒田敬一：土木構造物のクイの水平抵抗，土と基礎，Vol.25，No.8，pp.1-6，1977.
7) 吉中竜之進：地盤反力係数とその載荷幅に対する補正，土木研究所資料第 299 号，1967.
8) 日本建築センター：地震力に対する建築物の基礎の設計指針，p.55，1984.
9) 吉中竜之進：横方向地盤反力係数，土木技術資料 10-1，pp.32-37，1968.
10) 増田達，島峰徹夫，小西康人：限界状態設計法における地盤の変形係数算定のための土質試験・調査方法の相違等を補正する係数に関する一考察，基礎構造物の限界状態設計法に関するシンポジウム，pp.185-192，1995.
11) 田部井哲夫，内田明彦，小林治男，畑中宗憲：地盤調査から求めた粘性土地盤の変形係数とひずみレベル，日本建築学会大会学術講演梗概集（関東），pp.413-414，2011.8.

## Q5-13 水平地盤反力係数を Francis の式で評価する場合の注意点は何か？

### 1. 杭周の水平地盤ばね

文献1)によると図1に示すように、杭周の水平地盤ばねをフランシス（A. J. Francis）の式で評価すると建築基礎構造設計指針[2]（以下基礎指針と略す）の数倍のばね定数になることが示されている。

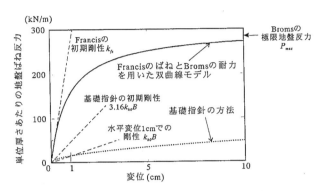

図1 杭周水平地盤ばねの非線形性[1]
（文献1の図6-6-1）

杭の水平抵抗の検討では、水平地盤ばねが大きいほうが杭応力が小さくなり杭の設計では有利だが、その妥当性の検証は、地盤の水平地盤反力係数($k_h$)の評価をどのようにするかという問題に帰結し、その際に以下の二つの側面について考える必要がある。

(1) 水平地盤反力係数の算出式
(2) 水平地盤反力係数の算出に使用する地盤変形係数で想定する（調査方法による）地盤のひずみ

結論としては、原位置試験で得られた変形係数を $k_h$ の算定式に適用する場合には、どの程度の地盤のひずみレベルで測定されたもので、それが算定式で想定しているものと整合しているかを確認することが重要となる。

### 2. Francis の式とは

半無限弾性体上の無限に長いはりに荷重を加えた時のはりの応力、変形は、はりの曲げ剛性 $EI$、地盤の変形係数 $E_0$、ポアソン比 $\nu$ の関数で表すことができる。そのはりの応力と変形が無限に長い弾性支承梁の応力、変形と等しくなる弾性支承ばりの $k_h$ をベイシック（A. B. Vesic）は(1)式のように求めた[3]。

$$k_h B = 0.65 \left(\frac{E_0 B^4}{EI}\right)^{1/12} \frac{E_0}{1-\nu^2} \quad (\text{kg/cm}^2) \quad (1)$$

$B$：杭径(cm)
$E_0$：地盤の変形係数(kg/cm²)
$\nu$：地盤のポアソン比
$EI$：杭の曲げ剛性(kg・cm²)

また、Francis は、土は杭の前後にあるので（1）式を2倍にすべきとして（2）式を提案している。

$$k_h B = 1.30 \left(\frac{E_0 B^4}{EI}\right)^{1/12} \frac{E_0}{1-\nu^2} \quad (\text{kg/cm}^2) \quad (2)$$

これらの式を使うこと自体は、仮定条件の範囲内であれば問題ないが、注意しなければいけないのは、算出に使う定数にどのような値を使うかという点となる。

### 3. 試験方法による地盤のひずみの違い

文献1では、図1のFrancisの式による初期剛性の算出に当たって、変形係数 $E_0$ はせん断波速度から得られた数値を使っているのに対し基礎指針では(3)式で $E_0$ を求め、これを用いて水平地盤反力係数を算出している。

$$E_0 = 700N (\text{kN}/\text{m}^2) \quad (3)$$

基礎指針では、$k_{h0}$ を算出する際の変形係数 $E_0$ は孔内水平載荷試験、一軸圧縮試験または三軸試験、(3)式から算出するとあり、これらの試験や算定方法はほぼ同様なひずみレベルだと考えられる。

一方、表1[1]によると、PS検層の際の地盤のひずみは $10^{-6}$～$10^{-5}$ 程度であるのに対し、孔内水平載荷試験や $E_0=700N(\text{kN}/\text{m}^2)$ を使う場合に想定される地盤のひずみは $10^{-3}$～$10^{-2}$ 程度と大きく、変形係数算出の際の試験方法により、想定する地盤のひずみは大きく異なっている。

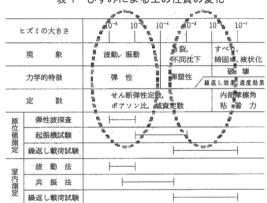

表1 ひずみによる土の性質の変化[2]

### 4. 地盤のひずみの違いによる性質の変化

地盤のひずみの違いによる剛性変化を図2に示す。図2によると、せん断波測定時のひずみレベルに対して、基礎指針で想定するひずみレベルではせん断剛性比はかなり小さくなることがわかる。つまり杭に作用する水平力が小さく杭の水平変位が微小で、杭周囲の地盤のひずみも微小である場合は、せん断波測定で得られた変形係

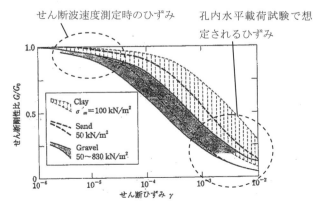

図2 せん断剛性比と地盤のひずみの関係[2]

数を使っても問題ないが、その変形係数を通常の設計時で想定するように杭周囲の地盤が cm のオーダーで変形する場合に適用すると、杭周囲の地盤剛性を過大評価することになってしまう。

　地盤の条件や試験方法により簡単には決められないが、Francis の式のせん断波測定で得られた $E_0$ の値が概略 20%程度に低下した（$E_0$ が $0.2E_0$ になる）と仮定すると、(2)式の計算結果は(4)式のように 0.175 倍に低下することになり、せん断波測定で得られた $E_0$ をそのまま使った水平地盤反力係数と比べると比べるとかなり小さくなる。

$$0.20^{1/12} \times 0.20 = 0.175 \tag{4}$$

　ちなみに文献 1)では Francis の式による水平地盤反力係数の値は、指針式に対して 5.7 倍とされているが、(4)式の低減率を乗ずると以下のようになる。

$$5.7 \times 0.175 = 0.9975 \tag{5}$$

（偶然ではあるが）基礎指針式で算出した場合とほぼ一致する結果となる。

　このことは、想定するひずみレベルを合わせ、かつ地盤剛性のひずみ依存性を適切に評価すれば、Francis の式と基礎指針の式（(3)式参照）から得られる $k_h$ に大きな違いはないことを示唆していると考えらえる。

## 5. まとめ

　文献 1)の Francis の式により算出される水平地盤ばねは、微小ひずみレベルの初期剛性に相当するもので、一般的な設計における杭周囲の地盤のひずみレベルと比べると小さなひずみとなっている。このため実際の設計では、想定するひずみレベルに応じた地盤の剛性低下を適切に考慮することが重要となる。

　ここでの説明は杭の水平抵抗の場合であるが、そのほかにもひずみレベルによる地盤の剛性低下を適切に考慮することが重要な場合があるので、注意が必要である。

　地盤は完全な弾性体ではなく、ひずみにより定数が変化していく。基礎の設計にあたり種々の算定式で地盤の定数に試験などで得られた値を代入する際には、試験時のひずみレベルが検討しようとしている地盤のひずみレベルと整合としているかを十分確認することが重要である。
　　　　　　　　　　　　　　　　　　　（内山晴夫）

**参　考　文　献**

1) 日本建築学会：建物と地盤の動的相互作用を考慮した応答解析と耐震設計，p.186，2006.
2) 日本建築学会：建築基礎構造設計指針，pp.142-143，2001.
3) 日本建築センター：地震力に対する建築物の基礎の設計指針，p.52，1984.

## Q5-14 杭の一次設計で用いられるChangの式は二次設計においても適用できるか？

### 1. チャン（Y. A. Chang）の方法について

構造設計で現在使われている杭の水平荷重時の主な解析手法は以下に示すようなもので、概要を表1に示す。
- A) Changの方法
- B) ウィンクラーばねモデルによる方法
- C) FEMによる方法

表1のA) Changの方法は、参考文献1）や、参考文献2）に詳しく解説されているが、杭を弾性支承上の長いはりと考え、地盤反力と変位が比例するものとして微分方程式を解く方法で、Changは第一不動点の深さ $l_o$ の1/3の位置における地盤反力係数 $k_h$ を採用し、その $k_h$ が深さによらず一定に分布する地盤であると仮定することを提案している。

この方法では、地盤反力係数は深さによらず一定と仮定しているため、杭頭応力に影響を及ぼす範囲に硬い地盤、軟らかい地盤が互層状に存在する場合の適用が難しいことがある。

また地盤反力係数 $k_h$ は杭頭の変形が1cmの場合の $k_{ho}$ を通常用いるが、計算で得られた杭頭変形が1cmより大きくなる場合には、

$$k_h = k_{ho} \cdot y^{-1/2} \quad \text{ここで} y:\text{杭頭変位(cm)} \quad (1)$$

などの関係を考慮して、繰り返し計算により変形増加に伴う地盤剛性の低下を考慮する必要がある。

適用に注意すべき点があるが、参考文献2）には特定の境界条件の場合の解が示されているほか、$\beta L$ が3.0以下の短い杭の場合の解が示されており、PCが普及していなかった時代にも仮定条件の範囲内であれば、手計算での検討が可能であった。

### 2. ウィンクラーばねモデル

最近の上部架構の構造計算はほとんどの場合、柱、梁、などの構造部材を線材にモデル化した変位法によって行われている。場合によっては構造に関する要素を表現するため、ばね要素も使われるようになってきた。

このようなモデル化が一般的になってくると表1のB)ウィンクラーばねによる杭応力の算定もそれほど難しいものではなくなってきている。この方法は図で示したように、杭は線材、周辺地盤の水平抵抗は杭に取りつく水平ばねで構成されるモデルとなる。水平方向のばね定数はChangの方法と同様な方法で単位長さの $k_h$ を求め杭の巾と分割長さを乗じて算出する。ただし、各ばねは独立であるため、地盤間の相互作用は考慮できない。

地盤の非線形性は図1に示すように(1)式の関係から得られる曲線をトリリニアでモデル化することで扱うことができる。一般的な構造設計の実務では、$k_h$ の非線形性を考慮すること自体が少なく、この方法を適用することはまだそれほど多くはないが、軟弱地盤、性能評価物件など、より詳細な検討が必要な場合に行うことがある。

### 3. FEMモデル

表1のC)で示したように地盤をFEMで細分化してそこに杭を配置して解析を行う解析モデルである。B)のウィンクラーモデルと異なり、地盤の各要素間で変形を適合させるため、地盤間の相互作用が考慮できる精密なモデルと言える。一方実際に解析を行うと、FEMのメッシュの細分化の方法、地盤の定数の設定、杭材のモデル化（線材とするかFEMとするか）などで、結果が大きく異なり、あまり一般の設計者向けとは言えない方法である。実務への適用はウィンクラーモデルよりさらに少ないが、軟弱層の層厚が大きい場合や、地盤の分布が複雑な場合など特殊な地盤条件の場合などに採用されている。

表1 解析手法の比較

| | A).Changの方法 | B).ウィンクラーばね | C).地盤をFEMでモデル化 |
|---|---|---|---|
| モデル化 | 弾性支承上のはりとして解を誘導する。主な境界条件の場合の解は文献2)に示されている。 | 杭周囲の地盤を考慮したばね | 杭周囲の地盤をFEMでモデル化 |
| 地盤の塑性特性 | 考慮できない。（杭頭変位による補正で近似的に考慮できる。） | 可能 | 可能 |
| 地盤の強制変形の考慮 | 考慮できない | 可能（ただし、強制変形、変形増分が可能な解析ソフトの場合） | 同左 |
| 実務での使用 | 一般的に行われている。 | 軟弱地盤の場合や性能評価などでは使われる。 | 一般の建物では使われない。特殊な地盤では使われる場合もある。 |
| 設計への適用および適用範囲 | 杭頭付近は一様な地盤であること。 | 地盤の特性を層ごとに考慮できるが、地盤間の相互作用は考慮できない。 | 地盤間の相互作用が考慮可能。杭のモデル化（線材、ソリッド要素）で応力が異なる。 |

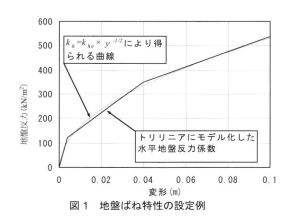

図1 地盤ばね特性の設定例

## 4. 杭の二次設計時の検討手法

杭の二次設計における解析手法については、まだ定まったものはなく、改定が予定されている建築基礎構造設計指針のなかでも議論が行われると思われる。

上部構造で広く使われている線材の変位法と同様の解析モデルであるため、一般の構造設計者にもなじみやすいウィンクラーモデルが一つの方法となる可能性が高いと考えている。

また、上部構造と同様な解析モデルであるため、上部構造と杭基礎の一体モデルも比較的容易に構築することが可能である。（得られた結果の吟味は必要）

そこで次にChangの方法とウィンクラーばねモデルの比較を行い、二次設計への適用について考える。

## 5. Changの方法とウィンクラーモデルの比較

図2に表層のN値が8程度の砂地盤における杭径800mm、L=59mの既製コンクリート杭の杭頭荷重変形関係をChangの方法とウィンクラーモデルで比較した図を示す。地盤の変形係数は $E_0=700N$（kN/m²）で仮定し、地盤の非線形はChangの方法の場合は1.で述べた方法（補正計算）で、ウィンクラーモデルでは図1で示した方法により各々考慮している。

なお、一様地盤であれば両者の結果は一致するが、図2に示したウィンクラーモデルの結果は検討に使用した実地盤の深い位置の地盤の影響を受け、Changの方法と若干の差異を生じている。

図2を見ると、両者に差はあるものの、Changの方法でも、杭頭変位による補正計算を行わないと、ウィンクラーモデルとの差は変位の増大に伴い大きなものとなっていくが、補正計算を行えば多少の差はあるもののウィンクラーモデルと同様な傾向を示していることがわかる。さらに、この傾向は他の地盤条件でも見ることができる。

## 6. Changの方法を二次設計に適用する場合の留意点

ここまでの検討結果から、Changの方法の二次設計への適用については、次のような留意点があると考えられる。

a. 図2からわかるように、杭頭変形が小さい場合（1cm程度以下）にはウィンクラーモデルと大差がないため、

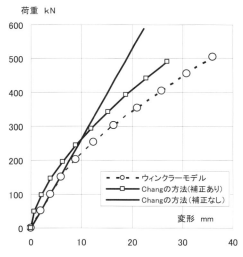

図2 杭頭荷重変形関係の比較
（Changの方法とウィンクラーモデル）

Changの方法の適用が可能ではないかと考えられる。なお、杭変形が1cmを超える場合には $k_h$ の補正計算が必要となる。

b. 軟弱地盤などにおいては地盤変位による杭の強制変形応力を考慮する必要があるため、Changの方法のみでは適用できない。別途、地盤強制変位による杭応力を算定する必要がある。

c. 杭応力に影響を与える表層地盤の構成が複雑な場合には、$k_h$ の設定に慎重な検討が必要で、Changの方法を適用できるのは表層が均一な地盤な場合に限定されると考えられる。

## 7. まとめ

杭の二次設計にChangの方法を適用できるかについての考察を行った。二次設計の解析モデルとしてはChangの方法も含めていくつか考えられるが、解析の結果は仮定条件を含んだものであるので、設計に用いるものとして適切かを十分吟味する必要があることを念頭においていただきたい。

（内山晴夫）

### 参 考 文 献

1) 日本建築学会：建築基礎構造設計指針, 2001.
2) 日本建築センター：地震力に対する建築物の基礎の設計指針, 1984.

## Q5-15 地盤条件や敷地条件などから杭施工法を選択する際に、考慮すべき点は何か？

杭工事を、安全かつ経済的に実施するために施工計画を立案検討することは、施工をスムーズにかつ確実に遂行するために重要だと考えられる。そこで施工計画を検討する際に考慮すべき事項と流れについて、図1にその概要を示した。図1中に示す基本計画、実施計画、管理計画を具体的に作成するあたり考慮しなければならない諸条件は、以下に示すとおりである。これらを考慮した一般的な工法選定例は、各論4.6地盤条件と杭の施工品質を参照されたい。

1) 上部構造物の規模・特性
2) 地盤条件
3) 施工条件
4) 環境条件
工費・工期

### 1．敷地条件の制約

既製杭と場所打ち杭の各施工方法により具体的な敷地の制約条件が異なるため注意が必要である。

特に、機械機種選定を行う際、敷地広さが問題となるような場合には、1/100程度の敷地縮尺図面を用いて図面上でのシミュレーションを行ったうえで判断することが望ましい。以下に既製杭と場所打ち杭に分けて概要を示す。

（1）既製杭の場合

①杭打ち機の組立、解体が可能な広さがあること
②使用機械の設置が可能で、杭などの置場が確保されており、作業に支障がないこと
③埋め込み杭工法、中掘り工法では、さらに残土処理のための広さが確保されること

1）最小敷地広さ

各工法別の3点式杭打ち機を使用する場合の必要な最小の敷地広さを表1に示す。別途小型の全油圧式オーガ併用杭打機を使用し施工を行う場合には、その最少敷地広さは12m×18m程度となる。

（2）場所打ち杭の場合

①各工法により施工に使用する機械・設備が異なるため、機械組み立て、解体・設備設置に必要な広さがあること
②アースドリル、リバース工法においては、安定液やスラッジタンクの設置面積が別途必要となる
③掘削残土をトラックによりその都度搬出するための通路等の考慮が必要となる
④鉄筋かごの加工・組み立てを現場内で行う際には別途敷地が必要となる

1）最小敷地広さ

各工法別の一般的な機械を使用する場合の必要な最小敷地広さを表2に示す。この敷地広さは、鉄筋加工・組み立てを場外で行う場合を設定している。そのため場外に、別途15×15m程度のスペースが必要となる。

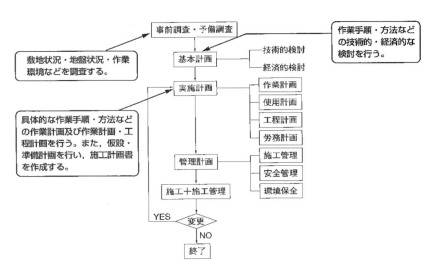

図1 施工計画並びに施工概要フロー

表1 既製杭工法別の最小敷地広さ

| 施工法 | | | 最小敷地広さ (m×m) | 備考 |
|---|---|---|---|---|
| 大分類 | 系 | 一般工法名 | | |
| 打込み工法 | — | 打撃(直打)工法 | 20×30 | |
| | | オーガー併用打撃工法 | | |
| 埋込み工法 | プレボーリング | プレボーリング最終打撃工法 | 20×30 (25×35) | 杭長が長い場合や杭径がφ900mmを超える場合には()となる |
| | | プレボーリング根固め工法 | | |
| | | プレボーリング拡大根固め工法 | | |
| | 中掘り | 中掘り打撃工法 | 20×30 (35×35) | 使用できる杭の長さは、12m以下とする。12mを超える場合は()となる。 |
| | | 中掘り根固め工法 | | |
| | | 中掘り拡大根固め工法 | | |
| | 回転 | 回転根固め工法 | 20×30 | |

表2 場所打ち杭工法の最小敷地面積

| 施工法 | 最小敷地広さ(m) | 備考 |
|---|---|---|
| アースドリル工法 | 20×20 | 掘削土量が30m³程度まで |
| オールケーシング工法 | 25×25 | 掘削土量が30m³程度まで |
| リバース工法 | 30×30 | 掘削土量が30m³程度まで |

また、ミニアースドリルや BH などの特殊な施工を行う場合には、10m×15m 程度の広さが必要となる。この場合も、鉄筋加工・組み立てのスペース 15×15m 程度が別途必要となる。ただし、ミニと BH については、告示等により支持力上の制約があるので使用する際には、注意が必要となる。

## 2．地盤条件の制約

　場所打ち杭と既製杭の選定比較表を施工と地盤の条件などを選定条件として、表 3 に示す。なお、表 3 は参考文献 2) にある基礎形式選定表について、選定条件である施工条件、建築物および構造物の構造特性、および地盤条件はそのまま採用し、それらの条件のもとでの各種杭への適性の評価は本書で検討したものであることを付言する。

① 施工時や供用時にトラブルを起さぬために、支持層の設定、杭工法の選定、施工スペースで使用可能な重機機材の選定を的確に行うこと。
② 杭打ち作業地盤には大きな地耐力を要するため、地耐力が小さい場合には補強が必要になる。また地表面に傾斜や凹凸があると機械の転倒の恐れがあるばかりでなく、精度の良い掘削や杭の沈設ができなくなるため注意する。
③ 支持層の不陸・傾斜、異物の混入、地下水の有無など施工に係る不均一性に関する地盤情報を明らかにすること。
④ 既製コンクリート杭の埋込み工法では、軟弱地盤での掘削孔崩壊や被圧水槽や伏流水による根固め部への影響を考慮した対策が必要となる。
⑤ 場所打ちコンクリート杭においては、掘削後のスライム処理の良否が打設コンクリートの品質に大きく影響し、支持力低下、断面欠損、コンクリート強度低下や鉄筋の共上がりなどに大きな影響を及ぼす。そのためスライム処理後の泥水比重等の管理が重要となる。

またリバース工法においては、伏流水や逸水がある場合には孔壁の保持が難しいので選定には注意が必要となる。

（林隆浩）

### 参 考 文 献

1) 日本基礎建設協会：場所打ち杭の施工と管理
2) 日本道路協会：道路橋示方書・同解説　IV下部構造編

表 3　場所打ち杭と既製杭の選定条件の比較表 2)を参照に作成

| 選定条件 | | | 場所打ちコンクリート杭 | | | | 打込み杭 | | 埋込み杭 | | | |
|---|---|---|---|---|---|---|---|---|---|---|---|---|
| | | | オールケーシング | | アースドリル | ションドリル | リバースサーキュレー | PHC杭・SC杭 | 鋼管杭 | 最終打撃杭 | 中掘り杭 | プレボーリング杭 | 鋼管ソイルセメント杭 |
| | | | 揺動式 | 回転式 | | | | | | | | | |
| 施工条件 | 桟橋施工 | 水深5m未満 | × | ○ | × | ○ | ◎ | ◎ | △ | ◎ | △ | △ |
| | | 水深5m以上 | × | △ | × | △ | ◎ | ◎ | △ | ◎ | × | △ |
| | | 作業空間が狭い | △ | △ | △ | △ | △ | △ | △ | △ | △ | △ |
| | | 斜杭の施工 | △ | × | × | × | × | ○ | ◎ | × | △ | △ |
| | | 有毒ガスの影響 | △ | △ | ○ | ○ | ○ | ○ | ○ | ○ | ○ | ○ |
| | 環境条件 | 振動騒音対策 | ◎ | ◎ | ◎ | ◎ | ◎ | △ | △ | ◎ | ◎ | ◎ |
| | | 隣接構造物に対する影響 | ◎ | ◎ | ◎ | ◎ | ◎ | △ | △ | ◎ | ◎ | ◎ |
| 構造物の特性 | 建築物および構造物 | 鉛直荷重が小さい | ◎ | ◎ | ◎ | ◎ | ◎ | ◎ | ◎ | ◎ | ◎ | ◎ |
| | 荷重規模 | 鉛直荷重が普通 | ◎ | ◎ | ◎ | ◎ | ◎ | ◎ | ◎ | ◎ | ◎ | ◎ |
| | | 鉛直荷重が大きい | ○ | ○ | ○ | ○ | ○ | ○ | × | × | ○ | ○ |
| | | 鉛直荷重に比べ水平荷重が小さい | ◎ | ◎ | ◎ | ◎ | ◎ | ◎ | ◎ | ◎ | ◎ | ◎ |
| | | 鉛直荷重に比べ水平荷重が大きい | ◎ | ◎ | ◎ | ◎ | ◎ | ◎ | ◎ | ◎ | ◎ | ◎ |
| | 支持形式 | 支持杭 | ◎ | ◎ | ◎ | ◎ | ◎ | ◎ | ◎ | ◎ | ◎ | ◎ |
| | | 摩擦杭 | ◎ | ◎ | ◎ | ◎ | ◎ | ○ | ○ | △ | ◎ | ◎ |
| 地盤条件 | 支持地盤の状態 | 支持層の深度 5m未満 | ○ | ○ | ○ | × | ○ | ○ | ○ | △ | △ | △ | × |
| | | 5～15m | ◎ | ◎ | ◎ | ◎ | ◎ | ◎ | ◎ | ◎ | ◎ | ◎ |
| | | 15～25m | ◎ | ◎ | ◎ | ◎ | ◎ | ◎ | ◎ | ◎ | ◎ | ◎ |
| | | 25～40m | ◎ | ◎ | ◎ | ◎ | ◎ | ◎ | ◎ | ◎ | ◎ | ◎ |
| | | 40～60m | △ | △ | △ | ◎ | ◎ | △ | ○ | ◎ | ◎ | △ |
| | | 60m以上 | × | × | △ | ◎ | △ | △ | × | ◎ | △ | △ |
| | | 支持層の土質 粘性土(20≦N) | ◎ | ◎ | ◎ | ◎ | ◎ | ◎ | ◎ | ◎ | ◎ | △ |
| | | 砂・砂礫(30≦N) | ◎ | ◎ | ◎ | ◎ | ◎ | ◎ | ◎ | ◎ | ◎ | ◎ |
| | | 傾斜が大きい(30度程度以上) | ○ | ○ | ○ | ○ | ○ | ○ | ○ | ○ | ○ | ○ |
| | | 凹凸が激しい | ◎ | ◎ | ◎ | ◎ | ◎ | ◎ | ◎ | ◎ | ◎ | ◎ |
| | 地下水の状態 | 地下水位が地表面 | ◎ | ◎ | ◎ | ◎ | ◎ | ◎ | ◎ | ◎ | ◎ | ◎ |
| | | 湧水量が極めて多い | ○ | ○ | ○ | ○ | ○ | ○ | ○ | ○ | ○ | ○ |
| | | 地表より2m以上の被圧地下水 | × | × | × | × | ○ | ◎ | ◎ | × | ○ | ○ |
| | | 地下水流速 3m/min以上 | △ | △ | △ | △ | ○ | ◎ | ◎ | △ | ○ | × |
| | 支持層までの状態 | 中間層に極めて軟い層がある | ◎ | ◎ | ◎ | ◎ | ◎ | ◎ | ◎ | ◎ | ◎ | ◎ |
| | | 中間層に極めて硬い層がある | ○ | ○ | ○ | ○ | ○ | △ | ○ | △ | ○ | ○ |
| | | 中間礫層がある 径50mm以下 | ◎ | ◎ | ◎ | ◎ | ◎ | ◎ | ◎ | ◎ | ◎ | ◎ |
| | | 径50mm～100mm | ◎ | ◎ | ○ | ◎ | ◎ | ○ | ○ | ◎ | ○ | ○ |
| | | 径100mm～150mm | ◎ | ◎ | ○ | ◎ | ◎ | ○ | ○ | ◎ | ○ | × |

◎：最適　○：適　△：検討　×：不適

## Q5-16 既製コンクリート杭施工時に支持層を判定する場合、電流計と積分電流計での信頼性、精度の違いはどの程度か？

既製コンクリート杭のプレボーリング工法等での一般的な支持層確認方法は、掘削オーガの電流値または積分電流値により行う。地盤が固いと掘削抵抗が大きくなり、したがって掘削オーガの電流値が大きくなることから、この電流値の変化を測定することで掘削中の地盤の変化を電流値で二次的に捉え、支持層への到達などの確認に利用している。

電流計・積分電流計とも、掘削モーターの掘削抵抗、すなわち掘削時の負荷電流値の変化で地層の変化を間接的に読み取る装置であるが、両者とも、同じ地盤でも掘削径や施工機械等によってその値が異なるので、絶対的なものではないことに留意しなければならない。

【電流値】

経験的に「地盤が固い≒掘削抵抗（電流値）が大きい」ことは容易に想像できる。この電流値の大小を測定し掘削中の地盤の変化を電流値として二次的にとらえ、支持層への到達などの確認に利用している。しかしながら、地盤の固さ（$N$値）と電流値の定量的な関係はない。$N$値は標準貫入試験用サンプラーを地盤へ打撃により貫入させたときの抵抗を示している。一方、電流値はオーガの掘削に対する電気的負荷抵抗を示すものである。$N$値と電流値の直接的な相関関係が成り立ちにくい要因の一つと言われている。

実際には、「地盤が固い≒掘削電流値が大きい」、「$N$値が大きい≒掘削電流値が大きい」で支持層を直接判断する材料としているのではなく、土質（地層）の変化（締固め度合い、粒径、粘性、水分量等）に電流値が影響されるので、電流値変化≒土質（地層）変化としてとらえて判断しているとした考えた方がよい。

【電流計】

電流計は、装置が自動・定速で記録紙を送り（通常は1分間に1cm紙送り）、モーター負荷電流値を時系列で記録する機構の装置（写真1参照）である。掘削深度は、人間が掘削状況を見ながら記録紙に手書きで書き込み、電流値の変化で支持層到達の判定をする。地盤により電流値の振幅傾向は異なる。たとえば、土粒子径が大きい礫系地盤では電流値は大きく振れ、個々の値も大きい。また粘性土層など土粒子径が小さい地盤では掘削ビットが滑ってしまい振幅・個々の電流値は小さく掘削速度が遅くなる。このように電流値の変化状況から地盤をある程度区別することができる。また、土質によって、電流値が示す波形に特徴があるので、これらの波形の違いと土質柱状図とを比較することで、地盤の構成を確認する資料とする。代表的な土質と波形の特徴を図1に示す。

電流値測定による支持層判定は掘削速度一定が原則であるが、施工機械の能力やオペレーターの技量などにより、実施工では定速掘削は難しい。同じ固さの地盤でも掘削速度が速いと電流値は大きくなり、遅いと小さくなるため、掘削速度が変わってしまうと支持層到達の判定ができなくなる。また深度記録も手書きのため、支持層出現深度の判定に用いるには全般的に精度は低い。電流計による測定結果例を図2に示す。なお、この記録紙では、横軸が電流値、縦軸は時間（記録紙1cmで1分に相当）を表している。

電流計による電流値だけの測定では、以下のような問題がある。

① 電流値は掘削速度に影響を受けやすく、電流値記録だけでは地盤性状による電流変化なのか、速度の影響を受けての変化なのかの判断がしにくい。

② 掘削停止や引き上げの時も電流値を測定しているため、常時オーガの上げ下げの観測による記録紙上への詳細な記録が必要である。

③ 電流値の記録は、等速で排出される記録紙に電流値をグラフ状に記録していくことから、深度との関係が示されない。そのため、手動による深度マーキング作業等の手間もあり、深度-電流値に対する管理が難しい。

以上のことから、電流値のみによる支持層の判断は、明確に支持層が出現するL型地盤、堅固な砂礫地盤などに限定して使用することが望ましい。

写真1　電流計測定状況

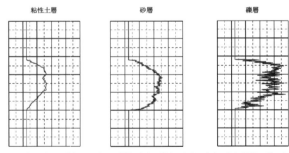

図1　土質別電流値の模式図

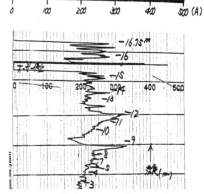

図2　電流計による測定記録の例

【積分電流計】

　積分電流計は、機械的に掘削深度と電流値を測定し、単位区間（通常は1mまたは0.5m）の掘削に要した電流値を時間積分してその区間の積分電流値としている。

　積分電流計は、掘削深度を測定する深度計、オーガ駆動装置の掘削負荷（電流値）を計測する電流検出器、これらのデータを測定、計算、記録するコンピュータによって構成されていて、現在、数種類の装置が実用化されている（写真2参照）。単位区間ごとに掘削のみに要した積分電流値（掘削ロッド引き揚げ時は計測しないようにプログラムされている）を計算し、深度-積分電流値の関係として表したものが深度-積分電流値曲線である（図3参照）。また、計算に用いる時間は、一般に消費電力量では「時間(h)」で表すが、積分電流値では「秒(sec)」で表すことが多い。

　積分電流値（計）の計測方法や、コンピュータ制御された装置であることから、下記のようなことが言える。
①電流値の変化だけで判断すると、電流値の変動は瞬間的であり、また掘削速度の影響が加味できないため客観的に捉えにくい。これを単位区間毎の消費電力量とすれば、より客観的な判断が可能となる。
②オーガの停止、引き上げ時、掘削済み区間の電流、電力量を記録から取り除けば、掘削に要した純粋な電力量がわかるため、土質変化をより客観的に捉えることができる。
③積分電流値と深度の関係図が容易に得られるため、地盤調査結果との照合が比較的容易にできる。

　以上のように、電流計による管理と比較して、測定はすべて自動計測、自動記録であり、また、単位区間の積分値で掘削抵抗を算出するため掘削速度の影響はなく、より客観的な地盤変化の把握が可能となり、支持層判断の精度は電流計に比べて高い。ただし、システムの構造上、単位区間の掘削が終わらないとその区間のデータが出力されないため、実際の支持層出現深度とは最大で単位区間（1mまたは0.5m）の差が生じる場合がある。これを解消するためには、掘削時の瞬時電流値や機械振動等の施工状況から施工時に支持層到達深度を確認しなければならない。さらに、近傍における他施工位置での図4に示す深度－積分電流値曲線を集めて、数本の曲線データからその変化状況について、推定支持層付近の上下深度で比較・検討してその後の支持層判断を行うのも有効な手段と考える。

　また、電流値と同様に積分電流値もオーガの掘削に対する電気的負荷抵抗から求めたものであり、地層構成の変化を調べるための参考値として扱い、地盤調査結果と比較することで総合的に判断することが望ましい。

【積分電流計の信頼性】

　積分電流値による支持層判断の信頼性に関する統計的な資料としては、実測積分電流値による支持層出現深度とボーリング図の支持層深度の差を調査・比較した報告がある（各論4.6.3参照）。

　この調査のプレボーリング工法の例を図5に示す。データのほとんどがL型地盤で積分電流値と地盤調査結果（N値）の関係が比較的明瞭な場合の結果であるが、両者の平均値には差はなく、標準偏差で+0.6m（実測支持層より0.6m浅い深度で積分電流値による推定支持層が出現している）であった。

　電流計と積分電流計の機能等の比較表を表1に示す。これらの計測器はあくまでも施工時に支持層に達したかどうかの目安を得るためのものであるという認識が必要で、施工時には、ボーリング図の支持層出現深度との対比により支持層到達の判断をするべきである。また、設計時には、定めた支持層や杭先端深度はボーリング調査地点での値であること、施工地点では支持層深度がボーリング調査地点と異なるケースが多いことなどを考慮して、杭先端位置を安全側に決めることが重要である。

（木谷好伸、林隆浩）

**写真2　積分電流計の例**

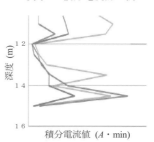

**図4　深度-積分電流値曲線の収集・比較例**

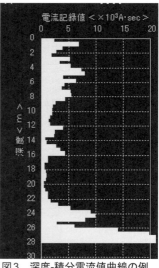

**図3　深度-積分電流値曲線の例**

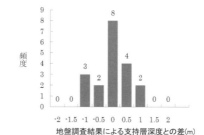

**図5　プレボーリング工法での極近傍地盤調査結果と積分電流計からの推定深さ[1]**

**表1　電流計と積分電流計の比較**

| 項　目 | 電流計 | 積分電流計 |
|---|---|---|
| 記録方式 | ペンレコーダー式 | デジタル式 |
| データ | 紙 | 電子データ |
| 計測項目 | 時間・電流値 | 時間・電流値・深度 |
| 深度計測方法 | 目視・手動 | 自動 |
| 掘削速度 | 定速が原則 | 計測に影響なし |
| 土質（粘・砂・礫）区別 | ○ | △ |
| 支持層判断 | ○[*1] | ◎[*1] |

＊1）L型地盤に限定しての評価

#### 参　考　文　献

1) 加倉井正昭，桑原文夫，真鍋雅夫，木谷好伸，林隆浩：地盤調査と杭施工の関係（その3）積分電流計による支持層判断　日本建築学会大会学術講演梗概集（北陸），pp. 479-480，2010．9．

## Q5-17 中間層に礫混じり地盤がある場合、既製杭の施工法での注意事項は何か？

礫層の場合、その礫径、密度、マトリックス等で施工法を選定する。なお、地盤調査結果の'礫'層では地盤状態の記事欄に最大礫径が記載されているが、これまでの経験では、記事欄の最大礫径より大きな径の礫が確認されていることから、一般には3倍程度の礫径を見込む必要がある。

また、$N$値においては、10cm毎の打撃回数に留意し、礫の密度、マトリックスを把握することも重要である。

中掘り工法では、杭中空部から掘削土砂を排出することから、礫径が施工可否の最も重要な判断基準となり、一般に杭径の1/5程度の最大礫径を適用可能の目安としている。合わせて層厚も重要な検討課題で、特に中間地盤では崩壊による礫の落ち込みにより施工不能となることが懸念されることから、施工途中の杭先端を礫層深度で接合することのないよう杭長さ（継手位置）を考慮する必要がある。具体的に施工可能な礫径の例を表1に示す。なお杭径700～1200mmは施工方法により施工可能な礫径が異なるので各工法での確認が必要である。

図1のように杭先端部に取り付けるフリクションカッターの寸法例を表2に示す。なお、施工では、標準的な長さの100mm～200mmを50mm～100mm程度長くし、先掘り長さを小さくすることで礫の杭中空部への呼込みを抑えることができ、内圧による杭破損防止効果が見込める。

プレボーリング工法では、基本的には礫層の施工は可能であるが、掘削中、あるいは掘削後杭挿入までの間での掘削孔壁の崩壊が懸念される。したがって以下のような配慮が必要である。

①礫径、密度に適したアースオーガーを使用する。

容量の小さいアースオーガーで掘削した場合、無理な掘削となり振れ等で崩壊を助長させる。

②掘削ロッドはジョイントに緩みが無く、曲がりの無い剛性の大きなものを使用する。

掘削ロッドのジョイント等の緩み、曲りは掘削孔の曲り、傾斜を生じさせ、掘削ロッド引上げ時、杭挿入時に掘削孔壁を崩壊させる。また、一般に剛性の大きな掘削ロッドは太径で、曲りが生じにくいとともに、掘削対象土を孔壁に押込む効果が期待でき、孔壁の安定性を向上させる

③孔壁安定材を使用する。

一般に掘削液は水を使用するが、ベントナイト泥水を使用することで孔壁の安定性は向上し崩壊防止が図れる。ただし、ベントナイトは種類、濃度、および攪拌状況により効果が大きく異なることに留意が必要である。また、礫を浮遊させ排出することを目的にCMC（Carboxyl Methyl Cellulose）などの増粘材を使用することも有効であるが、根固め液の強度発現を阻害する要因となることから、根固め液等に混入しないよう注入には留意が必要である。

④杭挿入に際しては、鉛直性に留意し、孔中心に挿入する。

孔壁は時間とともに崩壊する傾向がある。したがって、速やかに杭を挿入することを心がける。また、挿入に際しては、掘削孔中心に鉛直に挿入するとともに、杭継手作業後も杭打ち機、クレーンで一度数m引上げ、鉛直性に留意しながら挿入する。なお、杭挿入速度が速い場合泥水に大きな流速が生じ孔壁の崩壊を助長する危険性がある。十分遅い速度で行うとともに、途中で自沈が不能となった場合は、無理な圧入をさけ、再度杭を引き上げ回転させながら挿入する。

礫径が100mmを超えるような場合には、別途施工法を考慮しなければならない。以下にその例を示す。

①ケーシングを併用する工法

所定の掘削径にあったケーシングを併用して礫の崩壊をおさえながら、掘削、根固めを行い完了後、ケーシング内に杭を挿入し、所定位置に設置後、ケーシングを引き抜き施工終了とする。

②掘削を2回行う工法（施工を2日に分ける）

杭施工位置をあらかじめ貧配合のセメントミルクやセメントベントナイト混合液を用いて掘削・攪拌し地盤が崩壊しないような改良を行ったうえで1日後もしくは強度発現を確認したのちに再度所定の施工を行い、根固め液、杭周固定液を打設し、杭を挿入し施工終了とする。

（真鍋雅夫、林隆浩）

**表1　中掘り工法における施工可能礫径例[1]―部加湿**

| 杭径 $D_1$(mm) | 杭中空部内径 $D_2$(mm) | オーガ軸部径 $D_3$(mm) | 可能礫径 (mm) |
|---|---|---|---|
| 450 | 310 | 150 | 45 |
| 500 | 340 | | 55 |
| 600 | 420 | 190 | 95 |
| 700 | 500 | | 140 |
| 800 | 580 | 190～216 | 180 |
| 900 | 660 | | 190 |
| 1000 | 740 | 216～267 | 230 |
| 1100 | 820 | | 260 |
| 1200 | 900 | 267～318 | 260 |

**表2　フリクションカッターの寸法例[1]**

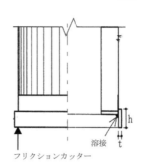

図1　フリクションカッター概要図

| 杭径 (mm) | フリクションカッター 厚さ $t$ (mm) | 長さ $h$ (mm) |
|---|---|---|
| 450 | 9以上 | 100～150 |
| 500 | 12以上 | 100～150 |
| 600 | 12以上 | 100～150 |
| 700 | 16以上 | 150～200 |
| 800 | 16以上 | 150～200 |
| 900 | 19以上 | 150～250 |
| 1000 | 19以上 | 150～250 |
| 1100 | 19以上 | 200～300 |
| 1200 | 19以上 | 200～300 |

### 参考文献
1) コンクリートパイル建設技術協会編：既製コンクリート杭の設計・施工 Q&A, 2003.

## Q5-18 既製コンクリート杭の施工で 2mほど高止まりした。支持性能の保証はどのようにすればよいか？

施工法によって対処法が異なると思われるため以下に打撃杭及び埋込み杭の二つに分けて記述する。

### 1. 打撃杭の場合

打撃杭では、全ての杭でハンマの打撃力と杭の沈下量から旧建設省告示式などの動的支持力管理式で支持力の目安値を求めることが可能である。よって、この場合には、高止まり杭と正規杭の支持力（目安値）や総打撃回数などを参考に同等の支持力（目安値）が得られていることを確認することが先決となる。次に高止まりを生じた杭施工位置がどのような分布であるか（たとえば一地域に集中していたりランダムになっていたり）を確認し、高止まり杭の近傍でボーリング調査を行い、規定支持層の有無確認を行うことも必要となる。また、高止まり杭が異常に打撃回数が多く1打撃あたりの沈下量が小さい場合やリバウンド量が大きい場合には、杭体への影響が考えられるので非破壊試験やボアホールソナーなどを用いた杭体健全性試験を実施すべきである。これらの全てが正規杭と同様のデータが得られれば問題の無いものと判断して良いと考えられる。

### 2. 埋込み杭の場合

埋込み杭では、ボーリング調査結果に基づき支持層を設定し、その支持層中にセメントミルクなどの根固め液を注入した根固め改良体を築造し、杭先端部をこの改良体に完全挿入し、改良体が固化することで杭としての性能が確保できている。よってこの2mの高止まり杭については、どのような状況であるかの確認が必要で、これらの状況を正確に把握することが、当該杭の性能に対する判断基準の一部となるので以下にその確認事項を示す。

確認事項
① 支持層深度の掘削孔の崩壊など所定通りの施工が実施されずに生じた高止まりか否か
② 高止まりした杭の先端位置において、各施工法上規定された所定の根入れ深さが確保されているか否か
③ 積分電流値や掘削時のオーガの動きや音等を参考に支持地盤層が所定以上に浅い位置に現れ掘削不能が原因で高止まりをしていないか
④ 根固め球根部に杭先端が根入れされているか否か
⑤ 設計上、高止まりした杭の杭頭部での水平抵抗が確保できているか否か

前述①〜⑤の確認事項から当該杭がどのような状況かを判断して各事項への対応をすることが賢明と考える。

まず①のケースにおいては、掘削孔の崩壊によるため支持層への確実な定着が確認できないことから再施工（増杭施工）を行うべきである。

②から④の項目が全て規定通りであることが確認された場合には、支持層の深度の変化によるものと判断し、高止まりを起こした杭近傍で再度ボーリング調査を行い、規定通りであることを確認し、同時に杭頭の水平抵抗を確認後、正規杭として利用してよいものと考えられる。

また、④および⑤について事前に根固め量を増量していたり水平抵抗に設計上の余裕があるなどの理由で当該杭が所定の性能があることが確認された場合には、該当する杭全てで杭頭部での急速載荷試験などで鉛直支持力を確認後、該当杭先端根固め部のコア供試体を採取し、コア圧縮強度が規定強度を満足している事を確認し、これらを参考に正規杭として利用するか否かの判断をするのが良いと思われる。しかしながら②〜⑤の項目において規定を満足しない場合には、性能保証が出来ないこととなるため新たに増杭を施工することが賢明であろう。

参考に杭の健全性調査と支持力性能調査に係る方法を表1及び2に示す。表1の単杭の支持力性能確認試験についてはその代表的な例を表2に示す。

（林隆浩）

**表1 各種試験・調査方法**

| 調査項目 | 目的 | 試験種類 | 試験方法 |
|---|---|---|---|
| 載荷試験 | 杭の支持力性能 | 鉛直載荷試験 | 押込み試験、引抜き試験、急速載荷試験、衝撃載荷試験 |
| | | 水平載荷試験 | 水平載荷試験 |
| 杭の健全性 | 杭体損傷調査 | ボアホールスキャナ調査 | スキャナによる観測 |
| | 杭体損傷調査および杭長推定 | インティグリティー試験 | 振動応答計測 |

### 参考文献

1) 加倉井正昭：「杭の性能評価技術の最近の動向」, 建築技術, pp. 91-97, 1994.3.
2) 建設省土木研究所：橋梁基礎構造の形状および損傷調査マニュアル(案), 共同研究報告書, 第236号, 1999.

**表2 鉛直載荷試験の代表例**

| 試験法 | 静的載荷 | | 急速載荷 | | 衝撃載荷 |
|---|---|---|---|---|---|
| | 従来法（反力杭方式） | 先端載荷法 | STN法 | ばね載荷法 | |
| 概要 | 副桁・主桁・ジャッキ・反力杭・試験杭・反力杭 | GL・油圧・外管・内管・ジャッキ・摩擦・先端反力 | 反力体・燃焼室・ロードセル・レーザー・反射板・杭 | ハンマー・h・バネ | ハンマー・クッションブロック・加速度計・杭 |
| 備考 | ・実績が多く，信頼性が高い<br>・反力杭，載荷桁が必要<br>・杭先端に荷重が伝わりにくい<br>・反力杭の影響あり | ・反力杭が不要<br>・杭先端の荷重－沈下が求めやすい<br>・載荷荷重は先端抵抗と摩擦抵抗の小さい方の極限値で決まる | ・載荷装置が比較的簡単<br>・載荷時間は50〜200ms<br>・波動理論による解析が不要<br>・杭体に引張力が発生しない | | ・載荷装置が簡単<br>・載荷時間は5〜30ms<br>・波動理論による解析が必要<br>・杭体に引張力が発生する |

## Q5-19 建替え工事で既存杭を残置することによってどの様な効果が期待できるか？

既存杭を残置することによって、新設建物の杭として再利用する以外に、以下のような効果が期待できる。
(1) 複合地盤として地盤剛性の増加を期待
(2) 撤去することによる地盤の緩みを防止
(3) 新設杭の鉛直支持力・水平抵抗力の向上を期待
ただし現時点では、必ずしも効果が理論的に解明されているわけではないので、敷地地盤の余力や安定性確保としての利用が望ましい。

(1) 複合地盤として地盤剛性の増加を期待[1]〜[3]

既存杭の残置による地盤剛性の増加に関する研究は見当たらないが、参考になる研究として、単独杭形状または格子形状に部分改良されたときの地盤全体のせん断波速度とせん断剛性に関する石川・浅香らの研究[1]〜[3]がある。石川・浅香らは、数学的均質化法を用いて、改良地盤全体のせん断波速度とせん断剛性を簡易に算定するチャートを提案しており、その妥当性を現場微動アレイ観測により検証している。

図1は、残置杭の面積率〜複合地盤としての等価せん断剛性の関係[2]を修正を示す。$G_{pile}$ は残置される杭体のせん断剛性、$G_{soil}$ は杭周囲地盤（原地盤）のせん断剛性、$G_{eq}$ は複合地盤全体としての等価せん断剛性である。残置杭の面積率と、杭／原地盤のせん断剛性比が大きくなるのにしたがって、複合地盤全体の等価せん断剛性は大きくなる傾向が読み取れる。たとえば、せん断波速度 $V_s$=120m/s 程度の地盤中に場所打ちコンクリート杭が面積率で5%残置されるとき、$G_{soil}$=20N/mm$^2$（$V_s$=120m/s 相当）、$G_{pile}$=8,000N/mm$^2$（$E_{pile}$=20,000N/mm$^2$ 相当）と仮定すれば、$G_{pile}/G_{soil}$=400 となり、図1から $G_{eq}/G_{soil}$=1.1 程度と読み取れる。すなわち、上記算定条件において、杭を残置した効果を勘案すると、複合地盤全体としての等価せん断剛性 $G_{eq}$ は、原地盤のせん断剛性 $G_{soil}$ の 1.1 倍（20N/mm$^2$→22N/mm$^2$）に増加することが分かる。

(2) 撤去することによる地盤の緩みを防止[4],[5]

田中・松本ら[4],[5]は、現場実験により杭撤去に伴う周辺地盤の挙動を調査している。杭の撤去は、杭径より100〜400mm 大きい径のケーシング削孔により杭周地盤のフリクションをカットし、削孔スラリーの浮力を利用して杭体を引き上げる工法で、A工法、B工法の2工法を採用している。A工法は、場所打ち杭対応で比重約1.6の流動化土で置換しながら引揚げたものであり、B工法は既製杭対応で比重約1.1のセメント系ベントナイトスラリーで置換しながら引き揚げたものである。

図2は、軟弱地盤において既存杭($\varphi$1500)を撤去した際の周辺地盤の水平変位を示したもので、施工法はA工法である。既存杭の近傍では10cmを超える地盤変位が確認されている。また、地盤変位は概ねGL−5m以浅で顕著であるが、極近傍ではGL−10m程度まで変位が発生している。

図3は、軟弱粘性土地盤において、A工法、B工法におけるせん断波速度の低下を調査した事例である。既存杭撤去に伴う近傍地盤のせん断波速度の変化は、地盤や工事の条件等により大きく影響を受けるため、必ずしも明確にされてはいない。この例では、せん断波速度は最大60%程度（せん断剛性で36%程度）まで低下した結果が得られている。

(3) 新設杭の鉛直支持力・水平抵抗力の向上を期待[6],[7]

杭を残置した場合の新設杭の鉛直支持力、水平抵抗力に関しては、宮田ら[6]、田村ら[7]の一連の研究がある。

田村ら[7]が行った模型実験では、残置杭の影響によって新設杭の鉛直支持力や沈下剛性が10〜20%程度増加するケースがあることを指摘している（図4参照）。一方、水平抵抗力に関しては、残置杭はほとんど影響を及ぼさないことが報告されている。　　（石井雄輔、浅香美治）

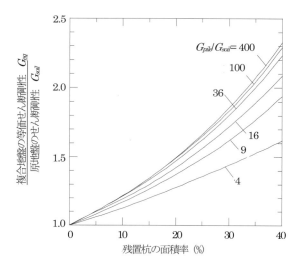

図1 残置杭の面積率〜複合地盤としての等価せん断剛性の関係[2]を修正

### 参 考 文 献

1) 石川明, 浅香美治, 社本康広：均質化法を用いた部分改良地盤の等価S波速度の簡易評価法, 日本建築学会構造系論文集, 第613号, pp.67-72, 2007.
2) 浅香美治, 石川明：柱状および格子状に改良を行った地盤のせん断剛性およびせん断波速度の評価, 日本建築学会大会学術講演梗概集, No.20288, pp.575-576, 2006.
3) 浅香美治, 石川明, 安倍透：杭状に改良した地盤の等価せん断波速度および等価せん断剛性, 日本建築学会大会学術講演梗概集, No.20353, pp.705-706, 2007.
4) 田中俊平, 鈴木康嗣, 宮田章, 松元秀樹：杭撤去に伴う周辺地盤の挙動 −その1 地盤移動−, 日本建築学会大会学術講演梗概集, No.20353, pp.705-706, 2005.
5) 松元秀樹, 田中俊平, 鈴木康嗣, 宮田章：杭撤去に伴う周辺地盤の挙動 −その2 地盤物性−, 日本建築学会大会学術講演梗概集, No.20354, pp.707-708, 2005.
6) 宮田章, 鈴木基晴：地中に残置された既存杭が新設杭に及ぼす影響, 鹿島技術研究所年報, 第52号, pp.29-34, 2004.

7) 田村修次：既存基礎の利活用 既存残置杭が新設杭に与える影響（模型実験），基礎工，Vol.39, No.2, pp.77-80, 2011.

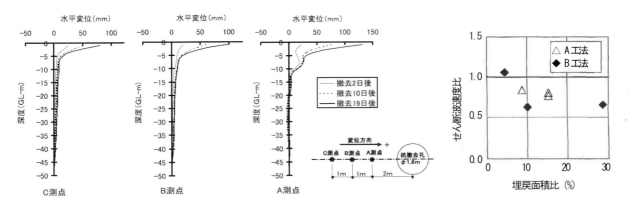

図2　杭撤去に伴う周辺地盤の変位[4]

図3　杭撤去に伴うせん断波速度の低下[5]

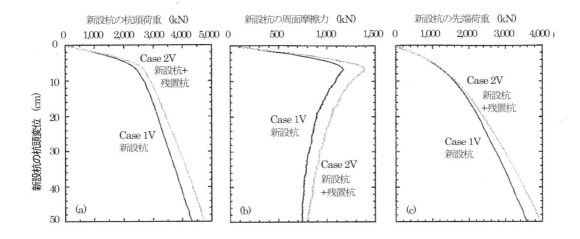

図4　新設杭の鉛直支持力に及ぼす残置杭の影響[7]

## Q5-20 汚染土壌が存在する敷地における杭施工での注意点は何か？

汚染土壌が存在する敷地としては、過去に使用した有害物質が地盤中に漏洩し残っている工場跡地等が挙げられる。改正土壌汚染対策法（2010.4 施行）では、対象となる有害物質として、表1に示す25の特定有害物質が指定されている。なお，ダイオキシン類や油で汚染された土壌についても条例等での規制や搬出時の扱いでの規制があり、注意が必要である。

過去の土壌汚染調査では、電気機械・金属・化学工業・輸送用機械等の製造業や洗濯業施設の跡地での汚染が多い。ただし、その他の業種でも汚染が確認されている[1]等。汚染物質の到達深度別の比較を図1に示す。第一種（VOC）では10mまでで90%以上、第二種（重金属類等）では5mまでで90%程度の出現率であり、この程度の深さの汚染が多いことが判る。しかし、15mを超える場合もあるので、注意する必要がある。

土壌汚染対策法により、工場等の特定施設の廃止時や3,000m²以上の形質変更（敷地内の掘削や盛土の合計面積）時等に土壌汚染の調査が必要となる。また、土壌汚染を把握する調査として、過去の特定有害物質に関連する製造・使用・処理の有無等を確認する地歴調査が義務づけられている。地歴調査で汚染の恐れがないと認められた敷地以外は、表層や深度別の調査を実施し、汚染の有無、範囲を確定する必要がある。調査はガイドライン[1]にそって行う必要があり、概況調査として汚染の恐れの程度に応じて 30mまたは 10m格子での表層調査を実施し、表層調査で汚染が見つかった場合に詳細調査として深度方向の調査を行い、汚染範囲・深度を確定させる。

調査結果で基準を超えた土壌汚染が見つかった場合、汚染の程度に応じて、要措置区域または形質変更時要届出区域（両者で、「要措置区域等」）として指定される。指定は、調査区画（10m×10m）単位であり、指定された土地は、都道府県の汚染台帳に登録される。要措置区域等に指定された土地は、土壌汚染の拡散を防止する理由から、掘削や盛土等の形質変更は原則認められない。

土壌汚染が見つかった敷地で杭工事を行う場合には、次の2つの選択肢が考えられる。
1）汚染土壌を撤去し、指定解除後杭工事を行う。
2）汚染土壌を残した状態で、杭工事を行う。
以下に、それぞれの主な注意事項を示す。

1）汚染土壌を撤去後の杭工事
汚染土壌の単位区画ごとに汚染土壌を掘削除去等により撤去し、要措置区域等の指定を解除した後、杭工事を行う。この場合、掘削除去工事の平面範囲や深さの資料を的確に残すと同時に、埋戻し後に杭工事があることを考慮して、埋戻し土の材料や施工方法を選定しておくことが望ましい。埋戻し部分が原地盤と同等以上の強度があるとみなされない場合、埋戻し材料や埋戻し方法に応じた杭の周面摩擦を評価する必要があるので注意が必要である。

2）汚染土壌を残した状態での杭施工
汚染土壌を残した状態での杭施工方法は、環境省ガイドライン[2]に示された下部の帯水層への汚染拡散をもたらさない方法に準じる必要がある。下部の帯水層へ影響を与える可能性のある杭工事として、帯水層を貫通する場合や支持層が帯水層となる場合が挙げられる。汚染が拡散しない方法の各種の例がガイドラインに示されている。たとえば、図2に示す方法はケーシングを準不透水層まで設置してケーシング内の土壌・地下水をすべて撤去し、必要に応じて清浄水で置換してから、杭を施工する方法である。なお、準不透水層とは、$1.0\times10^{-6}$m/s以下の透水係数で1m以上の厚さを有する地層をいう。

要措置区域等での形質変更は、行政（都道府県）の了解が必要な事項である、実施にあたっては個別の協議が必要となる。また、自主的な調査により土壌汚染が判明した敷地での杭工事でも、高濃度の汚染が見つかった場合等では、原則同等の考え方に基づく対策が必要と考えられる。
（青木雅路）

表1 特定有害物質一覧（土壌汚染対策法施行規則：環境省令第29号）

| 種別 | 有害物質 |
|---|---|
| 第一種特定有害物質（VOC：揮発性有機化合物等）11種 | 四塩化炭素, 1,2ジクロロエタン, 1,1ジクロロエチレン, cis1,2ジクロロエチレン, 1,3ジクロロプロペン, ジクロロメタン, テトラクロロエチレン, 1,1,1トリクロロエタン, トリクロロエチレン, 1,1,2トリクロロエタン, ベンゼン |
| 第二種特定有害物質（重金属等）:9種 | カドミウム及びその化合物, 六価クロム化合物, シアン化合物, セレン及びその化合物, 鉛及びその化合物, 砒素及びその化合物, ふっ素及びその化合物, ほう素及びその化合物, 水銀及びその化合物・アルキル水銀 |
| 第三種特定有害物質（農薬等）:5種 | シマジン, チウラム, チオベンカルブ, PCB, 有機りん化合物 |

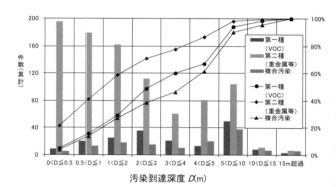

図1 汚染到達深度（基準超過事例）[2]

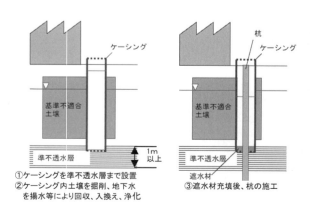

①ケーシングを準不透水層まで設置
②ケーシング内土壌を掘削、地下水を揚水等により回収、入換え、浄化
③遮水材充填後、杭の施工

図2 ケーシングを設置して杭を施工する場合[3]

**参 考 文 献**

1) 環境省監修：土壌汚染対策法に基づく調査及び措置に関するガイドライン，2012.8.
2) 環境省水・大気環境局：土壌汚染対策法の施行状況及び土壌汚染調査・対策事例等に関する調査結果，（図1は平成20年～平成22年の累積値）
3) 環境省監修：土壌汚染対策法に基づく調査及び措置に関するガイドライン Appendix-12『要措置区域内における土地の形質変更の禁止の例外となる行為及び形質変更時要届出区域における土地の形質変更の届出を要しない行為の施行方法の基準』，2012.8.

建築基礎構造設計のための地盤評価・Q&A

| | | |
|---|---|---|
| 2015年11月25日 | 第1版第1刷 | |
| 2020年 4月10日 | 第4刷 | |

| | | |
|---|---|---|
| 編　集<br>著作人 | 一般社団法人　日本建築学会 | |
| 印刷所 | 共立速記印刷株式会社 | |
| 発行所 | 一般社団法人　日本建築学会<br>108−8414　東京都港区芝5−26−20<br>電　話・（03）3456−2051<br>FAX・（03）3456−2058<br>http://www.aij.or.jp/ | |
| 発売所 | 丸善出版株式会社<br>101−0051　東京都千代田区神田神保町2−17<br>神田神保町ビル | |
| Ⓒ　日本建築学会 2015 | 電　話・（03）3512−3256 | |

ISBN978-4-8189-0627-3　C3052